锦屏二级水电站深埋引水隧洞群岩爆综合防治技术研究与实践

王继敏　著

中国水利水电出版社
www.waterpub.com.cn
·北京·

内 容 提 要

本书分析了锦屏二级水电站深埋引水隧洞的基本工程地质条件，对锦屏大理岩岩爆类型进行了系统全面的划分，总结了不同类型岩爆的特征及其特殊性，研究了岩爆的破坏模式和形成机理。在此基础上，介绍了岩爆微震监测预测方法，提出了应力解除爆破技术，并分别总结了爆破法开挖岩爆综合防治技术和TBM掘进岩爆综合防治技术以及这些方法和技术在锦屏二级水电站深埋引水隧洞的应用。

本书内容丰富、资料翔实、实用性强，介绍的成果可为从事水利水电、交通、采矿等相关行业的科研、设计、施工等工程技术人员参考使用，也可作为高等院校相关专业师生的学习用书。

图书在版编目（CIP）数据

锦屏二级水电站深埋引水隧洞群岩爆综合防治技术研究与实践 / 王继敏著. -- 北京 : 中国水利水电出版社, 2019.5
ISBN 978-7-5170-7103-7

Ⅰ. ①锦… Ⅱ. ①王… Ⅲ. ①二级水电站－引水隧洞－岩爆－防治 Ⅳ. ①TV672

中国版本图书馆CIP数据核字(2018)第249514号

书 名	**锦屏二级水电站深埋引水隧洞群岩爆综合防治技术研究与实践** JINPING ERJI SHUIDIANZHAN SHENMAI YINSHUI SUIDONG QUN YANBAO ZONGHE FANGZHI JISHU YANJIU YU SHIJIAN
作 者	王继敏 著
出版发行	中国水利水电出版社 （北京市海淀区玉渊潭南路1号D座 100038） 网址：www.waterpub.com.cn E-mail：sales@waterpub.com.cn 电话：(010) 68367658（营销中心）
经 售	北京科水图书销售中心（零售） 电话：(010) 88383994、63202643、68545874 全国各地新华书店和相关出版物销售网点
排 版	中国水利水电出版社微机排版中心
印 刷	天津嘉恒印务有限公司
规 格	184mm×260mm 16开本 15.25印张 368千字
版 次	2019年5月第1版 2019年5月第1次印刷
印 数	0001—2500册
定 价	**68.00**元

序 一

随着我国西部多项水利水电、铁路、公路等国家重点工程建设，以及地下矿山向深部开采，深部地下工程中的岩爆问题越来越严重。近年来相继出现多次严重的岩爆灾害，已成为我国岩石工程和岩石力学领域亟待解决的关键问题。

锦屏二级水电站引水隧洞横穿锦屏山，4 条大直径引水隧洞，单洞长达 16.7km，最大埋深 2525m，最大实测地应力超过 70MPa，围岩地下水压 10MPa 以上，属极端复杂环境下的地下工程。隧洞施工期高应力诱发围岩失稳频发，岩爆灾害问题突出，严重制约了工程的建设进程。

工程施工方案采用奇数洞用 TBM 法和钻爆法、偶数洞用钻爆法，两两组合，实现优势互补。

以作者为代表的工程建设各方，以锦屏二级水电站引水隧洞群建设为依托，对高埋深大断面隧洞岩爆防治相关技术进行了系统攻关，对深埋隧洞的岩爆机理、监测预测手段、岩爆综合防治手段等进行了深入研究，取得了多项重要成果。本书为上述成果的总结，内容包括以下方面：

(1) 对锦屏二级水电站引水隧洞区的环境地质背景进行了系统研究分析，重点研究了隧洞区内软弱、破碎岩石的分布和特性，主要控制性断层和节理、裂隙发育特征，以及构造应力场的优势方向、应力状态类型。建立了锦屏深埋隧洞围岩分类体系和基于 TBM 掘进参数的围岩分类体系，并应用于锦屏引水隧洞群。

(2) 以引水隧洞施工过程中岩爆灾害的现场综合表现、发育和分布规律以及直接关联的地质、力学和工程等控制条件为基础，总结和吸取国内外岩爆研究的重要成果、认识和经验，揭示了深埋隧洞工程岩爆灾害的主要类型，深入分析了各类岩爆孕育过程中的关键控制因素和发生条件，系统阐述了各种类型岩爆的发生机理和诱发机制。

(3) 从微震基本概念入手，系统阐述了微震监测基本原理、微震定位精度影响因素以及微震监测设计，提出了钻爆法开挖和 TBM 掘进开挖下的微震监测方案，研究了锦屏岩爆风险微震解译判断的工作方法。

(4) 系统研究了岩爆防治的应力解除爆破技术，并应用于锦屏工程。结合理论分析、数值模拟及现场试验，对比不同应力解除爆破方案下的应用效果，提出了相应的适用范围。

(5) 基于引水隧洞钻爆法施工过程中岩爆灾害防治试验成果及现场经验，分析了不同岩爆主动防治措施的优劣，系统比较了岩爆条件下各种支护措施，提出了适用于锦屏二级水电站引水隧洞开挖的岩爆防治支护系统。

(6) 以引水隧洞 TBM 掘进开挖的工程实践为基础，对深埋长隧洞开挖的 TBM 选型、TBM 掘进条件下的岩爆防治思路及方案进行了详细的叙述，并对极强岩爆风险下的 TBM 掘进的导洞开挖方案进行了优化。

锦屏二级水电站引水隧洞群施工历时 8 年，作为锦屏工程特咨团专家组组长，我与专家们一起，对锦屏二级水电站引水隧洞岩洞岩爆、涌水等技术难题进行了多次咨询，也深知锦屏二级水电站引水隧洞建设的艰辛。正因为如此，作为锦屏工程建设现场组织者，能够将岩爆综合防治问题进行深入思考研究并进行总结，尤为难得。我相信，该成果的出版对高埋深大断面隧洞岩体爆破开挖的设计、施工及岩爆防治具有重要的理论价值与工程指导意义。

中国工程院院士：

2018 年 12 月

序 二

技术创新是人类开发利用自然资源，改善人们生活，推动社会进步的不竭动力。绵延1500km的雅砻江流域，水能资源丰富，干流天然落差4420m，年径流量607亿m^3，技术可开发装机容量约30000MW，占四川省水电技术可开发总量的25%，在全国规划的十三大水电基地中排名第三。开发雅砻江，贡献清洁能源，服务国家发展，是我国几代水电人的初心和梦想。

雅砻江干流共规划22级水电站，开发规模浩大、技术难度空前。为实现科学有序开发，雅砻江公司提出四阶段开发战略，第一阶段开发建设二滩水电站，于20世纪末建成投产；第二阶段就是开发建设以锦屏一级、二级为代表的雅砻江下游剩余4座梯级水电站。锦屏一级、二级水电站的成功建设，不仅是雅砻江流域第二阶段开发战略实施的关键，也是雅砻江公司实践"一个主体开发一条江"的关键，只许成功，不能失败。但这两座超级电站的建设难度世所公认，锦屏一级要克服复杂地质条件建设世界最高混凝土双曲拱坝，锦屏二级要挑战全球最大埋深建设世界最大规模引水隧洞群，都面临着世界级的工程技术难题。

已故水电泰斗潘家铮院士曾亲自参加锦屏工程前期勘测设计工作，针对锦屏二级水电站岩体埋深超过2500m、横穿锦屏山16.7km的隧洞群施工，他指出要高度关注强岩爆、大涌水、高地温、有毒有害气体四大问题。在施工过程中，由于特定的水文地质条件和岩石矿物成分，高地温和有毒有害气体问题不突出，但强岩爆和高压大流量涌水问题严重制约工程建设。高压大流量涌水问题通过调整治水思路、加强预报并采取针对性措施后得到解决，但强岩爆问题，无论钻爆法开挖还是TBM掘进，自始至终都是贯穿锦屏二级7条总长120km的引水隧洞群施工的重大安全风险，是雅砻江公司时刻重点关注的重大技术与管理难题。

善学者究其理，善行者究其难。为攻克包括强岩爆在内的锦屏工程世界级技术难题，雅砻江公司组织建立了强大的科技攻关体系，包括成立博士后科研工作站、企业技术中心、虚拟研究中心，与国家自然科学基金委合作设立雅砻江水电开发联合研究基金，与国际国内知名咨询机构、科研院所建立战略合作伙伴关系，聘请业内顶级专家和院士组成锦屏工程特别咨询团等，针对锦屏二级水电站建设技术难题自主设立科研课题50余项，投入资金近2亿元，为工程的顺利建设提供了强有力的技术支撑。

锦屏二级水电站引水隧洞群于2007年开工，在雅砻江公司的精心组织下，设计、科研、施工、监理紧密协作，共同攻克了深埋长大隧洞群施工中的极强岩爆、高压大流量突涌水、洞室群多工作面高强度快速施工组织等一个又一个技术和管理难题，历时4年，于2011年实现隧洞全面贯通，2012年实现首批两台机组投产发电，2014年8台600MW机组全部建成投产。锦屏二级水电站引水隧洞群的成功建设，不仅让中国水电人追逐了半个世纪的锦屏梦终于成真，更因其大埋深、低辐射优势建设了闻名全球的中国锦屏地下实验室，使得我国在暗物质探测、深地岩石力学等基础前沿科学领域的研究位于世界前列。

本书在众多科研、设计、施工技术成果的基础上，总结岩爆的机理，重点介绍了锦屏二级水电站深埋引水隧洞群岩爆特征和综合防治技术，并给出了大量的岩爆实例。希望同行业的工程师们、高等院校接受工程教育的大学生们，能够从中汲取有益的经验和教训，不断探索创新，推动我国深埋地下工程安全高效建设。

雅砻江流域水电开发有限公司董事长：

2018年12月

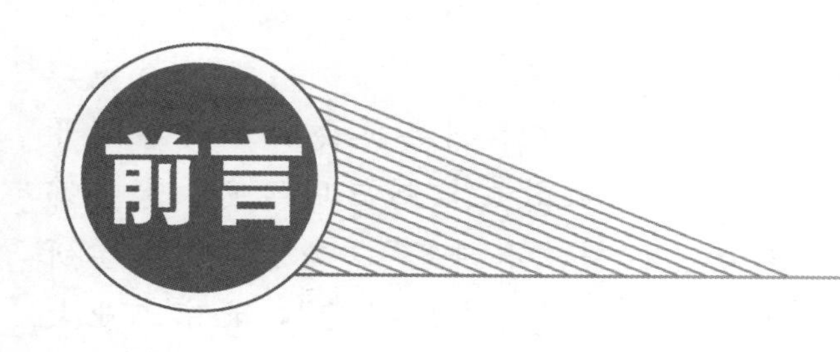

锦屏二级水电站位于凉山彝族自治州的锦屏大河湾上，利用150km长大河湾的天然落差，通过开挖隧洞，截弯取直，引水发电。获得水头约310m，电站总装机容量4800MW，多年平均发电量242.3亿kW·h。工程布置7条穿越锦屏山的隧洞群，总长约120km，其中四条引水隧洞单洞均长16.67km，开挖洞径13m，隧洞沿线一般埋深1500～2000m，最大埋深2525m，具有埋深大、洞线长、洞径大、地应力水平高、岩溶水文地质条件复杂、施工布置困难等特点，工程设计、施工和建设管理极具挑战性，是目前国内乃至世界上已建或在建总体规模最大、综合难度最大的地下洞室群工程，其技术水平处于世界前列。电站于2006年12月通过国家核准，2007年1月30日正式开工，2008年11月30日大江截流，2012年12月首批2台机组投产发电，2014年11月全部机组投产。

锦屏二级水电站设计和施工过程中主要面临高地应力及岩爆（最大地应力超过100MPa，岩爆洞段约占整个开挖洞段的15%）、超高压大流量岩溶地下水（最大水压力约为11MPa，最大突水流量为5～7m^3/s）等地质问题，以及由此带来的引水隧洞快速、安全施工技术问题。特别是由于锦屏二级水电站隧洞埋深大，自重应力大，再加上复杂地质构造条件的作用，形成了该工程赋存的极端复杂和恶劣的外在高地应力环境，导致隧洞施工期内高应力诱发围岩失稳频发，岩爆灾害问题突出，严重制约了工程的顺利建设。该工程环境在国内外尚不多见，缺乏可供借鉴的先例和工程经验。

针对深埋长大隧洞群建设过程中遇到的极高地应力强岩爆难题，雅砻江流域水电开发有限公司以工程建设中遇到的技术难题为导向，组织多家单位经过多年的技术攻关，进行了创新性研究与实践。华东勘测设计研究院有限公司对制约高埋深长隧洞地质条件、高应力条件下引水隧洞工程设计进行了历时50余年的研究，依泰斯卡咨询有限公司和中国科学院武汉岩土力学研究所对“引水隧洞岩爆产生的机理、规律及其防治控制措施”做了大量研究工作，大连力软科技有限公司和中国科学院武汉岩土力学研究所开展了“引水隧洞和排水洞岩爆段微震监测技术服务”，长江水利委员会长江科学院开展了“引水隧洞爆破震动特性及地应力快速释放效应控制应用研究”和“锦屏地下实验室深部岩体爆破开挖安全与质量控制技术研究”，南京水利科学研究院开展了“高应力条件下地下洞室支护用新材料的应用研究”，北京工业大学开展了“引水隧洞强岩爆段 TBM 开挖方案优化分析”，成都理工大学开展了“引水隧洞不同施工方法围岩分类对比研究”，长江水利委员会长江科学院和四川大学开展了“引水隧洞高地应力条件下的岩体力学参数研究”，北京振冲股份有限公司开展了“引水隧洞高地应力下岩爆灾害及其工程对策研究”，中铁二局集团有限公司开展了“引水隧洞高地应力软岩大变形洞段施工技术研究”。

雅砻江流域水电开发有限公司组织了岩爆研究工作，在现场建立了岩爆防治组织机构，定期组织参建各方召开岩爆防治专题会议，邀请国内外相关科研院校、知名专家进行专题研究和现场试验，针对不同等级的岩爆采取了不同的支护措施，提出了岩爆洞段具体施工技术要求。在开挖过程中采用了超前应力解除爆破、TBM 通过强岩爆洞段导洞开挖法、水胀式锚杆、涨壳式预应力锚杆、喷射添加纳米级材料外加剂等新材料、新工艺、新方法，有力地保证了施工进度和人员设备的安全。首次将微震监测技术用于排水洞和引水隧洞工程，通过专用数据采集设备及处理软件，构建了随 TBM 和钻爆法掘进而移动监测的微震监测系统，对施工掌子面前后的岩体微震活动进行实时连续监测和分析预报，有效地预报了岩爆的发生。

经过产学研结合，锦屏工程建设者攻克了深埋长大水工隧洞极高地应力岩爆综合防治技术难题。提出了深埋隧洞群工程区地应力场研究方法，揭示了深埋大理岩岩爆孕育机理与发生机制，建立了极高地应力强岩爆灾害风险信息获取及预测预报体系，提出了钻爆法和 TBM 施工的强岩爆综合防治技术。

通过各参建单位的艰辛努力，锦屏二级水电站实现了复杂地质条件洞室群的快速施工，2011 年全年开挖引水隧洞长度 23km，先后创造了单月单洞开挖 1300m，单月单洞衬砌 1500m，单月单洞灌浆 80000m 等世界记录。其中两条辅助洞 2003 年 11 月开工，2008 年 8 月 8 日双洞全线开挖贯通。排水洞 2007 年 4 月开工，2011 年 8 月 28 日全线开挖贯通。1～4 号引水隧洞均于 2007 年 8 月 8 日正式开工，分别于 2011 年 6 月 6 日、2011 年 8 月 16 日、2011 年 11 月 20 日、2011 年 12 月 8 日开挖贯通。2012 年 12 月底实现了锦屏二级水电站“一洞两机”的发电目标，创造了水电建设史上的“人间奇迹”。

锦屏二级水电站深埋长大隧洞群建设的复杂性和挑战性，受到国内外专家的关注和关心。在工程建设中，钱七虎院士、马洪琪院士、王思敬院士、谭靖夷院士、何满潮院士、钟登华院士、Nick Barton（TBM－Q系统建立者）、John A Hudson（前国际岩石力学会主席）等国内外专家和学者的多次现场咨询指导，借此机会，向长期以来支持关心锦屏工程建设的专家学者表示衷心的感谢。本书编写过程中，参阅引用了有关单位的研究成果，主要研究人员有张春生、陈祥荣、冯夏庭、曾雄辉、曾新华、单治钢、朱焕春、唐春安、邬爱清、吴新霞、龚秋明、尹健民等。长江水利委员会长江科学院汪洋博士参加了本书第3章与第4章部分内容、李鹏博士参加了第5章与第6章部分内容的编写，邬爱清教授、尹健民教授对书稿提出了很多建设性的修改意见，雅砻江流域水电开发公司揭秉辉为本书收集了大量资料并参与本书修改工作，在此一并表示衷心的感谢。

由于作者水平有限，成稿时间仓促，书中定有不妥之处，敬请读者指正。

作者

2018年12月

目录 CONTENTS

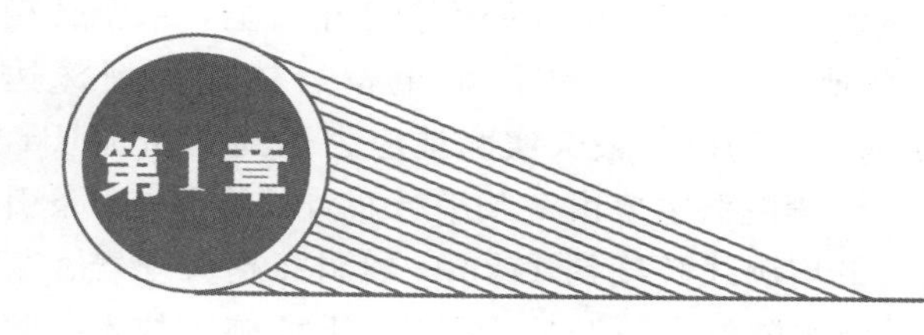

绪　论

1.1　问题的提出

我国是世界上水能资源最丰富的国家之一，水能资源理论蕴藏量6.94亿kW，技术可开发量约5.42亿kW。大力开发水电和其他可再生能源，已成为我国能源发展的重要战略。我国已建和在建水电装机规模均居世界第一位，截至2018年底，我国水电装机容量达到3.5亿kW，一大批特大型水电工程在我国西南地区的崇山峻岭间开工建设。由于我国西南地区地质条件十分复杂，有些水电工程需要在大埋深、极高地应力环境下开挖水工隧洞群[根据（GB 50287—2006）《水力发电工程地质勘察规范》，最大主应力量级大于40MPa，且围岩强度应力比小于2的情况属于极高地应力]，如锦屏二级水电站引水隧洞平均埋深1500～2000m，最大埋深2525m，实测最大地应力值超过100MPa；雅鲁藏布江墨脱水电站引水隧洞，最大埋深可达4000m，仅自重应力就可达到100MPa左右。

深埋隧洞岩体开挖主要有两种方式：一种是爆破开挖；另一种是机械（TBM）开挖。在大埋深、高地应力环境中，岩体的开挖将导致围岩应力状态变化、转移和重新分布。伴随围岩应力状态变化过程，岩体能量赋存的环境发生改变、物理力学性质发生劣化，并最终导致围岩开挖损伤区的形成，同时还有可能诱发岩爆等地质灾害。岩爆灾害一直是深部岩体工程建设各方所关心的重大问题，其不仅损伤工程设备影响施工进度，同时还严重威胁施工人员人身安全，严重时甚至造成整个工程的失败。近年来，每年由于深部岩体工程开挖诱发岩爆灾害导致的工程事故多达数千起，伤亡人数近千人，诸多工程工期延误半年甚至1年以上，经济损失巨大。虽然关于岩爆的理论研究较多，但所提出的各种理论及预测方法，在工程实际应用中尚存在多种困难。由于地下工程环境不同，如初始地应力大小及主应力方向、围岩强度、岩石脆性变形特征、洞室形状及相对位置、施工工艺等因素的不同，造成已有岩爆预测及判断方法在使用上具有各自的局限性和不足，生产实践中又常要求一些具体、切实可行的岩爆预测预报方法、指标和防治对策，故而针对特定工程进行专门研究分析仍是岩土工程师和设计人员的普遍选择，且针对具体工程进行分析研究具有更为重要的现实意义。

锦屏二级水电站位于四川省凉山州境内雅砻江锦屏大河湾处雅砻江干流上，系雅砻江梯级开发的骨干电站。整个工程区位于高地应力区，工程隧洞上覆岩体最大埋深达2525m。弱卸荷区围岩表面实测地应力为60～80MPa，最大实测地应力达到113.9MPa，且明显表现出量值随埋深增加而增大趋势。工程隧洞主要由7条平行布置的隧洞（4条引水隧洞、2条辅助洞、1条排水洞）组成，平均洞线长度约17km，隧洞穿越大理岩、灰岩、砂岩等硬质岩层。排水洞、1号和3号引水隧洞东段开挖均采用TBM施工技术，其他洞室采用钻爆法施工。施工过程中，发生大小不同等级岩爆数百次，并引起隧洞内较大范围塌方及支护结构毁坏。岩爆造成的危害给隧洞工程建设带来巨大的安全控制风险和进度控制风险，成为锦屏工程建设面临的重大技术难题。钱七虎院士在中国科协第51期新观点新学说学术沙龙上指出："我国现阶段岩石工程规模大、难度高。无论是矿山工程、水电工程还是交通工程，很多都需要开发进入深部地下空间，不少工程都遇到了岩爆现象。岩爆机理及其预测、预报和预警研究，已成为我国岩石力学界必须致力解决的关键科学问题和技术难题"。因此，有必要针对锦屏深埋隧洞工程的岩爆问题进行科学研究和新技术研发应用。

该书以锦屏二级水电站隧洞工程建设为依托，对高埋深大断面隧洞岩爆防治相关的技术研究成果及工程经验进行了全面总结，对深埋隧洞的岩爆机理、监测预测手段、岩爆综合防治技术等进行了详细的介绍。该书的成果对深部岩体破坏规律的研究具有一定的理论和实际意义，而且对高埋深大断面隧洞岩体工程的设计施工及岩爆防治具有较大的应用价值。

1.2 国内外岩爆研究现状

1.2.1 岩爆的概念

岩爆是高地应力地区地下岩石工程中特有的一种地质灾害现象。自1738年英国锡矿首次报道发生岩爆以来，国内外学者从多角度对岩爆问题进行了大量研究，但到目前为止对岩爆的定义仍未达成统一的认识。概括起来，岩爆定义目前存在两种观点：一种以挪威专家拉森斯为代表，认为只要岩石有声响，产生片帮、爆裂、剥落甚至弹射等现象，有新鲜破裂面产生即称为岩爆；另一种以中国学者谭以安为代表，认为只有产生弹射、抛掷性破坏才能称为岩爆，而将无动力弹射现象和室内变形破裂归属于静态下的脆性破坏。

王兰生基于洞室开挖所引起岩爆的宏观表征现象和室内变形破裂试验结果，将岩爆定义为：地下空间开挖过程中，高地应力条件下的洞室围岩因开挖卸荷而引起周边围岩产生应力分异作用，造成岩石内部破裂和弹性能突然释放而引起的爆裂松脱、剥离、弹射乃至抛掷性破坏现象。

郭然、于润沧认为岩爆是岩体破坏的一种形式。它是处于高应力或极限平衡状态的岩体或地质结构体，在开挖活动的扰动下，其内部储存的应变能瞬间释放，造成开挖空间周围部分岩石从母岩体中急剧、猛烈地突出或弹射出来的一种动态力学现象。

南非对于岩爆的定义为：岩爆是一种导致了人员伤亡、工作面或设备发生破坏的微震，其基本特性是突然和剧烈。《加拿大岩爆支护手册》一书中对岩爆进行如下定义：岩爆是一种伴随有微震现象的突然、猛烈的围岩破坏行为。

从以上关于岩爆的定义可知，国内主要是根据围岩破坏表征现象结合地质力学分析对岩爆进行定义，而国外则多基于岩爆发生前后洞边墙围岩存在微震这一现象来定义岩爆灾害，并基于这一认识形成了岩爆微震监测技术。

1.2.2 岩爆的形成机制

岩爆是一种极为复杂的物理现象，关于其形成、破坏机理不同学者看法不一。关于岩爆的形成机理，国内谭以安的研究解释得到较为广泛的认可。谭以安认为由于岩爆的本质是洞室围岩突然释放高应力集中区内储聚的大量弹性应变能的一种剧烈的脆性破坏，因而其形成是一渐进破坏过程。对岩爆形成的渐进破坏划分以下几个阶段，具体过程示意如图1.2-1所示。

(1) 劈裂成板。洞室开挖过程中或开挖后，初始地应力发生扰动并重新分布，这样造成局部应力的集中和能量积聚，在切向应力梯度较大的部位，或在洞边墙平行于最大初始应力部位，洞边墙因压致拉裂而形成板状劈裂。其板面平直，与洞边墙大体平行，无明显擦痕。此阶段为岩爆的初级破坏阶段。

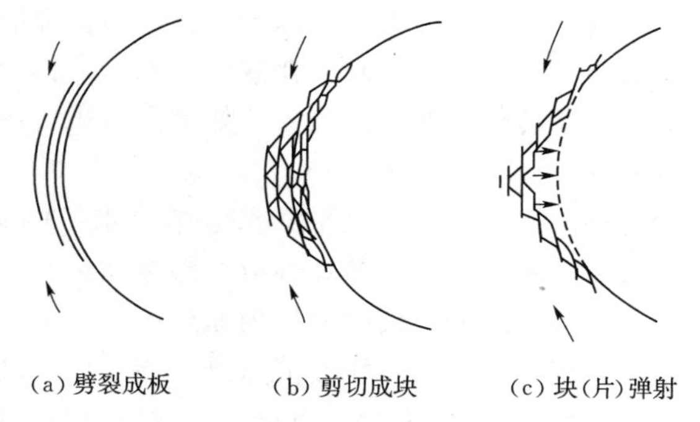

图 1.2-1 岩爆破坏过程

(2) 剪切成块。切向应力在平行劈裂板面方向继续作用，将使岩板屈曲失稳，随后产生剪切变形。当剪应力达到抗剪强度时，则产生剪切破坏。在板的周边，剪切微裂隙进一步贯通，形成宏观V形剪切面，使洞边墙处于岩爆破坏的临界状态。该阶段为岩爆弹射酝酿阶段。

(3) 块（片）弹射。前两个阶段克服了岩体黏聚力和内摩擦力，并产生声响和震动而耗散了大量的弹性应变能。岩块剪切滑移时，获得剩余能量，处于"跃跃欲弹"的状态。一旦被剪断，则发展到块、片弹射阶段，应变能转化为动能，使岩块（片）以一定的速度和散射角，骤然向洞内临空方向猛烈弹射，形成岩爆。

徐林生等通过对二郎山公路隧洞岩爆现场跟踪调研、岩爆断口扫描电镜分析以及室内外岩石力学试验研究后认为，岩爆发生的力学机制可归纳为压致拉裂型、压致剪切拉裂型、弯曲鼓折（溃屈）型三种基本形式，也可以以多种组合形式出现。通过大理岩三轴压缩动态卸围压试验表明岩爆的产生是岩石内部张拉和剪切破坏的综合作用结果，而剪切作用使岩石局部产生破裂，有利于张拉破坏的形成，张拉破坏是岩爆产生的根本内因。

唐绍辉等根据会泽铅锌矿麒麟厂矿区岩爆表征现象的综合分析，认为矿体中上盘岩体以张性破裂为主，属劈裂破坏。由于洞周岩体主应力迹线与洞边墙基本平行，产生与巷道边墙面基本平行张性破裂面，进而形成近于成板状的岩片。同时在切向应力作用下，岩片产生溃屈折断，或在岩片边缘形成局部斜向剪断，形成劈裂松脱型岩爆。

谷明成等根据秦岭隧道岩爆活动以及室内岩石力学试验研究结果，认为岩爆的形成和发生经历张性劈裂、破裂成块和岩块弹射三个变形破坏阶段，所提观点与谭以安观点较为相近。即洞室开挖过程中，洞边墙逐渐集中的切向应力，使局部岩体中与切向应力方向一致的原生微裂隙、微节理或软弱面（片麻理），沿切向应力方向劈裂扩展、分支、联合，形成宏观张性破裂面，将洞边墙附近岩体劈裂成板状；破裂面扩展到一定程度时受到边界条件限制，要么改变方向，向临空面（洞边墙）方向继续劈裂扩展，要么沿与洞边墙斜交的弱面发生剪切，要么板状岩体在较大切向应力作用下发生压弯折断，使板状岩体破裂成形状各异的岩块。当破裂面扩展到洞边墙时，破裂岩块自身积聚的应变能和稳定岩体释放的能量转化为破裂岩块的动能，破裂岩块获得一定的初速向临空面弹射出来，从而产生岩爆。

侯发亮等认为围岩应力越大，岩体中积聚的能量亦越大，如果围岩积蓄的比能（单位体积的能量）超过岩石破坏耗散的比能，它就会用一部分能量迫使岩石破坏，而超过的那一部分能量转化动能释放出来，如果围岩积蓄的比能小于岩石破坏耗散的比能，就不可能发生岩爆。

此外，万姜林等对太平驿水电站引水隧洞施工中发生的岩爆现象进行对比分析后认为，岩爆是在具有一定的弹性应变能存储条件的硬脆性岩体中开挖隧洞时，由于地应力分异，围岩应力跃升，使得岩体内原生裂隙发生张拉破坏后发展为宏观裂纹，并且其作用应力随之急剧调整升高，积蓄能量进一步集中，使内部破坏加速扩展，成为宏观破坏（剪、张脆性破坏），而使岩片分离母岩，并同时获得弹射引发力，使岩片向临空方向弹射，在母岩体内则产生震动。它经历了内部原生裂隙启裂并稳定扩展（应力升高）→非稳定扩展（新旧裂纹急剧扩展）→宏观破坏和弹射、震动的“时序渐进破坏过程”，也即是经历了稳定破坏→加速破坏→动力弹射、震动过程。

通过对国内学者所提出的岩爆机理归纳总结可知，国内关于岩爆机理的阐述，出发点基本相同，观点较为相近，即地下洞室开挖导致局部围岩应力集中，首先克服岩体强度而产生脆性破坏，并伴随声响和震动，消耗部分弹性应变能，同时将剩余的能量转化为岩块的动能，使围岩急剧向动态失稳发展，造成岩片脱离母体，向临空方向猛烈抛掷弹（散）射，进而表征为岩爆灾害现象。

国外一般将岩爆灾害与微震或地震现象联系起来。Kaiser 等人从破坏能角度出发，将岩爆破坏机理归纳为以下三种（见图 1.2-2）。

（1）岩体破裂导致岩体体积膨胀（有时伴随岩石弹射，有时无弹射现象）破坏机理，如图 1.2-2（a）所示。地下洞室周边应力超过岩体强度时，岩体会产生裂隙导致岩体膨胀，如果岩体破坏迅速发生，这种破坏统称作应变型岩爆。破坏的主要能源就是破坏处岩体本身储存的应变能，这是土木工程中最常见的岩爆形式。

（2）地震能传播导致岩块弹射破坏机理，如图 1.2-2（b）所示。远处震源的应力波

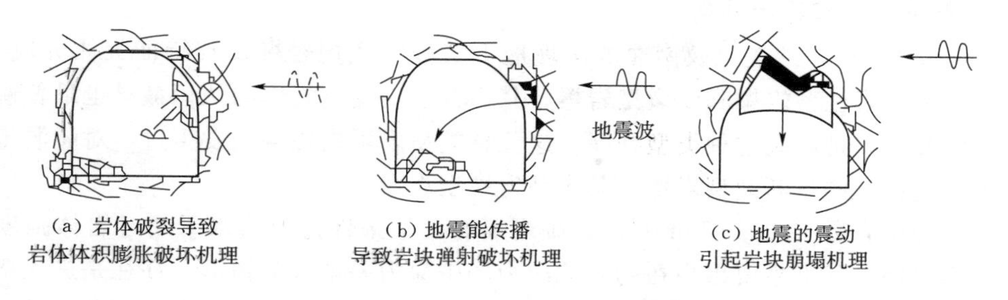

图 1.2-2 岩爆破坏机理示意图

传播到地下空间自由面，导致原已存在的地质构造分割出来的离散岩块的猛烈弹射，破坏的主要能源来自远处的地震能。

(3) 地震的震动引起岩块崩塌机理，如图 1.2-2 (c) 所示。地震的震动力诱发重力作用下极限平衡状态的离散岩块产生崩塌。破坏的主要能源来自远处的地震能和岩块的重力势能。

而 Hoek 等认为由于采矿或其他工程扰动所引起的岩爆以及微震事件所造成的围岩不稳定状态可包括沿原有裂隙面的滑移以及完整岩体的裂隙化，进而将岩爆划分为断裂型岩爆和应变型岩爆两种类型。

1.2.3 岩爆的分类

汪泽斌系统地研究国内外 34 个地下工程岩爆宏观特征后，将岩爆划分为破裂松脱型、爆破弹射型、冲击地压型、远围岩地震型和断裂地震型五大类。天生桥二级水电站岩爆课题组对岩爆分类有两种标准：一是按照破裂程度将岩爆分为破裂松弛型和爆脱型两大类；二是按规模将岩爆划分为零星岩爆（爆坑长 0.5～10m）、成片岩爆（爆坑长 10～20m）和连续岩爆（爆坑长大于 20m）三大类。张倬元、王士天等按岩爆发生部位及所释放的能量大小，将岩爆分为三大类型，洞室围岩表部岩石突然破裂引起的岩爆、矿柱或大范围围岩突然破坏引起的岩爆、断层错动引起的岩爆。王兰生等将岩爆类型划分为爆裂松脱型、爆裂剥落型、爆裂弹射型和抛掷型四大类。郭志根据岩爆岩体破坏方式，将岩爆划分为爆裂弹射型、片状剥落型和洞边墙垮塌型三类。上述分类方案主要是依据岩爆灾害发生后的宏观表征归纳总结得出。谭以安和左文智、张齐桂则从形成岩爆的主要应力来源出发，将岩爆类型划分为水平应力型、垂直应力型、混合应力型三大类和若干亚类。徐林生等根据岩爆岩体高地应力的成因，将岩爆类型划分为自重应力型、构造应力型、变异应力型和综合应力型四大类，然后依据具体应力条件，并结合岩爆特征等内容，再将岩爆划分成 8 个亚类。

总结已有分析成果，岩爆按照岩爆机理可分为应变型岩爆、岩柱型岩爆和断裂型岩爆等。按岩爆动力源与围岩破坏位置关系可分为自发性岩爆、远源触发式岩爆等。按岩爆的破坏规模可以分为轻微岩爆、中等岩爆、强岩爆和极强岩爆等。按岩爆发生的时间可以分为即时型岩爆和时滞型岩爆。

1.2.3.1 按岩爆机理进行分类

20世纪80年代，北美以及南非的深埋地下工程实践把岩爆按其特征大体分成三类，即应变型岩爆、岩柱型岩爆和断裂型岩爆。其中关于应变型岩爆的认识最早也最普遍，国内的岩爆研究主要是围绕这种类型开展。这三种类型岩爆在锦屏均发生过，对隧洞施工安全和进度影响最大的是断裂型岩爆，其次是岩柱型岩爆。

(1) 应变型岩爆 (strain burst)。这种岩爆的发生条件是应力水平超过岩体强度的结果。应变型岩爆实际上主要出现在初始地应力场中应力差增大的情形，往往是进入褶皱核部或接近断层的过程中。因此，在评价应变型岩爆时，除岩体完整性和强度条件外，还需要考察初始地应力场中应力比的变化。

(2) 岩柱型岩爆 (pillar burst)。由于岩柱内强烈应力集中导致的岩爆现象，往往是两个或两个以上的开挖面形成的应力集中区重叠的结果。并不是所有岩柱都一定会出现岩爆，这与具体的地应力场条件、岩柱及其周围的岩体特性、开挖布置等因素密切相关。

(3) 断裂型岩爆 (slip burst)。关于应变型岩爆机理的一般性分析中没有考虑岩体中断裂的存在，如果应力集中区存在断裂构造时，这些断裂构造可以显著地改变断裂附近的应力分布。这种改变既可以降低应力集中程度，减小岩爆可能性，也可以恶化局部岩体的应力状态，导致岩爆风险增加。工程中监测到的强度超过里氏1.0级（甚至更弱一些）的微震通常与断裂的存在相关，即断裂型微震。现实中到底出现哪一种情况，与断裂产状和围岩二次应力场的方位特征密切相关，同时还显著地受到断裂性质的影响。

依据20世纪80年代南非发生的几次典型大规模断裂型微震事件记录，这些微震的震级最大达到了里氏4.9级（已经超出了微震范畴）。这种震动的震源浅，对工程和地表的破坏力相当大。

随着埋深增大应力水平增高，同样的断裂因为应力环境的改变而可以具备更高的岩爆可能性。表1.2-1列出了加拿大克瑞顿矿山1995—2005年期间监测到的微震记录，随着开采深度增大所记录的较大震级的微震（被认为是断裂性微震）的统计结果，说明了这种潜在规律性。一般在岩体相对均匀条件下，埋深增大应力水平增高是导致微震发生频率变化的重要因素。

表1.2-1 加拿大克瑞顿矿山1959—2005年期间监测到的微震记录

年份	最小震级	最大震级	次数
1995	1.5	3.7	62
1996	1.5	2.7	30
1997	1.5	3.1	103
1998	1.5	3.9	164
1999	1.5	3.2	166
2000	1.5	3.2	111
2001	1.5	3.3	165

续表

年份	最小震级	最大震级	次数
2002	1.1	3.5	386
2003	1	3.5	390
2004	1	3.5	381
2005	1	3.3	250

1.2.3.2 按照岩爆动力源与围岩破坏位置进行分类

加拿大采矿工程的一些学者根据岩爆动力源和围岩破坏位置之间的关系，将岩爆分成自励型岩爆和远程激发型岩爆两种。

自励型岩爆：当岩爆动力源与围岩破坏位置一致，即属于自身激发的破坏时，称为自励型岩爆。V字形破坏、应变型岩爆都可以归类到自励型岩爆。

远程激发型岩爆：当岩爆动力源与围岩破坏位置不一致时，称为远程激发型岩爆。断裂型岩爆可能属于自励型岩爆也可能属于远程激发型岩爆，主要视开挖面、断裂的位置和岩爆破坏发生的位置而定。

自励型岩爆与远程激发型岩爆的分类方法需要结合岩爆动力源进行判断，因此给现场的判别工作带来了一定的难度，或许正是因为判别困难的原因，这种分类方法在深埋地下工程中应用较少。

1.2.3.3 按照岩爆的破坏规模进行分类

中国水电工程中的岩爆分级主要根据岩爆的破坏力进行分级，即本质上是一种岩爆烈度分级，根据GB 50287—2006《水力发电工程地质勘察规范》将岩爆烈度分成以下4级。

(1) 轻微岩爆。围岩表层有爆裂脱落、剥离现象，内部有噼啪撕裂声，人耳偶然可听到，无弹射现象。主要表现为顶拱的劈裂～松脱破坏和侧边墙的劈裂～松胀、隆起等。岩爆零星间断发生，影响深度小于0.5m，对施工影响较小。

(2) 中等岩爆。围岩爆裂脱落剥离现象较严重，有少量弹射，破坏范围明显。有似雷管爆破的清脆爆裂声，人耳常可听到围岩内岩石的撕裂声，有一定持续时间，影响深度0.5～1m；对施工有一定影响。

(3) 强岩爆。围岩大片爆裂脱落，出现强烈弹射，发生岩块的抛射及岩粉喷射现象，有似爆破的爆裂声，声响强烈，持续时间长，并向围岩深度发展，破坏范围和块度大，影响深度1～3m；对施工影响大。

(4) 极强岩爆。围岩大片严重爆裂，大块岩片出现剧烈弹射，震动强烈，有似炮弹、闷雷声，声响剧烈，迅速向围岩深部发展，破坏范围和块度大，影响深度大于3m，严重影响工程施工。

1.2.3.4 按岩爆发生的时间进行分类

(1) 即时型岩爆。开挖卸荷效应影响过程中，完整坚硬围岩中发生的岩爆。深埋隧洞发生岩爆的位置主要有：施工过程中的隧洞掌子面、距掌子面0～30m范围内的隧洞顶拱、拱肩、拱脚、侧墙、底板以及隧洞相向掘进的中间岩柱等，岩爆多在开挖后几个小时或1～3天内发生。深埋隧洞的某一洞段可能发生1～2次岩爆，也可能连续发生多次不同等级或烈度的岩爆。

（2）时滞型岩爆。深埋隧洞高应力区开挖卸荷及应力调整平衡后，外界扰动作用下发生的岩爆。该类型岩爆在深埋高应力区开挖时较为普遍。时滞型岩爆的岩爆区开挖时应力调整剧烈，微震活动活跃，规律与特征明显，但岩爆发生前无明显的应力调整和微震活动，有明显的"平静期"。主要是由于该区域开挖后应力调整累积到一定程度，达到岩爆发生的临界或亚临界条件，再加上爆破等外界扰动而发生。

1.2.4 岩爆的判据及预测方法

1.2.4.1 岩爆的判据

已有岩爆判据主要从岩石强度应力比/应力强度比、能量、刚度、岩性等参数或综合各种参数对地下洞室围岩是否具有发生岩爆倾向进行判别，并给出相应烈度分级标准。

1. *强度应力比/应力强度比法*

（1）陶振宇判据。陶振宇结合国内工程经验，在前人研究基础上，提出以岩石单轴抗压强度与初始应力场中最大主应力的比值（σ_c/σ_1）作为岩爆等级判据（表1.2-2）。

表1.2-2　陶振宇判据

σ_c/σ_1	岩爆等级及现象	σ_c/σ_1	岩爆等级及现象
>14.5	无岩爆发生，也无声发射现象	2.5～5.5	中等岩爆活动，有较强声发射现象
5.5～14.5	低岩爆活动，有轻微声发射现象	≤2.5	高岩爆活动，有很强的爆裂声

（2）二郎山公路隧道判据。徐林生和王兰生根据二郎山公路隧道施工中记录的200多次岩爆资料的归纳总结分析，提出了以洞边墙围岩最大切向应力$\sigma_{\theta max}$与岩石单轴抗压强度σ_c的比值作为岩爆等级判据（表1.2-3）。

表1.2-3　二郎山公路隧道判据

$\sigma_{\theta max}/\sigma_c$	岩爆等级	$\sigma_{\theta max}/\sigma_c$	岩爆等级
<0.3	无岩爆	0.5～0.7	中等岩爆
0.3～0.5	轻微岩爆	≥0.7	强烈岩爆

（3）挪威Barton判据。Barton以初始地应力场中最大主应力与岩石单轴抗压强度之比（σ_1/σ_c）作为岩爆等级判据（表1.2-4）。

表1.2-4　Barton判据

σ_1/σ_c	岩爆等级	σ_1/σ_c	岩爆等级
0.2～0.4	中等岩爆	>0.4	严重岩爆

（4）拉森斯判据。以岩石点荷载强度与洞边墙围岩最大切向应力（$I_s/\sigma_{\theta max}$）作为岩

爆等级判据（见表 1.2－5）。

表 1.2－5 拉森斯判据

$I_s/\sigma_{\theta max}$	岩爆等级	$I_s/\sigma_{\theta max}$	岩爆等级
<0.083	严重岩爆	0.15～0.20	低岩爆
0.083～0.15	中等岩爆	>0.20	无岩爆

（5）Turchaninov 判据。Turchaninov 根据科拉岛希宾地区矿井建设经验，认为岩爆由洞室切向应力 $\sigma_{\theta max}$ 与轴向应力 σ_L 之和与岩石单轴抗压强度 σ_c 之比进行确定（见表 1.2－6）。

表 1.2－6 Turchaninov 判据

$(\sigma_{\theta max}+\sigma_L)/\sigma_c$	岩爆等级	$(\sigma_{\theta max}+\sigma_L)/\sigma_c$	岩爆等级
≤0.3	无岩爆	0.5～0.8	中等岩爆
0.3～0.5	可能有岩爆	>0.8	严重岩爆

（6）Hoek 判据。E. Hoek 和 E T. Brown 总结了南非采矿巷道围岩破坏的观测结果，利用洞边墙围岩切向应力与岩石单轴抗压强度之间的关系，归纳总结出岩爆等级判据（见表 1.2－7）。

表 1.2－7 Hoek 判据

σ_θ/σ_c	岩爆等级	σ_θ/σ_c	岩爆等级
0.34	弱岩爆，少量片帮	0.56	强烈岩爆，需重型支护
0.42	中等岩爆，严重片帮	≥0.70	严重岩爆，严重破坏

（7）安德森判据。安德森以洞边墙围岩切向应力与岩石单轴抗压强度之比（σ_θ/σ_c）作为岩爆等级判据（见表 1.2－8）。

表 1.2－8 安德森判据

σ_θ/σ_c	岩爆等级	σ_θ/σ_c	岩爆等级
<0.35	一般不发生片帮及岩爆	>0.5	产生岩爆
0.35～0.5	可能发生岩爆或片帮		

（8）工程岩体分级标准判据。GB 50218—2014《工程岩体分级标准》中按岩石单轴抗压强度与垂直洞轴线方向最大初始主应力之比（σ_c/σ_{max}）给出高应力条件下岩体在开挖过程中的破坏现象（见表 1.2－9）。

（9）水利水电工程地质勘察规范判据。GB 50487—2008《水利水电工程地质勘察规范》中根据岩石饱和单轴抗压强度与最大初始主应力之比（σ_c/σ_{max}）对岩爆等级进行划分，并给出了对应等级的岩爆主要现象及相应建议防治措施（见表 1.2－10）。

表 1.2-9　　GB 50218—2014 中高应力条件下岩体在开挖过程中的破坏现象

σ_c/σ_{max}	主要现象
<4	硬质岩：开挖过程中时有岩爆发生，有岩块弹出，洞边墙岩体发生剥离，新生裂缝多，成洞性差；基坑有剥离现象，成形性差
	软质岩：岩芯有饼化现象，开挖过程中洞边墙岩体有剥离，位移极为显著，甚至发生大位移，持续时间长，不易成洞；基坑发生显著隆起或剥离，不易成形
4～7	硬质岩：开挖过程中可能出现岩爆，洞边墙岩体有剥离和掉块现象，新生裂缝较多，成洞性较差；基坑时有剥离现象，成形性一般尚好
	软质岩：岩芯时有饼化现象，开挖过程中洞边墙岩体位移显著，持续时间较长，成洞性差；基坑有隆起现象，成形性较差

表 1.2-10　　GB 50487—2008《水利水电工程地质勘察规范》判据

σ_c/σ_{max}	岩爆分级	主要现象和岩性条件	建议防治措施
4～7	轻微岩爆（Ⅰ级）	围岩表层有爆裂射落现象，内部有噼啪、撕裂声响，人耳偶然可以听到，岩爆零星间断发生，一般影响深度0.1～0.3m	根据需要进行简单支护
2～4	中等岩爆（Ⅱ级）	围岩爆裂弹射现象明显，有似子弹射击的清脆爆裂声响，有一定的持续时间，破坏范围较大，一般影响深度0.3～1m	需进行专门支护设计，多进行喷锚支护等
1～2	强烈岩爆（Ⅲ级）	围岩大片爆裂，出现强烈弹射，发生岩块抛射及岩粉喷射现象，巨响，似爆破声，持续时间长，并向围岩深部发展，破坏范围和块度大，一般影响深度1～3m	主要考虑采取应力释放钻孔、超前导洞等措施，进行超前应力解除，降低围岩应力，也可采取超前锚固及格栅钢支撑等措施加固围岩，需进行专门支护设计
<1	极强岩爆（Ⅳ级）	洞室断面大部分围岩严重爆裂，大块岩片出现剧烈弹射，震动强烈，响声剧烈，似闷雷迅速向围岩深处发展，破坏范围和块度大，一般影响深度大于3m，乃至整个洞室遭受破坏	

2. 能量法

(1) 冲击倾向指数判据。A. Kidybinshi 引用 Stecowka 和 Domzal 等人所提出的弹性应变能储存指数概念来判断岩石发生岩爆的可能性。冲击倾向指数是岩石峰值强度前岩样试件存储的最大弹性应变能与塑性变形耗损的应变能之比，即

$$W_{ET}=\frac{\phi_{sp}}{\phi_{st}} \tag{1.2-1}$$

式中　W_{ET}——冲击倾向指数；

ϕ_{sp}——储存的最大弹性应变能；

ϕ_{st}——耗损的应变能。

冲击倾向指数判据见表 1.2-11。

表 1.2-11　　冲击倾向指数判据

W_{ET}	岩爆等级	W_{ET}	岩爆等级
<2	无岩爆	≥5	强岩爆
2～5	中、弱岩爆		

（2）岩爆能量比判据。Motycaka 从室内单轴试验破碎岩体抛掷能量出发定义岩爆能量比指标：岩样试件在单轴抗压实验破坏时，η 值越大，则此类岩石岩爆倾向性越大，其中 η 用破碎岩片抛出的能量 ϕ_k 与试块储存的最大弹性应变能 ϕ_{sp} 之比表示，即

$$\eta=\frac{\phi_k}{\phi_{sp}}\times100\% \tag{1.2-2}$$

其中

$$\phi_k=\sum_{i=1}^{n}\frac{1}{2}m_i v_i^2 \tag{1.2-3}$$

式中　η——单轴抗压实验试件破坏时抛出岩块的个数；

m_i、v_i——第 i 块岩块的质量和初始弹射速度。

试件储存弹性应变能 ϕ_{sp} 可由试验测得的最大应力值 σ_{max} 和最大弹性应变 ε_{max} 按下式求出

$$\phi_{sp}=\frac{1}{2}\sigma_{max}\varepsilon_{max} \tag{1.2-4}$$

相应岩爆能量比判据见表 1.2-12。

表 1.2-12　　岩爆能量比判据

η/%	岩爆等级	η/%	岩爆等级
≤3.5	无岩爆	4.2～4.7	中岩爆
3.5～4.2	弱岩爆	>4.7	强岩爆

（3）岩爆的能量判据。陈卫忠等根据地下洞室开挖过程中围岩的实际受力状态，开展脆性花岗岩常规三轴、不同控制方式、不同卸载速率峰前、峰后卸围岩试验，研究岩石脆性破坏特征，并从能量角度探讨岩石破坏过程中能量积聚—释放的变化特征。基于这一试验结果，提出一种新的能量判别指标，即

$$K=\frac{U}{U_0} \tag{1.2-5}$$

式中　U——有限元计算中每个围岩单元体的实际能量；

U_0——岩石极限储存能。

岩爆能量判据见表 1.2-13。

表 1.2-13　　岩爆能量判据

U/U_0	岩爆等级	U/U_0	岩爆等级
0.3	弱岩爆，少量片帮	0.5	强烈岩爆，需重型支护
0.4	中等岩爆，严重片帮	≥0.70	严重岩爆，严重破坏

(4) 岩爆能量倾向指数法。侯发亮在冲击倾向性指数法的基础上，提出一种新的测定岩石岩爆倾向的方法，即岩爆能量倾向指数 W_{qx}。该指数根据岩石单轴抗压试验全应力—应变曲线而得。ϕ_Z 为岩石试件峰值强度前应力—应变曲线所围面积，该变量表示试件所能储存的最大能量。ϕ_H 为岩石峰值强度后应力—应变曲线所围面积，该量值则表示试件破坏时消耗的能量。两者之间的比值为岩爆能量倾向性指数，即

$$W_{qx} = \frac{\phi_Z}{\phi_H} \tag{1.2-6}$$

式中 ϕ_Z——储存能量；

ϕ_H——消耗能量。

W_{qx} 值越大表示岩石储存能量的性能越强，破坏时消耗的能量越少，从而发生岩爆的可能性越大。大量的实践资料表明，当 $W_{qx}>1.5$ 时则会发生岩爆地质灾害。

3. 刚度判别法

Cook 在 1965 年成功研制了刚性试验机，这一试验装置可有效减轻由于试验机加载过程中所存储弹性能造成岩石试件破坏猛烈程度加大现象。在对岩石破裂的力学现象及规律进一步认识基础上，将洞边墙围岩假设为试验设备，从破坏准则及试验机与岩石刚度变化角度类推，提出岩爆的刚度判据，即

$$K_m < K_s \tag{1.2-7}$$

式中 K_m——岩石加载过程的刚度；

K_s——应力达到峰值以后卸载过程的刚度。

当 $K_m<K_s$ 时，岩爆有可能发生。

4. 脆性判别法

(1) 冯涛等提出利用单轴抗拉、抗压强度以及峰值前后应变值来计算岩石的脆性系数，并以该系数作为衡量岩爆倾向性尺度，从岩石脆性角度建立岩爆发生的岩性判别条件，即

$$B = \alpha \frac{\sigma_c}{\sigma_t} \times \frac{\varepsilon_f}{\varepsilon_b} \tag{1.2-8}$$

式中 B——岩石的脆性系数；

α——调节参数，一般取 0.1；

σ_c——岩石单轴抗压强度；

σ_t——岩石单轴抗拉强度；

ε_f——峰值前应变；

ε_b——峰值后应变。

脆性系数 B 岩爆判据，见表 1.2-14。

表 1.2-14　　脆性系数 *B* 岩爆判据

B	岩爆等级	B	岩爆等级
≤3	无岩爆	≥5	严重岩爆倾向
3～5	轻微岩爆倾向		

(2) 许梦国等根据岩石峰值前的总变形和永久变形，用变形脆性系数法确定岩石岩爆倾向，即

$$K_U = \frac{\varepsilon_e}{\varepsilon_p} \tag{1.2-9}$$

式中 ε_e——岩石峰值强度前的总变形；

ε_p——峰值前的永久变形或称塑性变形。

变形脆性系数 K_U 岩爆判据见表 1.2-15。

表 1.2-15 变形脆性系数 K_U 岩爆判据

K_U	岩爆等级	K_U	岩爆等级
≤2	无岩爆	6.0～9.0	中岩爆
2.0～6.0	弱岩爆	>9.0	强岩爆

5. 临界深度法

岩体初始应力场主要由构造应力场和自重应力场两大部分组成，由于岩体所处地质环境不同，进而造成两者之间占有不同的比重。国内部分学者假设初始应力场中最大主应力为自重应力，推导出发生岩爆的最小埋深计算公式，即临界埋深公式，且部分结果已被相关规范推荐为工勘阶段判断依据。

(1) 侯发亮临界埋深判据。侯发亮认为岩爆虽多发生于水平构造应力较大地区，但若洞室埋深较大，即便无构造应力作用，由于上覆岩体效应，洞室也可能会发生岩爆，并根据弹性力学推导出仅考虑上覆岩体自重情况下的临界埋深 H_{cr} 计算公式：

$$H_{cr} = \frac{0.31\sigma_c\ (1-\mu)}{(3-4\mu)\gamma} \tag{1.2-10}$$

式中 μ——泊松比；

σ_c——岩石单轴抗压强度。

(2) 彭祝等根据 Gfiffith 准则亦推导出上覆岩体产生的应力场为岩爆的主要应力场来源时的临界埋深 H_{cr}，计算公式：

$$H_{cr} = \frac{8\sigma_t}{[(1+\lambda)+2(1-\lambda)\cos 2\varphi]\gamma} \tag{1.2-11}$$

式中 σ_t——岩石单轴抗拉强度；

λ——侧向压力系数；

φ——岩体摩擦角；

γ——岩石容重。

(3) 潘一山等从岩石损伤和塑性软化特性出发，推导出岩爆发生的临界埋深，具体计算公式如下：

$$H_{cr} = \frac{\sigma_c(1-\sin\varphi)\lambda}{2E\gamma\sin\varphi}\left[\left(1+\frac{E}{\lambda}\right)^{\frac{1}{1-\sin\varphi}} - \frac{E}{\lambda} - 1\right] \tag{1.2-12}$$

式中 E——岩体弹性模量；

λ——降模量；

φ——岩体摩擦角；

σ_c——岩石单轴抗压强度；

γ——岩石容重。

6. 复合判据

岩爆的产生是多因素综合作用的结果，上述判据仅从一个方面（如强度应力比、应力强度比、刚度或能量等）对岩爆发生与否进行判别，必然具有片面性和局限性。随着工程实践的增加以及室内试验研究结果的进一步分析，岩爆判据的研究已呈现出自单一判据向复合多元判据逐渐转变的趋势，而所得结果在实际工程应用中表现出了较好的适用性。

（1）秦岭隧道岩爆判据。谷明成等对秦岭隧道岩爆发生情况进行详细研究后认为岩爆形成发生的条件是：①能有效积聚应变能的岩石，即岩性条件；②有能量的来源，即较高的初始应力，同时还有引起应变能释放的外部条件。因此从岩性条件、初始应力条件和岩爆的控制因素等方面出发，提出岩爆复合判据：

$$\begin{cases}\sigma_c \geqslant 15\sigma_t \\ W_{ET} \geqslant 2.0 \\ \sigma_\theta \geqslant 0.3\sigma_c \\ K_v \geqslant 0.55\end{cases} \tag{1.2-13}$$

式中 σ_c——岩石单轴抗压强度；

σ_t——岩石单轴抗拉强度；

W_{ET}——应变能储存指数；

σ_θ——洞边墙围岩最大切向应力；

K_v——岩体完整性系数。

（2）天生桥二级水电站引水隧洞判据。武警水电指挥部天生桥二级水电站岩爆课题组认为围岩产生岩爆主要由应力条件和岩石强度以及围岩的变形特性所控制，针对天生桥二级水电站引水隧洞岩爆问题，提出适用于该工程的岩爆判据：

$$\begin{cases}\sigma_\theta \geqslant K_J\sigma_c \\ W_{ET} \geqslant 5\end{cases} \tag{1.2-14}$$

式中 σ_θ——洞边墙围岩最大切向应力；

K_J——相关系数，其值的选取需根据围岩表面应力组合状态而定，当围岩两向应力的比值（σ_L/σ_θ）为0.25时取0.30，为0.50时取0.40，为0.75时取0.45，为1.0时取0.50；

σ_L——洞轴向的应力；

σ_c——岩石单轴抗压强度；

W_{ET}——应变能储存指数。

（3）修改的谷—陶岩爆判据。张镜剑等对谷明成等提出的岩爆判据进行研究后，认为其中 $\sigma_\theta \geqslant 0.3\sigma_c$ 是根据秦岭隧道围岩片麻岩强度高的具体情况所得到的，其发生岩爆的条件偏高。而陶振宇所提出的 $\sigma_c/\sigma_1 \leqslant 14.5$ 岩爆下限条件偏低，为克服上述两判据在判别岩爆是否发生时的偏高与偏低缺陷，对谷—陶判据进行了修改，具体如下

$$\begin{cases}\sigma_1 \geqslant 0.15\sigma_c \\ \sigma_c \geqslant 15\sigma_t \\ K_v \geqslant 0.55 \\ W_{ET} \geqslant 2.0\end{cases} \tag{1.2-15}$$

式中 σ_1——初始应力场最大主应力；

σ_c——岩石单轴抗压强度；

σ_t——岩石抗拉强度；

K_v——岩体完整性系数；

W_{ET}——应变能储存指数。

修改后的谷—陶岩爆判据见表1.2-16。

表1.2-16　修改后的谷—陶岩爆判据

σ_1/σ_c	岩爆等级	岩　爆　现　象
<0.15	Ⅰ	无岩爆发生，无声发射现象
0.15～0.20	Ⅱ	低岩爆活动，有轻微声发射现象
0.20～0.40	Ⅲ	中等岩爆活动，有较强声发生现象
>0.40	Ⅳ	高岩爆活动，有很强的爆裂声

1.2.4.2　岩爆的预测方法

岩爆是一种受多因素影响的地质灾害，其发生与水文地质条件、地层岩性、地质构造、地应力大小、开挖施工方法等因素有关，且各因素对岩爆的影响有强有弱，同时由于各工程区地层岩性及地应力分布的差异，导致岩爆预测复杂且在应用上存在一定局限性。在实际工程中，往往由于岩爆预测的不及时、不准确，造成了较大的经济损失与社会危害。现今岩爆预测方法很多，主要有现场测试预测法、数值分析预测法、经验预测法等。

1. 现场测试预测法

(1) 声发射现场监测预报。岩石室内试验与现场监测结果表明，岩体（石）破坏之前声发射信号急剧增加。根据这一特点，可以将岩体声发射技术推广应用到岩爆监测预报中。

(2) 岩体电磁辐射监测预报。依据完整煤（岩石）压缩变形破坏过程中，弹性范围内不产生电磁辐射，峰值强度附近时电磁辐射最强烈，软化后又无电磁辐射的原理，采用特制的仪器，现场监测岩体变形破裂过程中发出的电磁辐射脉冲信号。通过数据处理和分析研究预报岩爆。

(3) 地震波预测法。地震波预测法是利用单道地震仪对工作面及前方岩体沿水平线每隔1m逐点测试岩石弹性波速度，并计算得到准岩体抗压强度，利用准岩体抗压强度预测岩爆。

2. 数值分析预测法

数值分析预测法主要有有限元法、离散元法、DDA等。这些方法大都是通过数值分析计算，对开挖区进行地应力分析或对局部断面进行分析，计算地应力值，根据岩爆的判别准则，对岩爆是否发生及严重程度进行预测。可以预测岩爆部位，确定岩爆破坏区大致范围，仿真演示岩爆发生全过程，提供全程变化的应力场、位移场、速度场等，大致判定岩爆烈度。一般岩爆发生部位岩体为非连续、非均质的复杂介质，采用数值分析法需要很大的存储容量和计算量。由于相邻面的位移必须协调，对于奇异问题的处理相对比较复杂和困难。因此，在计算过程中，对实际情况进行简化是十分必要的。

3. 经验预测方法

岩爆是一种复杂的动力失稳地质灾害，其发生与众多因素有关，这就造成岩爆预测的经验公式的多样性。同时岩爆与其影响因素之间存在复杂的非线形关系，这种复杂的非线形关系的识别存在一定模糊性。因此，建立一种能够综合考虑多种影响因素，提高预测精度的计算方法是很有必要的。

（1）模糊数学综合评判方法。根据前人分析影响岩爆发生因素的结果，选取了影响岩爆发生的必要因素，如地应力大小、区域岩体的抗拉和抗压强度、岩体的冲击倾向指数等，对岩爆进行综合评判预测。模糊数学综合评判方法能够对岩爆的发生与否及岩爆烈度大小进行预测。但由于影响岩爆发生的因素众多，合理选择主要的因素比较困难，其选取直接影响评判的结果。

（2）BP人工神经网络模型预测。根据已知岩爆判别准则得出影响岩爆的主要因素，对已知岩爆资料进行训练学习，进而对现有工程进行预测预报。采用BP人工神经网络模型进行岩爆预测，能够利用以往的工程资料研究现在的工程问题，不必寻求建立解析判据，减少了人为的干扰，从而更具客观性。并且具有很强的抗干扰性，使实测资料的个别误差不会对预测结果产生很大的影响，同时该方法可以综合考虑更多的影响因素。但其目前只能对是否有岩爆发生进行预测，而对于岩爆发生的具体部位和范围、能量大小、区域地应力场分布等却无能为力。

随着系统工程研究的日益发展与成熟，近年来还有一些新技术方法被应用到岩爆预测分析工作中，如动态权重灰色归类法、概率密度函数法、可拓理论、距离判别分析法以及几种数学方法的结合等。这些方法在对岩爆灾害进行分析时可考虑较多的影响因素，具有一定优势，但人为主观干扰性较大，应用的有效性值得进一步验证。以上各种岩爆的预测方法，或多或少的存在着一定问题。根据特殊地质现象对岩爆进行预测，主要受工程技术人员经验影响，不同程度的特殊地质现象，对应不同烈度的岩爆。岩石力学室内试验与分析预测法受到试验水平的影响，同时在判据的推求过程中存在着多种假设，含有一个或多个经验系数。岩爆现场测试预测法主要受到试验水平的影响。数值分析方法对实际情况做了较多的假设，同时由于各方法本身存在应用的局限性，造成数值分析结果的误差。经验预测方法建立在岩爆实录资料的基础上，实录资料的详细程度与准确程度对岩爆的预测结果都有直接的影响。另外，在岩爆的预测中，工程项目的实际特点各不相同，往往也会造成预测的不准确，对影响岩爆主次因素的选取也会影响到岩爆的预测。

1.2.5 岩爆的监测

岩爆的监测是现场开展的岩爆实测方法，通过对地下工程岩体直接进行监测或测试，来判断是否发生岩爆，目前主要有以下几种方法。

1.2.5.1 施工地质超前宏观观测法

工程实践表明，高地应力区深埋长大隧洞施工过程中围绕岩爆问题开展全面、系统的施工地质调研工作，查明岩爆发生的基本规律，从而利用与岩爆有关的某些特殊地质现象（钻孔岩芯饼裂现象、应力—应变全过程曲线异常等）来预测岩爆，这对保证安全施工、优化工程进度均具有重要意义。例如，日本关越公路隧道施工过程中超前钻孔发现的岩芯饼裂区就与岩爆区完全一致，这为正确预报岩爆，保证该隧道安全施工提供了重要依据。

1.2.5.2 钻屑量法

钻屑量法是通过向岩体钻小直径钻孔，根据钻孔过程中单位孔深排粉量的变化规律和钻孔过程中各种动力现象，了解岩体应力集中状态，达到预报岩爆的目的。在岩爆危险地段钻孔时，钻孔排粉量剧增，最多可达到正常值 10 倍以上，一般认为排粉量为正常值 2 倍以上时，即有发生岩爆的危险。该方法 20 世纪 60 年代在欧洲开始使用。

1.2.5.3 微重力法

微重力法是采用物探的方法对岩爆进行预测，其理论基础是脆性岩石的“扩容”，即岩石在应力的作用下，当其应变超过临界值时，岩石的体积会突然增大，此时岩石的微重力异常变化是由正到负，岩爆发生前，处于临界岩爆状态的岩石出现负重力异常极值，所以可以用微重力测量值作为岩爆发生的准则。当重力异常长时间处于正异常水平，则岩爆发生的概率比较低。

1.2.5.4 微震监测法

脆性岩石破裂时产生脉冲波向岩体四周传播，这种效应在岩石力学中常被称为微震，也称为声发射。室内试验和现场监测成果表明，岩石（体）在变形破坏之前声发射信号急剧增加。根据这一特点，可以将岩体声发射技术推广应用到岩爆监测预报中。微震监测法是对岩爆孕育过程最直接的监测方法。基本参数是能率和大事件数频度，它们在一定程度上反映岩体内部的破裂程度和应力增长速度。岩爆的产生需要积聚能量，而能量的积聚就意味着有一个暂时的声发射平静期，因此声发射活动的暂时平静是岩爆发生的前兆。此方法可在现场对岩爆进行直接的定量定位预报，是一种具有很大发展前景的直接测量方法。

1.2.6 岩爆的防治技术

在钻爆法施工中，岩爆问题的防治原则是以防为主，防治结合。主动防御时，可避让，可采取措施降低岩爆发生的可能性。被动治理时，可支护、清渣等，处理方法非常灵活。而 TBM 施工中，设备不能及时撤离，设备自身的防护能力有限，设备体积大，洞内很难展开其他机械的运作，一旦发生岩爆，被动治理的代价非常大，所以必须确立以防为主的原则。

无论是钻爆法施工还是 TBM 施工，总体来讲，岩爆防治方法主要包括：围岩支护、弱化岩体的力学性质、调整围岩应力状态和能量集中水平或三者的有机组合。另外，可配合改进施工方法或掘进参数、动态监测预警、改善设备对围岩的支护能力和自身的防护能力及建立治理预案等方法以达到更好的防治效果。

围岩支护是岩爆防治的重要措施，由于在岩爆发生时被动承受冲击作用力，故围岩支护也被称为“被动”措施。弱化岩体力学性质和调整围岩应力状态往往是相辅相成的，实施前者时常常可同时达到调整应力状态的目的。当然，还可以通过其他方法来调整围岩应力状态或分布方式。此类方法在开挖前积极主动采取措施，改变现状以期降低岩爆发生的概率和强度，适用于中等及以上强度的岩爆。

1.2.6.1 岩爆的被动防治措施

对于高应力特别是岩爆洞段的支护，由于应力大、变形大且具有动力破坏的特点而难以支护，因而不能采用常规的支护方法。国外的深井硬岩矿山在岩爆巷道支护方面起步较早，已积累了丰富的经验，代表性的国家有南非、前苏联、加拿大、美国、智利等国。南非在岩爆研究方面已有数十年历史，加拿大还进行了有关矿山岩爆及支护的五年计划专项研究，在岩爆支护研究及应用方面取得了令人瞩目的成就。

苏联研究的岩爆矿山开采深度为700～1500m，为弱岩爆和中等岩爆。岩爆中的支护方式有改造的普通锚喷支护、喷射钢纤维混凝土支护、柔性钢支架支护、锚喷网＋柔性钢支架联合支护等形式。特别值得一提的是前苏联在岩爆巷道中采用喷射钢纤维混凝土支护研究方面取得了较好的效果，并在矿山中得到推广应用，如北乌拉尔铝土矿等。

在美国，爱达荷州 Coeurd Alene 地区的矿山在岩爆支护方面取得了一些经验，岩爆支护一般为常规支护形式的改造，如通过加密锚杆间距、增强锚杆的强度和变形能力、改善金属网之间的搭接方式及其变形能力等。Lucky Friday 矿采用 0.9m 间隔的长为 2.4m 的树脂高强变形锚杆和链接式金属网，并配置中等间距的管缝式锚杆抵御中等岩爆。

在智利，El Tenienle 矿在岩爆支护方面取得了一些经验，该矿一般采用砂浆高强变形钢筋锚杆（类似于 Dwyidag），并配置链接式金属网，必要时喷上混凝土。

在加拿大，20 世纪 90 年代开始了针对 Sudbury 地区矿山的岩爆研究项目，通过实施 5 年研究计划，在岩爆支护方面取得了较系统的突破性成果，为目前世界上矿山岩爆研究的先进国家之一。加拿大对岩爆巷道的支护分三类。第一类为无砂浆胶结的机械式端锚锚杆，通常配以链接式网或焊接式网。典型的支护系统中机械式锚杆长为 1.8m，直径 16mm，以 1.2m×0.75m 的排距安装，金属网为 6 号铁丝网，网孔为 100mm×100mm，在一些矿山还采用了镀锌的链接式网以防止腐蚀。第二类为在第一类支护系统的基础上增加锚杆的密度和锚杆的长度，增强锚杆的变形能力，增大金属网的覆盖面积和增加网丝的直径，增喷混凝土等。例如再加上直径为 20mm、长 1.8～2.4m 的树脂浆变形预应力锚杆，以适中的间距锚入岩体进一步加固。第三类为采用非加固围岩的方法，即采用钢索带支护，它适用于高岩爆危险区。有代表性的支护为 7 股 16mm 直径的钢绳作索带，锚固件以钻石花形式间距布置 1.5m×1.2m，锚杆为软钢，直径为 16mm。

南非是迄今为止在岩爆研究领域取得成就最大的国家。南非金矿岩爆巷道支护常用锚杆支护和金属网、喷网、索网等柔性支护，对喷射混凝土支护抑制岩爆的作用也作了较深入的研究。

1.2.6.2 岩爆的主动防治措施

岩爆的主动防治措施主要有应力解除爆破、应力释放孔、高压注水和局部切槽等。苍岭隧道、秦岭隧道、福堂水电站引水隧洞和大伙房水利枢纽引水隧洞、二郎山隧道等均采用了该类方法。

1. 应力解除爆破

早在1951年，南非对高应力条件下的矿山开采进行了一项试验，应力解除爆破是其中的主要内容。1957年报道的研究和应用成果显示了总体良好的效果。应力解除爆破可以在数量和剧烈程度两个方面有效地控制围岩中的微震，即控制岩爆，这种效果在隧洞开挖中最稳定和最突出。但是，20世纪60年代中期，南非的一些著名学者（如Cook等）对以前这些认识的真实性和应力解除爆破的有效性提出了质疑，并直言不讳地指出："除了爆破本身的能量释放以外，没有导致任何其他能量的释放"。正是这种认识上的差异和争论，应力解除爆破从此处于搁置状态。

1972年，在南非工作数年以后返回美国的W. Blake博士报道了他在美国华莱士矿山1100m深度部位对处于高应力条件下矿柱开展的一系列应力解除爆破试验工作，W. Blake当时为这些试验配套开展了数值分析，研究认为：为避免岩爆，矿柱内必须有足够程度的破裂，以提高岩体的塑性特征，使得高应力作用下出现缓和性质的屈服。W. Blake的贡献不仅仅开展了现场试验，而且试图从理论上说明应力解除爆破的作用机理。在很大程度上，W. Blake的贡献还被认为是开启了应力解除爆破研究和应用的新篇章。

1983年，依泰斯卡咨询有限公司发表了有关应力解除爆破的有关研究和应用成果，肯定了应力解除爆破在控制岩爆方面的显著作用。岩石力学学科和国际岩石力学学会创始人之一、前国际岩石力学主席Fairhust院士亲自参与了这项工作，这一成果引起了业内人士的广泛关注。随后在20世纪80年代，美国矿务局和南非采矿研究组织等官方机构都相继专门开展了应力解除爆破技术的试验研究计划。在20世纪90年代末期，加拿大采矿工业研究组织委托工业界著名岩爆问题专家M. Board、W. Blake、R. Brummer对全世界范围内矿山领域的应力解除爆破技术及其工程应用进行了广泛的总结。2000年，以加拿大依泰斯卡公司为主体的一些机构联合在加拿大东部的New Brunswick深埋矿山开展了大规模（16万t矿体）的应力解除爆破和试验测试工作，定量和系统地评价了应力解除爆破的效果。2004年，加拿大依泰斯卡公司再次承担该矿山大规模应力解除爆破的生产任务，一次性解除25万t矿体内的高应力，这两次应力解除爆破堪称历史上最大规模的成功范例。

由于在应力解除爆破技术发展过程中存在认识上的差异，客观上也影响了对这项技术作用机理的研究。到目前为止，还没有足够的依据来解释为什么应力解除破坏可以有效地帮助控制岩爆，因此也没有形成应力解除爆破设计的一般方法。应力解除爆破设计仍然是建立在具体工程特点基础上，需要经历一个试验和校正的过程，最后形成适合于这一工程的特定设计方法和设计参数。在总结实践积累的基础上，应力解除爆破设计总体上基于以下两种设计思路。

第一种设计思想是在不导致岩体的过度损伤和增加开挖难度基础上，尽可能采用强爆破方式来预裂开挖区岩体，使被开挖岩体处于相对较低的应力状态。预期的作用机理是通过预裂岩体来降低岩体的脆性特征和提高塑性特征，达到软化岩体和储存能量的能力。

第二种设计思想是利用爆破导致岩体中结构面的滑移变形，通过这种变形来降低岩体中储存的能量水平，达到控制岩爆的目的。提出这一设计思想的考虑是对第一种设计思想的疑虑，认为稀疏布置的应力解除爆破孔可能很难导致高围压条件下的完整岩石产生破裂，降低岩体的刚性特征。1988年，Brummer等人进行了一系列的现场试验，意图是证实应力解除爆破可以导致断裂的变形和能量释放，起到控制岩爆的效果。1997年，Toper等人进行了应力解除爆破的现场观察和测试，结果发现：①对试验现场进行应力解除爆破以后，现场没有观察到新发展的裂缝，主要是岩体中已经存在裂缝的扩展和错位；②雷达测试结果显示，长3m、孔径38mm的应力解除爆破孔使约1.5m半径范围内的岩体受到了应力解除爆破影响。

对世界各地应力解除爆破成功实例的总结显示，应力解除爆破效果似乎与炸药类型关系不大，也就是说和装药量之间似乎缺乏密切联系。这一事实或许说明不同条件下围岩潜在岩爆机制的差别，上述两种设计思路可能都有其各自的针对性，在对应力解除爆破机理还不是很清楚的情况下，对于具体工程来说，试验对进行应力解除爆破还是有必要的。

实践表明，应力解除爆破在改变岩体特性的同时，岩体的受力状态会随之发生变化，即受到高应力作用的岩体，在受到应力解除爆破以后，应力集中程度会降低，集中区的位置也可以发生变化，一般认为更远离开挖掌子面。

2. 硬岩条件下高压注水试验

硬岩条件下断裂型岩爆因强度高，破坏力大而备受关注。针对断裂型岩爆，此前曾采取过两种处治措施，即应力解除爆破和高压注水措施，试图达到控制岩爆的结果。这两种措施的目的是人为地降低潜在诱震结构面的应力状态，达到把潜在强震转化为数个小微震，从而达到避免围岩破坏（岩爆）的效果。需要特别说明的是，M. Board完成的硬岩条件下的高压注水试验并没有实现通过“软化”围岩达到控制岩爆的设想，即便是硬岩能被软化，所需要的时间可能也难以被工程所接受。

20世纪80年代在南非首先发现断裂型岩爆以后，这类岩爆对采矿安全造成了严重威胁，并导致了很多的工程事故。因此集中开展这方面的研究工作，1990年在南非进行的高压注水试验就是其中的研究内容之一。

通过高压注水试验获得以下认识：

(1) 试验中根据现场实践确定哪些断层具有诱震性并因此进行高压注水，而具体注水点的选择则采用了数值模拟。

(2) 当断层透水性相对较好时，渗漏问题可能无法实现设计加载水平，此时可能需要很大的注水量迫使断层发生滑移。

(3) 从工程实践角度讲，如果不能有效地解决断层渗漏问题，高压注水难以成为岩爆控制的可行措施。高压注水或许适合于透水性弱，约束条件好的情形，如隧洞掌子面前方的断裂型岩爆控制。

(4) 进行高压注水的设备相对简单，压力泵、水管和水管与孔边墙的封堵是开展高压注水的基本需求。

除了应力解除爆破技术、高压注水技术外，其他一些措施，如应力释放孔、高压劈裂等也可以起到解除应力的作用，在一些工程实践中得到了应用。

1.2.7 岩爆防治工程实例

1.2.7.1 二滩水电站地下工程岩爆防治

二滩水电站位于四川省攀枝花市，地下厂房位于雅砻江左岸山坡内，垂直埋深200～300m，围岩岩体以正长岩、玄武岩为主，岩石新鲜完整，脆性较大，饱和抗压强度100～180MPa。现场应力测试结果表明，最大主应力20～40MPa。三大洞室均为大跨度、高边墙洞室，开挖顺序采用先顶拱，后台阶逐层向下开挖的方式，每个台阶高约6m。在开挖过程中，曾数十次发生不同程度的岩爆，且多发生在顶拱开挖时距掌面10m范围内和上下台阶或两个洞室贯通处，其中较为严重的两次岩爆，一次发生在1995年9月8日，当2号尾调室靠南端墙侧上下台阶开挖一次性贯通时，诱发了主变压器室1～3号母线洞间岩爆。另一次发生在1996年4月30日，当厂房2号机基坑开挖与2号尾水管贯通时，在1号和2号母线洞的衬砌混凝土，厂房下游边墙K0＋060～K0＋130段的中下部，厂房顶拱K0＋070～K0＋150段发生岩爆。

在顶拱开挖时，没有特意采取预防措施，仅对开挖后的新鲜岩面及时进行随机锚杆和喷混凝土支护，它对发生较晚的岩爆也起到一定的预防作用。在进行台阶开挖时，为了预防岩爆并结合永久性支护，对已开挖的顶拱及边墙进行了以下支护：

(1) 安装系统锚杆。人工布孔，多臂液压钻造孔，人工安装锚杆，封堵孔口，灌浆机灌浆。锚杆长6m和8m，交叉布置。

(2) 湿喷混凝土。拌和楼拌料运至现场，湿喷机喷射素混凝土或钢纤维混凝土，或在岩面挂上预制好的ϕ4mm，钢筋网网格的间距150mm×150mm，再喷混凝土。

(3) 锚索支护。采用锚索钻孔机造孔，人工制作锚索，安装锚索，灌浆机灌浆，张拉机张拉。锚索长度有15m、18m、20m、30m、35m、40.2m多种，张拉吨位有75t、150t、175t、350t等类型。

发生岩爆岩体的处理上，对于规模较小的岩爆，采用湿喷钢纤维混凝土进行支护处理。1995年9月8日的岩爆，采用反铲清除岩爆区表面松动岩石，机械手湿喷钢纤维混凝土，安装4～8m带垫板的砂浆锚杆，2号和3号母线洞之间岩柱上安装75t级预应力对穿锚索，主变室上游侧墙安装长20m、175t级预应力锚索。1996年4月30日的岩爆，在厂房1～3号机基坑下游侧边墙增加一排长35m、350t级预应力锚索，基坑底部增加一排长30m、175t级预应力锚索。在厂房顶拱K0＋043～K0＋193之间增加长11m、15t级预应力锚索。

1.2.7.2 福堂水电站引水隧洞岩爆防治

福堂水电站位于四川省阿坝州汶川县境内的长江一级支流岷江干流上游，为引水式电站，引水隧洞沿岷江左岸布置，从进水口至地面调压井隧洞全长约19.3km。引水隧洞7号洞下游K14＋406～K15＋419.4段长1013.4m，为圆形有压隧洞，洞径为9m。洞室垂直埋深450～700m，水平埋深500～800m。围岩为花岗岩，岩体呈微风化～新鲜状态，次块状结构，判定以Ⅱ、Ⅲ类围岩为主，成洞条件较好。因埋深较大，围岩坚硬干燥，在实际施工中，隧洞K14＋510～K15＋410段900m出现了不同程度的岩爆，累计记录达400

余次，造成了砸坏机械，砸伤作业人员和停工停产等严重事故。

鉴于福堂水电站引水隧洞7号洞的实际情况，所采用的防治岩爆的方法是在施工阶段中进行的，立足于减轻或避免岩爆伤人毁机及导致围岩大面积失稳的目标。改进开挖爆破方法：①直径为9m的圆形洞室断面采用光面控制爆破（底部预留1.5m）；②考虑到全断面一次钻孔对围岩扰动大，易诱发岩爆，故钻孔作业分两步进行，先进行上半部钻孔，提前释放一部分地应力，以减少下半部钻孔作业时对人的威胁。采用以下支护方式：

(1) 径向锚杆＋素喷混凝土支护。福堂电站岩爆具有滞后性、重复性等特点，为防止这类岩爆的发生，故设置径向锚杆，同时，为防止锚杆间的劈裂型岩爆，还补喷了5～8cm厚的素混凝土，锚杆直径为ϕ22mm梅花形布置，间距1～1.2m，长度2～3m。在K14＋560～K14＋620段和预测岩爆规模较小的其他洞段进行了这种支护。实践证明，该方法对预防滞后型岩爆有较好效果。

(2) 径向锚杆＋钢筋网＋喷混凝土支护。岩爆发生后围岩会产生一个松动圈，厚度1～2m。为防止地质环境继续恶化发生坍塌，主要采用此类支护形式防治较大规模滞后型的岩爆。该支护维护围岩能力强，与围岩密贴，可有效地使应力向围岩深部转移，是一种有效的防治岩爆的支护措施，福堂电站主要采用的是此种类型支护措施。

(3) 径向锚杆＋喷钢纤维混凝土支护。福堂电站引入喷钢纤维混凝土防治岩爆是对新材料、新工艺的尝试，钢纤维掺量35～40kg/m^3。钢纤维混凝土较普通混凝土显著提高了抗拉强度和韧度系数，在防治岩爆支护中可取代钢筋网，减小喷混凝土层的厚度，造价比挂钢筋网喷混凝土节约10％，再加上因取消挂网节省时间，有一定优越性。

(4) 型钢支撑＋模筑护边墙混凝土支护。在隐裂隙较发育特别是有不利结构面组合洞段，由于岩爆使围岩松弛，极易发生坍塌。在K12＋278～K12＋286段因地质条件复杂，又未能及时跟进有效的支护措施而出现大坍塌，在接下来的K12＋286～K12＋304段，岩石强度较高，山体内不时传出闷雷声响，属于围岩深部岩爆。开挖后立即采用型钢支撑，及时跟进浇筑20～30cm厚护边墙混凝土支护。在后来落底开挖时仍能听见山体内有闷雷声响，感觉到整个护边墙混凝土在震动，但支护结构并未破坏，支护效果较为明显。

1.2.7.3 秦岭公路隧道岩爆防治

秦岭终南山特长隧道位于新建西安至安康高速公路西安至柞水段青岔乡与营盘镇之间，是我国最长的平行双车道公路隧道。隧道全长18020m，断面尺寸为10.9m×7.6m，隧道最大埋深1600m，埋深大于1000m的地段超过4km。隧道岩石为混合片麻岩和混合花岗岩，强度高、脆性大，饱和抗压强度120～170MPa。在700m以上的深埋洞段，最大主应力达20～40MPa。施工过程中在埋深超过750m的施工地段发生了较为强烈的岩爆，一度给施工造成很大的困难，对施工安全、快速掘进构成严重威胁。

为减少岩爆产生的危害，采用了以下的防治措施：

(1) 喷洒高压水。爆破后立即向工作面及以后约15m范围内隧道周边喷洒高压水，以改变岩石表面物理力学性质，降低岩石脆性、增强塑性，以达到减弱岩爆剧烈程度的目的。另外将围岩表面冲洗干净便于进行检查，此法一般用于轻微或中等程度岩爆。

(2) 改善岩爆区的施工方法。采用光面爆破技术。在中等以上岩爆区，采用该方法，以达到开挖轮廓线圆顺，尽量避免凹凸不平造成应力集中，减弱岩爆的发生。在岩爆严重地段，将全断面开挖改为小导洞开挖，以使应力逐步释放，达到降低岩爆危害程度的目的。在施工中有长510m洞段采用小导洞开挖，取得了很好的效果。预先在有可能发生岩爆的部位有规则地钻一些空孔，不设锚杆而注水，以便释放应力，阻止围岩达到极限应力而产生岩爆。

(3) 采用一定支护方式。对中等程度的岩爆一般采用系统锚杆加固围岩，锚杆长为2.5～3m，间距0.8～1.2m，呈梅花形布置，锚杆垂直于岩面。利用系统锚杆的组合作用，可改善围岩的应力状态，避免产生较大的局部应力集中，从而达到降低诱发表面岩爆的可能性。同时挂网、喷混凝土，厚度一次要达到5cm。在岩爆较严重地段的掌子面设超前锚杆，根据循环进尺确定锚杆长为2.5～3.5m，间距0.5～0.8m。采用后效果明显，有效地防止或减弱了岩爆烈度及围岩剥落或弹射现象。在岩爆强烈地段，采用加长锚杆(3.5m以上)、挂网、喷混凝土及钢支撑相结合的联合支护方法，以提高结构的整体支护能力，防止岩块突然的弹射式或爆裂式剥落。在K76+265～K76+277段和K76+292～K76+392段采用此方法取得了很好的效果，保证了安全。

1.2.7.4 永乐电站引水隧洞岩爆防治

永乐电站为四川省内大渡河干流上一座中型水电站，其引水隧洞全长5137m，开挖断面为10.3m×10.3m，垂直埋深最深处约为1500m，水平埋深最大处为1500m。隧洞岩石以白云岩为主，工程区岩体的地应力较高，经试验测得最大初始主应力为42.2MPa。在施工过程中，发生过不同程度的岩爆。

针对不同类型及烈度的岩爆，采用不同的防治措施。在轻微岩爆区，采用向工作面及隧道边墙面喷水，促进围岩软化，从而消除或缓解岩爆程度。发生中等程度的岩爆后，停止施工作业，退后100m躲避，并用高压水远距离向岩爆区岩面喷射，待岩爆缓解，基本无岩爆迹象后进行找顶，清除在顶拱拱部、掌子面两边上的岩爆松石，进行喷混凝土。随后在岩爆区钻孔安装锚杆、挂网、喷混凝土。发生强烈的岩爆后，停止施工作业，退后200m躲避，待岩爆自然缓解后，用机械手进行找顶，清除在顶拱拱部、掌子面两边上的岩爆松石，及时进行钢纤维混凝土的喷射工作。随后在边墙及拱部成放射状向岩体内部钻孔，并向孔内灌高压水，软化岩体，加快围岩内部的应力释放。最后安装锚杆、挂网、喷混凝土。永乐电站隧洞在施工过程中发生了几次剧烈岩爆，最大抛石达2.5m^3，抛射8m，施工中采取了以下主动控制岩爆的措施：

(1) 超前钻孔或在超前钻孔中进行松动爆破，在围岩内部造成一个松弛带，形成一个低弹模区，从而使洞边墙及掌子面应力降低，使高应力转移至围岩深部。

(2) 采用超前导坑，提前释放部分应力，在较大断面洞室中采用下导坑超前二次扩挖成型的施工方法，实行逐步卸荷，从而有利于顶拱稳定。

1.2.7.5 通渝隧道岩爆防治

通渝隧道是重庆202省道城黔路燕子河至大进段二级公路建设的关键性控制工程。该隧道主要穿越寒武系至三叠系的一套碳酸盐岩和碎屑岩地层，全长4279m、最大埋深约1000m，属深埋特长公路隧道，实测最大主应力值达33.04MPa，高地应力与岩爆问题是该隧道的主要工程技术难题之一。自2002年5月28日开工建设至2003年11月24日隧道贯通期间，先后共发生了数十次烈度不等的岩爆。集中发生岩爆的不同围岩洞段共有8段。

隧道工程施工过程中，针对不同烈度的岩爆，采用了不同的施工方法。

（1）在弱岩爆区和中等岩爆区，采用相同的开挖爆破方法：①一般进尺控制在2～2.5m；②尽可能全断面开挖，一次成形，以减少围岩应力平衡状态的多次破坏；③控制光爆效果，以减小围岩表面应力集中现象，减少（弱）岩爆现象。

（2）在弱岩爆区，施加初期支护：①共喷10cm厚C20混凝土，酌情分两步循环作业；②施加ϕ22系统锚杆，长2.5m，间距1m×1m，梅花形布置，加垫板；③挂ϕ6.5钢筋网，网格间距150mm×150mm。

（3）在中等岩爆区，施加初期支护：①共喷12cm厚C20混凝土，酌情分三步循环作业；②施加ϕ22系统锚杆，长3m，间距1m×1m，梅花形布置，加垫板；③挂ϕ6.5钢筋网，网格间距150mm×150mm，必要时局部岩爆破坏较严重部位可酌情增设格栅钢架支撑。

（4）在强烈岩爆区，爆破开挖时进尺控制在2m以内，必要时也可以采用上下台阶法开挖，以减弱岩爆；严格控制光爆效果，以减小围岩表面应力集中现象。施加初期支护：①共喷15cm厚C20混凝土，分三步循环作业；②施加ϕ22系统锚杆，长3.5m，间距1m×1m，梅花形布置，加垫板；③挂钢筋网，网格间距150mm×150mm；④增设格栅钢架支撑。

1.2.7.6 德国煤炭行业的岩爆防治

德国等国家煤矿行业岩爆问题相对突出，煤矿行业岩爆控制采取了一些与硬岩矿山行业不同的措施。其中一类是由于应力集中区一带高压气体导致；另一类属于高应力导致的岩爆或煤爆，从本质上讲，这类破坏与硬岩条件下岩爆之间应不存在本质区别，德国煤矿行业对岩爆发生条件和机理的认识可以归纳如下：

（1）岩（煤）爆是开采（挖）面前方处于高应力作用下煤层的突然破坏。

（2）煤爆伴随煤块弹射、剧烈气爆和高达3.4级的微震事件。

（3）对于某些煤矿（采场）而言，岩爆风险可以根据埋深、开采布置、顶底板是否存在硬质砂岩等条件进行判断。

图1.2-3为德国煤矿山开采实践的岩爆控制方案。具体如下：

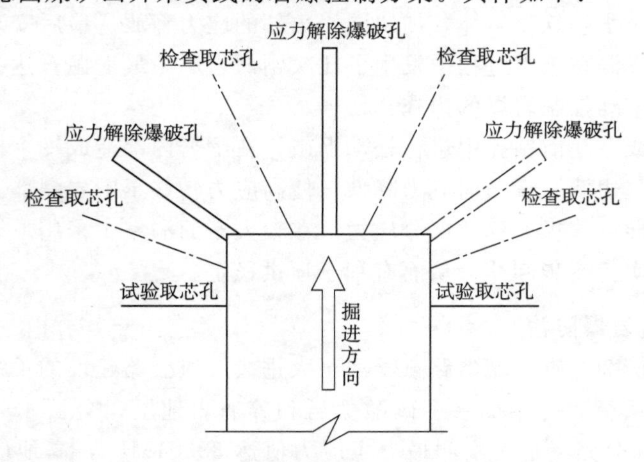

图1.2-3 德国煤矿开采实践中的岩爆控制方案

（1）进入潜在岩（煤）爆区域后，由受过专门培训的人员日常性地开展向两侧钻直径一般为50mm的试验取芯孔，深度一般为开采层厚度的3倍。

（2）观察岩（煤）芯的柱（片）状化情况和岩芯柱（饼）的数量，如果数量超过某一经验值，且钻进过程中伴随颤（震）动现象，则需要特别注意孔内柱（饼）化岩芯所在位置，它代表了高应力所在部位。

（3）如果高应力区过于接近开挖面，则需要采取措施解除开挖面附近的高应力。

（4）通常应力解除爆破孔直径为100mm左右，深度往往大于3倍开采层厚度。

（5）然后再钻检查取芯孔，当检查孔岩芯显示高应力区与掌子面超过安全距离时，方可进行正常掘进（开采）。

（6）当检查发现应力集中区位置与开挖面之间的距离不满足要求时，对检查孔实施应力解除爆破，再重复钻检查孔。

以上措施构成了当时岩爆风险下的施工作业流程，其中钻孔取芯可能比较耗时。鉴于取芯的主要目的是了解高应力区位置，可以通过其他一些技术如微震/声发射监测、钻孔成像技术等来实现。

20世纪80年代，德国一些煤矿还尝试过以表面喷水的方式帮助释放煤层应力，当时这一措施还处于尝试阶段。这适用于两种情形：一是应力集中区非常接近开挖面；二是煤层软化系数相对较高。研究表明，当煤层吸水率达到3%时，水的软化作用明显。

1983年德国还开发了煤块力学特性的室内测试技术及设备，以帮助判断是否具备发生煤爆的条件，这适合于应变型岩爆的科研工作。

1.2.7.7 波兰煤矿岩爆防治

波兰煤矿在判别岩爆风险时基本采用了德国的方式，但钻孔取芯的直径略小一些，为42mm。当高应力区与开挖面之间的距离在1.5倍开采层厚度范围以内时，认为工作面处于高岩爆风险状态。当该距离在3.4倍厚度时，认为存在岩爆风险。

除优化采矿布置和采矿方法以外，波兰煤矿岩爆控制采取以下措施：

（1）应力解除爆破。钻6～12m深孔，单孔装药量达到数十乃至上百千克，以达到破裂煤层但不损毁的目的，在所有措施中，该项措施被认为起到60%的作用。

（2）高压注水，采用最高15MPa的水压力向煤层内注水。该项技术来源于室内研究成果，认为当煤层吸水率达到3%时，可以有效地降低岩爆风险。在所有措施中，高压注水被认为起到30%的作用。

（3）除上述直接改变煤层特性的措施以外，还采用爆破和水压致裂的方式改变顶底板地层（围岩）的力学特性。在当时条件下，水压劈裂还处于尝试阶段，对水泵要求相对较高。

1.2.8 存在的问题

深埋地下洞室开挖是典型的围岩卸荷过程。已有室内常规岩石试验多集中于加载过程中试件的力学变形属性变化，对初始侧限高围压应力下卸载过程中岩石的强度、变形及能量演化规律研究较少，而这一过程却与开挖过程隧洞边墙围岩应力演化过程更为吻合。岩爆孕育、发生过程中应力—应变状态十分复杂，在某种意义上具有一定的不确定性。岩石的破坏归根到底是能量驱动下的一种状态失稳现象，开挖诱使岩体初始稳定能量场向残余稳定能量场转变，剩余弹性应变能释放可能导致岩爆发生。已有岩爆孕育发生机理偏重于地质力学及地震角度解释，虽多数岩爆定义中意识到能量释放作用，但仅从定性角度提出假设，对岩体中实际能量演化过程未给予足够重视，且并没有从这一角度对岩爆的孕育及发生机理进行详尽的研究分析，而从能量释放角度提出岩爆判据将更为符合实际。同时，现场岩爆记录分析表明，部分相对较低初始地应力洞段所发生较高等级岩爆的主控因素为岩体结构面与隧洞边墙组合作用，而这一方面的研究目前并不多见。

岩体作为一种地质材料，在不同地质时期，经历了不同的地质构造作用，岩爆为系统工程综合作用的结果。影响岩爆宏观表征的自然因素和人为因素很多，如地应力量级、岩体强度、地质构造、开挖方式等。已有研究多集中于此类因素的现场资料整理分析上，对于实际影响机理研究却明显不足，而从能量演化的角度对这些现象的解释说明则少之又少。

国内外岩爆支护设计研究表明，针对不同深埋工程、不同等级岩爆、符合现场地质特征及岩爆等级的支护设计可有效预防、降低、防治岩爆的发生。针对锦屏二级水电站深埋洞室的岩爆机理研究较多，而对现场支护设计研究并不多见的实际情况，有必要利用现场条件，开展不同支护措施的岩爆防治效果的实验研究。

1.3 需解决的关键技术难题

锦屏二级隧洞群的埋深大，地应力高，再加上复杂地质构造条件的作用，形成了该工程极端复杂和恶劣的外在高地应力环境，导致隧洞施工期内高应力诱发围岩失稳频发，岩爆灾害问题突出，严重制约了工程的顺利建设。该工程环境在国内外尚不多见，缺乏相关可借鉴的先例和工程经验。岩爆灾害因工程的特殊性变得更加复杂，致使对岩爆发育规律和形成机制缺乏清晰认识，进而缺乏相对准确预测岩爆破坏程度和风险的理论，对岩爆灾害的支护系统要求和防治策略也就缺乏理论基础，给锦屏二级水电站深埋引水隧洞的设计和施工带来了极大困难。施工期内多次因极强岩爆严重而损毁施工机械、威胁施工人员安全、破坏支护系统、耽误施工进度和增加施工成本等。因此，开展锦屏二级深埋隧洞岩爆灾害的形成机制、预测和预警方法及防治技术体系研究势在必行。

岩爆灾害是锦屏二级水电站深埋隧洞施工期的关键问题，而岩爆防治关键技术主要难题如下：

（1）复杂地质构造导致地应力分布十分复杂。锦屏二级水电站深埋隧洞横穿锦屏山，工程区所在断块及其新构造运动的特征决定了宏观构造应力场环境的复杂性，地形条件和不同尺度的地质构造（褶皱、断层）导致隧洞沿线局部应力分布和诱发岩爆控制因素也十分复杂。

（2）锦屏大理岩高应力卸荷力学性质的复杂性。在高应力卸荷条件下锦屏大理岩强度特征、变形规律均具有强烈非线性特征，导致了岩体开挖围岩损伤和破裂过程以及能量积聚和释放过程的复杂性。锦屏大理岩体复杂的时效特征也导致了岩爆发生具有滞后特征，增加了预测分析的难度。

(3) 施工方法和施工布置增加了岩爆形成条件的复杂性。TBM 掘进和钻爆法两种工法进行施工，多条隧洞间复杂开挖布局，如支洞开挖、相向开挖等导致岩体受到复杂扰动，致使岩爆诱发机制变得十分复杂多样。

(4) 岩爆的发生时间、等级及影响范围难以预测。岩爆预测预警是一个尚待解决的难题。在此之前，岩石力学工程界普遍认为岩爆的发生时间无法预测，发生等级和影响范围也难以预测。

(5) 岩爆的治理更是一个世界级难题。从锦屏二级水电站深埋隧洞前期揭示的岩爆情况看，岩爆发生具有随机性、突发性、能量高、等级强等特点，需针对不同等级、不同危害程度的岩爆采取不同的治理策略，同时需要最大限度地避免对人员设备的伤害。

1.4 主要研究内容

本书通过搜集整理国内外岩爆相关文献资料，结合锦屏二级水电站深埋引水隧洞、排水洞等工程地质资料及现场岩爆记录，对引水隧洞及排水洞岩爆的孕育发生机制进行研究分析，在这一基础上，结合已有岩爆判据，对影响岩爆发生及宏观表征的多种因素进行定性定量分析，进而提出岩爆预测防治工作的总体思路，开展现场应力解除爆破试验及岩爆支护试验，归纳总结不同岩爆风险段的防治施工工法。同时，对强岩爆风险段 TBM 及钻爆法施工技术进行了归纳总结，提出了岩爆综合防治技术。

本书主要研究内容有：

(1) 锦屏二级水电站深埋引水隧洞工程地质条件。

针对锦屏二级水电站深埋引水隧洞的环境地质背景进行了系统分析。主要包括引水隧洞区基本地质条件和地应力场，重点研究了区内软弱、破碎岩石的分布和特性，主要控制性断层和节理、裂隙发育特征，以及构造应力场的优势方向、应力状态类型。同时，介绍了锦屏二级水电站深埋隧洞围岩分类体系（JPF）和基于 TBM 掘进参数的 JP_{TBM} 围岩分类体系，并采用 JPF 围岩分类系统，对四条引水隧洞长约 66.66km 洞段进行围岩评定分级。

(2) 岩爆现象特征与机理。

以锦屏二级水电站深埋引水隧洞施工过程中岩爆灾害的现场综合表现、发育和分布规律以及直接关联的地质、力学和工程等控制条件为基础，总结和吸取国内外岩爆研究的重要成果、认识和经验，揭示了深埋隧洞工程岩爆灾害的主要类型，深入分析了各类岩爆孕育过程中的关键控制因素和发生条件，系统阐述了各种类型岩爆的发生机理和诱发机制。

(3) 岩爆微震监测预测方法。

从微震基本概念入手，系统阐述了微震监测基本原理，微震定位精度影响因素以及微震监测设计。通过锦屏微震监测设计实例，分别介绍了钻爆法开挖和 TBM 掘进开挖下传感器的移动式布置方案。在此基础上，研究了锦屏工程岩爆风险微震解译判断的工作方法，列举了典型成功预测与风险规避岩爆案例。

(4) 应力解除爆破技术。

从应力解除爆破的发展历程、工程经验、原理、实施方案等方面对该方法进行详细的阐述，综合理论、数值计算及试验成果分析，比较不同应力解除爆破方案下的应用效果，指出这些方案的适用范围。

(5) 钻爆法开挖的岩爆防治技术。

基于锦屏二级水电站深埋引水隧洞钻爆法施工过程中岩爆灾害防治试验成果及现场经验，分析不同岩爆主动防治措施的优劣，系统比较了岩爆条件下各种支护措施，提出适用于锦屏二级水电站深埋引水隧洞钻爆法开挖的防岩爆支护系统。

(6) TBM 掘进的岩爆防治技术。

以锦屏二级水电站深埋引水隧洞 TBM 掘进开挖的工程实践为基础，提出了深埋长隧洞开挖的 TBM 选型、TBM 掘进条件下的岩爆防治思路及方案，并对极强岩爆风险下 TBM 掘进的导洞开挖方案进行了优化研究。

第2章 引水隧洞工程地质条件

2.1 工程概况

锦屏二级水电站位于四川省凉山彝族自治州境内的雅砻江锦屏大河湾处雅砻江干流上，系利用雅砻江锦屏150km长大河湾的天然落差近310m，裁弯取直引水发电。电站装机容量为4800MW，单机容量600MW，多年平均发电量242.3亿kW·h，保证出力1972MW，年利用小时5048h。它是雅砻江上水头最高、装机规模最大的水电站，属雅砻江梯级开发中的骨干水电站。工程枢纽主要由首部低闸、引水系统、尾部地下厂房三大部分组成，为一低闸、长隧洞、大容量引水式电站。

进水口集中布置在闸址上游的景峰桥右岸，地下发电厂房位于雅砻江锦屏大河湾东端的大水沟。引水洞线自景峰桥至大水沟，采用4洞8机布置，引水隧洞共四条，洞轴线方向N58°W，洞线平均长度约16.67km，最大开挖洞径13m，衬砌后洞径11.8m，上覆岩体埋深一般1500～2000m，最大埋深约为2525m，具有埋深大、洞线长、洞径大的特点，为超深埋长隧洞特大型地下水电工程。锦屏二级水电站隧洞洞群布置示意图如图2.1-1所示。

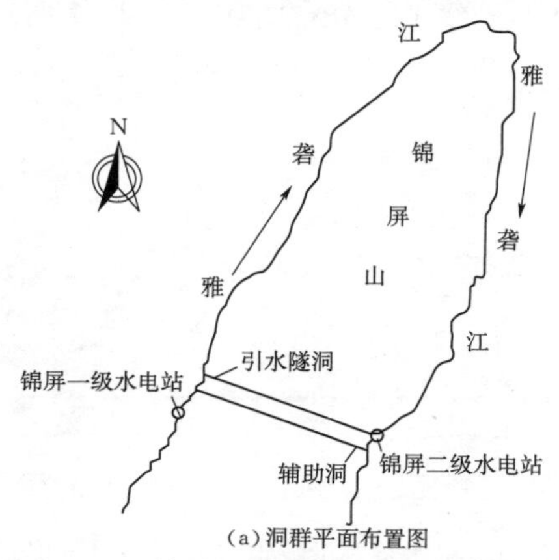

(a) 洞群平面布置图

图2.1-1（一） 锦屏二级水电站隧洞洞群布置示意图

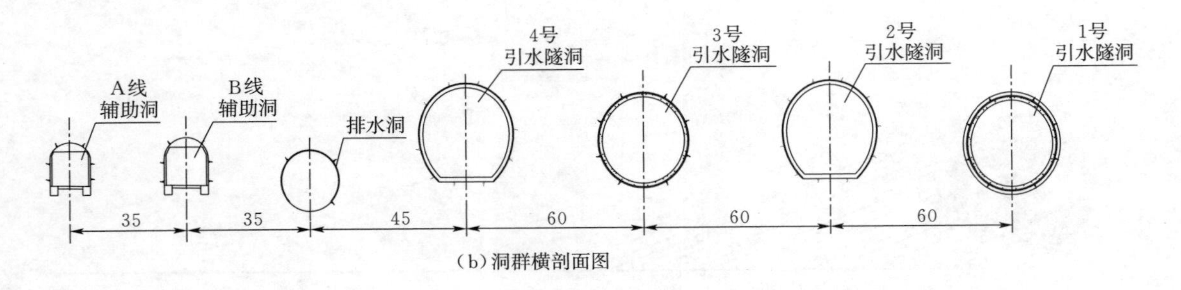

(b)洞群横剖面图

图 2.1-1（二） 锦屏二级水电站隧洞洞群布置示意图

2.2 隧址区地质环境背景

2.2.1 地形地貌

锦屏山以近南北向展布于河湾范围内，山势雄厚，沟谷深切，峭边墙陡立。山脊多呈尖棱状，主脊两侧山梁呈梳状排列。高程在3000m以上的山峰甚多，高于4000m者有大药山（4443m）、罐罐山（4480m）、干海子（4309m）、么罗杠子（4393.2m）等，最大相对高差达3150m。呈SN走向的地形主分水岭稍偏于西侧，分水岭两侧地形不对称，东侧宽而西侧窄。区内山势展布与构造线基本一致，地表起伏大，高差悬殊，山高谷深坡陡，是工程区地形地貌的基本特点。

一级支沟大多与雅砻江近于直交，且沟谷密度大，两岸高耸，切割较深，终年有水，如：东侧的磨房沟、楠木沟、大水沟、模萨沟、梅子坪沟等，西侧的陆房沟、羊房沟、解放沟、普斯罗沟、牛圈坪沟、棉纱沟、落水洞沟等。部分支沟属间隙性干谷。

2.2.2 地层岩性

隧洞群沿线所穿越的地层均为三叠系地层，即为 T_1、T_{2y}、T_{2b}、T_{2z}、T_3，地层总体走向以NNE向为主，引水隧洞沿线地层分布图如图 2.2-1 所示。现就各地层的岩性分述如下。

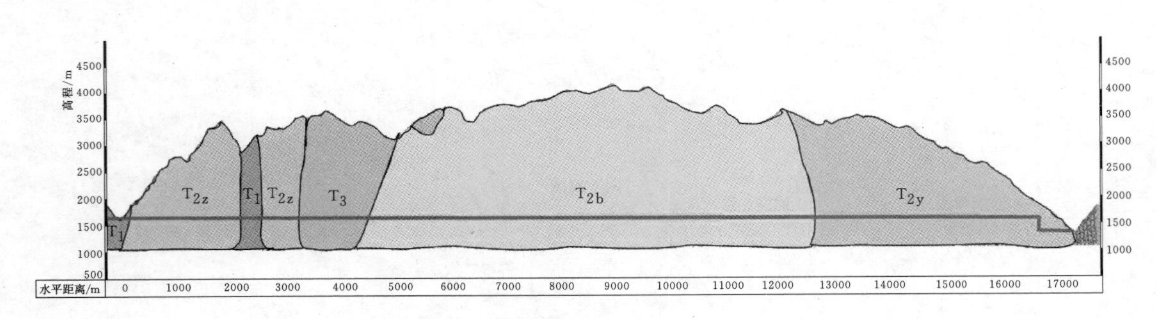

图 2.2-1 引水隧洞沿线地层分布图（单位：m）

2.2.2.1 三叠系下统（T_1）

三叠系下统（T_1）地层主要位于工程区的西部，岩性复杂，由黑云母绿泥石片岩、变质中细砂岩夹薄层状大理岩、砾状或条带状大理岩等组成。据辅助洞揭露沿洞线展布长度为426～459m。

2.2.2.2 杂谷脑组（T_{2z}）

杂谷脑组（T_{2z}）地层主要分布在工程区的西部，碳酸盐岩以岩粒变化多、岩性杂为特征，由白～灰白色纯大理岩偶夹绿片岩透镜体、薄层砂岩、云母片岩等。据辅助洞揭露沿洞线展布长度为1728～1755m。

2.2.2.3 三叠系上统（T_3）

三叠系上统（T_3）地层主要分布在主分水岭一带。岩性为砂岩和板岩，自下而上分为：

(1) T_3^1：青灰色中～厚层中细砂岩，以中层为主，夹薄层砂质板岩，厚为70～200m。

(2) T_3^2：黑色板岩夹少量深灰色细砂岩或粉砂岩、砂质板岩，层理清晰，厚为115～175m。

(3) T_3^3：青灰色厚层中粗粒砂岩含泥炭质碎片，偶夹板岩，层理发育，据辅助洞揭露沿洞线展布长度为2250m。

2.2.2.4 白山组（T_{2b}）

白山组（T_{2b}）地层主要分布在工程区的中部，结构致密、质纯。底部为杂色大理岩与结晶灰岩互层；中部为粉红色厚层状大理岩；上部为灰～灰白色致密厚层块状大理岩。据辅助洞揭露沿洞线展布长度为8056～8097m。

2.2.2.5 盐塘组（T_{2y}）

盐塘组（T_{2y}）地层主要分布在东雅砻江沿岸地带，引水隧洞主要穿越以下三个岩组，即：

(1) T_{2y}^4：由灰白、灰绿色条带状云母大理岩组成，局部夹厚0.3～1.5m灰白色白云质大理岩；该层据辅助洞揭露沿洞线展布长度为3618～405m。

(2) T_{2y}^5：下段为灰～灰黑色大理岩、灰～褐色条带状或角砾状中厚层大理岩，局部见有黑色含泥质灰岩；中段为粉红色大理岩，厚层状，大多为中粗粒结构；上段为灰白～白色粗晶大理岩，厚层块状，微具臭味。本层岩相变化较大，岩性为灰黑～黑色大理岩夹灰白色大理岩和泥质灰岩、灰白～白色中厚层大理岩及白色臭大理岩夹灰黑色或条带状大理岩、角砾状夹条带状或黑色大理岩（白色角砾大多具有臭味）。各种岩性之间变化呈渐变过渡状态。据辅助洞揭露沿洞线展布长度为2811m。

(3) T_{2y}^6：灰～灰黑色泥质灰岩夹深灰色大理岩，泥质灰岩呈极薄层～中厚层状，常见泥质条带与灰岩互层出现。据辅助洞揭露沿洞线展布长度为1709～1734m；泥质灰岩中见较多的片状云母条带及针片状矿物，黄铁矿晶体呈星点状分布其中；沿顺层挤压结构面常见石英脉或方解石脉充填，且岩体的完整性较差，局部呈弱～强风化状。

2.2.3 地质构造

2.2.3.1 褶皱

西雅砻江至F_6断层（锦屏山断层），共发育两个背斜和两个向斜构造，靠近西雅砻江的背斜为陆房沟背斜的北延部分，向斜为解放沟复型向斜的北延，其间发育小规模层间褶皱。轴面直立，向西倒转，两翼陡倾。

F_6断层与白山组地层之间：以三叠系上统砂岩、板岩为核部的复型向斜，次一级褶皱极为发育，由于断层影响，两翼地层不对称，东翼被F_5断层所切。

F_5断层以东的复式背斜两翼由白山组地层组成，其中层间褶皱较发育，地层较陡。东部盐塘组地层内共发育六个小规模褶皱及一系列的紧密褶曲。

2.2.3.2 断层

引水隧洞沿线所穿越的主要断层有：

(1) F_6断层（锦屏山断层）。产状N20°～50°E，NW或SE∠60°～87°，区内断层带宽1～4.2m，影响带宽6～37m，部分断于大理岩内部，断层往北表现清楚，往南有收敛趋势。在辅助洞内整体产状为N45°E，NW∠80°～85°，主带宽1.6～4m，影响带宽21.4m，为压扭性断层，具有相对隔水性质。断层上盘由于N65～80°W向构造影响，其影响带宽度达100m以上。断层主带内岩性为灰绿色砂岩、大理岩，呈全～强风化状，面绢云母化，岩性软弱，带内主要充填有断层泥、全风化岩、挤压片岩、岩屑等，断层泥可见，宽0.2～0.6m。影响带岩体破碎，为碎裂岩，铁锰质浸染严重。在引水隧洞内产状为N10°～30°E NW∠65°～77°，断层宽度为1～4m，断层带内充填碎裂岩、千枚岩、碎裂状的白色石英脉组成，局部含断层泥、岩屑夹泥，具挤压，带内岩石见碳化，边墙面见擦痕、镜面，断层两侧揉皱发育，局部形成节理密集带。

(2) F_5断层（拉纱沟～一碗水断层）。地表产状为N10°～30°E，NW∠70°，断于白山组大理岩与西侧三叠系上统砂岩、板岩层内，两者呈断层接触。断层带内岩石呈片理化和千枚岩化，构造角砾岩与片状岩同时出现，并具有定向排列，影响带宽5～10m。因断层影响，形成延绵数十千米的断层崖陡边墙，其属压扭性结构面。在辅助洞内的产状为SN～N30°E W/NW∠70°～75°，断层带宽3.5～5m，带内岩石破碎，充填以碎裂岩、挤压片岩为主，局部岩屑夹泥，岩石千枚岩化、碳化，边墙面见摩擦镜面。上盘影响带受NW向断层影响，宽30～35m，岩石破碎，NW～NWW向的结构面发育。下盘影响带宽约12m。在引水隧洞内产状为N35°～65°E NW∠65°～85°，断层宽2～3m，断层带内充填碎裂岩、挤压片岩、绿片岩、少量的断层泥组成，碎裂岩主要成分为灰色、白色、花斑～角砾状大理岩与绿砂（片）岩，上盘影响带宽7～35m，下盘影响带宽7～20m。

(3) F_{27}断层：走向N30°～40°W，倾向NE，位于干海子中部，分布在白山组T_{2b}岩层中，挤压破碎，干海子地区的唯一的一股小泉也分布在该断层部位。

2.2.3.3 裂隙

地面裂隙调查及长探洞、辅助洞内和引水隧洞的裂隙统计结果表明，区内主要发育有以下几组裂隙：

(1) N5°～30°W，SW 或 NE∠30°～75°，节理密集，面光滑，常与构造线平行。

(2) N60°～80°W，SW∠10°～25°或∠70°～85°，陡缓两组，缓倾角组大都张开，面呈波状，延伸长，为引水隧洞的主要导水结构面。

(3) N0°～30°E，SE 或 NW∠70°～90°，顺层裂隙，大都闭合，局部张开，为引水隧洞的导水结构面。

(4) N30°～60°E，SE∠10°～35°，缓倾角，多张开，面起伏弯曲，延伸较长。

(5) N40°～50°E，SE 或 NW∠45°～80°。

(6) N65°～80°E，NW 或 SE∠55°～80°，为引水隧洞的主要导水结构面。

2.2.4 岩石物理力学性质

隧洞区穿越了三叠系中、上统的大理岩、灰岩、结晶灰岩及砂岩、板岩。根据试验成果，结合岩体工程地质性状与经验类比，给出埋深小于 1000m 的引水隧洞区岩石（体）物理力学参数建议值（见表 2.2-1）。

根据大量高地应力条件下的工程实例和锦屏二级水电站辅助洞开挖后出现的地质现象表明，岩体强度特征的参数 c 和 f 也可以随埋深增大而发生变化，并和浅埋条件下形成很大的差别。在可研阶段中进行的大量岩石三轴试验已经证实了围压条件对岩体基本强度参数的影响，与浅埋低围压条件相比，在高地应力条件下的岩体具有较高的黏结强度（c 值高）和较低的摩擦强度（f 值低）。因此，深埋条件下的岩体取值方法应与浅埋条件下显著不同。根据 Hoek - Brown 的岩体强度参数确定方法，给出埋深大于 1000m 引水隧洞区不同围岩类别岩体抗剪断强度建议值（见表 2.2-2）。

2.2.5 岩溶水文地质条件

2.2.5.1 岩溶发育特征

锦屏山属于裸露型深切河间高山峡谷岩溶区，主要接受大气降水补给。岩溶化地层和非岩溶化地层呈 NNE 走向分布于河间地块。其可溶岩地层主要分布于锦屏山中部，而非可溶岩分布于东西两侧。受 NNE 向主构造线与横向（NWW、NEE）扭～张扭性断裂交叉网络的影响，构成了河间地块地下水的集水和导水网络。

工程区碳酸盐类地层分布广泛（占 70%～80%），区内水量丰沛，河谷地带气候湿热。三级夷平面的存在表明新生代以来地壳抬升活动的过程中有过停歇，具有岩溶发育的地质环境。但由于本区岩石遭受不同程度的区域变质，碳酸盐岩的可溶性有所下降。第四纪以来本区地壳急剧抬升，岩溶溶蚀速率低于地壳的上升速率，侵蚀作用起着重要的控制作用，以致来不及形成广泛的层状岩溶系统。总体环境气候的寒冷也对本区的岩溶发育有重要影响，冷水 CO_2 稀少，地下水处于过饱和状态，减弱了岩溶发育程度；区内较强的岩溶化岩层大多被弱岩溶化岩层或非可溶岩层所包围，抑制了岩溶的发育。这种特殊的自然

表 2.2-1　　埋深小于 1000m 的引水隧洞区岩石（体）物理力学参数建议值

围岩类别	岩　性	湿容重/(kN/m³)	抗压强度/MPa		变形模量/GPa		弹性模量/GPa		泊松比	抗剪断强度	
			干	湿	水平	垂直	水平	垂直		f	c/MPa
Ⅱ	中厚层中细粒砂岩（T_3）	27.4	104～152	71～114	10.0～12.0	11.0～15.0	18～25	25～35	0.23～0.27	1.30～1.35	1.10～1.20
	杂谷脑组大理岩（T_{2z}）	27.0～27.2	70～90	55～78	8.0～10.0	12.0～14.0	20～25	30～38	0.22		
	中厚层大理岩（T_{2b}）	27.7	90～100	75～85	16.0～20.0	15.0～18.0	30～40	30～40	0.18		
	条带状云母大理岩（$T_{2y}{}^4$）	28.0	85～90	55～62	13.0～15.0	10.0～12.0	20～25	15～20	0.21		
	中厚层大理岩（$T_{2y}{}^5$）	27.0～27.1	70～95	65～85	10.0～16.0	9.0～13.0	15～35	20～30	0.21～0.22		
	泥质灰岩（$T_{2y}{}^6$）	27.0	70～75	60～70	9.0～11.0	8.0～10.0	16～17	13～15	0.27		
Ⅲ	中厚层中细粒砂岩（T_3）	27.1	98～139	71～110	7.0～9.0	8.0～10.0	15～21	20～25	0.27	0.90～1.20	0.70～1.0
	互层状砂岩、板岩（T_3）	27.6	70～95	42～53	6.0～9.0	8.0～10.0	10～18	16～21	0.26～0.30		
	杂谷脑组大理岩（T_{2z}）	27.2	65～72	55～65	7.0～9.0	9.0～11.0	16～20	14～25	0.25		
	绿泥石片岩（T_1）	26.5	40～50	30～40	6.0～7.0	5.0～6.0	9～13	8～10	0.28		
	中厚层大理岩（T_{2b}）	27.6	75～85	60～70	10.0～12.0	9.0～10.0	20～25	18～20	0.20		
	条带状云母大理岩（$T_{2y}{}^4$）	27.0～27.5	70～85	50`60	8.0～11.0	7.0～10.0	9～16	8～15	0.23～0.26		
	中厚层大理岩（$T_{2y}{}^5$）	26.0～26.6	65～90	55～80	6.0～11.0	5.0～10.0	11～17	7～15	0.23～0.27		
	泥质灰岩（$T_{2y}{}^6$）	26.0～26.5	60～70	50～65	6.0～9.0	5.0～8.0	9～15	6～12	0.28～0.30		
Ⅳ	板岩（T_3）	26.2	30～40	22～26	2.0～4.0	3.0～5.0	15～18	8～16	0.31	0.40～0.6	0.3～0.45
	绿泥石片岩（T_1）	26.1	30～40	20～25	2.0～4.0	3.0～5.0	10～15	8～10	0.32		
	裂隙发育带或断层影响带		45～55	40～45	0.6～1.5	0.4～1.0	1.0～1.5	1～2	0.35	0.70～0.8	0.40～0.50
断层型结构面	泥型结构面（如 F_6）									0.2～0.22	0.02～0.03
	泥夹岩屑型结构面									0.25～0.3	0.03～0.04
	岩屑夹泥型结构面（F_{27}）									0.38～0.42	0.07～0.08
	岩块岩屑型结构面（F_5）									0.45～0.5	0.15～0.20
一般性结构面	无充填、闭合									0.45～0.50	0
	充填型									0.3～0.35	0
	微张									0.15～0.2	0

表 2.2-2 埋深大于1000m引水隧洞区不同围岩类别岩体抗剪断强度建议值

围岩类别	岩 性	抗剪断强度	
		f'	c'/MPa
Ⅱ	中厚层中细粒砂岩（T_3）	0.62～0.68	4.23～7.80
	杂谷脑组大理岩（T_{2z}）	0.67～0.78	3.46～7.07
	中厚层大理岩（T_{2b}）	0.71～0.78	5.23～7.70
	条带状云母大理岩（T_{2y}^4）	0.62～0.64	2.98～3.55
	中厚层大理岩（T_{2y}^5）	0.64～0.71	3.72～5.93
	泥质灰岩（T_{2y}^6）	0.57～0.60	2.90～3.67
Ⅲ	中厚层中细粒砂岩（T_3）	0.62～0.66	3.83～6.46
	互层状砂岩、板岩（T_3）	0.46～0.49	1.58～2.17
	杂谷脑组大理岩（T_{2z}）	0.62～0.64	2.88～3.72
	绿泥石片岩（T_1）	0.52～0.56	1.38～1.84
	中厚层大理岩（T_{2b}）	0.64～0.67	3.43～4.40
	条带状云母大理岩（T_{2y}^4）	0.57～0.60	2.41～3.15
	中厚层大理岩（T_{2y}^5）	0.60～0.64	2.62～4.57
	泥质灰岩（T_{2y}^6）	0.54～0.57	2.22～3.14
Ⅳ	板岩（T_3）	0.39～0.42	0.59～0.80
	绿泥石片岩（T_1）	0.38～0.43	0.55～0.95

地理环境和区域地质环境，构成了水文地质环境演化的特殊性，使引水隧洞工程区岩溶发育程度总体较弱，典型的岩溶形态较少。

2.2.5.2 工程区岩溶水文地质格局

根据工程区岩溶含水层组、岩溶水的补给、运移、富集和排泄特点，工程区不同地带（地段）的水文地质条件有明显差异，其规律性受地形地貌、地质构造、含水介质类型、岩溶发育及气候条件的控制或影响，据此将大河湾内对隧洞涌水条件有影响的地区划分为以下四个水文地质条件有所差异的水文地质单元（图 2.2-2）。

Ⅰ. 中部管道—裂隙汇流型水文地质单元，包括Ⅰ、Ⅴ岩溶区。

Ⅱ. 东南部管道—裂隙畅流型水文地质单元，等同Ⅱ岩溶区。

Ⅲ. 东部溶隙—裂隙散流型水文地质单元，等同Ⅲ岩溶区。

Ⅳ. 西部溶隙—裂隙散流型水文地质单元，等同Ⅳ岩溶区。

锦屏地区的区域水文地质轮廓清晰，但岩溶地下水的运移又十分复杂，尤其雅砻江谷坡地带的地下水深循环流，更具自身的特征。工程区的岩溶水文地质格局为：

（1）雅砻江大河湾“河间地块”为无区外水补给的水文地质单元，其间的大气降水量有典型的随山体高度增高而递增的高程效应。“河间地块”内各类岩溶含水层岩溶水分布面积占河湾内总面积的74.9%，岩溶水受大气降水补给，以大泉排泄为主，天然条件下以磨房沟泉和老庄子泉为代表的上部排泄基准和以三股水泉为典型的下部排泄基准的立体分布。磨房沟泉域和老庄子泉域的大气降水入渗系数分别为0.485和0.408。

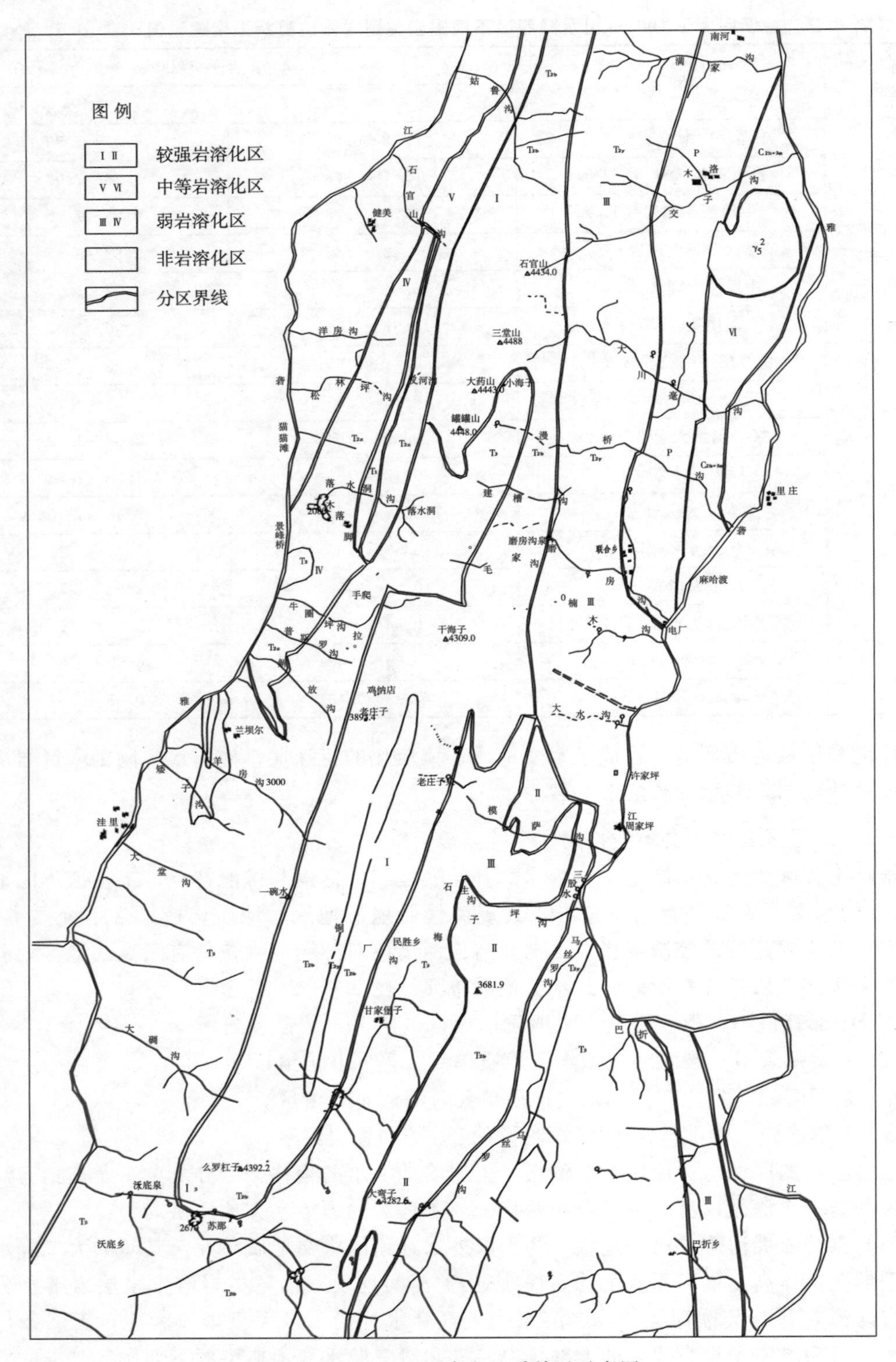

图 2.2-2 工程区水文地质单元示意图

（2）在天然状态下区域内宏观地可以分为东、西两部分，东部的地下水自西向东，西部的地下水自东向西流动。南、北边界地下水有向工程区中部（即磨房沟泉、老庄子泉一带）汇集的趋势，中部则呈散流状向两泉和顺坡沿大江谷坡排泄。磨房沟泉与老庄子泉泉域的分水岭位于干海子主峰地带，横宽在3km左右，且在天然状态下稳定性较好，来自老庄子背斜的主要南部的岩溶水流不会越过分水岭补给磨房沟泉。

（3）在楠木沟、大水沟、许家坪一带，第Ⅰ水文地质单元和第Ⅲ水文地质单元之间存在水力联系的越流“窗口”，以分散慢速流或局部的线状中速流为主的迳流。沟通两个水文地质单元之间的水力联系。

（4）磨房沟泉泉域有较强的调蓄能力，为流量动态较稳定泉，流量衰减的主要排泄输水通道由管道状大溶隙和输水能力相对较差的小溶隙介质岩溶水的两个亚动态构成。老庄子泉流量主要受季节性流量控制，为流量动态不稳定泉，流量衰减由岩溶管道、大溶蚀裂隙和小裂隙、溶孔三种介质岩溶水的三个亚动态构成。在长探洞开挖形成低位人工排泄口的条件下，磨房沟泉演变为动态不稳定泉，衰减特征发生了根本变化，老庄子泉的衰减结构特征虽然没有发生变化，但总体衰减速度加快，枯水期流量减小，动态变幅也有增大。1996年10月长探洞封堵后，两泉流量和衰减结构得到恢复。

（5）该工程的洞线为南东方向布置，与区域主构造线近于正交。洞线全长17.5km左右，置于高程1600～1650m，穿越锦屏山“河间地块”。一般埋深1500～2000m，最大埋深2525m左右。其中包气带厚达数百米，饱水带厚达近千米。

（6）洞线处于高山峡谷型岩溶区，工程部位总体岩溶发育微弱。岩溶发育程度是中部相对较强，两侧比中部较弱，上部较强，下部微弱。新生代以来地壳大幅度间歇性整体抬升，河流急剧下切、岩溶水网络不断地适应调整，锦屏山中部分布的Ⅰ水文地质单元的岩溶水受控于高程2100～2200m高位侵蚀排泄基准，因此，在第Ⅰ水文地质单元内岩溶发育较强的总体深度大致限于两泉口以下300～440m（即高程1730.00～1870.00m）。该高程段的岩溶形态可能有倒虹吸式的溶蚀管道系统发育。该深度以下一般不存在典型岩溶管道系统。但岩溶水网络为适应河谷的急剧下切，发育了近垂向溶蚀裂隙管道。尤其在富水带与相对隔水带相间的谷坡地带，近垂向溶蚀管道可延至埋深800m以下。

综合分析表明，工程区岩溶发育总体微弱，不存在层状的岩溶系统。在高程2000m以下，岩溶发育较弱并以垂直系统为主，深部岩溶以NEE、NWW向的构造裂隙及其交汇带被溶蚀扩大了的溶蚀裂隙为主。具体而言，东部盐塘组地层岩溶形态为溶隙型，岩溶发育深度已到了雅砻江高程，在隧洞线高程的岩溶发育程度，较长探洞所揭露的有所增强，为中小溶隙介质。西部大理岩由于岩溶层组的影响，其岩溶发育程度与盐塘组相似。中部白山组大理岩岩溶发育受两大泉地下水循环深度的控制，在高程1730.00～1870.00m以下岩溶发育微弱，为中小型的溶蚀裂隙介质。

2.2.5.3 引水隧洞的外水压力

外水压力对引水隧洞的围岩和衬砌的稳定性有较大影响。根据东端长探洞（PD1及PD2）三个出水带封堵后的实测水压力显示，PD1洞K3＋948.00出水构造1996年3月的水压力为7.4MPa。PD1洞K3＋500涌水构造和PD2洞K2＋845.50涌水构造的多年平均水压力分别为8.53MPa和8.57MPa，两者水压力最大值出现在1998年（高山站年降水量达

1604.3mm)，分别为10.22MPa和10.12MPa。其最大水压力是平均水压力的1.07～1.15倍，与长探洞内流量的最大值和平均值的关系极为相近，显示了东部地带的外水压力特征。

辅助洞西端在施工过程遭遇多次集中涌水，根据初步计算，水压力大多在3～4MPa之间，局部可达到5MPa。辅助洞东端长探洞水压力观测成果表明，BK14+888一带的外水压力约为2.3MPa，AK13+878一带的外水压力为3.5～4.5MPa，而AK13+520一带的外水压力为5～6MPa。

根据三维渗流场分析，在天然状态下第Ⅰ水文地质单元中三叠系白山组大理岩分布区地下水位埋藏较深，均在1000m以上，其压力水头线平缓，区域最高地下水位约为2623m，最大压力水头约为1100m。尚需考虑雨季引起短时外水压力升高200～300m的问题，如此高的外水压力对隧洞围岩和衬砌的稳定十分不利。

2.2.6 工程区地应力场

工程区长期以来地壳急剧抬升，雅砻江急剧下切，山高、谷深、坡陡。地貌上属地形急剧变化地带，因此原储存于深处的大量能量，在地壳迅速抬升后，虽经剥蚀作用使部分能量释放，但残余部分很难释放殆尽，本区是地应力相对集中地区，有较充沛的弹性能储备。从区域上说，工程区位于川藏交界处，临近主要的构造带，构造应力强度较高，长探洞、辅助洞施工过程中出现岩爆这一事实说明，工程区有较高的地应力，地应力的释放将导致围岩的破损，从而影响围岩的稳定性。

2.2.6.1 实测地应力成果

工程勘察阶段在探洞内不同洞深采用了多种测试手段，如应力解除法（孔径法、孔边墙法等）、室内AE法、水压致裂法和收敛变形反分析等，进行地应力的量测和分析，其结果见表2.2-3和表2.2-4。

从表2.2-3中可以看出，各种方法测试成果差异较大，可比性差，就最大主应力值而言应力解除法测试结果最大，室内AE法测试结果次之，水压致裂法测试结果最小。根据测试方法的机理和长探洞所处工程地质条件及测试成果的系统分析，水压致裂法测试成果能较确切地反映雅砻江岸坡地带及埋深1843m状态下的地应力场条件，其特征如下。

（1）地应力（最大主应力、中间主应力和最小主应力）随PD1洞埋深增加而增大，其变化特征如图2.2-3所示，递增关系呈非直线型关系，其中PD1洞K1+800处，地应力（无论最大主应力、中间主应力、最小主应力）值明显较大，综合地层、构造分析，可能与背斜构造的核部有关，背斜核部“中和面”上部的应力场中σ_1为垂直向，σ_2平行褶皱轴向，σ_3垂直褶皱轴向。对比实测应力值是基本吻合的，因此褶皱构造发育的地区，存在局部应力场，在漫长的地史期释放过程中，尚留有残余的局部构造应力。按PD1洞K1+800上覆岩层厚度1182m计，自重应力值$\sigma_1=31.3$MPa，实测值$\sigma_1=38.02$MPa，因此可以认为局部构造应力$\sigma_1=6.72$MPa，约占实测值的18%左右。

（2）σ_1/σ_3地应力比是地应力场特征指标，随洞深的变化也有一定规律性。地应力比值随洞深的增加而减小，即最小主应力随洞深的增加速率大于最大主应力随洞深增加速率。

（3）最大主应力方位角为20°～50°和120°～140°，显示工程区的主地应力场随埋深增加由NE～SW转为NWW～SEE，与此前分析成果吻合，即与区域构造应力场相吻合。

表 2.2-3 **PD1 洞及进水口不同埋深应力值**

测试部位/m		埋深/m	主应力									应力分量/MPa						测试方法
			σ_1			σ_2			σ_3			σ_x	σ_y	σ_z	τ_{xy}	τ_{yz}	τ_{xz}	
			量值/MPa	方位角/(°)	倾角/(°)	量值/MPa	方位角/(°)	倾角/(°)	量值/MPa	方位角/(°)	倾角/(°)							
PD1洞	600	463	46.6	260.1	−4.8	18.87	17.9	−79.8	15.6	169.3	−9.0	45.48	16.61	18.99	5.24	−0.10	2.38	应力解除法
PD1洞	600	463	32.4	289.0	30.0	28.0	72.0	57.0	23.7	184.0	21.0							AE法
PD1洞	600	463	14.38	47.48	−6.45	10.03	152.41	−66.31	5.67	134.77	22.69	10.15	10.49	9.44	−4.00	−1.46	−0.77	水压致裂法
PD1洞	658.1	534										25.8		18.4				收敛变形反分析
PD1洞	674.7	539										29.7		18.8				收敛变形反分析
PD1洞	692.5	538										28.6		19.1				收敛变形反分析
PD1洞	708.4	552										42.4		19.4				收敛变形反分析
PD1洞	1200	960	32.21	20.47	47.65	18.20	75.73	−27.45	11.53	148.69	29.42	20.08	17.61	24.24	−4.33	0.69	−8.97	水压致裂法
PD1洞	1800	1182	38.02	120.69	57.97	27.26	110.01	−31.58	17.49	22.97	4.80	19.83	28.02	34.92	4.81	3.84	3.22	水压致裂法
PD1洞	2700	1599	36.93	136.38	57.04	34.86	115.03	−31.13	18.87	30.99	9.76	23.77	31.04	35.86	7.16	−0.73	2.97	水压致裂法
PD1洞	3005	1843	42.11	116.80	75.40	26.00	119.54	−14.59	19.06	29.36	−0.67	20.94	25.15	41.08	3.38	3.55	1.70	水压致裂法
景峰桥进水口	43	74	5.5	58°	−35°	4.6	73°	54°	4.2	117°	−7°							水压致裂法

注 应力解除法应力倾角向下为负；水压致裂法应力倾角向下为正。

表 2.2-4 辅助洞不同埋深应力值

位置	埋深/m	主应力									应力分量/MPa						测试方法
		σ_1			σ_2			σ_3			σ_x	σ_y	σ_z	τ_{xy}	τ_{yz}	τ_{xz}	
		量值/MPa	方位角/(°)	倾角/(°)	量值/MPa	方位角/(°)	倾角/(°)	量值/MPa	方位角/(°)	倾角/(°)							
东端第 1 横通洞	550	11.11	126	−24	7.7	1	−52	5.17	50	27	7.85	8.39	7.74	2.33	−1.81	−0.08	水压致裂法
东端第 2 横通洞	840	19.11	148	58	9.97	146	−31	7.19	56	1	10.93	8.74	16.6	2.41	2.11	3.5	水压致裂法
东端第 3 横通洞	970	40.69	146	49	18.81	75	−16	12.82	177	−36	21.34	21.77	29.21	4.17	6.24	11.81	水压致裂法
东端第 4 横通洞	1229	41.92	148	59	29.8	100	−22	18.67	18	21	23.32	29.74	37.32	4.31	1.66	8.04	水压致裂法
西端第 1 横通洞	1008	28.14	126	51	13.28	124	−39	11.69	35	1	14.2	16.69	22.23	3.53	5.9	4.25	水压致裂法
西端第 2 横通洞	1152	10.69	144	−51	7.81	100	30	6.89	24	−22	7.88	8.07	9.43	0.83	−0.7	−1.43	水压致裂法
西端第 4 横通洞	1305	44.18	142	70	27.98	129	−20°	20.72	39	1	24.48	26.06	42.33	4.48	3.71	3.58	水压致裂法

注 倾角水平向下为正。

(4) 最大主应力倾角，随埋深增加，自 6.45°增至 75.4°。表明随着埋深增加，地应力从岸坡局部应力状态转变为以垂直为主的自重应力状态。

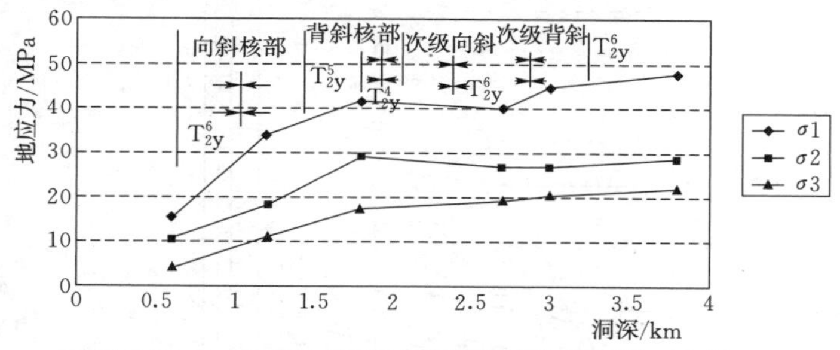

图 2.2-3 地应力随 PD1 洞埋深变化特征图（东端）

而由初始应力场反演回归分析得到的工程区三维地应力场分布规律如下：

1）应力场基本上是以自重为主。主要区域的 $k_y=\sigma_y/rH=0.8\sim1.1$，$k_x=\sigma_x/rH=0.7\sim1.1$，$k_z=\sigma_z/rH=0.8\sim1.1$。

2）主应力矢量分布受地形、山体走势影响较大，沿东西向逐渐变化。

3）主应力值基本上是从上到下逐渐增大。不考虑断层影响时，等值线分布较均匀。考虑断层影响时，受断层穿过的岩体周围主应力值有所减小，等值线分布规律变化较大。说明断层对初始应力场分布有较明显的影响。

2.2.6.2 引水隧洞地应力

锦屏二级水电站引水隧洞穿越锦屏山主峰山体，最大埋深为 2525m 左右，锦屏二级水电站深埋引水隧洞工程地质剖面图如图 2.2-4 所示。基于此前的初步预测与后期实测结果，地应力无明显的量级差异，因此仍采用弹性理论及有关资料对工程区应力场进行试算预测。

在埋深 2525m 条件下的自重主应力值为 69.94MPa（采用 $\gamma=27.7\text{kN/m}^3$）。从已有地应力资料可以得出工程区的地应力特征：在埋深 800～1200m 时，地应力场由谷坡地带局部地应力转变为以垂直应力为主的自重应力场，但地应力随埋深的增加呈非线性关系，地应力比值是随埋深的增加而逐渐减小。根据地应力测试成果进行的三维初始应力场反演回归分析，在隧洞线高程 1600m 处最大主应力值为 70.1MPa，最小主应力值为 30.1MPa。其主应力值是从上到下逐渐增大，断层穿过的岩体周围主应力值有明显的减小，等值线分布变化较大，说明断层对初始应力场分布有很明显的影响。

施工阶段主要在辅助洞不同埋深部位采用水压致裂法进行地应力测试，引水线路区沿线地应力在最大埋深一带实测的第一最大主应力量值一般在 64.69～94.97MPa，局部可达 113.9MPa。

2.2.6.3 典型断面二次应力场特征

引水隧洞断面形状为圆形，开挖直径 13m，隧洞净距 47m，为了解相邻洞室的开挖对围岩二次应力的影响，以中部最大埋深处断面为例，建立有限元计算模型。计算结果表明：相邻引水隧洞开挖形成的围岩二次应力场影响很小。全断面一次开挖后，水平应力分量 σ_y 在顶拱、底部较大，为 54MPa。垂直应力分量 σ_z 在两侧拱腰部位较大，为 120MPa。

施工阶段在辅助洞中部（埋深约 2200m）的试验支洞内，用表面应力解除法进行了开挖面浅表的应力测量。在直径 2m 的试验支洞边墙表面测得的最大应力值达 60～80MPa，铅直向应力达 64MPa。该结果说明，尽管试验支洞采用隔震爆破开挖，围岩表层仍存在一定的卸荷松弛现象。

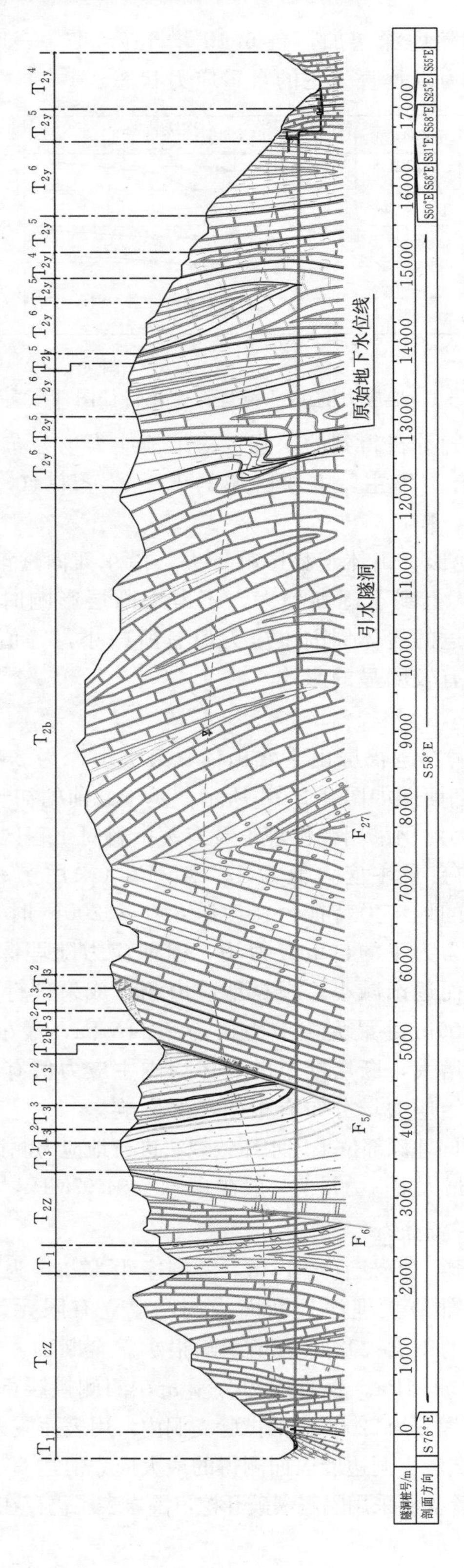

图 2.2-4 锦屏二级水电站深埋引水隧洞工程地质剖面图

2.3 引水隧洞围岩基本地质条件

4条引水隧洞平行布置，工程地质条件基本一致，具有明显的岩性分段特征，东端为三叠系中统盐塘组 $T_{2y}{}^4$、$T_{2y}{}^5$、$T_{2y}{}^6$ 交替重复出现的大理岩。工程区中部为白山组 T_{2b}大理岩，其颜色为灰白～灰色，岩体结构中厚～厚层状，局部条带状。西端为三叠系上统 T_3砂板岩、杂谷脑组 T_{2z}大理岩夹绿泥石片岩以及三叠系下统 T_1绿砂岩。锦屏二级水电站引水隧洞洞线为景峰桥～大水沟洞线方案，由四条平行（中心间距为60m）、开挖直径13m的引水隧洞组成，1～4号引水隧洞长为16.662～16.682km，洞向S58°E，进水口位于景峰桥（底板高程1618m），引水隧洞最大埋深为2525m，全洞平均埋深约1610m，其中埋深大于1500m的洞段长为12540～12729m，占全洞总长的75.2%～76.4%。

2.3.1 岩性特征

引水隧洞区从东到西分别穿越盐塘组大理岩（T_{2y}）、白山组大理岩（T_{2b}）、三叠系上统砂板岩（T_3）、杂谷脑组大理岩（T_{2z}）、三叠系下统绿泥石片岩和变质中细砂岩（T_1）等地层。岩层陡倾，其走向与主构造线方向一致。各地层岩性分述如下：

2.3.1.1 三叠系下统（T_1）

由绿砂岩、绿泥石片岩、绿砂岩与灰白色或浅肉红色大理岩呈互层状或互夹状。其中绿泥石片岩的各向异性明显，性状较软弱。

2.3.1.2 三叠系中统（T_2）

（1）东部中三叠统盐塘组（T_{2y}）。

1）$T_{2y}{}^4$。由灰白、灰绿色条带状云母大理岩组成，局部发育的顺层挤压带。

2）$T_{2y}{}^5$。由灰～灰黑色大理岩、灰～褐色条带状或角砾状中厚层大理岩、粉红色大理岩（厚层状）、灰白～白色粗晶大理岩（厚层块状，微具臭味）等组成。

3）$T_{2y}{}^6$。由灰～灰黑色泥质灰岩夹深灰色大理岩，泥质灰岩呈极薄层～中厚层状。

（2）中部白山组（T_{2b}）。由杂色大理岩与结晶灰岩互层、粉红色厚层状大理岩、灰～灰白色致密厚层块状臭大理岩等组成。在引水隧洞高程的出露长度达8000余m。

（3）西部杂谷脑组（T_{2z}）。分布于 F_6 断层（锦屏山断层）以西。主要有角砾状大理岩和花斑状大理岩、厚层细晶大理岩、细晶夹灰白色条带大理岩或灰白色夹灰黑色条带大理岩、灰色～灰白色厚层状细晶大理岩（部分略具臭味），局部夹绿砂岩条带或透镜体。

2.3.1.3 三叠系上统（T_3）

三叠系上统（T_3）为中厚层钙质粉砂岩，局部为薄层板岩或泥质板岩夹粉砂岩。

引水隧洞区各洞室地层岩性出露情况见表2.3－1，引水隧洞区各洞室围岩以微风化和新鲜为主，局部构造破碎带或岩溶破碎区围岩呈弱～强风化状。

表 2.3-1　引水隧洞区各洞室地层岩性出露情况

洞室	桩　号	地层代号	洞室	桩　号	地层代号	洞室	桩　号	地层代号	洞室	桩　号	地层代号
1号引水隧洞	0+002～0+137	T_1	2号引水隧洞	0+002～0+073	T_1	3号引水隧洞	0+002～0+036	T_1	4号引水隧洞	0+002～0+045	T_{2z}
	0+137～0+153	T_{2z}		0+073～0+135	T_{2z}		0+036～0+100	T_{2z}		0+045～0+089	T_1
	0+153～0+214	T_1		0+135～0+177	T_1		0+100～0+128	T_1		0+089～0+189.5	T_{2z}
	0+214～0+237	T_{2z}		0+177～0+202	T_{2z}		0+128～0+189	T_{2z}		0+189.5～0+211	T_1
	0+237～0+251	T_1		0+202～0+236	T_1		0+189～0+212	T_1		0+211～0+773	T_{2z}
	0+251～0+802	T_{2z}		0+236～0+799	T_{2z}		0+212～0+786	T_{2z}		0+773～0+933	T_3
	0+802～0+959.5	T_3		0+799～0+957	T_3		0+786～0+945	T_3		0+933～2+105	T_{2z}
	0+959.5～1+534	T_{2z}		0+957～1+613	T_{2z}		0+945～2+100	T_{2z}		2+105～2+611	T_1
	1+534～1+800	T_1		1+613～1+745	T_1		2+100～2+640	T_1		2+611～3+176	T_{2z}
	1+800～2+118	T_{2z}		1+745～2+103	T_{2z}		2+640～3+173	T_{2z}		3+176～4+476	T_3
	2+118～2+708.5	T_1		2+103～2+676	T_1		3+173～4+491	T_3		4+476～12+535.5	T_{2b}
	2+708.5～3+199	T_{2z}		2+676～3+187	T_{2z}		4+491～12+516	T_{2b}		12+535.5～12+574	T_{2y^6}
	3+199～4+524.5	T_3		3+187～4+505	T_3		12+516～12+562	T_{2y^6}		12+574～13+556	T_{2y^5}
	4+524.5～12+492	T_{2b}		4+505～12+516	T_{2b}		12+562～13+544	T_{2y^5}		13+556～14+104	T_{2y^6}
	12+492～12+534	T_{2y^6}		12+516～12+556	T_{2y^6}		13+544～14+090	T_{2y^6}		14+104～14+781	T_{2y^5}
	12+534～13+520	T_{2y^5}		12+556～13+527	T_{2y^5}		14+090～14+797	T_{2y^5}		14+781～14+787	T_{2y^6}
	13+520～14+079	T_{2y^6}		13+527～14+090	T_{2y^6}		14+797～14+798	T_{2y^6}		14+787～15+091	T_{2y^5}
	14+079～15+061	T_{2y^5}		14+090～14+790	T_{2y^5}		14+798～15+083	T_{2y^5}		15+091～15+384	T_{2y^4}
	15+061～15+356	T_{2y^4}		14+790～14+797	T_{2y^6}		15+083～15+366	T_{2y^4}		15+384～15+795	T_{2y^5}
	15+356～15+802	T_{2y^5}		14+797～15+055	T_{2y^5}		15+366～15+802	T_{2y^5}		15+795～16+652	T_{2y^6}
	15+802～16+491	T_{2y^6}		15+055～15+356	T_{2y^4}		15+802～16+600	T_{2y^6}		16+652～16+662.175	T_{2y^5}
	15+802～16+491	T_{2y^6}		15+356～15+803	T_{2y^5}		16+600～16+677.380	T_{2y^5}			
	16+491～16+673.291	T_{2y^5}		15+803～16+578	T_{2y^6}						
				16+578～16+658.086	T_{2y^5}						

2.3.2 岩溶水文地质特征

2.3.2.1 岩溶

引水隧洞岩溶发育特征统计结果表明，东端盐塘组（T_{2y}）岩溶发育总体微弱，以垂直向溶孔及溶蚀裂隙为主，不存在大的岩溶管道，岩溶形态具有以下特点：

（1）岩溶形态及发育程度明显受岩性及构造控制，岩溶发育均沿断层破碎带或导水裂隙发育，除在向斜核部（$T_{2y}{}^{6}$）或背斜核部所见的溶蚀空洞相对较大外，$T_{2y}{}^{5}$地层中的岩溶形态以小溶孔、小溶洞为主，直径一般小于0.4m，偶尔沿断层破碎带发育溶蚀管道。

（2）岩溶在水平方向具有一定的规律，$T_{2y}{}^{5}$地层中发育的小型溶蚀管道均发育在大水沟一带，岩溶相对较集中发育，在雨季期间，溶蚀管道与大水沟地表径流相连通。从东端开始（大水沟西北侧），随着埋深的增加，岩溶发育相对微弱，以溶隙、小溶孔为主。

（3）岩溶主要沿NEE～NWW、NNE～NWW向两组陡倾角的结构面发育为主，规模小，说明以垂直向的溶蚀小管道为主。

1. 西端引水隧洞近岸坡岩溶发育情况

西端杂谷脑组（T_{2z}）大理岩分布在引水系统西端近岸坡洞段，属于“Ⅳ—西部溶隙—裂隙散流型水文地质单元”，岩层内断裂构造较发育，近岸坡、谷坡为地下水季节变动带，地下水动力条件较好。该岩层间夹有T_1绿片岩及T_3砂板岩非可溶岩，虽抑制了大理岩的岩溶发育，但由于地下水作用强烈，局部岩溶较发育。该地层内岩溶集中发育于引水隧洞K0＋250～K0＋450洞段和K1＋435～K1＋535洞段，其余洞段偶见发育小型溶洞或溶蚀裂隙。所揭露的岩溶形态一般均以近垂直的为主。

根据地质勘探资料以及洞室开挖所揭露的岩溶发育情况分析，将西端T_{2z}杂谷脑组大理岩地层在平面上分为Ⅰ～Ⅳ岩溶区，各区岩溶发育形态和规模不一，个别溶洞开挖揭露时伴有瞬时大流量突涌水，其中Ⅱ、Ⅳ岩溶区形态以大型厅堂式溶洞为主，溶洞规模大，最大空腔轴距可达50m，溶洞内存在大量稳定性差的岩溶充填物，涉及隧洞的施工期安全和永久结构安全，处理难度大。

2. 引水隧洞中部岩溶发育情况

四条引水隧洞中部白山组（T_{2b}）大理岩中共揭露出858个岩溶，以溶蚀裂隙为主，占岩溶总数量的96.27%，无大型溶洞发育。中型溶洞4个，占0.47%；小型溶洞14个，占1.63%。溶蚀宽缝14条，占1.63%。岩溶主要集中于1号、2号引水隧洞K5＋850～K5＋940洞段及3号引水隧洞K8＋900～K9＋000洞段发育。其他洞段偶见溶蚀裂隙及溶孔，岩溶发育总体微弱。其中1号、2号引水隧洞K5＋850～K5＋940洞段主要发育两个中型溶洞，两个小型溶洞及一些溶穴、溶孔，该处溶洞多无充填～半充填，渗～涌水，工程性质较差。3号引水隧洞K8＋900～K9＋000洞段发育一个中型溶洞，两个小型溶洞及一些溶孔。中型溶洞充填铁、钙质胶结好的角砾岩，工程性状一般，两个小型洞无充填～半充填，工程性质较差。

其他洞段仅沿结构面溶蚀加宽，部分溶蚀裂隙宽度在10～20cm之间，局部发育规模较大（0.3m×0.5m～1.2m×2m）的近垂直向溶蚀管道，且这些规模较大的管道均沿断层带出露，但未见大的岩溶管道及厅堂式岩溶形态，总体岩溶发育微弱。

另外，在中部白山组（T_{2b}）大理岩中的局部集中发育了溶蚀条带，其性状多为以宽30～50cm的陡倾角条带状，岩石受溶蚀作用影响，强度低，易碎，甚至手抓即碎，围岩多为Ⅳ类，稳定性差。具体分布为1号洞K12＋112～K12＋247洞段，累计发育段长18m；2号洞K12＋200～K12＋298洞段，累计发育段长12m；4号洞K12＋241～K12＋321洞段，累计发育段长27m。

3. 引水隧洞东端

引水隧洞东端盐塘组（T_{2y}）大理岩中岩溶形态827个，形态以不规则的亚圆形为主，充填情况不一，发育一个直径大于10m的大型溶洞，占总数的0.12%。中型溶洞（直径5～10m）有四个，占总数的0.48%，主要发育在3号引水隧洞与厂9施工支洞交叉口一带。小型溶洞（直径2.5～5m）有30个，占总数的3.63%。溶蚀宽缝（宽0.5～2.5m）19条，占总数的2.30%。溶穴（直径0.1～0.5m）130条，占总数的15.72%。溶孔（<0.1m）643条，占总数的77.75%。说明东端岩溶主要以溶蚀裂隙为主，局部发育溶蚀宽缝及中小型溶洞，即岩溶总体不发育，近岸坡地带局部发育。

2.3.2.2 地下水

由于全线贯通的辅助洞长期疏干作用，引水隧洞揭露的出水点较少，大多见干燥的溶蚀裂隙、溶蚀孔及溶蚀空洞。引水隧洞出水点的结构面条数及主要出水构造见表2.3-2，说明引水隧洞主要导水构造以NWW～NEE向为主。

表2.3-2 引水隧洞出水点的结构面条数及主要出水构造

引水隧洞号	总条数	≥0.3L/s		≥10L/s	
		条数	主要导水构造	条数	主要导水构造
1号	131	105	NWW～NEE	26	NWW～NEE
2号	139	110	NWW～NEE	29	NWW～NEE
3号	16	10	NWW～NEE	6	NWW～NEE
4号	52	40	NWW～NEE	12	NWW～NEE

2.3.3 岩体结构特征

引水隧洞揭露大量的裂隙型结构面和断层型结构面及挤压、张性破碎带。

通过对野外调查资料和已有资料的统计得出，锦屏二级水电站四条引水隧洞代表性洞段延伸长度超过1m的结构面统计表见表2.3-3。从洞段结构面走向玫瑰花图（见图2.3-1～图2.3-6）可以看出，结构面的优势走向均为NNE方向。根据结构面极点等密度赤平投影图，得到引水隧洞结构面优势产状统计表（见表2.3-4）。引水隧洞洞轴线方向为N58°W，从结构面产状与洞轴线关系上看，最优势结构面对围岩稳定性无大的影响。

表 2.3-3　　引水隧洞代表性洞段延伸长度超过 1m 的结构面统计表

引水隧洞号	1号		2号	3号		4号
施工方法	钻爆法	TBM 施工	钻爆法	钻爆法	TBM 施工	钻爆法
起止桩号	K0+000～K9+931；K15+795～K16+673	K9+931～K15+795	K9+200～K16+658	K9+200～K9+607；K15+900～K16+558	K9+607～K15+900	K9+200～K16+662
统计长度/m	10809	5864	7458	1065	6293	7462
结构面条数	6892	3212	5244	934	3230	4873

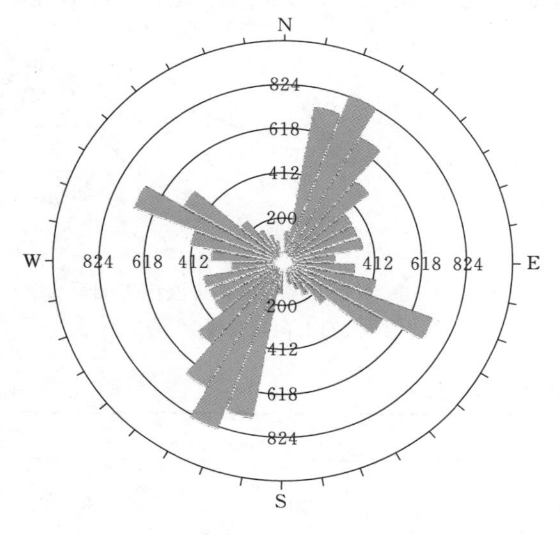

图 2.3-1　1 号引水隧洞钻爆法施工洞段结构面走向玫瑰花图

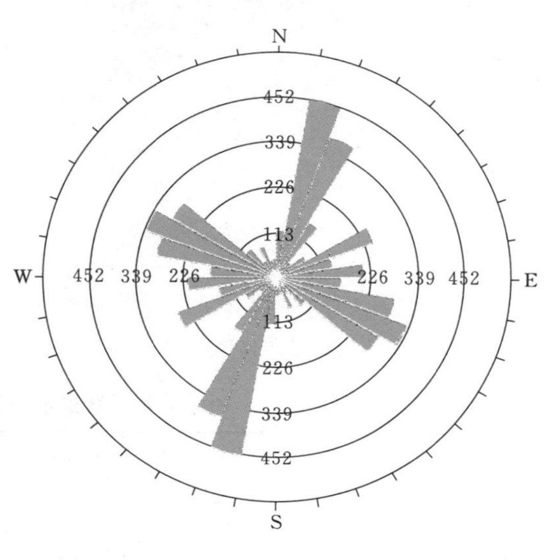

图 2.3-2　1 号引水隧洞 TBM 施工洞段结构面走向玫瑰花图

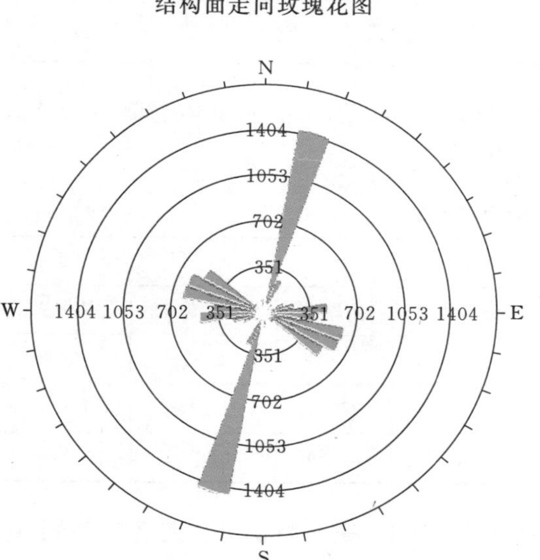

图 2.3-3　2 号引水隧洞钻爆法施工洞段结构面走向玫瑰花图

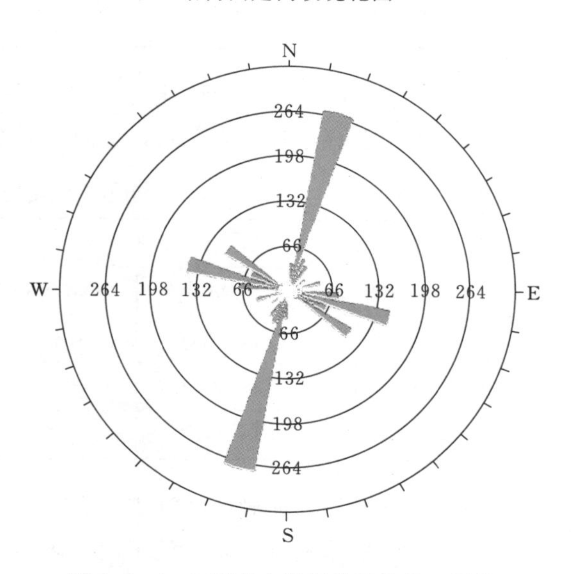

图 2.3-4　3 号引水隧洞钻爆法施工洞段结构面走向玫瑰花图

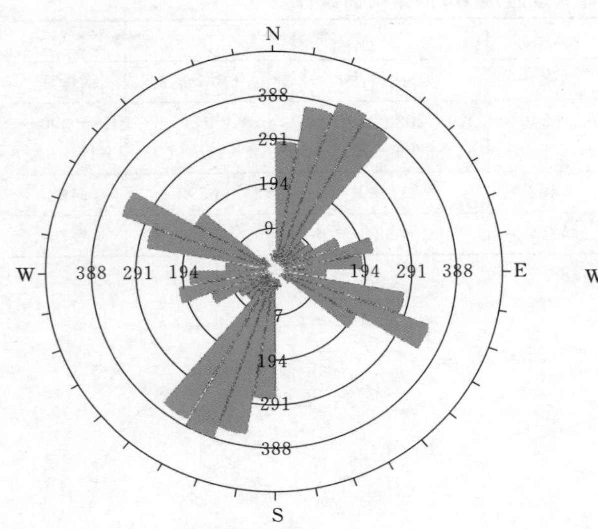

图 2.3-5 3号引水隧洞 TBM 施工洞段结构面走向玫瑰花图

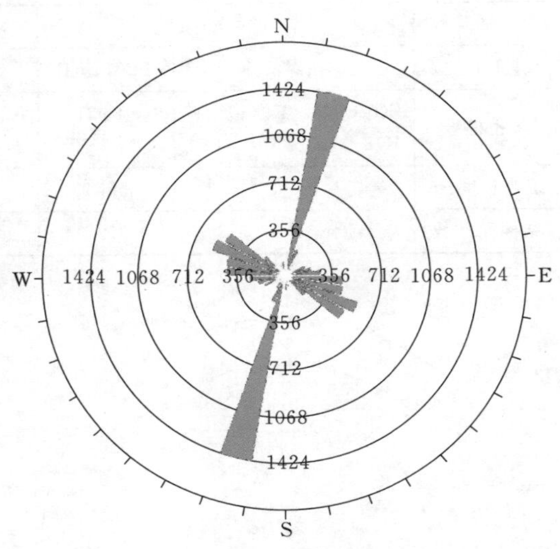

图 2.3-6 4号引水隧洞钻爆法施工洞段结构面走向玫瑰花图

表 2.3-4　　引水隧洞结构面优势产状统计表

引水隧洞号	1号		2号	3号		4号
施工方法	钻爆法	TBM 施工	钻爆法	钻爆法	TBM 施工	钻爆法
优势产状	N18°E SE∠82°	N16°E SE∠81°	N13°E SE∠85°	N9°E SE∠85°	N15°E SE∠80°	N13°E SE∠84°

由引水隧洞结构面倾角统计表（表 2.3-5）可以看出，引水隧洞整体趋势均为陡倾角结构面最为发育，其次为中倾，缓倾角最不发育。

表 2.3-5　　引水隧洞结构面倾角统计表

引水隧洞号		1号		2号	3号		4号
施工方法		钻爆法	TBM 施工	钻爆法	钻爆法	TBM 施工	钻爆法
倾角比例/%	缓倾（0°～30°）	7.89	1.87	3.87	14.88	2.85	3.96
	中倾（30°～60°）	24.75	15.10	14.76	27.52	15.45	17.51
	陡倾（60°～90°）	67.36	83.03	81.37	57.60	81.70	78.53

由引水隧洞结构面倾向统计表（表 2.3-6）可以看出，引水隧洞整体趋势均为倾 SE 向，除了 1 号引水隧洞钻爆法施工洞段倾 NW 和 SW 向结构面发育程度相差不大，倾 NE 向相对较不发育外，其他洞室倾 NE 向和倾 SW 向结构面发育程度都相差不大，倾 NW 向都较不发育。

表 2.3-6　　引水隧洞结构面倾向统计表

引水隧洞号		1号		2号	3号		4号
施工方法		钻爆法	TBM施工	钻爆法	钻爆法	TBM施工	钻爆法
倾向比例/%	NE（0°～90°）	15.38	24.56	21.36	9.42	17.43	22.00
	SE（90°～180°）	41.77	47.14	46.18	52.46	51.98	46.61
	SW（180°～270°）	23.20	17.87	24.71	33.40	17.00	24.49
	NW（270°～360°）	19.65	10.43	6.75	4.72	13.59	6.90

引水隧洞揭露的结构面数量很大，将其结构面细化为缓倾结构面、中倾结构面、陡倾结构面分别进行统计分析，见表2.3-7～表2.3-9。可以看出，缓倾结构面的优势走向均为NWW向，与洞轴线小角度相交，对隧洞围岩稳定较不利。中倾结构面的优势走向均为NWW向，与洞轴线小角度相交，同缓倾结构面一样对隧洞围岩稳定较不利。陡倾结构面的优势走向均为NNE向，与洞轴线相交角度较大，对隧洞围岩稳定影响不大。

表 2.3-7　　引水隧洞缓倾结构面优势产状统计表

引水隧洞号	1号		2号	3号		4号
施工方法	钻爆法	TBM施工	钻爆法	钻爆法	TBM施工	钻爆法
结构面条数	544	60	203	139	92	199
优势产状	N64°W SW∠25°	N72°W SW∠24°	N70°W SW∠25°	N63°W SW∠29°	N75°W SW∠16°	N83°W SW∠27°

表 2.3-8　　引水隧洞中倾结构面优势产状统计表

引水隧洞号	1号		2号	3号		4号
施工方法	钻爆法	TBM施工	钻爆法	钻爆法	TBM施工	钻爆法
结构面条数	1706	485	774	257	499	881
优势产状	N64°W SW∠49°	N71°W SW∠48°	N76°W SW∠53°	N80°W SW∠47°	N67°W SW∠52°	N67°W SW∠53°

表 2.3-9　　引水隧洞陡倾结构面优势产状统计表

引水隧洞号	1号		2号	3号		4号
施工方法	钻爆法	TBM施工	钻爆法	钻爆法	TBM施工	钻爆法
结构面条数	4642	2667	4267	538	2639	3951
优势产状	N18°E SE∠82°	N16°E SE∠81°	N13°E SE∠84°	N9°E SE∠84°	N14°E SE∠79°	N13°E SE∠85°

2.4 深埋隧洞围岩分级体系

岩体质量分级是评价围岩稳定性的方法之一，20 世纪 60 年代前，围岩分级主要以岩石强度单一指标为基础，可靠度较低。20 世纪 60 年代以后，地下洞室围岩分级有了新的发展，人们逐步引入了岩体完整性的概念等，并于 20 世纪末得到飞速发展。迄今，国内外提出的洞室围岩分级方法多达百种，目前我国水电行业常用的围岩分级方法主要有：Q 系统分级法、RMR 分级法、国标 BQ 分级法、水电围岩 HC 分级法等四种。我国许多重要的水电地下厂房、引水隧洞都应用 Q 系统分级法进行围岩分级，并与 RMR 分级法、水电围岩 HC 分级法等其他分级方法相比较，收到了较好的效果。这四种围岩分级方法多未充分考虑高地应力和高外水压力环境的影响，对于锦屏二级水电站深埋高外水压力的引水隧洞的围岩分级适用性不高，且各自存在以下问题。

(1) Q 系统分级法的不足之处在于：①没有直接考虑岩石强度，而是通过应力折减系数间接考虑岩石强度；②考虑了最不利结构面，未考虑结构面的不利组合情况；③考虑了低外水压力（1MPa 左右）及小涌水对围岩分级的影响，未考虑高外水压力（如 10MPa 左右时）及大涌水对围岩分级的影响；④还有许多问题需要探索，如岩爆烈度等级与围岩类别的关系等尚不清楚。

(2) RMR 分级法的不足之处在于：①没有考虑地应力，更没有考虑高地应力；②没有考虑高外水压力。

(3) 国标 BQ 分级法的不足之处在于：采用定量分析的时候，主要考虑了岩石的强度和岩体的结构特征两个方面，而对于岩体所处的地应力环境，地下水状态以及结构面的方位等三个方面只是作为定量结果的一种修正。也就是说，这种方法认为这三个方面对围岩稳定性的影响是次要的，在高地应力、高外水压力条件下这显然是不合适的，因此这种分级法尚需修正。

(4) 水电围岩（HC）分级法的不足之处在于：在考虑高地应力对围岩类别的影响时，简单地采取了降级的处理方法，影响围岩分级的精度。此外，该方法未考虑高外水压力。因此不能直接用于锦屏深埋隧洞围岩分级。

总之，在高地应力、高外水压力下常规的各种围岩分级方法均存在一定的不足，从而影响最终评分结果，需要进行深入研究。

锦屏二级水电站可研阶段以大水沟长探洞围岩分级为原型，总结、对比、归纳出适合锦屏二级水电站高地应力、高外水压力条件下的围岩分级方法，用先期施工的辅助洞的围岩稳定情况验证长探洞中取得的研究成果，从而建立以锦屏二级水电站长探洞、辅助洞作为基本研究对象，在高地应力及高外水压力条件下的围岩分级体系（即 JPF 围岩分级体系）及相应的支护措施。由于 JPHC 围岩分级的结果与实际围岩级别最接近，JPQ 围岩分级和 JPRMR 围岩分级也有较好的吻合率，因此，锦屏二级水电站深埋隧洞围岩分级体系（即 JPF 围岩分类体系）是在水电围岩 HC 分级基础上建立起来的，以 JPHC 围岩分级为主，JPQ 和 JPRMR 围岩分级为辅助的分级方法，通过对分级结果进行比较印证，该分级系统称为 JPF 围岩分类体系，适用于高地应力、高外水压力条件下的围岩分类。

2.4.1 JPF 围岩分级体系

2.4.1.1 高地应力、高外水压力条件下硬岩分级体系

JPHC 围岩分级法是在水电围岩 HC 分级法的基础上建立起来的。根据辅助洞及引水隧道已开挖段变形破坏特征，引入了地应力修正系数 K_s，以反映高地应力作用对围岩类别的影响，并在地下水评分表中增加了高外水压力的相关内容。

JPHC 围岩分级以岩石强度、岩体完整程度、结构面状态、地下水和主要结构面产状五项因素的评分为基本判据，与原分级相同，地应力修正系数为修正判据。

JPHC 分类的评分值；T_{JP}的计算公式为

$$T_{JP}=T-100K_s \tag{2.4-1}$$

式中 K_s——地应力折减系数。

T 根据下式求得：

$$T=T'+T'' \tag{2.4-2}$$

围岩基本评分 $T'=A+B+C$。A、B、C 分别为岩石强度的评分、岩体完整程度的评分、结构面状态的评分。T''为修正分，$T''=D+E$，D、E 分别为地下水状态的评分、主要结构面产状的评分。

水电围岩工程地质分类表见表 2.4-1。

岩石强度评分表（A）、岩体完整程度评分表（B）、结构面状态评分表（C）、地下水状态评分评分表（D）、主要结构面产状评分表（E）和地应力折减系数 K_s取值表见表 2.4-2～表 2.4-7。

表 2.4-1 水电围岩工程地质分级表

围岩级别	围岩稳定性	围岩总评分 T_{JPFT}	支护类型
Ⅰ	稳定。围岩可长期稳定，一般无不稳定体	$T_{JPFT}>85$	不支护或局部锚杆或局部喷薄层混凝土。大跨度时，喷混凝土、系统锚杆加钢筋网。 应力破坏区支护类型：不支护或局部锚杆加喷混凝土。对应力型破坏频发段，采用系统锚杆和挂网及时支护并喷混凝土加固
Ⅱ	基本稳定。围岩整体稳定，不会产生塑性变形，局部可能产生掉块	$85\geqslant T_{JPFT}>65$	
	轻微应力破坏（Ⅰ级、$h<0.5$m），围岩表层有应力型掉块、片状剥离现象，少见噼啪声，无弹射现象；主要表现为围岩较完整～完整段的应力型破坏掉块或因结构面与新生裂隙贯通造成坍塌破坏。坍塌零星间断发生，具有滞后性，影响深度小于 0.5m		
Ⅲ	局部稳定性差。围岩强度不足，局部会产生塑性变形，不支护可能产生塌方或变形破坏。完整的较软岩，可能暂时稳定	$65\geqslant T_{JPFT}>45$	喷混凝土，系统锚杆加钢筋网。跨度为 20～25m 时，混凝土衬砌。 应力破坏区支护类型：系统锚杆，挂钢筋网，喷混凝土；局部不稳定段加密系统锚杆，槽钢支撑，槽钢之间可焊接加密钢筋。锚杆采用梅花形布置方案，加垫板；喷混凝土
	中等应力破坏（Ⅱ级、$0.5<h<1$m），围岩爆裂脱落、剥离、坍塌现象较严重，偶见少量弹射，破坏范围明显。部分破坏伴有似雷管爆破的清脆爆裂声；有一定持续时间，影响深度 0.5～1m		

续表

围岩级别	围岩稳定性	围岩总评分 T_{JPFT}	支护类型
Ⅳ	不稳定。围岩自稳时间很短，规模较大的各种变形和破坏可能发生	$45 \geqslant T_{JPFT} > 25$	初喷钢纤维混凝土、系统锚杆加钢筋网，并浇筑混凝土衬砌。 应力破坏区支护类型：应力释放孔、高压注水，加密系统锚杆、钢筋网、喷混凝土，局部不稳定段槽钢支撑，槽钢之间可焊接加密钢筋；或工字钢或格栅支撑或混凝土衬砌。可酌情增设一定的仰拱
	强烈应力破坏（Ⅲ级、$1<h<3$m），围岩大片爆裂脱落，或沿结构面或者新生裂隙的大面积坍塌；局部洞段有岩石强烈弹射、岩块抛射及岩粉喷射现象；有似爆破的爆裂声，声响强烈，持续时间长，并向围岩深度发展，破坏范围和块度大，影响深度1～3m		
Ⅴ	极不稳定。围岩不能自稳，变形破坏严重	$T_{JPFT} \leqslant 25$	
	极强应力破坏（Ⅳ级、$h>3$m），围岩大片严重爆裂、坍塌脱落，沿结构面或新生裂隙塌落较多。岩石呈大块状或片状出现剧烈弹射、弯折。犹如微小地震，震感强烈，伴有似炮弹、闷雷声，声响剧烈；迅速向围岩深部发展，破坏范围和块度大，影响深度大于3m		

表 2.4-2　岩石强度评分表（A）

岩质类型	硬质岩		软质岩	
	坚硬岩	中硬岩	较软岩	软岩
饱和单轴抗压强度 R_c/MPa	$R_c>60$	$60 \geqslant R_c > 30$	$30 \geqslant R_c > 15$	$15 \geqslant R_c > 5$
岩石强度评分A	30～20	20～10	10～5	5～0

表 2.4-3　岩体完整程度评分表（B）

岩体完整程度		完整	较完整	完整性差	较破碎	破碎
岩体完整性系统 K_v		$K_v>0.75$	$0.75 \geqslant K_v > 0.55$	$0.55 \geqslant K_v > 0.35$	$0.35 \geqslant K_v > 0.15$	$K_v \leqslant 0.15$
岩体完整性评分B	硬质岩	40～30	30～22	22～14	14～6	<6
	软质岩	25～19	19～14	14～9	9～4	<4

表 2.4-4　结构面状态评分表（C）

结构面状态	张开度 W/mm	闭合<0.5		微张 0.5≤W<5.0									张开≥5.0	
	充填物	—		无充填			岩屑			泥质			岩屑	泥质
	起伏粗糙状况	起伏粗糙	平直光滑	起伏粗糙	起伏光滑或平直粗糙	平直光滑	起伏粗糙	起伏光滑或平直粗糙	平直光滑	起伏粗糙	起伏光滑或平直粗糙	平直光滑	—	—
结构面状态评分C	硬质岩	27	21	24	21	15	21	17	12	15	12	9	12	6
	软质岩	27	21	24	21	15	21	17	12	15	12	9	12	6
	软岩	18	14	17	14	8	14	11	8	10	8	6	8	4

注：1. 结构面延伸长度小于3m时，硬质岩、较软岩的结构面状态评分另加3分，软岩加2分。结构面延伸长度大于10m时，硬质岩、较软岩减3分，软岩减2分。

2. 当结构面张开度大于10mm，无充填物时，结构面状态评分为零。

表 2.4-5　　地下水状态评分表（D）

活动状态			干燥到渗水滴水	线状流水	涌　水	突　水
水量 q（L/min·10m 洞长）或压力水头 H（m）或外水压力 P_w/MPa，水力劈裂的临界压力 P_c/MPa			$q\leqslant25$ 或 $H\leqslant10$	$25<q\leqslant125$ 或 $10<H\leqslant100$	$125<q\leqslant250$ 或 $100<H\leqslant200$ 或 $1<P_w<P_c$	$250<q\leqslant300000$ 或 $200<H\leqslant1000$ 或 $P_c<P_w<10$
基本因素评分 T'（A+B+C）	$100\geqslant T'>85$	地下水评分 D	0	0～-2	-2～-6	-14～-18
	$85\geqslant T'>65$		0～-2	-2～-6	-6～-10	-18～-22
	$65\geqslant T'>45$		-2～-6	-6～-10	-10～-14	-22～-26
	$45\geqslant T'>25$		-6～-10	-10～-14	-14～-18	-26～-30
	$T'\leqslant25$		-10～-14	-14～-18	-18～-20	-25

表 2.4-6　　主要结构面产状评分表（E）

结构面走向与洞轴线夹角/(°)		90～60				<60～30				<30			
结构面倾角/(°)		>70	70～45	45～20	<20	>70	70～45	45～20	<20	>70	70～45	45～20	<20
结构面产状评分 E	顶拱	0	-2	-5	-10	-2	-5	-10	-12	-5	-10	-12	-12
	边墙	-2	-5	-2	0	-5	-10	-2	0	-10	-12	-5	0

注　按岩体完整程度分级为完整性差、较破碎的围岩不进行主要结构面产状评分的修正。

表 2.4-7　　地应力折减系数 K_s 取值表

破坏区	无破坏	Ⅰ级应力破坏区	Ⅱ级应力破坏区	Ⅲ级应力破坏区	Ⅳ级应力破坏区
破坏深度 h/m	0	<0.5	0.5～1	1～3	>3
K_s	0	0.05～0.1	0.1～0.2	0.2～0.3	>0.3

说明　破坏坑深 h 取破坏区的最大深度。高地应力引起围岩破坏等级的判断宜采用综合判定法，充分考虑对围岩的稳定性影响，根据地应力、岩性、岩体完整性等综合判定，表中所给的 h 只作为参考判据。

2.4.1.2　高地应力、高外水压力条件下软岩分级体系

1. 强度应力比法

在锦屏二级水电站深埋引水隧洞绿泥石片岩中，提出了采用岩体峰值强度（c、φ）和最大初始主应力为指标的软岩工程地质分级表，见表 2.4-8。

表 2.4-8　　软岩工程地质分级表

围岩级别	岩体结构	S 值	围岩稳定性评价
Ⅲ1	整体状、巨厚层状、块状结构	$S\geqslant0.45$	围岩基本稳定，局部有轻微挤压变形
Ⅲ2	次块状、厚层状结构	$0.30\leqslant S<0.45$	稳定性较差，应力集中部位可发生轻微中等挤出变形，不支护可能产生塌方或变形破坏
Ⅳ1	中厚层、互层状结构	$0.20\leqslant S<0.30$	稳定性差，中等挤压变形。围岩自稳时间很短，规模较大的各种变形和破坏都可能发生

续表

围岩级别	岩体结构	S 值	围岩稳定性评价
Ⅳ2	薄层状、碎裂、块裂结构	$0.15 \leqslant S < 0.20$	不稳定，严重挤压变形。围岩自稳时间仅数小时或更短，不及时支护围岩很快变形失稳，破坏形式除整体塌落外，侧墙挤出、底鼓均可发生。明显流变，变形大，持续时间长
Ⅴ	碎裂、块裂、碎块状或碎屑状散体结构	$S < 0.15$	极不稳定，极严重挤压变形，围岩不能自稳，变形破坏严重

注 $S=\frac{2c\cos\varphi}{\sigma_1(1-\sin\varphi)}$，式中：$c$、$\varphi$ 为岩体峰值强度；σ_1 为最大初始主应力。

2. JPF 法（软岩部分）

JPF 法是建立在硬脆岩为主要围岩的基础上，对水电围岩 HC 分级法、Q 系统分级法、RMR 分级法修正后确定的一种适用于高地应力、高外水压条件下的围岩分级体系。常规围岩分级体系在绿泥石片岩段吻合率均未达到 60%，适用性差，这是由于绿泥石片岩是典型的软岩，其岩性特征和 T_{2y}、T_{2b} 地层大理岩有显著的差异，因此针对绿泥石片岩的工程力学特性，对常规围岩分类进行修正，建立符合绿泥石片岩段实际工程的围岩分级体系。表 2.4-9 软岩围岩分级体系修正情况表。

表 2.4-9　软岩围岩分级体系修正情况表

项目		内容	修正情况
HC	地应力折减系数 K_s	分级中针对岩爆强度进行分级评分，且分值没有细化	软岩（强度应力比 $S<1$ 时）的地应力折减系数 K_s 取值：$K_s=\frac{(1-S)}{10}$。式中 S 为围岩强度应力比，$S=\frac{R_c K_v}{\sigma_m}$；$R_c$ 为岩石饱和单轴抗压强度（MPa）；K_v 为岩体完整性系数；σ_m 为围岩的最大主应力（MPa），当无实测资料时可以自重应力代替
Q	节理组数 J_n	对于软弱围岩，向不利方向取值	当 $R_c \leqslant 40$MPa 时，原 A 取 D，原 B、C 取 F，其他取 G
	节理粗糙度系数 J_r		当 $R_c \leqslant 40$MPa 时，对应的取值为：A（2）、B（1.5）、C（1.0）、D（0.5）、E（0.5）、F（0.3）、G（0.1）
	裂隙水折减系数 J_w	地下水对软岩的影响程度比对硬岩的要大一些	当 $R_c \leqslant 40$MPa 时，完全干燥取 0.9，有小水流取 0.75
	应力折减系数 SRF	对于软弱围岩，向不利方向取值	O、P 分别取最大值
RMR	围岩类别的分值区间	岩石强度的分值 R_1 所占权重较小，当岩石强度越低时，该分级分值偏差将越大	对于Ⅱ级及以上级别未修改其分值；Ⅲ级及以下级别岩体不进行Ⅱ级分级，同时将岩体分级的评分界限值适当提高；当岩石强度≤40MPa 时，分值界限为Ⅲ（45-60）、Ⅳ（25-45）、Ⅴ（0-25）
	地下水评分 R_5	地下水对软岩的影响程度比对硬岩的要大一些	对应的取值分别为：10、7、4、0、-2、-10；去掉了最高值 15

注 40MPa 为软弱围岩强度界限值，此数值并不是单纯的从岩石强度得出，而是也考虑了高地应力、高外水压力等岩石赋存环境。

3. 基于 TBM 掘进参数的 JP_{TBM} 分级法

基于 TBM 掘进参数的 JP_{TBM} 分级法是通过多元逐步回归，综合考虑岩石强度、刀盘转速、推进力几个关键参数条件下建立的一种围岩分级方法。该方法根据 TBM 掘进参数预测钻头前方的围岩级别，为隧洞稳定性和支护措施提供及时准确的信息。分类模型引入岩石强度之后，提高了预测的准确性，降低了参数的模糊性带来的负面影响。

JP_{TBM} 围岩分级判别分值可参考水电工程围岩分级表（见表 2.4-10）。

表 2.4-10　　水电工程围岩分级表

<table>
<tr><th>围岩级别</th><th>围岩稳定性</th><th>围岩总评分 T_{JPTBM}</th><th>支护类型</th></tr>
<tr><td>Ⅰ</td><td>稳定。围岩可长期稳定，一般无不稳定体</td><td>$T_{JPTBM}>85$</td><td rowspan="2">不支护或局部锚杆或局部喷薄层混凝土。大跨度时，喷混凝土、系统锚杆加钢筋网。
应力破坏区支护类型：不支护或局部锚杆加喷混凝土。对应力型破坏频发段，采用系统锚杆和挂网及时支护并喷混凝土加固</td></tr>
<tr><td>Ⅱ</td><td>基本稳定。围岩整体稳定，不会产生塑性变形，局部可能产生掉块</td><td>$85\geqslant T_{JPTBM}>65$</td></tr>
<tr><td>Ⅲ</td><td>局部稳定性差。围岩强度不足，局部会产生塑性变形，不支护可能产生塌方或变形破坏。完整的较软岩，可能暂时稳定</td><td>$65\geqslant T_{JPTBM}>45$</td><td>喷混凝土，系统锚杆加钢筋网。跨度为20～25m时，并浇筑混凝土衬砌。
应力破坏区支护类型：系统锚杆，挂钢筋网，喷混凝土；局部不稳定段加密系统锚杆，槽钢支撑，槽钢之间可焊接加密钢筋。锚杆采用梅花形布置方案，加垫板；喷混凝土</td></tr>
<tr><td>Ⅳ</td><td>不稳定。围岩自稳时间很短，规模较大的各种变形和破坏可能发生</td><td>$45\geqslant T_{JPTBM}>25$</td><td rowspan="2">初喷钢纤维混凝土、系统锚杆加钢筋网，并浇筑混凝土衬砌。
应力破坏区支护类型：应力释放孔、高压注水，加密系统锚杆、钢筋网、喷混凝土，局部不稳定段槽钢支撑，槽钢之间可焊接加密钢筋；或工字钢或格栅支撑或浇筑混凝土衬砌。可酌情增设一定的仰拱</td></tr>
<tr><td>Ⅴ</td><td>极不稳定。围岩不能自稳，变形破坏严重</td><td>$T_{JPTBM}\leqslant 25$</td></tr>
</table>

围岩分级判别公式如下：

$$T_{JPTBM}=-22.616+1.018\times R_c+1.190\times r-0.094\times F \tag{2.4-3}$$

式中　R_c——岩石抗压强度，MPa；

r——刀盘转速，r/min；

F——推进力，MN。

由于 TBM 结构特点为：钻头部位为全封闭式，机身为半封闭式，一旦前方地质条件较差，待 TBM 钻头通过后可能立即发生垮塌。该分级预测模型主要应用于硬岩 TBM 掘进条件下，预测钻头前方围岩的质量，为可能出现的地质灾害提供及时指导。

2.4.2　深埋隧洞的围岩分级

2.4.2.1　引水隧洞围岩分级

采用 JPF 围岩分级系统，对四条引水隧洞长约 66.66km 洞段进行围岩评定分级，并根据分级结果进行统计，统计结果见表2.4-11及图2.4-1。

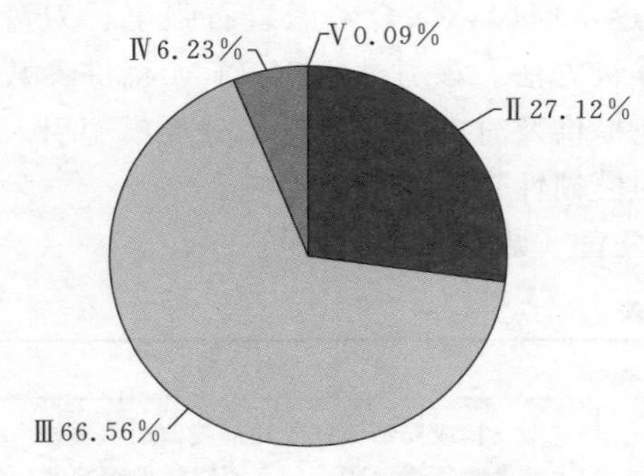

图2.4-1 不同围岩类别比例图

由表2.4-11和图2.4-1可以看出，引水隧洞围岩级别以Ⅲ级为主，约占开挖总长度的66.56%。其次为Ⅱ级，约占开挖总长度的27.12%。少量的Ⅳ级、Ⅴ级，分别占开挖总长度的6.23%、0.09%。这充分说明引水隧洞沿线岩体条件总体较好，成洞条件一般～较好。围岩条件较差的Ⅳ级、Ⅴ级围岩主要分布于T_{2b}、T_3地层中，约占53.58%，其中大部分属于围岩破碎（包括软岩）、强岩溶、高压突涌水等洞段，仅T_{2b}地层中约50%洞段属于高地应力降级洞段。从不同地层中Ⅱb+Ⅲb+Ⅳb+Ⅴb级围岩比例图中可以明显看出，T_{2b}地层中因高地应力而降级的围岩占比超过43.42%，进一步说明中部埋深相对较大，围岩较完整的T_{2b}白山组大理岩是受高地应力影响的重灾区，高地应力是深埋隧洞围岩稳定的控制性因素。

表2.4-11 四条引水隧洞JPF围岩分级结果统计表

围岩级别		Ⅱ		Ⅲ		Ⅳ		Ⅴ	合计	Ⅱb+Ⅲb+Ⅳb+Ⅴb
		Ⅱ	Ⅱb	Ⅲ	Ⅲb	Ⅳ	Ⅳb	Ⅴb		
T_1	长度/m	358	137.5	2091.5	5	523	0	0	3115	142.5
	比例/%	11.49	4.41	67.14	0.16	16.79	0.00	0.00	100.00	4.57
T_{2z}	长度/m	2650	770.5	4671.5	112	696.5	0	0	8900.5	882.5
	比例/%	29.77	8.66	52.49	1.26	7.83	0.00	0.00	100.00	9.92
T_3	长度/m	499	295	4115.5	65	989.5	9	0	5973	369
	比例/%	8.35	4.94	68.90	1.09	16.57	0.15	0.00	100.00	6.18
T_{2b}	长度/m	1955	7595.26	15566.61	5682.13	620	584	60	32063	13921.39
	比例/%	6.10	23.69	48.55	17.72	1.93	1.82	0.19	100.00	43.42
T_{2y}^6	长度/m	22	72	1035.352	0	27.648	15	0	1172	87
	比例	1.88	6.14	88.34	0.00	2.36	1.28	0.00	100.00	7.42
T_{2y}^5	长度/m	1490.552	1535	6359	393	146.38	0	0	9923.932	1928
	比例/%	15.02	15.47	64.08	3.96	1.48	0.00	0.00	100.00	19.43
T_{2y}^4	长度/m	652	50	4269.102	0	544.398	0	0	5515.5	50
	比例/%	11.82	0.91	77.40	0.00	9.87	0.00	0.00	100.00	0.91
合计	长度/m	7626.552	10455.26	38108.56	6257.13	3547.426	608	60	66662.93	17380.39
	比例/%	11.44	15.68	57.17	9.39	5.32	0.91	0.09	100.00	26.07

注 带"b"的围岩类别属于因高应力影响而降级。

2.4.2.2 辅助洞围岩分级

两条辅助洞各洞段JPF围岩分级情况，统计结果见表2.4-12。

表 2.4-12　　辅助洞 JPF 围岩分级统计结果表

围岩级别		Ⅱ		Ⅲ		Ⅳ		Ⅴ	合计	Ⅱb+Ⅲb+Ⅳb+Ⅴb
		Ⅱ	Ⅱb	Ⅲ	Ⅲb	Ⅳ	Ⅳb	Ⅴb		
A洞	长度/m	4039	2186.5	9440.7	719.5	777	301.5	15	17479.2	3222.50
	比例/%	23.11	12.51	54.01	4.12	4.45	1.72	0.09	100	18.44
B洞	长度/m	4332.5	1798.2	9604.9	814.5	718.6	196	30	17494.7	2838.70
	比例/%	24.76	10.28	54.90	4.66	4.11	1.12	0.17	100	16.23
合计	长度/m	8371.5	3984.7	19045.6	1534	1495.6	497.5	45	34973.9	6061.20
	比例/%	23.94	11.39	54.46	4.39	4.28	1.42	0.13	100	17.33

注　带“b”的围岩类别属于高应力影响而降级。

由表 2.4-12 可知，辅助洞 A、B 围岩以Ⅲ级为主，约占 58.85%；部分为Ⅱ级，约占 35.33%；局部为Ⅳ级，约占 4.40%；部分洞段因发生轻微、中等岩爆、强烈岩爆而降级的$Ⅱ_b$、$Ⅲ_b$、$Ⅳ_b$、$Ⅴ_b$围岩，分别占 11.39%、4.39%、1.42%、0.13%。说明辅助洞具有较好的成洞围岩条件。

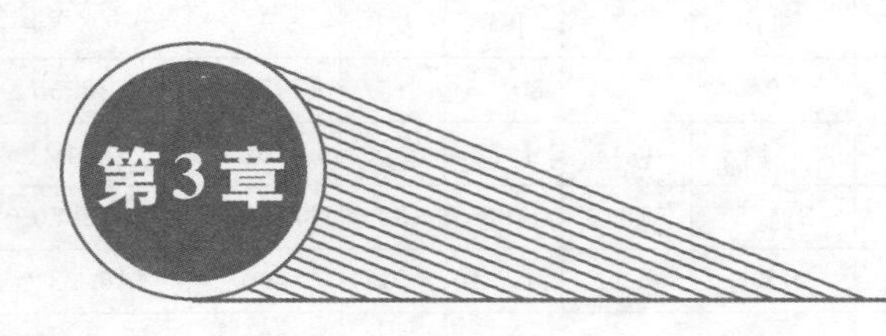

深埋大理岩岩爆特征与机理

锦屏二级水电站的深埋引水隧洞围岩主要为大理岩，开挖卸荷引发的主要灾害之一是岩爆灾害。在岩爆灾害的孕育演化和发生过程中，由于受到众多复杂因素的影响与控制，高应力条件下的大理岩表现出更加复杂的力学行为，致使大理岩岩爆破坏类型和成因机制也更加复杂。本章以锦屏二级水电站深埋引水隧洞施工过程中岩爆灾害的现场综合表现、发育和分布规律以及直接关联的地质、力学和工程等控制条件为基础，总结和吸取国内外岩爆研究的重要成果、认识和经验，揭示深埋隧洞工程岩爆灾害的主要类型，深入分析各类岩爆孕育过程中的关键控制因素和发生条件，系统阐述各种类型岩爆的发生机理和诱发机制。

3.1 大理岩岩爆类型

根据已有的研究积累，岩爆按其发生条件和机理可以分为三大类型，即应变型岩爆、断裂（滑移）型岩爆以及岩柱型岩爆，本节简单介绍这三种类型岩爆机理的力学描述，作为锦屏二级水电站深埋引水隧洞岩爆问题研究的理论基础。

3.1.1 应变型岩爆

应变型岩爆机理可以概括地理解为应力超过岩石强度发生的剧烈破坏。由于应变岩爆可以出现弹射现象，其机理是破坏岩体内能量的突然释放。但随着试验设备和技术的发展，特别是刚性压力机的出现，出现了不同但被广泛接受的认识，这里就引用和介绍这种认识。

应变型岩爆机理的图解如图 3.1-1 所示。假设一个岩样的荷载通过弹簧施加如图 3.1-1（a）所示，岩样的应力应变关系曲线如图 3.1-1（b）所示。在加载过程中，能量同时储存在弹簧和岩样内，而岩样发生破坏时，储存在这两个单元内的能量肯定都会释放，问题在于释放的方式和导致的后果。

如果弹簧的刚度 K 相对较低，当岩样发生破坏时（进入峰后曲线段），如图 3.1-1（b）所示，给定应变条件下弹簧对应的荷载高于岩样的强度，此时弹簧施加给岩样的荷载高于岩样可以承担的能力，破坏将以一种剧烈方式产生，即导致岩爆破坏。

图 3.1-1（b）中 W_f 是岩样峰值后曲线段的面积，从连续力学观点出发，是消耗的塑性应变能，如果用更贴近现实的描述方式，是破裂消耗的能量。W_k 指岩样破坏卸载过程中弹簧内可以释放的能量，当这个能量值大于岩样破坏过程中可以消耗的能量时，即出现岩爆破坏。

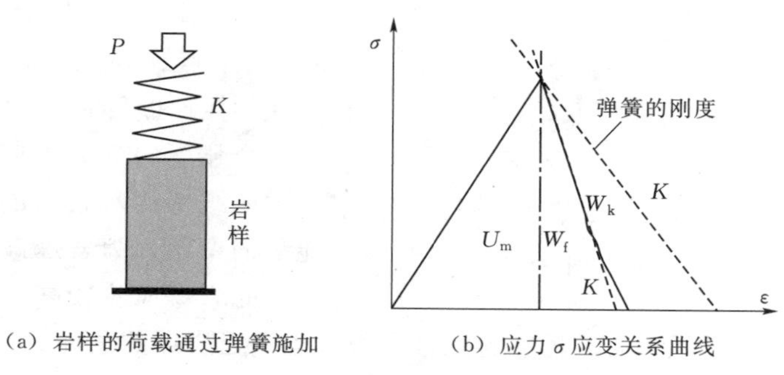

（a）岩样的荷载通过弹簧施加　　（b）应力 σ 应变关系曲线

图 3.1-1　应变型岩爆机理的图解

如果把上述的力学描述转化为通俗的工程语言，岩爆的上述描述可以被简单地理解为围岩浅部破坏区和内部弹性区的相互作用。在深埋条件下，隧洞开挖以后浅部围岩应力达到峰值强度以后会出现弱化，这种弱化对于深部弹性围岩而言为边界荷载的降低，因此会导致能量的弹性释放。如果所释放的能量大于浅部围岩可以消耗的能量，则会导致岩爆破坏，否则将不会出现岩爆。

对于地下工程而言，当岩性相对均匀时，弹性围岩的卸载刚度与弹性模量相同，因此破坏区围岩的刚度则成为是否导致岩爆破坏的重要标志，卸载刚度大于加载刚度时，存在岩爆风险。

描述应变型岩爆的另一指标为能量释放率 ERR。最早于 1966 年由南非学者 Cook 等人提出，能量释放率定义为被开挖体积内储存的能量和体积之比，这一指标最开始基于弹性假设提出，其中的能量需要通过相关应力应变计算获得。由于深埋工程中的围岩非线性特征非常普遍和突出，弹性假设成为能量计算的严重缺陷。为此，一些学者如 M. Board 等人基于非线性理论进行了完善，并写进了相关数值计算程序如 FLAC、UDEC 和 3DEC 中，也就是说，通过这些程序完成数值计算以后，即可以获得各种计算工况下的能量释放率。

能量释放率高时，表明被开挖岩体内储存的能量高，即开挖在高应力条件下进行。如果调整开挖形态、布置乃至进尺，被开挖岩体内的能量水平会发生变化，即能量释放率与工程设计和施工进尺等密切相关，因此生产中通常把能量释放率指标用于评价工程布置、开挖顺序、开挖进尺等的合理性和效果。在深埋矿山工程界，能量释放率被广泛用于进行采矿设计，已经被证实其有效性。

应变型岩爆风险的另一评价方式为应力路径，它是指隧洞开挖以后围岩中任意一个部位的应力变化历程。隧洞开挖形成的空洞使得其边界的法向应力完全释放，因此导致围岩应力调整，这个调整过程的记录就是应力路径。

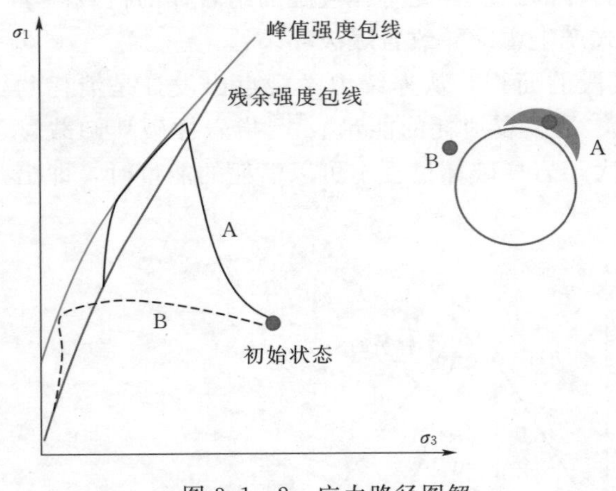

图 3.1-2 应力路径图解

围岩应力路径往往通过 $\sigma_3-\sigma_1$ 坐标表示，应力路径图解如图 3.1-2 所示。隧洞开挖后洞周 A、B 两个部位经历的应力变化过程可以不一样，图中的这两个部位分别代表了应力集中区和非集中区所在部位。

如图 3.1-2 中的曲线概要性地表示了 A、B 两个点在隧洞开挖时的应力调整过程，在围压不断降低的过程中，A 点可以经历一个显著的最大主应力升高过程，此时同时能维持相对较高的围压，因此保证了能量的聚积，为岩爆破坏创造了应力条件，因此岩爆风险较高。而 B 点则没有经历显著的应力升高过程，即缺乏足够的能量聚积，也缺乏岩爆的条件。

3.1.2 断裂型岩爆

应变型岩爆机理的分析中没有涉及岩体结构面，结构面在岩体中总是普遍存在。深埋工程实践经验表明，结构面对围岩岩爆破坏具有重要影响，很多情况下甚至是控制性的。由于断裂的存在并导致的岩爆被统称为断裂型岩爆，诱发断裂岩爆的机理可以有多种，其中滑移型机理接受程度相对要高一些。

断裂型岩爆最早在 20 世纪 80 年代初期被发现和认识，滑移型机理被认为是断裂构造受到高应力作用以后发生滑移错动导致能量释放冲击围岩，当形成围岩破坏时称为岩爆，其中的能量释放被称为微震事件。

断裂型岩爆的发生改变和丰富了人们对岩爆概念和特点的认识，与应变型岩爆相比，断裂型岩爆具有如下特征：

(1) 微震是围岩破裂能量释放的表现，岩爆是微震事件的结果。

(2) 当微震导致围岩破坏时，则认为出现了岩爆，否则仅仅是一个微震事件。

(3) 导致岩爆的动力源和岩爆位置可以不一致，即微震位置和岩爆位置可以不同。

断裂型岩爆动力源和岩爆位置不一致的认识对指导生产实践具有重要的意义。导致岩爆破坏的动力源可以是有条件的，这是采取岩爆控制主动性措施（如应力解除爆破设计）时需要了解的重要信息，也是设计依据。围岩支护的目的在于控制围岩破坏，即控制微震导致的围岩破坏。由于围岩破坏可以和微震源位置不同，因此需要系统和全面的围岩支护。微震源相当于自然地震源，岩爆破坏相当于地震时的地表建筑物，震源区和破坏区往往不一致。在存在地震风险地区设计地表建筑物时，需要提高所有建筑物的抗震设防标准，而不是某一区域或某一栋建筑物的设防标准。也就是说，当存在岩爆风险时，围岩支护需要强调系统性，即临时支护达到系统支护的水平，而不是有选择性的随机支护。

结构面剪切强度的摩尔—库伦强度理论被广泛地应用于描述断裂型岩爆破坏机理。开挖导致附近结构面应力变化，在某些关键部位，沿结构面的静态剪应力和结构面静态抗剪强度的矛盾不断激化，一旦导致极限状态并开始出现破坏时，结构面上的黏聚力基本消失，而摩擦角也降低，从而导致结构面剪切强度的降低和出现能量释放。

对于剪切破坏开始时黏聚力和摩擦角的降低有不同的解译，其中一个观点是滑移产生在很短的时间内，是一种动力破坏。结构面的动力摩擦强度低于静力摩擦强度，因此形成动静剪切强度差。当结构面受静力作用达到极限状态时，对应的剪应力高于动力剪切强度，这个差值称为超剪应力（ESS），对滑移型岩爆机理的这一解释也因此称为超剪应力理论，最早于 1987 年由南非学者 Ryder 提出。

进一步的研究表明，结构面的动静应力降还与剪切滑移速度密切相关，即需要滑移速度达到一定值以后，应力降才会出现。

现实中开挖面周边的断裂非常多，但仅有少数情况下才导致滑移型岩爆破坏，即这种破坏机制对结构面性质与开挖面的关系（结构面受力状态）密切相关。一般地，断续型断裂或刚性起伏断裂因为局部凸体或岩桥的存在可以积累很高的应力，这些部位的破坏可以导致结构面的滑移，形成滑移型岩爆破坏。

超剪应力理论的优势之一是能够直接用来预测潜在微震震级大小，即帮助判断岩爆风险程度，为这一工作提供理论依据。但在实际应用中的缺点也很明显，一般很难事先了解到断裂的相关特性，特别是动剪切强度值。

3.1.3 岩柱型岩爆

岩柱型岩爆是来源于矿山领域的矿柱型岩爆，在锦屏，岩柱指两个开挖面之间的残余岩体。洞室群之间的岩体当然也是这种定义下的岩柱，设计过程中大量论证了洞室间距，目的之一就是消除邻洞间岩柱的岩柱型岩爆风险。

在邻洞间岩柱内岩柱型岩爆风险通过合理的设计消除以后，锦屏的岩柱型岩爆主要指施工期相对的两个开挖面不断逼近过程中形成的残留岩体，包括横通道开挖时与主洞开挖面之间可能形成的岩柱，以及主洞内多掌子面开挖时形成的岩柱。工程实践表明，岩柱型岩爆可以异常激烈，这在锦屏辅助洞贯通之前已经得到印证。

采矿工程中的岩柱型岩爆形成过程有其特点，随着开采的不断进行，开采后残留岩（矿）柱受到的荷载可能不断增大，当荷载超过岩（矿）柱的承载力时，发生突然的破坏现象，即称为岩（矿）柱型岩爆。

近年的研究表明，是否发生岩（矿）柱型岩爆与岩（矿）柱的布置和尺寸密切相关，岩（矿）柱的破坏可以有两种形式，持续的屈服型破坏和突然的岩爆破坏。前者出现在岩（矿）柱内，不具备导致高应力集中的情形，比如，矿柱延伸方向垂直最大主应力方向，在形成岩（矿）柱过程中，岩（矿）柱法向方向发生持续的卸荷和变形，而不能在矿柱内形成高的能量集中。

举一个研究实例来说明岩柱型岩爆机理。2006 年年初，为测试新型化学喷层和锚杆支护对控制岩爆的效果，加拿大萨德伯里矿区开展了相关研究工作，研究工作的思路是在现场人为制造岩柱型岩爆，评价在岩柱内施加的上述支护方式的实际效果。

研究前先需要在现场选点。人工激发岩柱型岩爆的场址选择如图 3.1-3 所示。从方便交通和不影响正常生产的角度出发，现场共有五个可选择的场址。在考察了这五个场址的地应力场条件以后（包括矿山开采以后的二次应力），采用数值计算方法评价这五个场地的适宜性，即是否能人工激发出岩柱型岩爆。

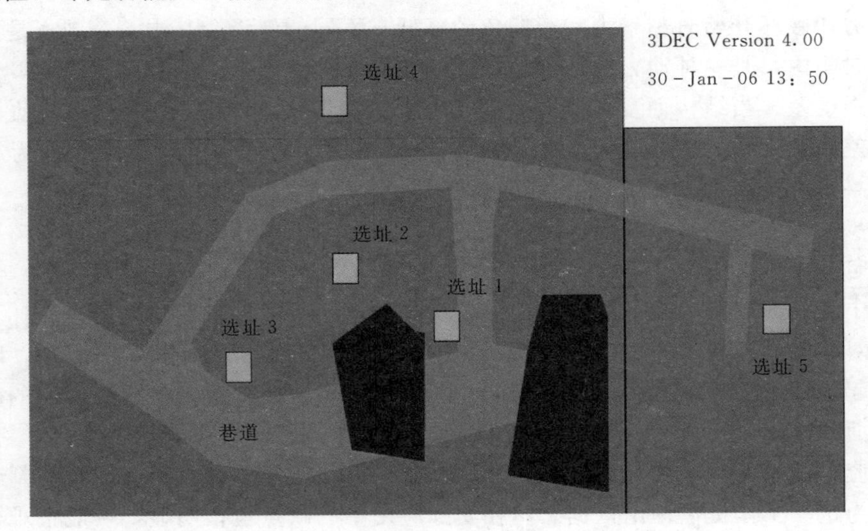

图 3.1-3　人工激发岩柱型岩爆的场址选择

数值评价工作是先把场址区四周开挖，形成一个体积较大的岩柱，然后在某个方向逐渐开挖岩柱、减小其尺寸，分析岩柱内岩体的受力条件，判断是否具备产生岩柱型岩爆的应力变化历程。

1号场址区在形成岩柱过程中五个代表性部位岩柱内的最大主应力不断升高，从原始的大约80MPa水平上升到140MPa。这种条件下对岩柱的开挖，缩小岩柱尺寸时岩柱内应力水平进一步升高，达到220MPa的水平，此后的开挖导致应力急剧降低。这种应力变化揭示了岩柱内应力水平不断升高和突然降低的变化趋势，破坏前聚积能量的过程非常显著，而破坏方式也以脆性为主（应力突然释放），反映了岩柱型岩爆的发生机理。而2号场址区岩柱形成过程中五个代表性部位岩体应力变化历程则与1号场址形成明显差别，没有揭示岩柱型岩爆机理对应的应力变化条件。

由此可见，并不是深埋地下工程中所有的岩柱破坏都以岩爆方式出现，岩柱持续屈服也是岩柱破坏方式之一，这主要受到岩柱形成过程中柱体内应力变化，或者是初始地应力场和岩柱之间关系的控制。

上述研究成果，对锦屏隧洞岩柱型岩爆研究有一定启示。在锦屏山中部地段进行多掌子面开挖以后，可以形成多个岩柱，这些岩柱形成和不断减小的过程可能发生岩爆，也可以不发生岩爆。这取决于以下两个方面的因素。

（1）岩柱所受的初始地应力条件。当不同洞段岩柱形成和不断减小过程中出现了不同形式的破坏时，反映了不同洞段初始地应力条件的变化。

（2）岩柱尺寸受隧洞开挖尺寸的影响。不同大小的隧洞掌子面在逼近过程中，岩柱型岩爆破坏风险和特征可以形成差别，即辅助洞、引水隧洞、导洞开挖时岩柱岩爆可能出现差异。

3.2 大理岩隧洞岩爆发生机理和诱发机制

3.2.1 岩爆发生机理的试验研究

3.2.1.1 峰前卸围压卸载速率试验及规律

高地应力条件下硬岩岩爆破坏与卸荷速率有密切关系，施工中常通过减慢开挖速度，减小开挖进尺来降低岩爆发生的风险，其本质是调整开挖引起围岩卸荷速率的大小。试验室条件下，加载速率对岩石力学性质的影响已被众多学者研究，而卸荷速率对岩石力学性质的影响规律研究还处于起步阶段，只有少数学者开展了这方面的研究工作。目前的研究成果对于认识卸荷速率对岩石力学性质的影响规律具有重要的参考价值。事实上，控制卸荷速率的试验技术本身是存在一定难度的。如果试验路径中轴压 σ_1 是变化的，将导致试验结果受 σ_1 变化速率的影响，结果不能真实地反映卸围压速率的影响程度。另外，如果围压采用手动控制方式，试验过程中真实卸围压速率是变化的，也将影响变形过程。在岩样达到极限承载能力前保持轴向应力 σ_1 不变，卸围压速率由试验机程序自动控制保持在设定水平。岩石试样取自锦屏二级水电站 4 号引水隧洞 K12＋600.00～K12＋615.00 洞段盐塘组（T_{2y}^5）灰白色中粗晶大理岩，取样洞段埋深为 1850m。试样为圆柱形，直径约 50mm，高度约 100mm。试验在 MTS815.03 型压力试验机上完成。在研究不同卸围压速率对岩石力学性质影响时，应根据现场实际情况制定相应的应力路径。研究选择恒定轴压卸围压路径，同时卸围压速率由试验机程序自动控制，保证试验过程中卸围压速率是恒定的。试验研究中设计了 5 个卸围压速率（υ_u）等级，分别为 0.01、0.1、0.3、0.5MPa/s 和 1.0MPa/s，初始围压预定值 σ_3^0 分别为 10MPa、20MPa、40MPa 和 60MPa，共 68 块岩样。

不同初始围压和卸围压速率试验应力-应变曲线如图 3.2－1 所示。图中各曲线相应数值为初始围压。图 3.2－1 给出了卸围压过程中轴向和侧向变形与偏压的关系。不同卸围压速率条件下，大理岩卸荷变形过程基本一致，卸围压开始后轴向变形 ε_1 相对缓慢，而环向变形 ε_3 迅速增大。初始围压对变形过程影响显著，初始围压越高，岩样破坏前经历的变形越大。卸围压破坏过程表现出明显的脆性破坏特征，所有初始围压下破坏后均出现明显应力跌落。

卸围压应力状态相当于在原有应力状态上叠加了一个侧向拉应力，造成了明显的侧向扩容。试验研究显示，岩石在加载路径下同样存在扩容过程，在峰后变形过程中扩容尤为突出。图 3.2－2 给出了不同卸荷速率条件下，从卸荷开始至极限承载强度时剪胀角 ψ 随归一化塑性剪应变增量 $\sum\Delta\gamma^p/\Delta\gamma_{max}^p$ 的演化过程。为了与三轴试验进行对比，图 3.2－3 给出了常规三轴压缩试验从体积回转应力至峰值强度过程的剪胀角演化过程。

（1）不同卸围压速率的卸荷过程中，剪胀角 ψ 大小与初始围压水平有关。初始围压应力水平越高剪胀角 ψ 的量值越低，说明初始围压对扩容过程有抑制作用，如图 3.2－2 所示。

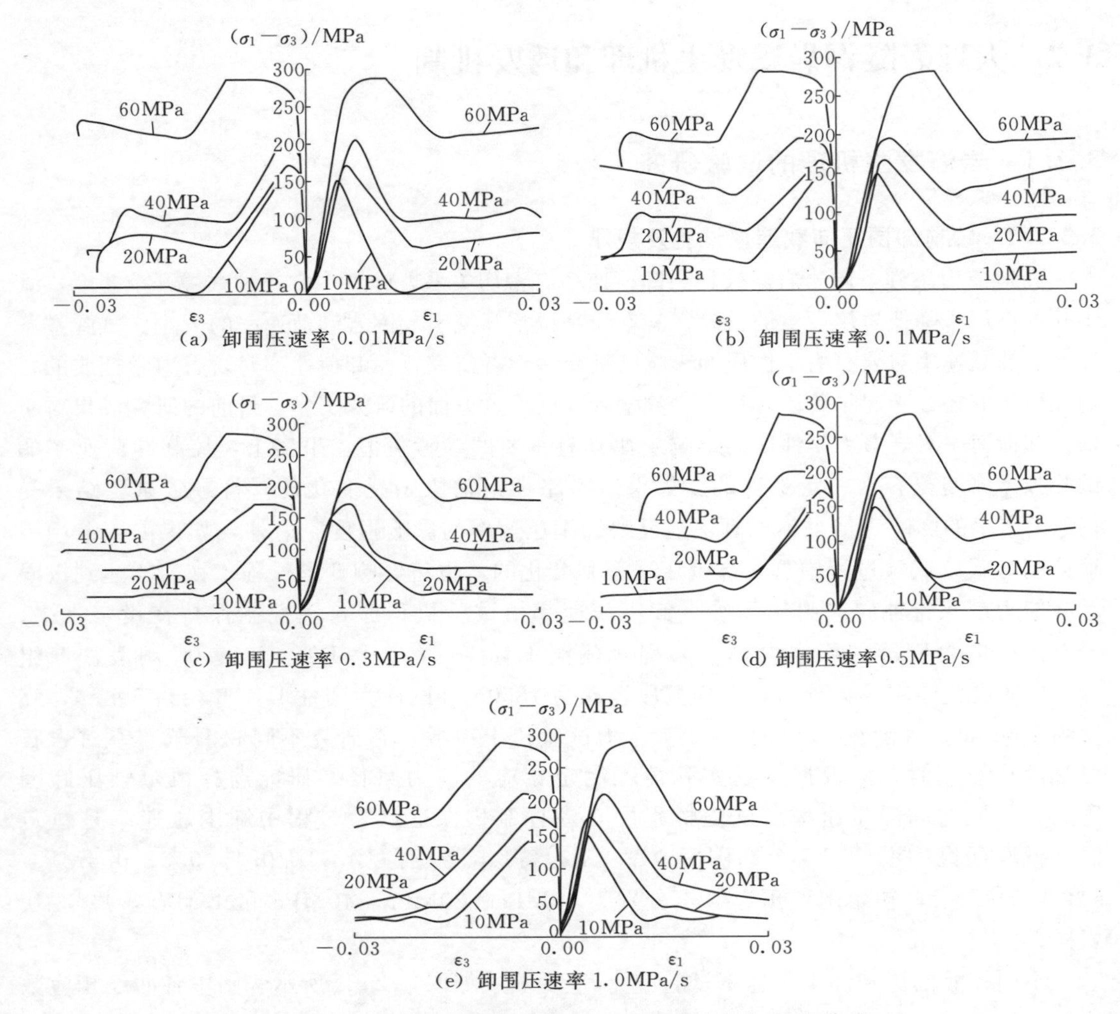

(a) 卸围压速率 0.01MPa/s

(b) 卸围压速率 0.1MPa/s

(c) 卸围压速率 0.3MPa/s

(d) 卸围压速率 0.5MPa/s

(e) 卸围压速率 1.0MPa/s

图 3.2-1 不同初始围压和卸围压速率试验应力-应变曲线

(2) 当以低速率 0.01MPa/s 卸围压时，低初始围压水平 10MPa 和 20MPa 时剪胀角 ψ 先缓慢增加到一定水平，在接近极限承载强度时剪胀角 ψ 迅速跌落。而在高初始围压水平 40MPa 和 60MPa 时，卸荷开始剪胀角 ψ 急剧增加到峰值水平，过峰值水平后略有下降，而后近似保持在常剪胀角直至极限承载强度后岩样破坏，如图 3.2-2 (a) 所示。

(3) 卸围压速率 0.1～0.5MPa/s 范围内，剪胀角 ψ 的演化过程基本一致，在卸荷初期迅速增大到某一量值，该量值是初始剪胀角的 1～2 倍。不同初始围压下达到该量值的塑性剪应变大致相同，而后保持该量值不变直至岩样破坏，见图 3.2-2 (b) ～ (d)。

(4) 当以高速率 1MPa/s 卸围压时，剪胀角 ψ 在卸荷初期迅速增大到某一量值，该量值可达到初始剪胀角的 5 倍。图 3.2-2 (e) 曲线峰前斜率大于图 3.2-2 (a) ～ (d) 中曲线峰前斜率，说明 1MPa/s 卸围压初期时剪胀角变化速率非常快。这是由于卸荷速率较快，围压的大幅度卸除造成岩样环向限制瞬时被解除，岩石应变能迅速释放造成内部迅速形成微裂纹萌生、扩展和聚积，岩石损伤程度迅速增加，塑性环向变形快速增大。而此时轴向变形来不及响应卸荷过程，因而塑性轴向变形变化较小，造成了剪胀角 ψ 的快速增大过程。随着裂纹的扩展、相互贯通和密度的增加消耗了释放的应变能，损伤过程变得缓慢，剪胀角开始缓慢下降。而后缓慢降低至一定水平并保持不变直至岩样破坏，如图 3.2－2（e）所示。

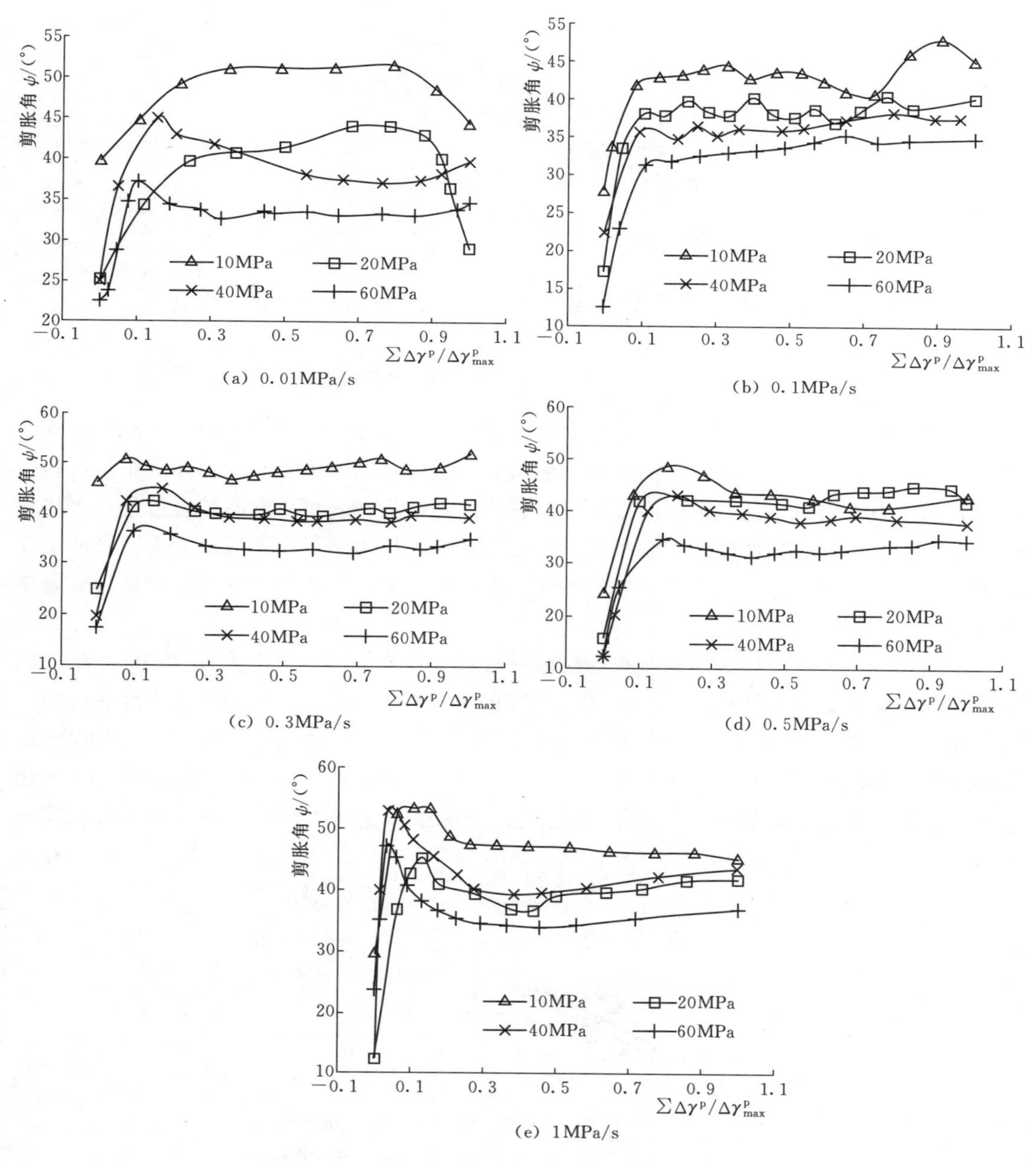

图 3.2－2 卸围压试验卸荷全过程剪胀角演化过程

(5) 对比三轴压缩试验结果（见图3.2-3），从体积回转应力水平到峰值强度过程中剪胀角 ψ 为单调增大过程，围压水平越低增大速率越快，10MPa时剪胀角随塑性剪应变近直线增长，且随着围压增大，其增长速率变得缓慢，表现为非线性缓慢升高。达到峰值强度时，剪胀角随围压水平提高而降低。

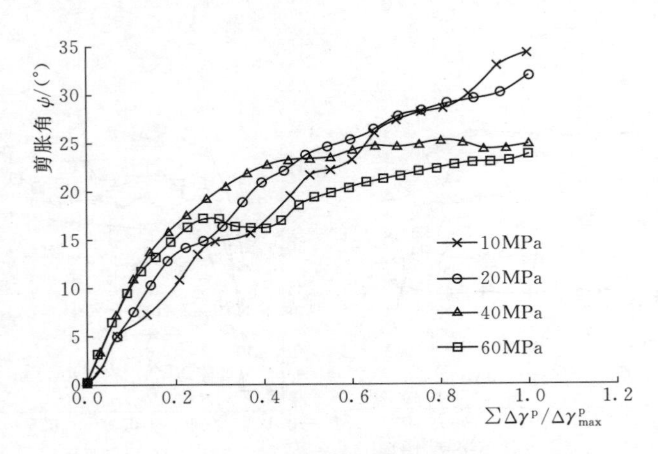

图3.2-3 三轴压缩试验峰前剪胀角演化过程

三轴压缩试验和卸围压试验过程中剪胀角 ψ 的变化规律存在明显差异。卸围压过程中90%范围都处于高剪胀角状态，而三轴压缩试验剪胀角 ψ 是逐步提高的，高剪胀角过程在变形后期才表现出来。这也说明卸围压过程较小的塑性损伤就可引起高扩容过程，而加载试验过程需要更大的塑性损伤来激发高扩容过程，这是应力路径不同造成变形差异的重要原因之一。这也说明卸载更易导致岩石侧向变形的迅速发展，解释了开挖卸荷易导致岩爆的原因。

不同卸围压速率试验破坏时获得的极限承载强度均高于加载速率为0.5MPa/s时三轴压缩的峰值强度，不同卸围压速率破坏点强度包线均位于常规三轴压缩峰值强度包线的上方，说明在0.01～1MPa/s卸围压速率范围内卸荷路径下岩石峰值承载能力未发生降低，极限承载能力均有所增加，如图3.2-4所示。相对三轴压缩峰值强度，除0.01MPa/s速率外，随着卸围压速率的增大，极限承载强度不断提高，达到1MPa/s速率时极限承载强

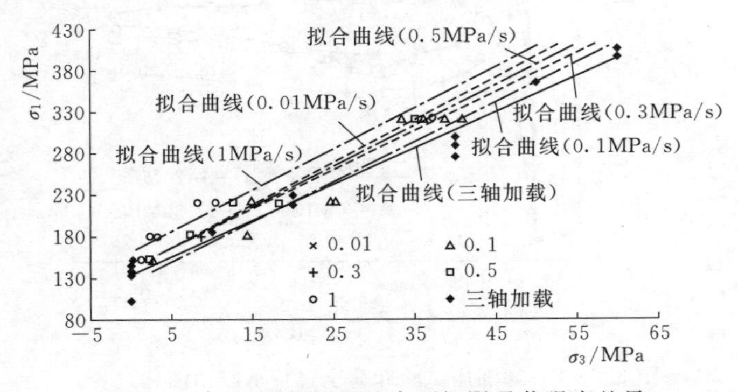

图3.2-4 不同卸围压速率下极限承载强度差异

度提高了10%～15%。虽然卸围压时在一定程度上提高围岩的承载能力，而承载能力的提高并不能阻止围岩的破坏，但却增加了破坏前围岩内积聚的弹性应变能，此时破坏发生时将会导致更大的能量释放，从而导致岩爆。

3.2.1.2 真三轴卸荷试验及规律

真三轴卸荷试验采用标准长方体试件，采用隧洞开挖时采取的岩块加工而成。将采取的岩块通过锯石机锯成55mm×55mm×105mm（长×宽×高）的岩样，再通过磨石机磨平岩样的两个端面，形成50mm×50mm×100mm的标准岩样。真三轴卸荷试验在中科院武汉岩土力学所RT3岩石高压真三轴压缩仪上完成，该试验的应力路径的确定主要模拟隧洞开挖卸荷的过程，如图3.2－5所示。并由此获得深部岩石的真三轴强度、变形以及声发射特征和破坏特征等，具体如下：

第一步：加载初始应力，同步加载σ_3、σ_2、σ_1至初始地应力水平（其中：σ_1为第一主应力；σ_2为第二主应力；σ_3为第三主应力。）

第二步：卸荷，保持σ_1、σ_2不变，卸荷σ_3至零。

第三步：应力重分布，保持σ_2、σ_3不变，加载σ_1至试样破坏。

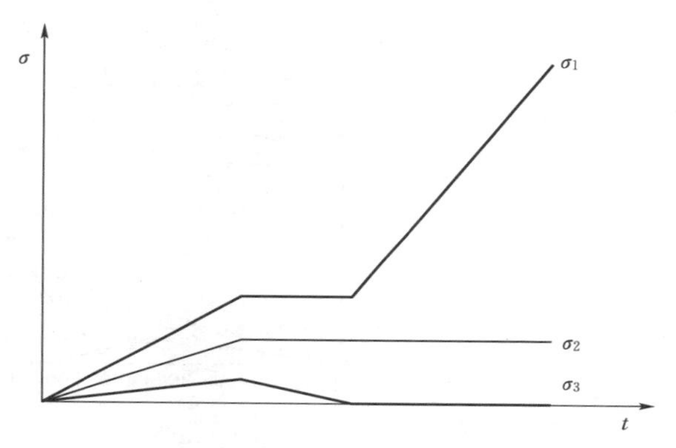

图3.2－5 真三轴试验卸荷应力路径

图3.2－6是真三轴卸荷试验中初始应力水平不断增加过程中岩石破坏特征。可见，绝大多数试样以竖向劈裂破坏为主，破裂面垂直于卸荷方向，和现场平行于洞边墙发生的剥落及岩片弹射等岩爆现象类似。在低应力水平破坏时，破裂面较粗糙，无摩擦滑移痕迹，为张拉性破坏，破坏时发出清脆的响声。高应力水平破坏时，岩样仍主要以竖向破坏为主，在较高应力水平下会出现一些张剪性破裂面，破裂面上有擦痕，但大多剪性破裂都追踪张性破裂，最终形成贯穿试件的宏观裂缝。卸荷破坏形成的宏观裂缝往往有多条，应力水平高时还可能出现整体破坏（碎裂状）。同时，试样内部剪切作用发挥程度越充分，试样宏观裂缝数量越少，逐渐向常规三轴压缩试验的破坏形态过渡，试样破坏时声音沉闷，剧烈程度明显增大。

图3.2－6 真三轴卸荷试验中初始应力水平不断增加过程中岩石破坏特征

真三轴卸荷试验结果显示，复杂应力状态下岩样中的AE（声发射）活动具有明显规律性，见图 3.2-7。加载初期，由于裂隙压密、裂隙闭合以及摩擦作用产生了少量声发射。变形的弹性阶段几乎无 AE 活动。卸荷过程中 AE 活动较为活跃，在最大主应力达到峰值强度的 60%～90%时 AE 活动出现突增，表明细观裂纹的不稳定扩展和宏观裂纹开始出现。AE 活动的峰值出现在岩石破坏前瞬间，表明裂纹贯穿，试样承载力丧失。图 3.2-8 中采用绝对能量指标来评价卸荷试验过程中 AE 能量释放量。可见，裂隙压密和滑移变形产生的 AE 能量较低，而裂纹形成和扩展产生 AE 则伴随有大量的能量释放。在卸荷阶段会释放一定的能量，能量曲线出现一次突增，破坏前瞬间能量曲线出现峰值，表明大量的弹性应变能得以释放。AE 活动特征和能量释放特征揭示了硬岩发生岩爆等脆性破坏现象的本质。这一试验结果直接支持了现场开挖过程中围岩声发射监测结果的分析，为解释围岩破裂状态提供了依据。

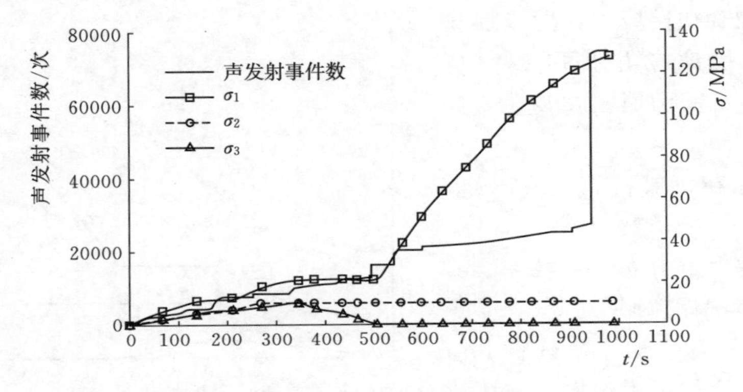

图 3.2-7 真三轴卸荷试验声发射活动特征

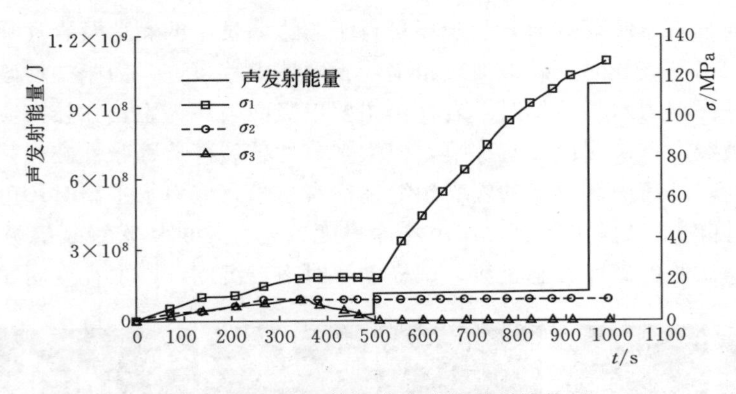

图 3.2-8 真三轴卸荷试验能量释放特征

在真三轴卸荷应力路径下，最小主应力降至零，试验的岩样都在无明显征兆的情况下发生突然破坏，显示了弹脆性特征，卸荷过程中卸荷方向有明显的回弹现象，加轴压至破坏过程中最小主应力方向有明显扩容，在临近破坏阶段，试样整体都表现出强烈扩容，中间主应力方向变形变化不明显，加轴压过程中稍有扩容。由于最小主应变包含裂缝变形而量级较大，体积应变趋势与最小主应变相同。在实践中，扩容现象是地震和岩爆现象中的一个前兆信息，试验中第三主应变或体积应变很好地反映了岩石脆性破坏前的扩容特征。

真三轴卸荷试验应力应变曲线（试样 1）如图 3.2-9 所示。

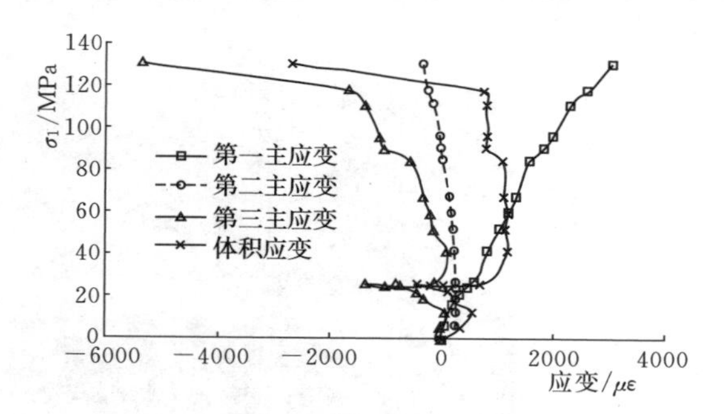

图 3.2-9 真三轴卸荷试验应力应变曲线（试样 1）

在不同应力水平下的破坏声音在卸荷路径下规律性很明显，和破坏强度基本一致，较低应力水平时以微响和脆响为主，中等应力水平时破坏声音十分响亮，部分试样破坏声音震耳欲聋。较高应力水平时则声音较小，以微响和闷响为主。试验中的破坏声音随应力水平的变化与实际工程中岩爆的声音类似，以剪切破坏为主的强烈岩爆声音为沉闷的响声，表层劈裂破坏岩爆声音为清脆的响声。在开挖＋支护应力路径下，支护作用使岩样破坏时声音响度降低，对于实际工程可以说是降低了岩爆烈度。

3.2.1.3 岩爆倾向性试验及规律

试样取自锦屏二级水电站辅助洞深埋段，辅助洞 AK08＋850 处，岩性为三叠系白山组大理岩（T_{2b}）。T_{2b}大理岩由碳酸盐矿物成分组成，变晶结构，致密块状构造，宏观均匀性好，矿物成分主要为方解石，容重为 26kN/m^3。

根据不同的试验要求，试验所用试样的制备过程有所差别。①单轴压缩实验和弹性能量指数实验，岩样为标准圆柱形，在中科院武汉岩土力学加工厂制备岩样，将采取的岩块通过摇臂转床钻取直径 $D=50$mm 的圆柱形岩样，然后在锯石机上锯成高度为 $H=100$mm 的岩样，再通过卧轴矩台平面磨床磨平岩样的两个端面，形成 ϕ50mm×100mm 的标准岩样。②单轴间接拉伸试验（巴西劈裂试验）通过锯石机将上述标准岩样从中间锯成高度 $H=50$mm 的岩样，再通过卧轴矩台平面磨床磨平岩样的端面，形成 ϕ50mm×50mm 的劈裂岩样。试验在中科院岩土所 RMT-150C 岩石力学试验机上完成。单轴抗压试验示意图如图 3.2-10（a）所示。

1. 单轴压缩试验结果

单轴压缩试验目的是测定引水隧洞最大埋深洞段大理岩的单轴抗压强度，从而求取大理岩脆性系数。单轴压缩试验试样破坏以剪切破坏为主，如图 3.2-10（b）所示。应力应变曲线显示，T_{2b}大理岩达到峰值后发生脆性破坏，应力出现迅速跌落，如图 3.2-11 所示。各组单轴抗压试验数据见表 3.2-1，平均单轴抗压强度为 141.8MPa，平均泊松比为 0.274。

表 3.2-1 单轴抗压试验数据

试验编号	D /mm	H /mm	弹性模量/GPa	抗压强度 σ_c /MPa	泊松比
9	49.30	99.52	51.023	149.164	0.315
21	49.3	100.12	50.882	160.863	0.192
24	49.24	100.18	50.330	135.927	0.4
25	49.28	100.34	49.868	126.521	0.257
32	49.22	100.94	50.851	136.416	0.205

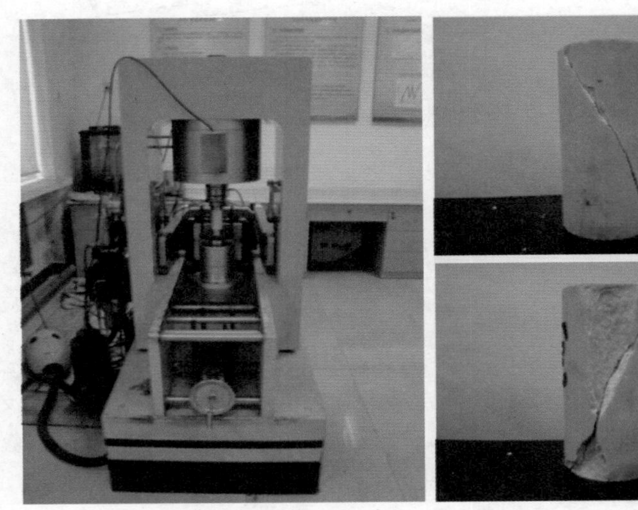

(a) RMT 试验机　　(b) 单轴压缩试验破坏试样

图 3.2-10　单轴抗压试验示意图

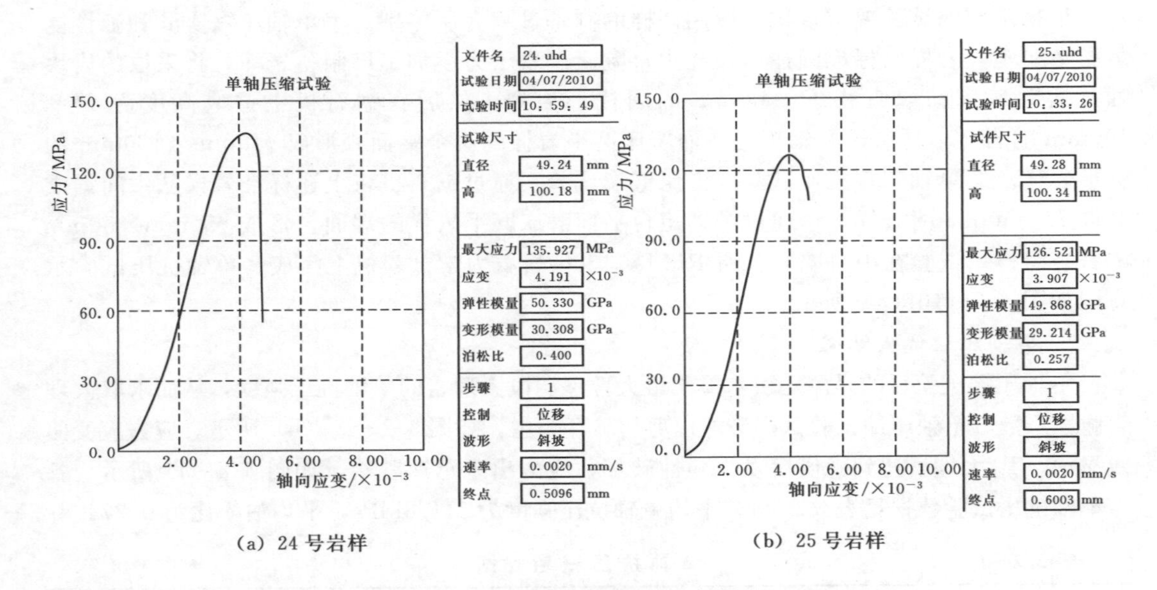

(a) 24号岩样　　(b) 25号岩样

图 3.2-11　T_{2b}大理岩典型单轴压缩试验应力应变曲线

2. 巴西劈裂试验

巴西劈裂试验主要为了测定大理岩抗拉强度指标，从而求取大理岩脆性系数，试验装置及破坏岩样如图 3.2-12 所示。应力应变曲线显示，T_{2b}大理岩达到峰值后发生脆性破坏，应力出现迅速跌落，如图 3.2-13 所示。间接拉伸试验结果见表 3.2-2，平均单轴抗拉强度为 4.5MPa 左右。

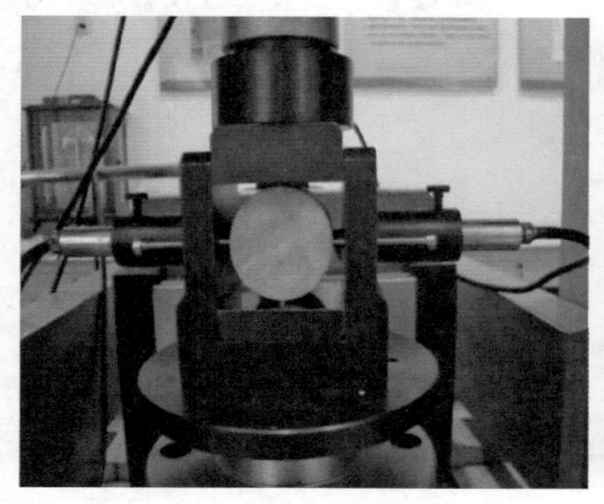

(a) RMT 试验加载装置　　(b) 巴西劈裂试验破坏试样

图 3.2-12　巴西劈裂试验示意图

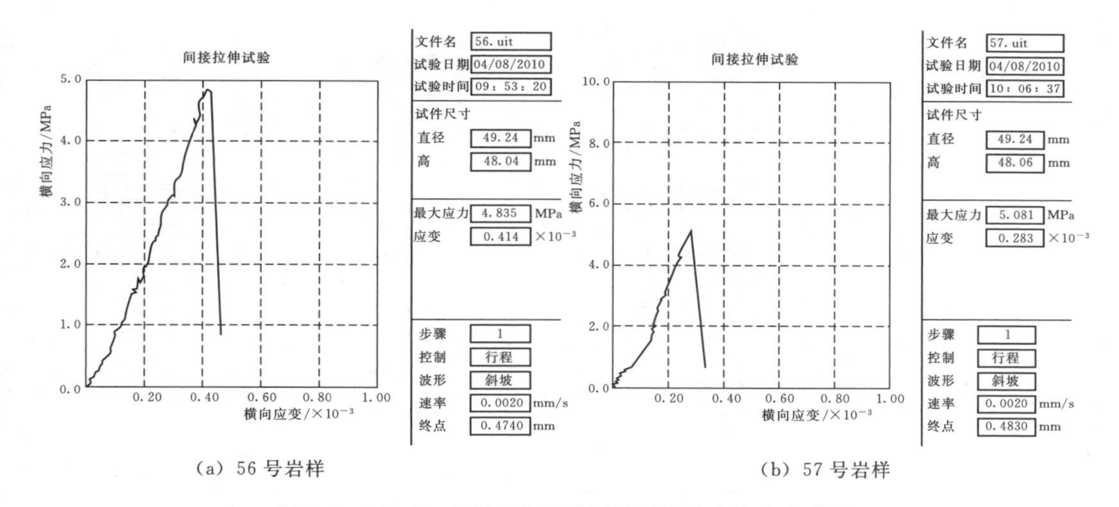

(a) 56 号岩样　　(b) 57 号岩样

图 3.2-13　T_{2b}大理岩典型巴西劈裂试验应力应变曲线

表 3.2-2　**间接拉伸试验结果**

编号	直径 D /mm	高度 H /mm	抗拉强度 σ_t /MPa	编号	直径 D /mm	高度 H /mm	抗拉强度 σ_t /MPa
11	49.28	48.10	4.314	57	49.24	48.06	5.081
12	49.26	48.04	3.954	80	49.22	47.82	4.000
56	49.24	48.04	4.835	81	49.22	47.80	4.955

3. 弹性能量指数试验

弹性能量指数试验采用力控制方式，首先以 0.5kN/s 的速率加载，至轴向力为 200kN（换算为应力大致等于 100MPa，为抗压强度 141MPa 的 70%～80%）时，以相同速率 0.5kN/s 卸载直至荷载为零，其他试验步骤基本同单轴压缩试验。共进行五组试验，试验系统自动记录每个岩样的文件信息、试件尺寸、力学参数及试验参数及各岩样的应力应变关系曲线，如图3.2-14所示。

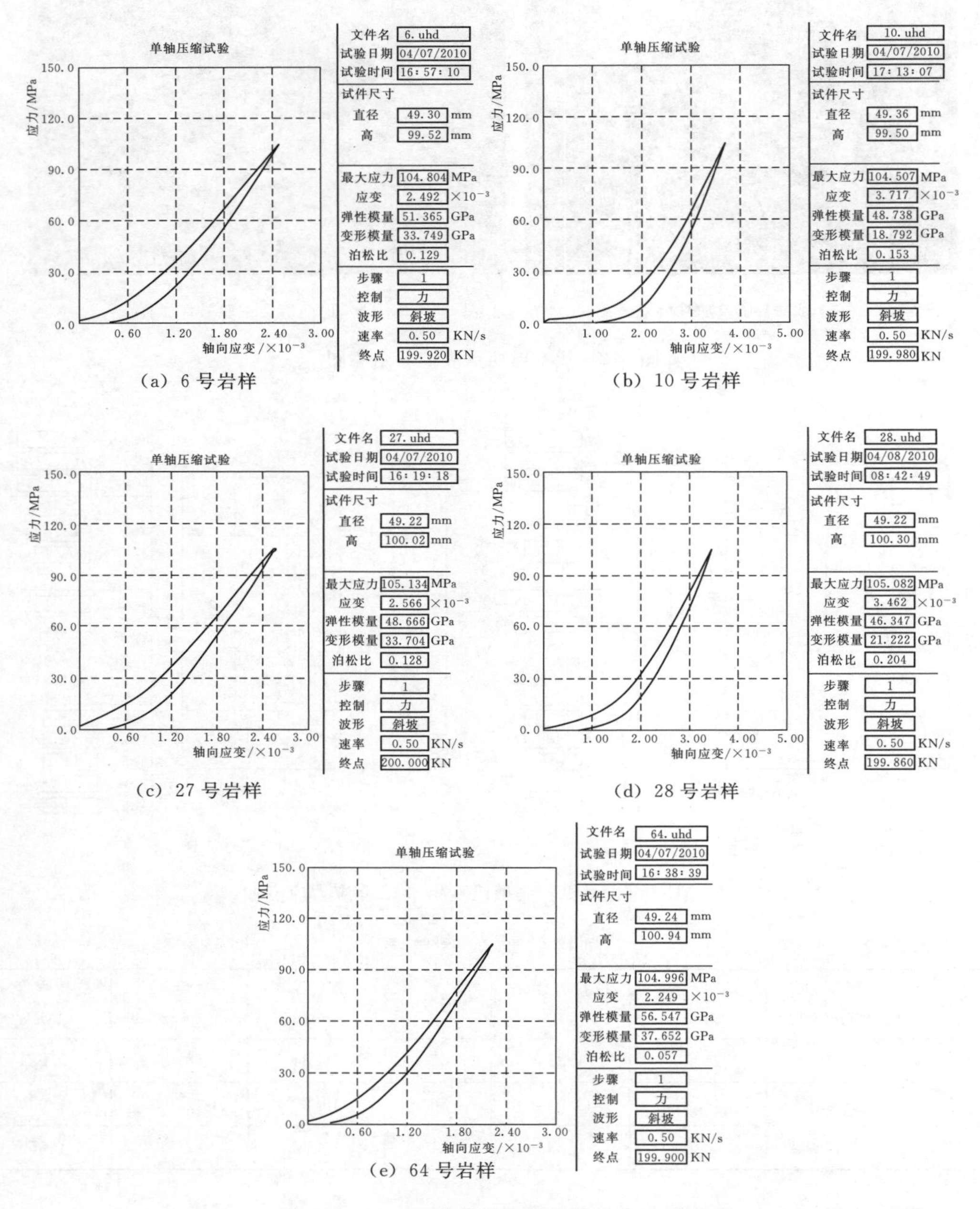

(a) 6号岩样　(b) 10号岩样

(c) 27号岩样　(d) 28号岩样

(e) 64号岩样

图3.2-14　岩样弹性能量指数试验结果图

采用曲线拟合与微积分两种方法分别对五组试验应力应变数据进行弹性应变能（ϕ_{sp}）和耗损的弹性应变能（ϕ_{st}）计算，结果见表3.2-3。

表 3.2-3　　曲线拟合与微积分计算结果对比表

岩样编号	方法	ϕ_{sp}	ϕ_{st}	岩样编号	方法	ϕ_{sp}	ϕ_{st}
6	拟合	0.0844	0.0230	28	拟合	0.0919	0.0270
	微积分	0.0837	0.0235		微积分	0.0914	0.0273
10	拟合	0.0868	0.0281	64	拟合	0.0793	0.0189
	微积分	0.0854	0.0295		微积分	0.0791	0.0189
27	拟合	0.0908	0.0261				
	微积分	0.0905	0.0262				

4. 岩爆倾向性指标结果

表 3.2-4 为锦屏大理岩岩爆倾向性指标脆性系数和弹性应变能指数的计算结果。脆性系数平均值为 31.34，平均弹性应变能指数为 3.42。根据两个指标的岩爆倾向性判据可知，弹性能量指数判别结果为低或中等岩爆倾向，脆性系数判别结果为强烈岩爆倾向。综合上述结果，预示着锦屏大理岩在满足岩爆形成条件后，中等和强烈岩爆的发生是可能的，但岩爆倾向性指标仅反映岩石力学性质对岩爆发生可能性的贡献，对岩爆等级的低估是难免的。

表 3.2-4　　锦屏大理岩岩爆倾向性指标脆性系数和弹性应变能指数的计算结果

指　标	试验编号	弹性能量指数 W_{et}	平均弹性能量指数	岩爆等级
$W_{et}=\phi_{sp}/\phi_{st}$	6	3.51	3.42	低或中等岩爆倾向
	10	2.89		
	27	3.45		
	28	3.09		
	64	4.17		
$K=\sigma_c/\sigma_t$ 与岩性判别法①相当	抗压强度 σ_c	抗拉强度 σ_t/MPa	脆性系数 K	强岩爆
	141.78	4.52	31.34	

3.2.2 应变型岩爆机理

3.2.2.1 剧烈应变型岩爆机理

应变型岩爆是最早被人类所认识的岩爆类型，相对完整脆性围岩应力集中超过强度后突然的能量释放导致的破坏现象，伴有清脆的声响，也可能伴随岩块的弹射现象。从形成机制上，高应力条件或者诱发二次高应力场是该类岩爆发生的必要条件。引水隧洞开挖形成后，掌子面附近原有的三向应力状态的平衡被打破，向二向应力状态转换，应力重新分布，围压消失，环向应力升高。围岩岩爆发生需要经历三个阶段，即劈裂阶段、剪切阶段和弹射阶段。应变型岩爆发生的演化过程如图 3.2-15 所示，这有助于揭示应变型岩爆的发生机理。首先，围岩处于切向应力集中，径向应力逐步卸荷的应力状态。如同上述室内卸荷试验（峰前卸围压和真三轴卸荷试验）一样，随着围岩逐步卸荷，岩体内原有微裂纹或缺陷端部产生拉应力集中，当达到岩体抗拉强度时，裂纹不断扩展，岩体开始向临空面

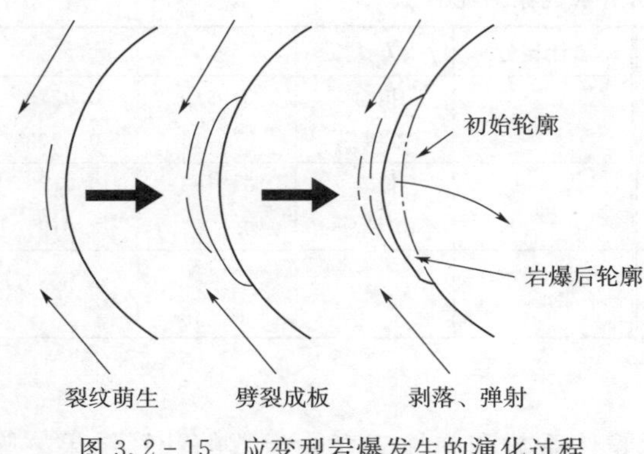

图 3.2-15 应变型岩爆发生的演化过程

扩容，形成与切向应力近平行的破裂面，即围岩在此过程中逐步的劈裂化。其次，当围岩劈裂化到一定程度时，受开挖边界的限制，如顶拱和底板对边墙端部的限制或两侧边墙对顶拱端部的限制，岩体中裂隙进一步劈裂化受到限制，这相当于有端面约束的单轴压缩试件。破裂化方向发生改变，与切向应力形成一定的夹角方向扩展，形成剪切破裂，直至洞边墙，即剪切阶段。最后，如果上述剪切阶段过程中吸收了围压释放的弹性应变能，围岩破坏呈平稳逐步进行，形成剥落和片帮，如果剪切阶段不能耗散掉围岩释放的弹性应变能，则多余能量将转变为围岩弹射的动能，从而形成岩爆破坏，此即为岩爆的弹射阶段。时间和空间上，这三个阶段由洞边墙向岩体内重复出现，表现在引水隧洞工程中即为一个岩爆位置多次发生岩爆的客观事实。破坏断面的形态上，形成 V 字形岩爆坑。此外，现场声发射和微震监测试验结果也客观地反映了岩爆形成前期围岩的破裂演化过程。最突出的特点在于两监测信息均显示出围岩破裂过程的复杂性，这不但是由于岩石自身的非均质性造成的，更多的是由于岩体结构的存在，声发射事件和微震事件的演化规律明显受这些岩体内地质结构的控制。总体来说，在无明显结构特征控制下，围岩破裂过程具有规律性，对于 3 号隧洞 TBM 开挖洞段而言，开挖导致围岩应力场不断演化和调整，过程中应力集中和应变能的转移和调整过程导致围岩产生大量张拉破裂。这些破裂而后又进一步扩展和贯通，形成宏观裂隙，与此同时裂隙结构的形成又反过来影响应力分布和能量集中区的分布。在这个反复影响的过程中，围岩能量不断释放，产生大量微震事件。一定条件下微震事件导致岩体获得一定的动能而发生岩爆破坏，这就是应变型岩爆的形成过程，与上述室内试验结果分析和现场岩爆案例分析所揭示的岩爆发生机制一致，得到了多元信息的验证。

应变型岩爆破坏程度，包括导致岩体破坏的深度和宽度范围，与破坏区所在断面上的应力状态直接相关，确切地说是受断面初始应力比直接控制。断面地应力状态与脆性围岩破坏形态的关系如图 3.2-16 所示，由图可见对于圆形隧洞，断面上应力比 K_0 越大，V 形破坏区深度和破坏宽度也越大，反之，破坏深度浅且宽度小。以排水洞岩爆统计分析为例，此类应变型岩爆多发生于向斜核部等具有构造异常的部位，这与该构造部位的应力异常关系密切。排水洞岩爆多表现为如图 3.2-17 所示的平缓 V 形爆坑，这意味着岩爆发生洞段断面初始主应力比并不高。为了进一步揭示向斜构造对应变型岩爆的控制作用，通过数值分析模拟不同隧洞断面水平向与垂向初始应力比值条件下的排水洞开挖面周围的二次应力场状态，由计算结果可知，随着隧洞断面水平向与垂向初始应力比值的增大，隧洞两侧边墙顶拱区间内围岩的应力状态越接近峰值强度包线，越趋向于发生破坏，对应的围压水平达到 40MPa 以上，最大主应力量值为 120～170MPa。这种应力状态意味着非常高的能量集中，同时应力状态越接近于峰值强度包线也表明这种强烈的能量集中更趋于围岩破坏，显然具有更高的岩爆风险。

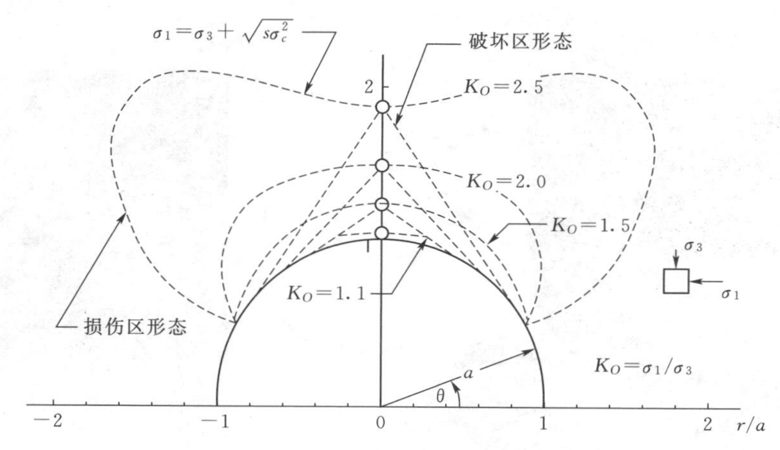

图 3.2-16　断面地应力状态与脆性围岩破坏形态的关系

图 3.2-17　排水洞应变型岩爆破坏断面形态

需强调的是，当在诸如向斜核部这类应力异常区域内岩体内发育有细小且胶结强度高的隐节理时，剧烈应变型岩爆更易出现在这些隐性节理发育的部位。爆坑的发育特征与无隐性节理发育条件下的略有差异，岩爆坑内可出现一些小型结构面，破坏边界也不再相对光滑。如图 3.2-18 所示为 2009 年 7 月初排水洞进入岩爆高风险段以后围岩出现的强烈应变型岩爆破坏形态及其在隧洞周边的分布。该洞段为白山组脆性大理岩，宏观结构面不发育，但在高应力作用下隐性节理发生破坏，形成不同的破坏形态。现场观察到的该部位一个典型特征是脆性破坏区域从南侧边墙一直延伸到北侧边墙，顶拱出现了应变型岩爆坑，轮廓呈典型的 V 形，只是受隐性节理影响，破坏面相对粗糙。应变型岩爆也出现在南侧边墙—拱肩部位，形态上也呈平缓的 V 形，破坏深度接近 1m。在北侧边墙至拱肩部位，受到 NWW 向隐性节理的影响，破坏总体上沿这些隐节理产生，边墙处破坏深度很小，仅 10～15cm，但在北拱肩一带形成舒缓的 V 形脱空区。图 3.2-18 的左侧中清楚地显示了破坏区在护盾外侧出现，破坏出现在掌子面后方约 4m 以内的范围内。图 3.2-18 的右侧为掌子面后方约 10m 开外的隧洞北侧，可能受到断面应力集中区的影响。

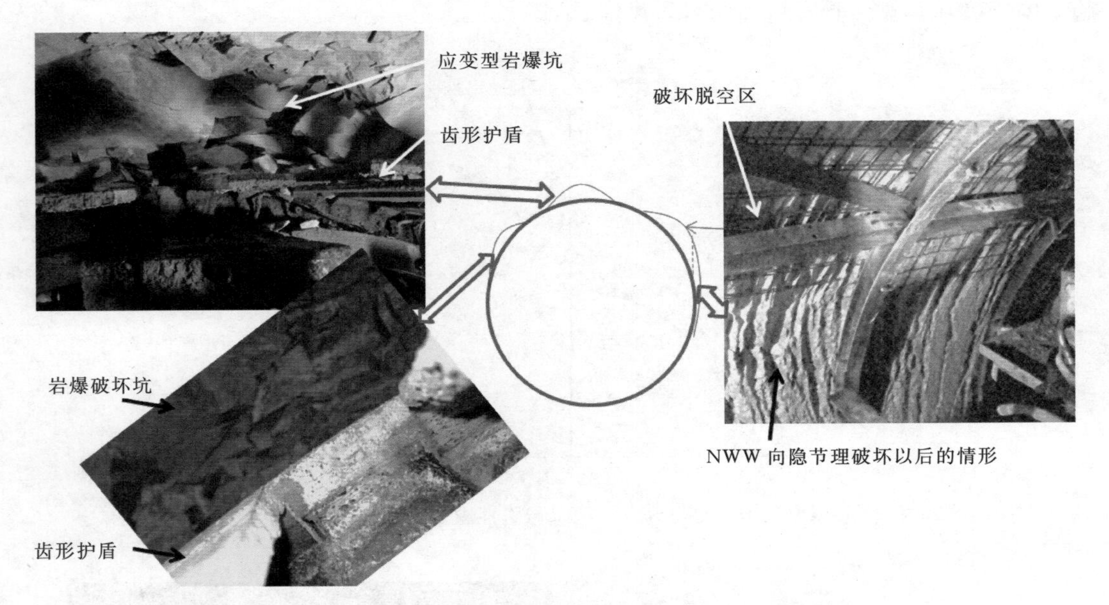

图 3.2-18 排水洞围岩破坏形态和断面上的分布规律

综合上述分析，对于锦屏二级水电站隧洞剧烈应变型岩爆机理和条件认识可以归纳如下：

(1) 锦屏二级水电站隧洞剧烈应变型岩爆不发育的重要原因是隧洞沿线断面初始主应力比相对较小，较小比值的断面地应力主要对围岩滞后破坏造成影响。

(2) 掌子面附近，特别是掌子面及其前方小范围内的高应力是导致剧烈应变型岩爆的主要因素，该区域的应力集中现象可分布在整个隧洞周围，因此使得应变型岩爆可在隧洞断面不同位置发育。

(3) 锦屏隧洞掌子面附近围岩二次应力场分布受近于顺洞向的初始主应力影响较大。构造挤压作用可在相对完整地层组成的向斜翼部一带形成局部地应力场，当隧洞掘进到该部位时，倾向于在掌子面附近导致剧烈应变型岩爆的产生。锦屏剧烈应变型岩爆主要集中向斜构造附近的局部地应力场洞段，具体还与向斜的岩组结构、隧洞与向斜之间的空间关系相关。当隧洞在中部地层以下部位通过时，岩爆风险最高。

(4) 受锦屏特定初始地应力场特征的影响，锦屏剧烈应变型岩爆对工程施工的直接影响一般并不突出，但直接可靠地揭示了岩爆风险的升高，这对工程施工过程岩爆风险的预警和判断具有重要意义。

3.2.2.2 鼓胀应变型岩爆机理

相比较于剧烈应变型岩爆而言，鼓胀应变型岩爆的发生过程相对缓和一些，但范围更大一些，图 3.2-19 为 2 号引水隧洞东端鼓胀应变型岩爆破坏形态，破坏发生时锚杆安装已经完成。由图 3.2-19 可见，岩爆坑的空间形态和破坏区特征与此前的剧烈应变型岩爆略有不同，V 形破坏坑轮廓总体存在，但不够明显，破坏区与开挖面大体平行的破裂现象明显。图中所示的锚杆在岩爆发生前已经安装，相对密集的锚杆并没有有效地限制和控制岩爆的发生，没能成功避免围岩的破坏，原因在于围岩破裂面密而小，形成尺度在10～20cm为主的小块体，揭示了这种岩爆破坏是高应力下硬岩破裂发展的结果。此外，图3.2－19所示的岩爆破坏区距离掌子面的距离超过1倍开挖直径。大量数值研究显示锦屏二级引水隧洞环境下，超过1倍开挖洞径以后围岩应力变化基本趋于稳定。这类岩爆发生的事实说明，鼓胀型岩爆发生具有相对滞后的特点，它反映了掌子面空间效应和破裂发展的时间效应。此外，引水隧洞鼓胀应变型岩爆的统计分析显示，鼓胀应变型岩爆多发育在北拱肩一带，南拱脚次之，这与引水隧洞开挖后围岩应力集中区的部位是一致的。这些部位的声波测试结果通常显示，围岩应力诱发破裂相对发育，这在一定程度上也说明了鼓胀应变型岩爆与围岩破裂间的内在联系。同时，如果NWW向节理在引水隧洞北拱肩相对发育时，鼓胀应变型岩爆更易出现，因此NWW等节理对此类岩爆存在一定控制作用。

图3.2－19　2号引水隧洞东端鼓胀应变型岩爆破坏形态

3.2.2.3　鼓胀扩展应变型岩爆机理

鼓胀应变型岩爆多出现在掌子面后方一定范围内（如20～30m），说明这种岩爆破坏所具备的滞后特征。鼓胀应变型岩爆是破裂发展的结果，破裂发展的时间效应决定了这种滞后性。当破裂随时间发展得不到有效控制时，发生破坏滞后的时间可能更长，即所谓的鼓胀扩展应变型岩爆。有一种观点认为，这种破坏也可不纳入到岩爆破坏中，但破坏发生也常伴随显著的声响和能量释放，从岩爆研究角度，纳入到岩爆破坏主要是体现系统性和对问题描述与理解的全面性。

鼓胀扩展应变型岩爆是破裂松弛区突然破坏的表现，由于破裂松弛的普遍性，这种破坏发生范围一般相对很大。在锦屏出现的几次这种类型的破坏中，顺洞轴的破坏区长度可以达到70m。图3.2－20为发生在辅助洞西端A洞的鼓胀扩展应变型岩爆破坏，破坏区滞后掌子面100m以外，图中的锚杆系破坏后补充施工的水胀式锚杆，由于围岩破碎和鼓胀仍然处于发展之中，在完成钻孔后比较普遍地出现钻孔变形或堵塞现象，水胀式锚杆无法安装到预定深度，形成图中普遍存在的外露现象。与此前描述的两种应变型岩爆相比，岩爆破坏形态上存在一定差异，如图3.2－20所示。鼓胀扩展应变型岩爆破坏的突出特点是破坏深度浅但面积大，围岩破碎程度高也是典型特征，破坏面基本全部由小破裂面组成，是破裂不断扩展的结果。

图3.2－20　辅助洞西端A洞的鼓胀扩展应变型岩爆破坏

3.2.3 断裂型岩爆机理

锦屏二级水电站引水隧洞发育的断裂型岩爆，因控制岩爆形成的断裂或结构面产状和性质差异而表现出不同的形成机制。为了揭示隧洞断裂型岩爆的形成机制和发生机理，必须从断裂或结构面的发育条件和控制作用为出发点深入研究。从断裂型岩爆的发生机制上，可将断裂岩爆细分为尖端断裂型、滑移断裂型和诱发断裂型三类，下面重点结合三种类型的地质结构和构造条件加以阐述。

3.2.3.1 NWW向尖端断裂型岩爆机理

1. 现场岩爆破坏规律

锦屏二级水电站引水隧洞岩爆案例分析揭示，不仅NWW向软弱结构面尖端在洞周出现时会导致断裂型岩爆破坏，其他方向的断裂在隧洞周边围岩中也会出现这种破坏现象，但共同点是断裂面自身力学性质较差，抑或张开，抑或为软弱物质充填，即断裂自身与岩体力学性质需要有明显的反差，这与硬性断裂导致岩爆的认识完全不同。此外，断裂尖端局部地应力场导致的断裂型岩爆必须是尖端靠近隧洞开挖面，从已经发生的岩爆看，尖端与隧洞边墙之间的距离一般不超过3m，当然，这个数值可能会随着埋深、开挖洞形等其他因素的变化而变化。不过，在一组结构面中，毕竟尖端与开挖面距离在3m以内者相对不多，这也是普遍发育的NWW组结构面中只有少数导致了岩爆破坏的原因之一。同样是因为这一原因，现实中在断裂被揭露之前，很难甚至不可能预测哪一条断裂会导致岩爆破坏，即断裂型岩爆的预测工作非常困难。下面结合岩爆实例说明这类岩爆的现场破坏特征。

2008年9月22日排水洞开挖过程中发生的岩爆破坏与一条断裂的发育密切相关，该岩爆两处围岩破坏发生位置对应于一约8m长的小型断裂的两个端部部位，从右侧揭露的情况看，该断裂充填软弱物质，呈平直状，断裂面上积累应变能的能力很弱，断裂导致的局部地应力集中只可能在断裂的端部部位，恰好在这两个端部部位均出现了岩爆现象。更进一步分析发现，岩爆所发生的部位具有规律性，在北侧对应于北拱肩部位，而南侧对应于南拱脚部位，这两个部位都属于断面应力集中区。2009年3月上旬，排水洞南侧边墙发生了一次断裂型岩爆，如图3.2-21所示。图3.2.21的左侧主要显示南侧边墙一条NWW结构面的分布，结构面呈褐色，为显著风化后的结果。结构面与开挖面之间岩体已经破坏，特破坏面棱角分明，与应变型岩爆坑形成显著差别。图3.2-21的右侧为左侧方框区域延伸到TBM齿形护盾以后的局部特写，为断裂型岩爆源位置，也是诱震断裂端部位置。破坏坑深度达到接近3m的水平，破坏区域总体也呈弧形凹坑。该岩爆与该部位近区发育的一条中等倾角NE向断裂密切相关。NE向断裂在接近尖端时呈张开状，充填有褐色充填物，无岩爆发生。但在NE向断裂尖端发生了程度相对不突出的岩爆，爆坑深度仅30cm，但破碎严重，在断裂尖端部位形成大量小规模的发散状新鲜破裂。2009年7月在排水洞掘进过程中，围岩中发育NWW向断裂端部发生了严重岩爆，强烈的震动导致后方该断裂延伸部位外侧围岩的块状坍塌破坏，如图3.2-22所示。软弱的NWW—NW向断裂导致的强烈岩爆也出现在钻爆法施工条件下，2009年2月在西端2号引水隧洞施工过程中，杂谷垴组大理岩中出现的断裂型岩爆，在顶拱的破坏坑长度接近3m，该岩爆与NW向断裂尖端密切相关。

图3.2-21 NE向中等倾角尖端断裂的岩爆破坏现象

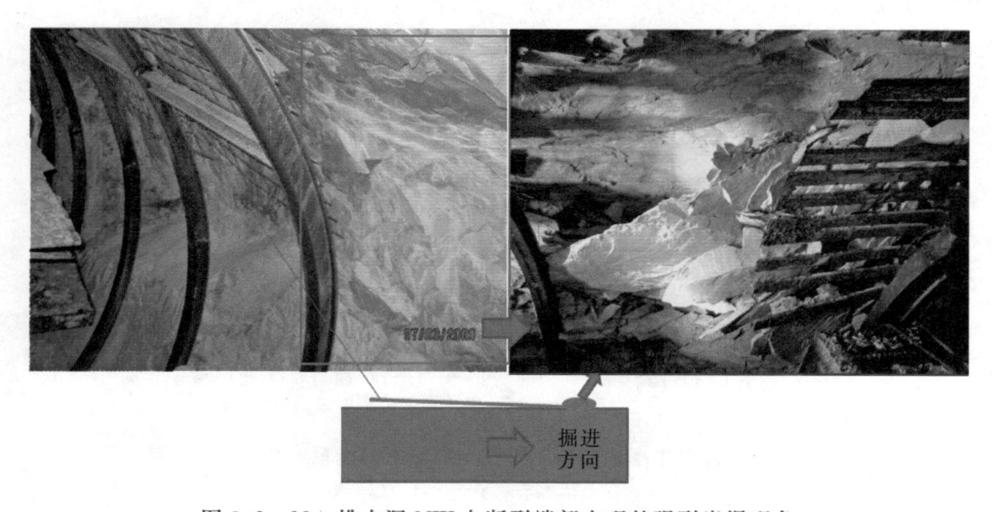

图3.2-22 排水洞NW向断裂端部出现的强烈岩爆现象

2. *岩爆机理分析*

NWW向断裂在地质力学性质上属于张扭性构造，也是锦屏山体的导水构造，因此断裂面往往风化，某些情况下甚至被软弱物质充填，反映在力学特性上，是断裂的刚度和强度相对较低。软弱型NWW向断裂诱发型岩爆的内在机理是由断裂端部的局部应力集中区造成的，具体是当掌子面不断逼近断裂端部的应力集中区时，受到这种局部初始高应力的影响，二次应力场的应力集中可以非常突出，而附近存在的断裂为破坏提供了更好的条件，因而可导致严重的破坏现象。

在分析NWW向软弱断裂导致的尖端型岩爆机理时，需要了解该组断裂在锦屏隧洞沿线特定的地质构造体系中可能产生的局部地应力场分布。为此，研究中采用可模拟结构面复杂力学行为的3DEC软件，在模型中模拟一条单一的NWW向结构面，按锦屏隧洞地应力场特征施加边界荷载，而后通过力学参数弱化来模拟断裂弱化过程，在该过程中断裂两侧和端部一定范围内岩体地应力发生调整，以适应区域地应力场的作用，形成了NWW向软弱断裂导致的局部地应力场分布特征。由计算结果可知，NWW向结构面尖端附近的局部地应力场影响范围可达到10～20m，其应力比值超过1.5，甚至达到2.2。这种地应力场格局使得当隧洞开挖通过NWW向断裂尖端附近时，应力比及应力水平都明显增大。

在获得NWW向构造的局部应力场后，通过模拟隧洞开挖过程来研究NWW向断裂对岩爆风险的控制作用，以帮助深入认识该断裂导致的岩爆破坏机理。采用静力学的方式，定性地了解掘进过程中开挖面与NWW向软弱结构面处于不同空间关系时的应力变化特征。图3.2-23随洞掌子面靠近NWW向断裂时的能量释放率变化特征。可见，在NWW向软弱结构面端部一带开挖隧洞的能量释放率呈现出逐步增大的趋势，其影响范围约为5m。应力集中程度和能量释放率增大意味着岩爆风险的增加。从发生机理上看，NWW向断裂尖端型岩爆是由高应力集中导致岩体破坏所形成，这与应变型岩爆有一定相似之处，但又存在根本差异，原因在于断裂尖端型岩爆所需要的高应力集中条件是由于断裂端部作用而产生的且强烈控制着开挖后的二次应力场特征和水平。

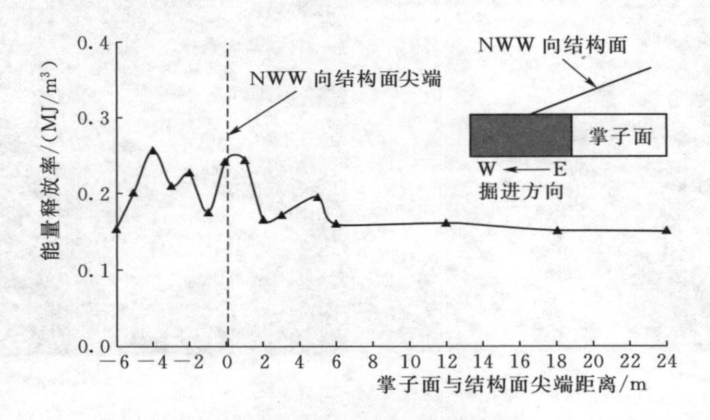

图3.2-23　隧洞掌子面靠近NWW向断裂时的能量释放率变化特征

注：横坐标负值表示掌子面超过尖端的距离。

3.2.3.2　NWW近EW向滑移断裂型岩爆机理

1. 现场岩爆破坏规律

锦屏现场观察到的NWW向硬性断裂诱发的岩爆为2009年11月28日发生在排水洞的强烈岩爆。其机理与世界上其他一些工程中所报道的断裂型微震/岩爆相同，即硬性且起伏或不连续的断裂具备积累能量的条件，沿断裂局部破坏是导致岩爆的根本原因。

根据排水洞所观察到的该岩爆破坏，可知该类型岩爆具有如下特征：

(1) 连续性。断裂延伸范围内只要结构面的刚性和起伏特性没有发生显著变化，则该断裂在隧洞揭露的长度范围内都具备诱发微震和岩爆的可能。因此，在掌子面推进过程中可能连续地出现微震和岩爆现象，呈连续发生的特点。这与尖端型岩爆形成明显区别。软弱性质的NWW向断裂在延伸段不具备导致微震/岩爆的条件，特别是出现在顶拱时，甚至有利于围岩稳定。

(2) 多发性。锦屏大理岩所具备的脆延转换特性使得一次岩爆破坏的深度主要局限在脆性区内，其深度一般在3m以内。但是，一次岩爆破坏以后围岩应力状态同时发生变化，破坏范围的脆性区范围加大。在硬性NWW向断裂向围岩内部延伸的范围内，很可能具备了二次岩爆的条件，形成多发性的特点。排水洞在该部位掘进过程中曾出现过多次破坏，最终形成了近10m深的破坏坑，反映了岩爆多发性的特点。总体地，TBM掘进条件下围岩应力释放不如钻爆法掘进时充分，也为多发性创造了条件。

(3) 诱发性。多发性岩爆的基本原因是微震沿断裂发生以后会出现一个能量迁移的过程，即高应力区迁移到相对深一些的部位。显然这种迁移过程也是逐步达到平衡和稳定的过程。当存在外在因素如附近其他微震的触发时，这种平衡会被打破，再次出现微震和岩爆现象，即诱发出新的岩爆。图3.2-24所示的岩爆破坏位置距离掌子面约20m，该部位围岩应力调整已经趋于稳定，总体上缺乏直接导致岩爆破坏的应力条件，所出现的破坏很可能是近掌子面一带微震冲击诱发的结果。

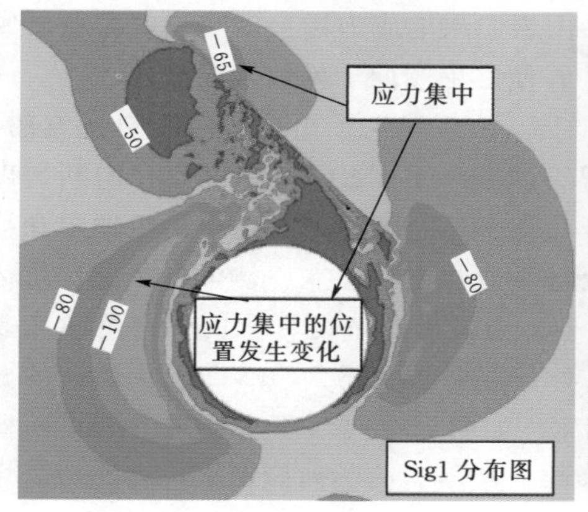

图3.2-24 排水洞极强岩爆分析结果

(4) 隐蔽性。排水洞岩爆所发育的NWW向结构面具有隐蔽性，结构面距开挖面存在一定距离，埋藏于围岩一定深度处且未被开挖面揭露，这类隐性结构面的存在具有极大的危险性，不易在施工过程中被发现，防治措施上易被忽视。

2. 岩爆机理分析

对该次岩爆的深入分析可揭示隐性结构面控制下的破坏机制，图3.2-24为排水洞极强岩爆分析结果。可知，在无隐性结构面存在的条件下，排水洞TBM开挖后围岩应力集中范围在北侧边墙至拱肩和南侧边墙至拱脚的围岩内部一定深度处，分布具有一定规律性，这是由引水隧洞工程的应力场特征导致的。然而，在极强岩爆中的隐性结构面发育的条件下，围岩二次应力场的集中区发生明显偏转，集中在隐性结构面的一侧和两端部位，南侧边墙至拱脚部位的应力集中区也明显变大，向结构面发育区域延伸，这也意味着能量集中区域因受结构面控制而变得极其复杂，这正是随这结构面的滑移失稳产生震动的过程。数值分析显示，隐性结构面下方的围岩整体处于危险区域，破坏区域开挖面连通，大位移区域也集中在隐性结构面下方的围岩中。在极强岩爆发生后，最危险区域发生了破坏，并向开挖空间内抛出。岩体获得了巨大的动能，导致支护系统完全被摧毁，拱架因无法抵抗巨大冲击，在发生大变形后被折断，锚杆大部分被拉断或整体拔出。

3.2.3.3 NE向断裂诱发型岩爆机理

1. 现场岩爆破坏规律

与NWW向结构面以张扭性特征为主的力学成因相反，受NW向挤压构造运动的控制，NE向断裂具有压扭性特征，反映在岩体力学特性上，是具有较高的刚度和强度特征。锦屏二级水电站引水隧洞中NE向断裂导致的岩爆破坏常在顶拱残留有破坏坑，不排除隧洞掘进过程掌子面的强烈岩爆也属于NE向断裂诱发的结果，只是后续的掘进没有能保留这些破坏坑，使得难以界定二者之间的关系。从现场积累的经验看，NE向断裂导致岩爆的内在机理似乎更隐蔽一些，原因可能主要有以下两个方面。

(1) 与端部效应类似，NE向刚性断裂面附近可能也存在一个局部地应力场，该局部地应力场没有显著的应力集中，但可能是平行于断裂的两个正应力分量明显大于垂直断裂的分量，即增大了附近岩体的应力比值。

(2) 在掌子面逼近NE向断裂的过程中，围岩二次地应力场会因断裂的存在而发生变化，或同时与断裂附近的局部初始应力场有关，使之更倾向于导致岩爆破坏。

引水隧洞施工中，在东端4号引水隧洞K13+100发生了由NE向断裂诱发的岩爆，图3.2-25给出了该典型岩爆造成的破坏情况。诱发一系列破坏现象的NE向断裂出现在4号引水洞K13+095～K13+115洞段，据推断该NE向断裂可能是白山组地层和盐塘组地层的界面。当从东端向西端观察时，可发现隧洞顶拱断层以东一侧的三个破坏坑体。第1个破坏坑大约出现在K13+115处，规模较小，为弧形凹坑，具有典型岩爆破坏断面特征。第2个破坏坑出现在距离断裂面大约8m处，规模明显要大一些，现场估计的破坏深度达到1.5m。第3个破坏坑出现在紧邻断裂面，如图3.2-25所示，其中断裂面构成了破坏边界，属于应力破坏与结构面组合后的结果。在断裂面的西侧顶拱也存在一岩爆破坏坑，这一破坏坑的出现与以前形成的断裂型岩爆发生特征的认识存在一定差别。一般认为断裂型岩爆出现在开挖面逼近断裂过程中，一旦通过断裂面以后，迅速转化为掉块为主的松弛型问题。此外，与顶拱连续出现的岩爆坑不一致，两侧边墙下部一带以破损问题为主，破裂区范围增大，程度明显增强。在北侧拱脚一带，破损区主要出现在断裂面的西侧。

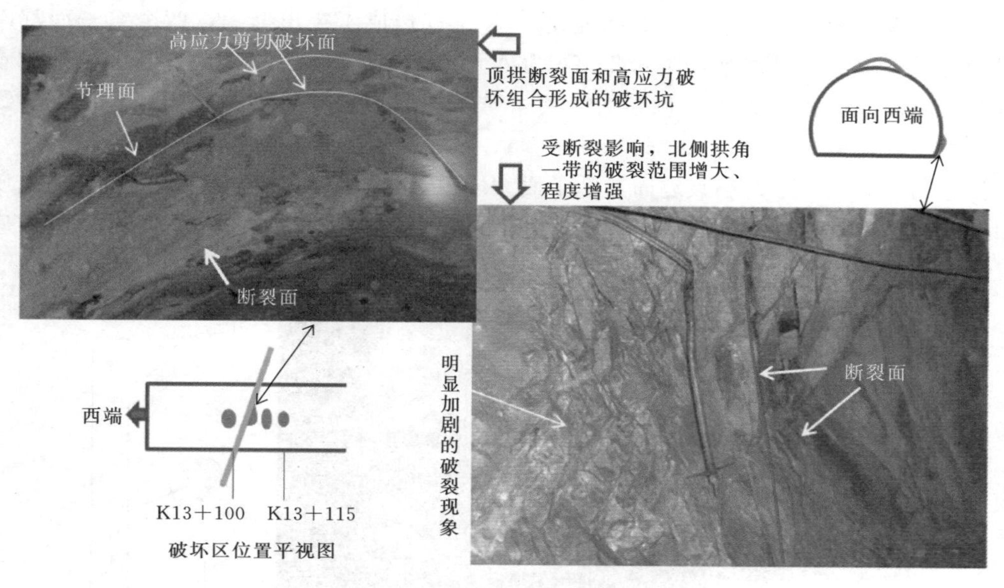

图 3.2-25　NE 向诱发断裂的岩爆破坏情况

2. *岩爆机理分析*

通过数值分析揭示掌子面逼近断裂过程围岩应力状态和应力路径的演化过程可知，NE 向断裂的存在使得隧洞开挖面在趋近这类结构面时，在岩体内出现了高应力集中区，是诱发岩爆的能量来源。NE 向断裂的倾向也对岩爆的风险有显著的控制作用，现实中常表现为不同的开挖方向导致的岩爆风险有所差异。NE 向断裂两侧地应力场中应力比的升高是导致岩爆的主要原因，但因绝对应力水平降低，这种岩爆的破坏程度显著低于滑移断裂型。

事实上，其根本原因在于 NE 向断裂的倾向与地应力场状态间的组合关系对隧洞开挖围岩二次应力状态的控制作用。由数值分析计算结果可知，在 NE 向断裂周边总体上表现为地应力绝对值降低的特征，但与此同时，初始地应力场中的应力比水平急剧升高。从这个角度上讲，掌子面穿过断裂以后，其前方围岩中仍然存在一个应力比异常区，也仍然可能导致岩爆破坏。

3.2.4　岩柱型岩爆机理

锦屏二级水电站辅助洞施工过程中在东端、西端和中部都形成过掌子面之间的岩柱，引水隧洞掘进过程中增加排引、辅引等支洞以后，增加了一系列的掌子面，因此掌子面间将形成更多的岩柱。

辅助洞东端 A 洞掘进时曾因为在 AK13＋520 出现高压大流量出水点而影响了掘进进度，因此随后严重滞后 B 洞施工进度。为保证 A 洞施工进度，通过从 B 洞向 A 洞设横通道的方式在 A 洞新开掌子面，后来的掘进中与原掌子面之间形成了岩柱。2006 年该岩柱顺利贯通，没有产生任何岩爆现象。

2008年辅助洞西端B洞掘进显著超前于A洞，现场也增设横通道，横通道和A洞同时掘进时二者掌子面不断逼近，对横通道和A洞都造成了突出影响，两个掌子面都因为岩爆而造成严重的掘进困难，图3.2-26为A洞掌子面的破坏情况。图3.2-26右侧示意性地给出了横通道和A洞的空间位置，两个掌子面前方的应力集中区相互叠加，导致两个开挖面一带岩体应力过高。

注意图3.2-26中的小破裂面与掌子面大体平行，现场和照片没有见到明显的地质结构面，岩体完整性良好。因此，从内在机理上讲，这种岩柱型岩爆属于施工干扰导致应力过度集中形成的强烈应变型岩爆。

图3.2-26　辅助洞A洞掌子面的破坏情况

辅助洞A洞和B洞在锦屏山中部不同部位贯通，贯通前最后约50m厚度的岩柱掘进时都遇到了极其严重的岩爆，图3.2-27即为辅助洞B洞贯通前西端掌子面出现的强烈岩爆现象。注意破坏区还受到断裂的影响，且在南侧拱肩一带形成了严重的岩爆破坏坑。

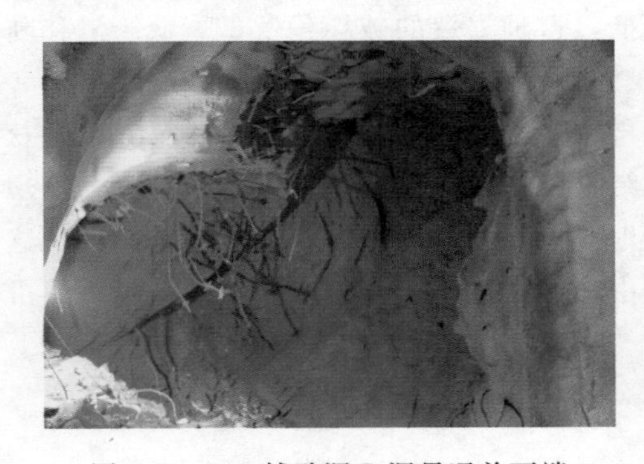

图3.2-27　辅助洞B洞贯通前西端掌子面出现的强烈岩爆现象

此外，东端2号引水隧洞K10+110形成岩柱并贯通时，贯通前约20m虽然出现了岩爆现象，但严重程度和范围远不如其他部位出现的岩柱型岩爆强烈。

总结上述现象，锦屏岩柱型岩爆的特点为：①东端（如K10以东）岩柱型岩爆风险比中部地段和西端白山组大理岩洞段明显要低一些，后两个洞段能发生严重的岩柱型岩爆；②一般条件下，岩柱型岩爆性质上为应变型（见图3.2-34），当岩柱内存在不良断裂时，岩柱内还可能出现应变型和断裂型的组合型岩爆。

从定性角度讲，岩柱型岩爆的机理相对简单也便于理解，即两个相向掘进的掌子面前方应力集中区相互叠加，导致岩柱应力状态的恶化而出现岩爆破坏。

因此，产生岩柱型岩爆的前提条件是掌子面前方需要成为应力集中区，在给定工程条件下，掌子面前方是否形成应力集中现象以及应力集中程度与初始地应力场条件密切相关。

岩柱型岩爆机理和发生条件可以理解为，当初始地应力场中的最大主应力大体平行洞轴，且与其他两个主应力的差别相对较大时，掌子面相向逼近过程中岩柱内不形成明显的应力集中现象，而是渐进式的应力松弛，在现场表现为缓和型屈服，即破裂现象可能相对加剧。不过，紧邻掌子面周边部位因为挂角效应，多少会存在一些应力集中现象，当掌子面逼近到较小的距离时，这两个应力集中区的相互干扰还是可能导致岩爆现象，但此时两个掌子面的距离很小，一般应在20m以内，多为最后的10m左右。而典型的岩柱型岩爆开始于相距40～50m范围，最后的20m表现为破裂、乃至粉碎状破裂为主。

东端掌子面间岩柱型岩爆风险较低是因为东端顺洞向初始主应力明显高于其他两个分量的结果，这与东端及中间洞段洞周围岩破裂状态的变化相一致。

根据锦屏隧洞沿线初始地应力场状态的研究成果，导致锦屏山中部洞段岩柱型岩爆风险的普遍性因素是初始地应力场条件的变化，相对均匀的初始地应力场有利于掌子面前方的应力集中和岩柱型岩爆的产生。

如果掌子面间岩柱预留在一些局部地应力场异常的洞段，如向斜核部一带时，岩柱型岩爆风险可以非常高，岩爆也可以异常激烈。从这个角度讲，当隧洞形成多个掌子面和岩柱时，一定需要把岩柱预留在低岩爆风险部位，切忌留在已知的向斜核部等高岩爆风险段。

3.3 大理岩岩爆影响因素

3.3.1 地应力场特征的影响

地应力场特征通常指地应力场状态，既包括地应力量值和方向，也包括地应力场主应力之间的相对量值关系，即应力比。初始地应力绝对值大小需要达到一定水平才能导致岩爆的发生，实践中通常采用围岩强度应力比或应力强度比的方式来判断潜在岩爆风险。如南非等深埋矿山岩爆研究发现，对于硬质脆性岩体而言，最大初始地应力水平和岩体单轴抗压强度的比值达到0.4时，地下工程开挖过程中的岩爆风险很高，可遭遇强烈岩爆破坏现象。初始地应力对岩爆的影响实际上通过隧洞开挖后，洞周围岩二次应力场分布实现，假设隧洞横断面上初始主应力分别为σ_1'和σ_3'，隧洞开挖以后的切向应力往往与二次应力场中的最大主应力σ_1相当。在应力集中区所在部位，二次最大主应力的峰值为$\sigma_1=3\sigma_1'-\sigma_3'$。假设隧洞断面的最大主应力大小一定，最小主应力不同，最小和最大主应力之间的比值分别为1.0、0.75和0.5，隧洞开挖以后围岩二次应力场中的最大应力则可以分别达到$2\sigma_1'$、$2.25\sigma_1'$和$2.5\sigma_1'$。上述简单的理论分析揭示了隧洞开挖以后，围岩中绝对应力大小不仅受到初始地应力场中最大主应力大小的影响，还与初始主应力比密切相关。

此外，隧洞沿线地应力场特征可分为整体分布特征和局部分布特征，其中的整体分布特征受到埋深和构造格局的控制，决定了隧洞开挖以后围岩变形破坏的总体特征。而局部分布特征主要受具体构造单元的影响，如褶皱和断裂等，决定了隧洞开挖以后具体部位的围岩变形和破坏特征。因此，在对引水隧洞沿线岩爆特征与地应力场关系的分析时，也应分别把握地应力场整体分布特征和局部分布特征的控制作用。

3.3.1.1 沿线地应力状态与岩爆风险

隧洞沿线整体地应力场是指主要由埋深和构造格局决定的地应力场特征。前者决定了随埋深增大地应力量级水平总体增加的变化趋势，后者则决定不同洞段地应力状态，特别是三个主应力比的差别。图3.3-1是以最大水平应力与垂直应力比的方式表示大理岩地应力状态随深埋变化的关系，左侧曲线为0～2600m埋深范围内的分布，右侧表示存在岩爆风险的埋深1700m以下应力比随埋深的变化。对于单轴抗压强度为120MPa的大理岩而言，据全世界不同地区的统计，仅当埋深达到1700m左右时，岩爆问题才开始突出。随埋深增加应力水平不断增大而应力比不断减小的特征，应力水平的增大使得岩爆风险增高，应力比的减小则使得岩爆风险降低。

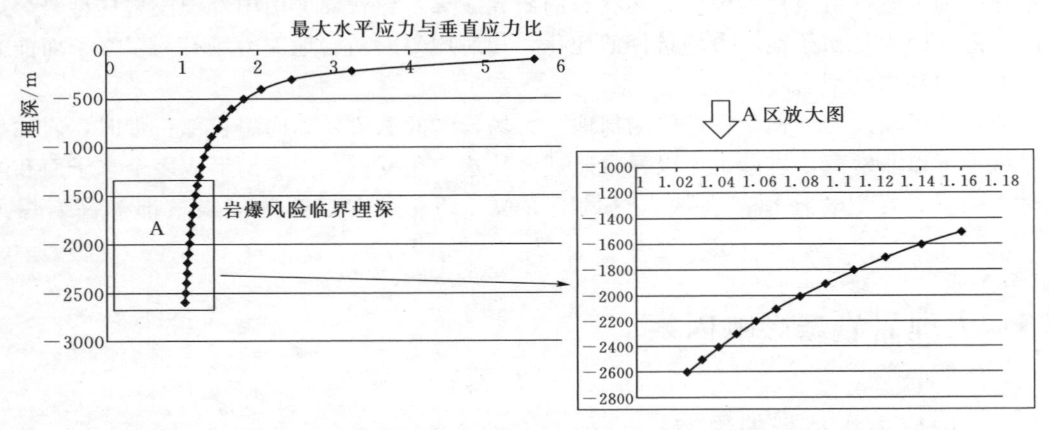

图3.3-1 最大水平应力与垂直应力比随埋深变化关系

锦屏二级水电站深埋引水隧洞沿线地应力场整体分布特征与岩爆相关特性可概括如下。

(1) 总体上隧洞沿线隧洞断面应力比不大，隧洞开挖后围岩变形和破坏程度相对不剧烈。在没有结构面影响的情况下，声波测试揭示的松弛区深度较小且在断面上分布相对均匀。隧洞沿线断面主应力比值相对不大使得一般情况下应变型岩爆并不普遍，大理岩破裂损伤是最主要的表现形式。东端首次出现典型岩爆对应的埋深为1500m左右，且对应于向斜核部洞段，更多地表现为向斜构造导致的局部地应力场作用的结果，意味着岩爆破坏更多地受到局部地应力场的影响。

(2) 隧洞沿线最大主应力方向大体和隧洞轴线方向一致，这符合现场地质构造格局，因而横通道（轴线与最大主应力大角度相交）围岩破坏情况总体上强于主洞。但隧洞沿线三个主应力比值呈现出一定差异，并影响到岩爆特征。

1) 东端的最大主应力与其他两个主应力的比值相对较大一些，横通道开挖以后的围岩破坏相对更强。但在主洞内形成的岩柱缺乏导致岩柱型岩爆的应力条件，对东端多掌子面施工方案有利。

2) 中部洞段的三个主应力比相对较小，由于埋深大，隧洞开挖以后的破裂问题非常普遍。当局部地应力条件可以导致岩爆时，岩爆程度也强烈一些，并且岩柱型岩爆风险显著增高，即中部洞段的岩柱型岩爆风险增高。正常掘进条件下的岩爆主要受局部地质条件的控制。

3.3.1.2 局部地应力场与岩爆风险

鉴于隧洞沿线主应力比值不大的特点，隧洞开挖后大理岩最普遍的响应方式为围岩破裂，岩爆是局部地应力场作用的结果。隧洞沿线首次出现岩爆对应的埋深为1500m，这种埋深条件下的地应力绝对值达到了一定水平，但它并不是导致岩爆的唯一因素，甚至不是主要因素。事实上，在1500m埋深部位开始出现岩爆破坏的决定性因素是局部地应力场，所穿越的向斜核部部应力比值（也可能包括了应力值）的升高起主导作用。与之相反，隧洞通过向斜核部后，尽管埋深在不断增加且在相同岩层和岩体条件下开挖，但岩爆破坏现象不但没有加剧反而显著降低，这足以说明锦屏二级水电站引水隧洞局部应力场异常是导致岩爆现象加剧的关键因素。

隧洞沿线局部地应力场主要受到褶皱和断裂的控制，褶皱和断裂导致了地应力场的异常。其中的断裂系指锦屏构造体系中最具代表性的NWW向张扭性断裂和NE向压扭性断裂。通过以锦屏东端盐塘组典型向斜为例，采用数值模拟获得的局部地应力场分布情况可以看出：在向斜核部的一定范围内，不论是地应力绝对值大小，还是主应力比值都发生显著变化，其中最大主应力值呈增高趋势，在向斜核部增高趋势最为显著。同时，隧洞断面上水平和垂直应力比值增高，这两个方面的变化都使得向斜核部范围内岩体开挖后岩爆风险增高。对于所模拟的特定向斜而言，当隧洞横穿向斜核部时，应力发生显著变化的范围达到数十米，即形成了一个岩爆高风险段。此外，采用数值方法分析NWW向和NE向断裂可能导致的地应力异常现象。分别建立包括NWW向和NE向断层的模型，按照现场实际地应力条件给模型施加初始地应力场条件，而后分别在模型中弱化断裂单元的力学性质，使其在给定的地应力环境下分别发生张扭和压扭性错动趋势，改变断裂附近的地应力场分布，形成断裂构造带的局部地应力场。通过分析可知：

（1）在NWW向断裂延伸区域内出现了明显的应力降低区，而端部则形成显著的应力集中区。在这样的局部应力场条件下，NWW向断裂是否能够诱发岩爆破坏，完全取决于断裂与开挖面之间的空间拓扑关系。如断裂端部出现在开挖面附近，特别是应力集中区附近时，将导致高的岩爆风险，更重要的是，如果开挖二次应力场和开挖扰动足以激活断裂滑移，局部高应力集中区所储存的大量应变能也会随即释放从而导致所谓的断裂型岩爆灾害，并且破坏程度会更加严重。

（2）NE向断裂将导致断层附近一定范围内主应力方向的偏转和应力比的变化，从而导致断层附近一定范围的应力异常。性质软弱的断层往往存在地应力释放的边界，断层附近一定范围内的地应力绝对值大小往往会因此降低。当隧洞轴线和这些断层呈某种特定的关系时，也会导致岩爆现象。其中的重要原因是软弱断面周边岩体地应力大小降低的同时，特定方向上的应力比可以增高，形成了岩爆破坏的条件。

3.3.1.3 断面应力比与岩爆风险

深埋地下工程实践表明，随着埋深加大，岩爆程度总体上增强，这印证了强度应力比指标的总体规律，具体地，还与应力比相关。一个极端情形是，即便主应力水平满足岩爆发生条件，如果三个主应力大小相等，即为理想的静水压力状态，地下工程开挖以后也不会导致岩爆。围岩的脆性破坏往往以破裂的方式出现，因此应力比构成岩爆破坏发生甚至是剧烈程度的一项应力指标。

断面应力比对岩爆风险、岩爆潜在破坏深度都有着非常显著的影响。就锦屏二级引水隧洞而言，大部分条件下隧洞断面应力比较小，往往不具备导致强烈岩爆的应力比条件。但是，在一些特殊构造部位，如向斜核部地带和NWW向断裂端部等，应力比可以显著增大，岩爆风险也因此显著增大。

3.3.2 岩体力学特征的影响

深部岩体的力学特性实质是岩石力学特性和结构特征的综合宏观表现，因而岩体力学特性对岩爆的影响关系需要从两个方面加以考虑，即岩石力学特性和岩体结构特征。对于岩爆研究而言，岩石力学特性中最重要的是岩石的强度和脆性特征，而岩体结构特征则多表现为岩体的完整性。

3.3.2.1 大理岩力学特性与岩爆

1. 岩爆与岩性的关系

岩性与应变型岩爆潜在风险统计结果如图3.3-2所示。图中给出了潜在应变型岩爆与岩性关系，其中岩性用岩石强度参数加以区分。图3.3-2的横坐标为强度准则中的岩石类型指标m_i。一般来说，大理岩的m_i值大致在6～12之间，平均值为9左右。对于锦屏大理岩，室内试验获得其m_i值基本在8～9之间，符合一般认识。图3.3-2的纵坐标为岩石单轴抗压强度，大理岩的单轴抗压强度一般在140MPa以内。从以往经验结果看，岩性上锦屏大理岩一般不具备发生应变型岩爆所要求的岩性条件。

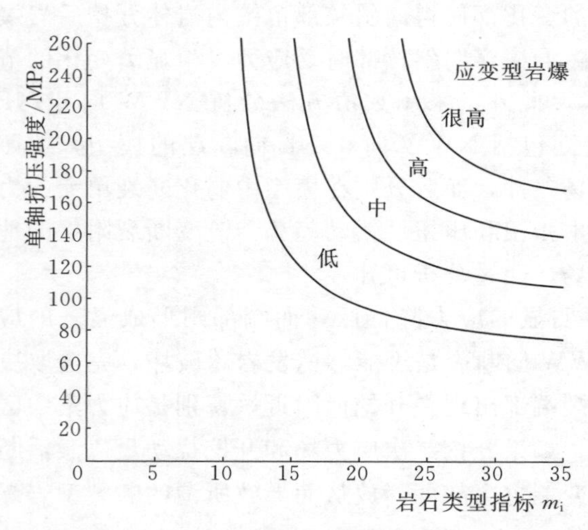

图3.3-2 岩性与应变型岩爆潜在风险统计结果

然而，岩爆是岩体脆性破坏的一种表现形式，当围岩应力水平达到岩体峰值强度以后强度会急剧衰减，即发生脆性破坏。人们对岩体脆性特征的研究实际上主要局限于岩石块体，而岩爆往往发生在完整性良好的岩体条件下，因此岩体很好地继承了岩石的脆性特性。锦屏大理岩的峰后特征具备显著的脆性、延性和理想弹塑性转换特征决定了隧洞开挖后围岩岩爆破坏的有条件性。图3.3-3中曲线概括了大理岩的基本力学特性，三条曲线分别对应于脆性、延性和理想弹塑性，围压水平增高时，大理岩峰后力学特性发生转化。对于锦屏Ⅱ类大理岩而言，脆性向延性转换的围压水平大约为10MPa，在1800m及其以下的埋深段，相当于隧洞开挖面以外大约3m的深度。深埋大理岩开挖后具备的脆性响应表明存在发生岩爆的可能，但这种岩爆也是有条件的，一般局限在隧洞浅表

3m 左右的低围压条件下。

2. *岩石强度与岩爆关系*

岩石强度一般包括单轴抗压强度、抗拉强度以及抗剪强度，其中抗剪强度和抗压强度往往是决定岩石工程稳定性的主要因素，这里主要讨论岩石单轴抗压强度对岩爆的影响。仍以 1800m 埋深情况下排水洞的岩体力学基本特征以及根据岩爆坑深所确定的初始地应力场条件作为基础，考虑岩石强度的变化对应力状态和能量释放率的影响。在这里，能量释放率是指开挖过程中围岩释放的总能量除以总开挖体积。图 3.3－4 以排水洞为基本对象，在假设地质强度指标 GSI＝80 的条件下给出了不同岩石强度情况下排水洞能量释放率，图中横坐标为不同的岩石单轴抗压强度，纵坐标为能量释放率。从图 3.3－4 可看出，随着岩石强度的增高，隧洞开挖过程中的能量释放率减小，即在埋深和围岩完整性保持不变的条件下，岩石强度的提高有利于抑制岩爆的产生。值得注意的是，在给定 GSI＝80 和给定埋深条件下，锦屏大理岩单轴抗压强度由 120MPa 增加至 160MPa 时，隧洞开挖能量释放率由 0.114MJ/m^3 减小至 0.106MJ/m^3，变化幅度并不明显。这从一个侧面说明在满足能够发生岩爆破坏的岩石强度要求后，岩石强度对锦屏岩爆程度的控制作用可能并不是最关键的因素。概括而言，相同埋深条件下随着岩石单轴抗压强度的升高，隧洞开挖过程中其能量释放率减小。

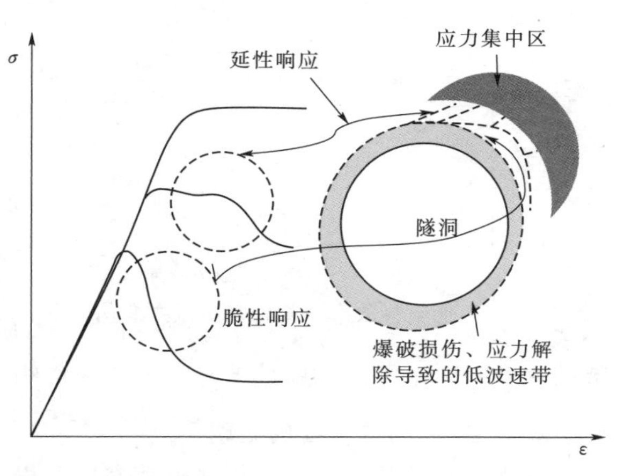

图 3.3－3　大理岩力学特性和岩爆响应之间关系

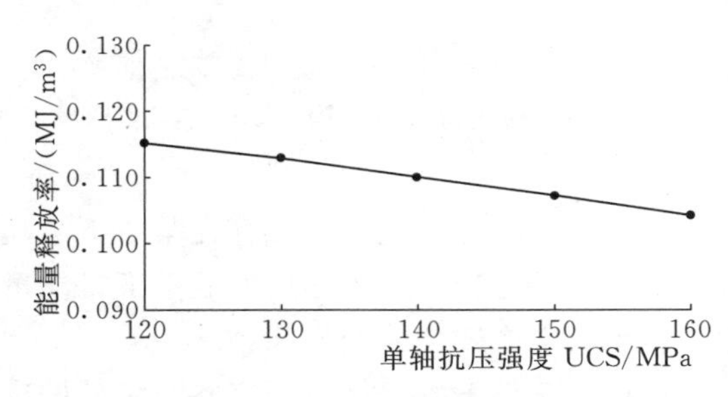

图 3.3－4　不同岩石强度情况下
排水洞能量释放率（埋深 1800m 且 GSI＝80）

3. *岩石（体）脆性特征的影响*

试验研究发现，锦屏二级水电站深埋引水隧洞大理岩表现出显著的脆—延—塑转换特性，而所表现出的脆性特性决定了围岩破坏程度和是否出现岩爆及其剧烈程度。这里从二次应力场分布特征、围岩蓄能特征及其能量分析的角度来说明大理岩脆性特征对岩爆机理的影响。通常，围岩应力水平决定开挖作用下岩体力学特征，如低围压条件下以脆性行为为主导，而高围压条件下则以延性行为为主导，岩体开挖力学行为正好介于两种状态之间，即围岩浅表层由于洞边墙应力快速，急剧释放脆性特征显著。随着深度增加，应力增大，岩体开挖力学特征呈现出自脆性向延性过渡的特征。显然，力学特征反过来影响围岩应力分布形式，其中脆延转换特征是影响二次应力场分布状态的重要因素。如图 3.3－5 所示，通过比较不同脆延转换临界压力下围岩能量释放率量值发现，在初始应力水平和岩体峰值强度一定的条件下，能量释放率随脆延转换临界压力增大而单调加剧。当岩体呈现理想弹塑性特征时，能量释放率为 103.84kJ/m^3，随脆性特征明显，脆延转换压力为 25MPa 时，能量释放率增加至

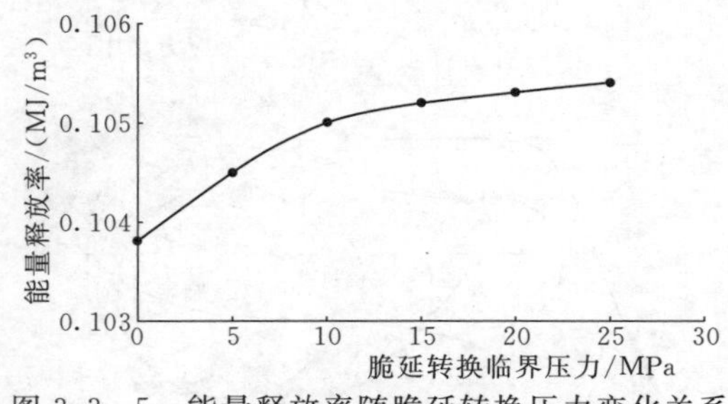

图 3.3-5 能量释放率随脆延转换压力变化关系

105.418kJ/m³ 的水平。与能量释放率变化规律一致，围岩破损深度也随脆—延转换压力的不同而单调增加。此外，能量释放率随脆—延转换压力变化呈现出非线性演化规律，即随脆延转换压力增加先显著地增加（脆延转换压力在0～10MPa之间）而后趋于平缓（脆延转换压力大于10MPa）。这表明在岩体质量及峰值强度一定的条件下，当岩体脆性特征达到一定水平后，脆性差异将不构成影响岩爆破坏的显著岩体力学特征。

3.3.2.2 岩体结构特征的影响

岩体结构特征包括岩体结构发育密度和岩体结构的产状及产出状态，其中岩体结构发育的密度表征了岩体完整性，即岩体内以裂隙为主的各类地质界面的发育程度，GSI是描述岩体完整性的指标之一。图3.3-6给出了不同GSI取值情况下排水洞能量释放率的变化特征，其中横坐标为不同的岩体完整性程度（不同的GSI值），纵坐标为能量释放率。从图3.3-6可看出，随着GSI值的增高，隧洞开挖过程中的能量释放率变小。当GSI由60增加至90时，能量释放率由0.479MJ/m³减小至0.058MJ/m³。可见，在其他条件（地应力）一定的情况下，围岩完整性的提高趋于抑制岩爆的发生。基于应力释放率水平ERR分析发现，在初始应力水平既定的前提下，围岩完整性越差似乎预示着隧洞具有更高的岩爆风险，但该结论或许仅适用于某一岩体质量标定范围之内的岩体。现实应该存在某一下限临界岩体质量条件，此时岩体刚度不构成发生岩爆的条件。在较低岩体强度的驱动下，能量释放冲击主要转换为岩体塑性变形，即塑性功，岩体稳定亦转变为变形问题。

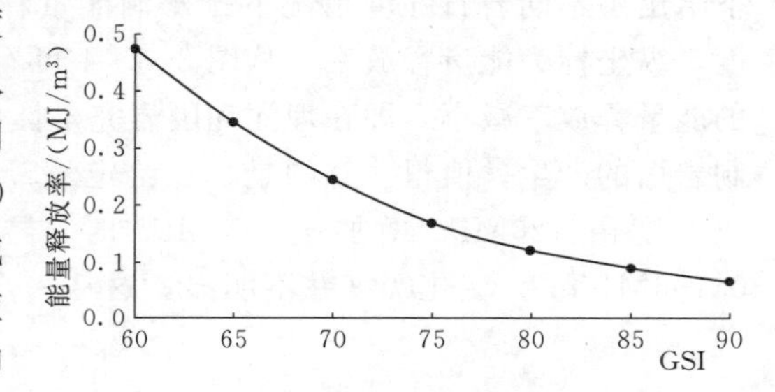

图 3.3-6 不同GSI取值情况下排水洞能量释放率的变化特征（埋深1800m且UCS=80）

总而言之，岩爆可能更易发生在特定岩体完整程度条件下，岩体过于完整或极端破碎均能降低岩爆的风险，对岩爆的形成有抑制作用。相同埋深条件下岩体完整程度越高，也即GSI取值越大，隧洞开挖过程中其能量释放率减小。从应力路径看，岩体完整程度越高，其应力集中区距离开挖面的距离越近，也即能量积聚的深度更浅。

此外，在地应力条件和岩性条件大致相同的情况下，如岩体结构（包括节理、裂隙和层面等软弱结构面的发育程度、产状及组合关系）具有一定的方向和特点，将有利于岩爆的发生。试验表明当结构面与轴向应力夹角$0°\leqslant\beta\leqslant30°$时，$\beta$值越小，有效动能指数越大，越易发生岩爆。当$30°\leqslant\beta\leqslant45°$时，有效动能指数较小，岩样以沿节理面发生剪切破坏。当$45°\leqslant\beta\leqslant90°$时，有效动能指数较大，岩样的承载能力提高，需要在应力水平达到一定程度后才会发生岩爆。因此，结构面产状对岩爆具有控制作用。在锦屏大埋深条件下，应力水平较高，需要对岩体结构特征与地应力方向和洞轴线方向的关系进行力学分析和现场调查，确定产生岩爆的优势结构面特征，以指导现场岩爆的防控。

锦屏大理岩为沉积变质岩，岩层产状与地应力和隧洞轴线之间的关系对于岩爆活动的认识具有重要的意义，表3.3-1列出了不同岩层产状和地应力条件下的岩爆活动情况。当然岩爆的发生与岩体结构和地应力水平等众多因素有关，表中列出的仅为一般情况。对于锦屏引水隧洞来讲，地应力以垂直应力为主，岩层陡倾，与隧洞轴线近似垂直，按表中所述，岩爆将主要表现为两侧边墙的劈裂破坏型，这与现场揭露情况是一致的。

表3.3-1　不同岩层产状和地应力条件下的岩爆活动情况

岩　层	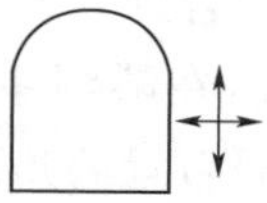	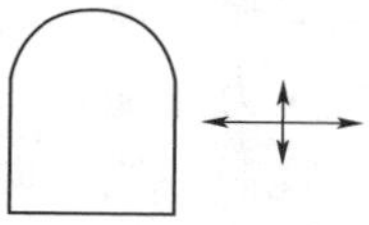	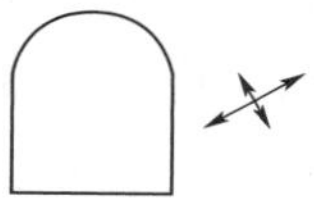
水平层状岩层	在边墙和起拱部位产生劈裂破坏型岩爆或剪切破坏型岩爆	当岩层为厚层状或巨厚层状时，在顶拱出现劈裂破坏型岩爆或剪切破坏型岩爆。当岩层为薄层状时，出现弯曲内鼓型岩爆	在掌子面部位出现岩爆
直立层状岩层	当岩层与隧洞轴线平行且岩层厚度不大时，在边墙和起拱部位将出现弯折内鼓型岩爆，当岩层为巨厚层状时，在边墙和起拱部位将出现劈裂破坏	当岩层与隧洞轴线平行且厚度大时，在顶拱发生劈裂破坏型岩爆	当岩层与隧洞轴线平行时，岩爆将表现为弯折内鼓破坏
	当岩层与隧洞轴线垂直时，岩爆将主要表现为劈裂破坏型	当岩层与隧洞轴线垂直时，在顶拱发生劈裂型岩爆，但岩爆概率相对较低	当岩层与隧洞轴线垂直且岩层不厚时，在掌子面将发生弯折内鼓型岩爆，在岩层较厚时，发生劈裂破坏

注　表中的图分别代表大、小主应力的方向及与隧洞轴线的关系。

3.3.3　工程因素的影响

3.3.3.1　工程开挖条件的影响

锦屏二级水电站隧洞群工程是一个庞大的洞群系统，采用了多种开挖断面形态。如辅助洞以及钻爆法开挖的排水洞洞段的城门洞形，引水隧洞钻爆法开挖的四心圆马蹄形和TBM开挖的引水隧洞与排水洞的圆形。此外，钻爆法分台阶开挖方法也决定着引水隧洞在施工阶段也会出现半圆形等。不同的开挖洞形也导致了开挖尺寸是多样的。因此，从锦屏隧洞岩爆灾害的发生条件上来看，隧洞开挖条件对岩爆的形成存在两个方面的影响，一是隧洞开挖形态，二是隧洞开挖尺寸。因为导致岩爆的两个基本因素是围岩应力和围岩强度，实际上工程开挖条件对岩爆的影响也间接体现在对围岩应力和围岩强度的控制作用上，其中前者的效应更为突出。影响围岩二次应力分布的工程因素包括：工程布置方案、开挖顺序、开挖面形态和尺寸、施工方法（如TBM和钻爆法）和支护等。此外，岩体力学特性是影响岩爆的另一个因素，一般情况下往往把给定条件下的岩体力学特性看成固定不变的基本条件。在深埋工程实践中，这种观念有些局限，即岩体力学特性可以随受力范围大小和受力状态而变化。从岩石力学角度讲，就是岩体力学特定的尺寸效应和围压效应，这两种效应都与工程条件和措施相关。通过改变工程条件或措施，可以改变岩体的力学特性，因此构成了岩爆控制的理论基础。

3.3.3.2 工程布置的影响

工程布置包括轴向方位和洞间间距两个方面，隧洞轴线布置较优，已经有效地从布置角度尽可能抑制岩爆风险。从岩爆角度，洞室群洞间间距合理，不存在邻洞之间的相互干扰问题，即不导致岩爆的二次应力叠加，仅仅限于岩爆所在隧洞单洞开挖的影响。同时，鉴于最大主应力总体上与引水隧洞轴线方向接近，从工程布置的角度，设计方案避免了相对更严重的高应力问题，轴线与最发育的层面构造总体大角度相交，应该是所有可选方案中最优布置方案。

锦屏二级水电站深埋隧洞群由辅助洞、排水洞和引水隧洞等总体平行布置的7条隧洞组成，洞间间距是设计阶段一直关心的问题，施工前进行过大量的论证。在进入施工期（包括辅助洞施工）后的理论研究和工程实践进一步证明了设计间距的合理性，但同时也揭示了一些需要注意的问题。从理论上讲，前期论证工作对岩体力学性质的认识基本上基于弹—脆性（并非理想弹—脆性）假设，采用应变软化方式进行论证。进入施工期以后，大理岩峰值后的脆—延转换力学特性得到了充分体现，这意味着前期论证阶段采用的理论基础高估了单洞开挖以后围岩二次应力调整的范围，客观上为洞间间距留下了安全空间。

辅助洞在通过锦屏山中部最大埋深段时的开挖跨度扩大到8m左右，如果加上出现的围岩破坏所形成的超挖，8m应为实际跨度下限。两条辅助洞中心线间距为35m，岩柱厚度为27m左右，岩柱厚度和开挖跨度比为3.4。在深埋矿山领域的矿柱设计时，目前仍然采用1.0的厚跨比，若假设该比值为临界值，辅助洞洞间岩柱安全系数可以类比为3.4。事实也证明了辅助洞洞间岩柱厚度的安全性，A、B两条隧洞掘进过程中没有发生相互间应力干扰的问题。

引水隧洞中心线间距为60m，以13m隧洞直径计算，岩柱厚度和开挖跨度的比值为3.3，与辅助洞情形相当。从类比的角度，有充分把握确认引水隧洞间距设计的合理性，岩爆与邻洞开挖无关。前期阶段隧洞间距论证结果，在埋深2500m Ⅱ类大理岩条件下，引水隧洞洞间岩柱内应力保持原始状态的厚度大约为16m，现实中岩柱内保持原始状态的岩体厚度应大于这一计算结果，具有足够的安全储备。更重要的是，引水隧洞施工期的监测资料表明，埋深1800～2000m，隧洞开挖以后围岩变形深度范围很小，一般在3m左右。在没有受结构面影响情况下的波速降低带深度一般在2m以内，受结构面影响时局部达到4m左右，这些测试结果都验证了邻洞间间距的安全性和合理性。总之，隧洞开挖对邻洞不造成影响，从岩石力学角度讲，也就消除了群洞效应问题。所以，隧洞之间的开挖顺序不对岩爆风险造成影响。

3.3.3.3 开挖形态的影响

对于洞室的形状来讲，矩形洞室肯定比圆形或拱形洞室更易于发生岩爆。而当采用椭圆形断面的隧洞长轴与断面最大主应力方向平行，且长短轴比例与主应力比例协调时，则有利于控制岩爆。图 3.3-7 为原子能有限公司（AECL）地下试验室（URL）的两个相同断面但不同布置方向的隧洞围岩剥落破坏情况，图 3.3-8 为加拿大 URL 同一应力条件下不同断面形状的应力集中水平。

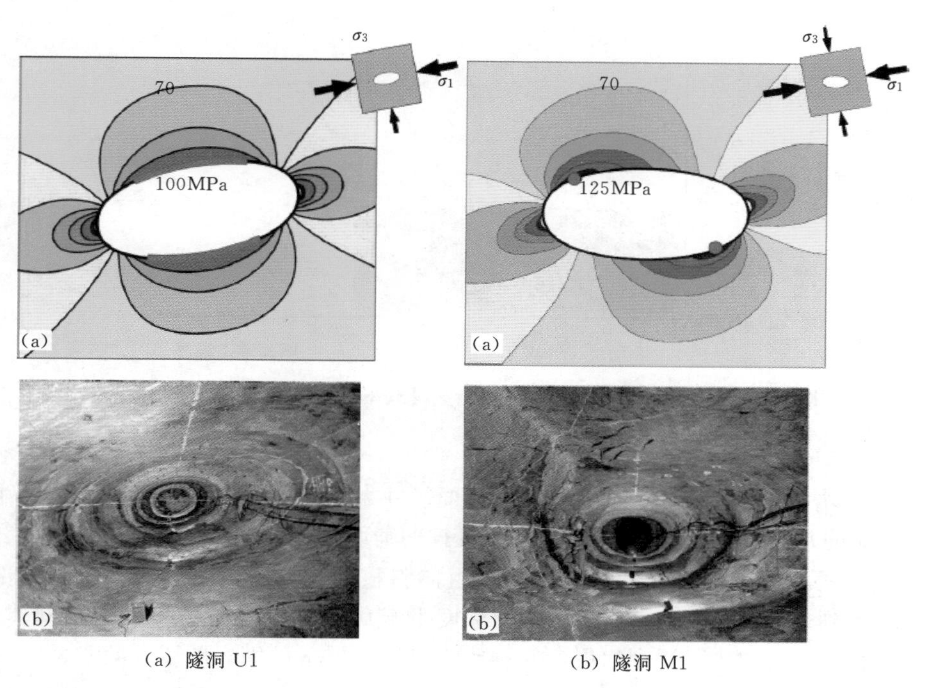

（a）隧洞 U1　　（b）隧洞 M1

图 3.3-7　加拿大 URL 的两个相同断面但不同布置方向的隧洞围岩剥落破坏情况

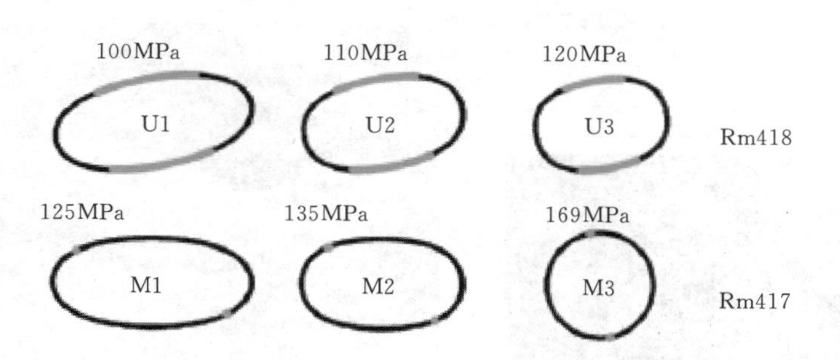

图 3.3-8　加拿大 URL 同一应力条件下不同断面形状的应力集中水平

锦屏二级水电站引水隧洞的开挖断面形态呈现出多形态的特点，横穿锦屏山的七条隧洞以及各施工支洞、横向通道等，其断面开挖形态有城门洞型、TBM 开挖的圆形、钻爆法施工过程中四心马蹄形的上下台阶等。从目前不同断面形态的隧洞开挖过程中已发生的岩爆洞段分析，还很难判断开挖断面形态对岩爆风险的影响，下面从数值分析的角度来进行具体考察。具体选取了三种断面形态：圆形断面（半径 6.2m）、上半断面（四心马蹄形 13.0m 开挖直径，上台阶高度 8.5m）和城门洞型（8m×8m）。图 3.3-9 为不同开挖断面形态下能量释放率，图中横坐标为断面形态编号（编号 1 为圆形断面，编号 2 为上半断面，编号 3 为城门洞型）。从该图可以看出圆形断面的能量释放率最小为 0.104MJ/m^3，上半断面的能量释放率为 0.114MJ/m^3，城门洞型的能量释放率相对最大为 0.111MJ/m^3。也就是说，圆形洞室相对有利一些。

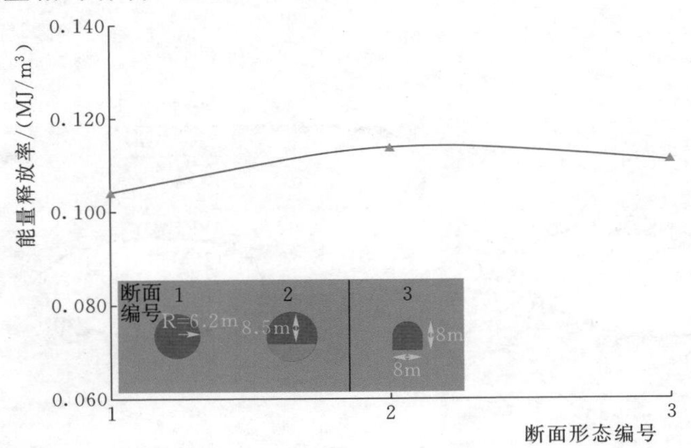

图 3.3-9　不同开挖断面形态下能量释放率（UCS＝140，GSI＝80）

3.3.3.4　开挖尺寸的影响

锦屏二级水电站隧洞岩爆案例揭示了开挖面尺寸大小对岩爆风险有显著影响。例如，辅助洞和排水洞的开挖尺寸大体接近，东端先期开挖的辅助洞首次遇到岩爆破坏是在大约 2.5km 的水平深度，埋深 1500m 部位，对应于盐塘组向斜核部。辅助洞钻爆法开挖到该部位时，现场开始观察到岩爆破坏现象，为零星出现深度小于 0.5m 的小型岩爆破坏坑。排水洞在掘进到相应部位时，曾出现过强烈岩爆，并导致长度超过 20m 的围岩破坏（见图 3.3-10）。

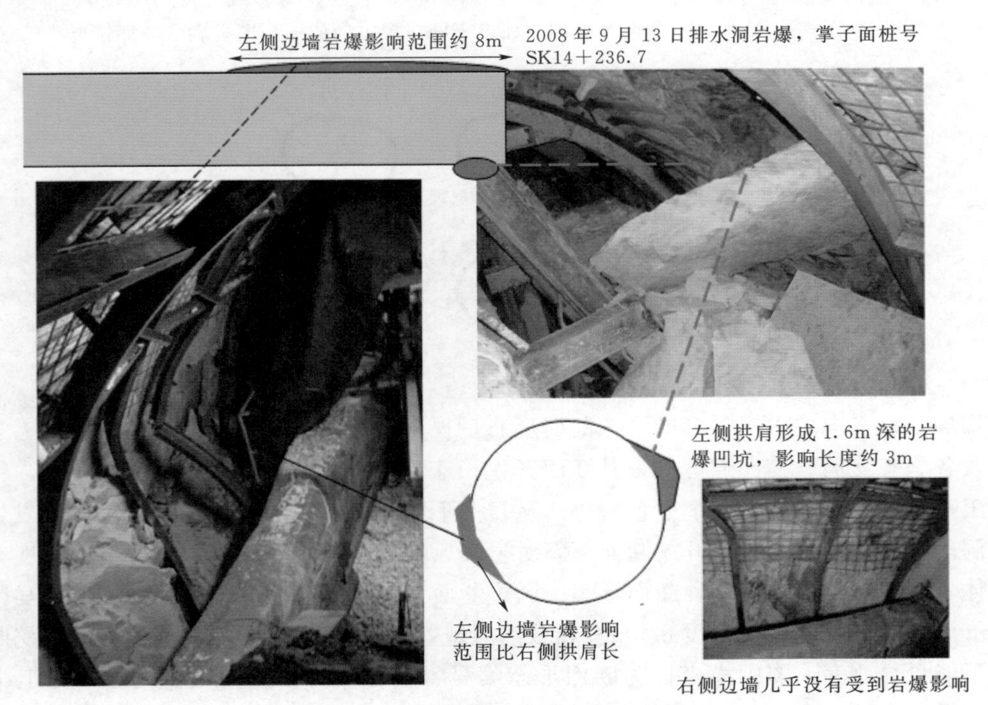

图 3.3-10　排水洞岩爆段内围岩破坏特征

随后掘进的 4 条引水隧洞不论是钻爆法掘进的 2 号和 4 号洞还是 TBM 掘进的 1 号和 3 号洞，均安然无恙地通过了该岩爆段，掘进过程中没有出现岩爆现象。引水隧洞和辅助洞、排水洞之间存在的开挖尺寸的差别，很可能成为影响岩爆风险的工程因素。隧洞开挖尺寸对其岩爆灾害的影响可从现场实际响应、理论定性认识和数值计算三个角度给予系统诠释。

1. 围岩应力状态的开挖尺寸效应

岩爆潜在尺寸效应问题的定量论证非常困难，这里从岩爆风险和岩爆破坏风险两部分给出初步的论证。先讨论微震风险，以应力集中水平和能量释放水平衡量，后讨论岩爆破坏风险，给定微震风险条件下隧洞尺寸不同所导致的破坏范围的差别。

当采用数值计算方法研究隧洞开挖后的微震风险时，对应力集中区应力变化路径的分析可以帮助建立适合于特定工程的判断标准。基本依据是在一定围压水平下围岩达到峰值强度时对应的应力状态。强调围压水平是因为围压过低难以集中能量形成微震，围压过高围岩残余强度较高难以导致大的能量释放，因此围压必须位于某个区间范围，对应的最大主应力要相对较高，以便于积累能量。图 3.3-11 为同等条件下引水隧洞和排水洞围岩应力分布的差异，表明了洞径的影响得到了很好的反映。引水隧洞洞周屈服区范围更大，因此把高应力推向更深一些的部位。与引水隧洞相比，排水洞开挖洞径的减小使得围岩高应力区更集中和更靠近洞边墙，且应力集中程度更突出一些。在忽略岩体力学特性尺寸等复杂问题的情况下，从应力水平和应力集中区与开挖面的距离看，排水洞围岩潜在的微震风险相对引水隧洞要高一些。进一步定义应力集中区为 5～10MPa 之间的围压为潜在岩爆风险围压区间，过低的围压难于积累能量，过高的围压限制了围岩的脆性特征。用该方法研究不同半径开挖的圆形隧洞的围压分布规律，不同开挖半径围岩围压随深度变化的趋势如图 3.3-12 所示。当隧洞半径在 1m 时，岩爆风险很低，这是因为在距离洞边墙 0.25m 部位的围压水平迅速上升到接近 15MPa，围岩延性特征突出，脆性破坏区深度很小（小于 0.25m），不足以出现强的应变型岩爆破坏。当开挖半径在 2～5m（乃至 6m）范围内变化时，落入岩爆风险区的围岩深度变化较大，且给定深度部位的围压水平变化较大，可以认为这一洞径范围内岩爆风险与洞径关系相对明显。当开挖半径大于 6m，达到 10m 时，岩爆风险变化较小。

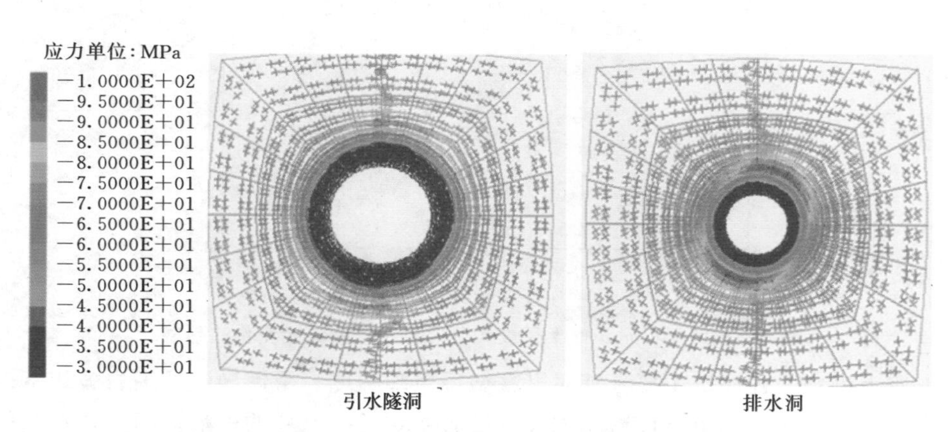

图 3.3-11 同等条件下引水隧洞和排水洞围岩应力分布的差异

以上的分析主要是针对应力集中区的围压水平，这是问题的一个方面，这种潜在风险对工程的影响还与可以释放的能量大小，潜在震源与洞边墙的距离相关。当采用最大主应力差（$\sigma_1-\sigma_3$）表征潜在的能量释放能力时，图3.3-13为不同开挖半径最大剪应力和蓄能深度变化的趋势，它显示了微震风险的工程影响程度。当隧洞开挖半径为2～3m时，剪应力量级一般，但蓄能深度偏低，位于1m范围内，潜在微震相对一般，但潜在破坏力可能相对较高一些。当隧洞开挖半径为4m时，应力集中区剪应力量级达到最大值，潜在微震风险最高。但潜在震源区的深度相对增大，在一定程度上减缓微震对洞边墙围岩的冲击破坏程度。当隧洞开挖半径为5～7m时，随着开挖半径的增大，应力集中区的最大剪应力逐渐减小，微震风险减弱。潜在微震源埋深增大，破坏风险相对减弱，隧洞开挖半径从7m增加到10m时，最大剪应力显著衰减，微震风险进一步降低。

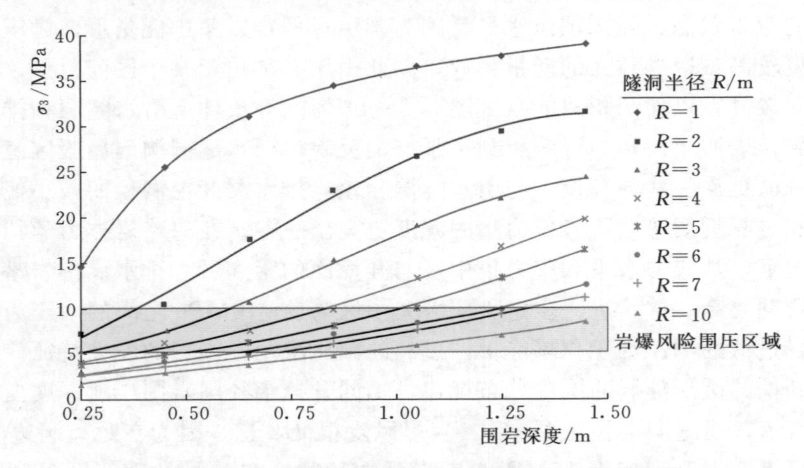

图3.3-12　不同开挖半径围岩围压随深度变化的趋势

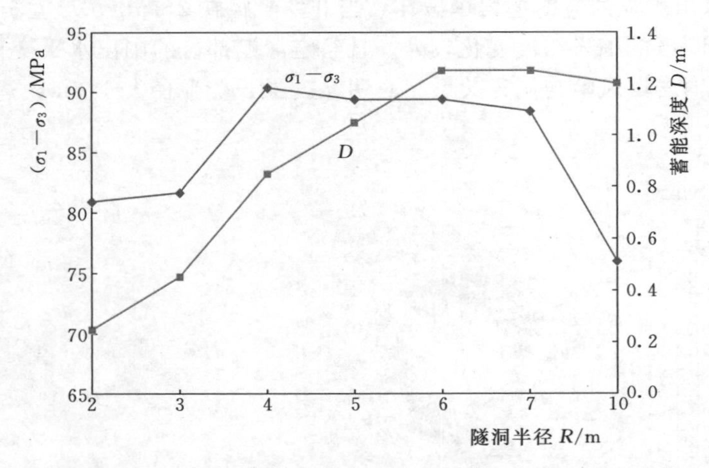

图3.3-13　不同开挖半径最大剪应力和蓄能深度变化的趋势

从本质上讲，上述评价主要是针对潜在微震风险程度。微震导致的围岩破坏不仅与潜在震源深度相关，还与约束条件密切相关，后者受到开挖尺寸的影响。因此，在获得微震风险程度随开挖尺寸的变化特征以外，很难仅仅根据震源深度的不同评价围岩破坏，即岩爆风险。也就是说，在利用微震风险评价岩爆风险时，至少需要同时考虑震源深度和围压水平两个方面因素的作用。受围压水平的影响，对于同样的微震震级，当开挖尺寸不同时，即便震源深度相同，导致的破坏也可能存在差别。从规律上可知，较小和较大的开挖尺寸都有利于抑制微震风险。当同等级别的微震出现在较大洞径的隧洞围岩中时，其破坏力更大。

2. 能量释放率的开挖尺寸效应

岩爆风险的开挖尺寸效应还可通过考虑能量释放率的差别加以研究。图 3.3-14 给出了不同开挖洞径条件下，由于开挖扰动所导致的岩爆洞径效应的能量特征分析。分析中考虑了开挖半径自 1～10m 范围内十种洞径条件，分析不同开挖条件下围岩总能量释放水平，开挖体积以及与此对应的能量释放率，结果如图 3.3-14 所示。可知，洞径增大能量释放率趋于强烈，并当超过某一洞径尺度时能量释放率随洞径持续增加再减弱的非线性规律。当隧洞开挖半径位于 3～5m 时，围岩均具备产生应变型岩爆的能量条件。从岩爆出现频度和剧烈程度来评价，当洞半径为 4m 时最为显著。事实上，能量释放率指标所揭示的应变型岩爆所具备的开挖洞径效应规律，实际上，锦屏工程很多强岩爆是断裂型岩爆，显然开挖尺寸越大，岩爆风险越大。

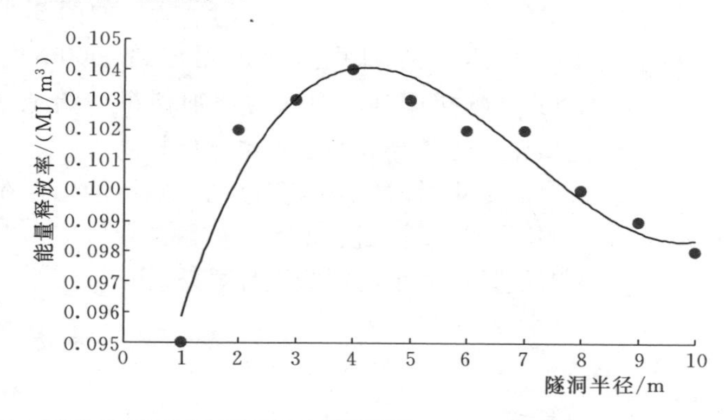

隧洞半径/m	1	2	3	4	5	6	7	8	9	10
总能量释放率/MJ	0.059	0.253	0.575	1.026	1.590	2.271	3.083	3.971	4.978	6.054
开挖体积/m^3	0.618	2.472	5.562	9.889	15.451	22.249	30.284	39.554	50.061	61.803
能量释放率	0.095	0.102	0.103	0.104	0.103	0.102	0.102	0.100	0.099	0.098

图 3.3-14 岩爆洞径效应的能量特征分析

3.3.3.5 施工方法的影响

锦屏二级水电站深埋隧洞采取两种开挖方式，即 TBM 掘进和钻爆法。这两种施工方式对岩爆风险程度和岩爆防治措施造成了影响。TBM 掘进无疑对维持围岩稳定性有利。TBM 掘进对围岩强度的扰动明显低于钻爆法，有利于维持围岩强度和围岩稳定性。但是对于 TBM 开挖的洞边墙围岩来说，良好的围岩强度可以使得高能量集中在围岩浅部且发生破坏，因此浅层岩爆较钻爆法更普遍。锦屏工程进入施工期以后，先期施工的排水洞 TBM 掘进过程中的岩爆破坏，相比辅助洞，显然更普遍，甚至更强烈一些。相反，钻爆法掘进时，在开挖面一带形成一个破损区，其作用与应力解除爆破相似，人为避免在开挖面浅部导致高应力集中，把应力集中区推向深处。典型的TBM掘进和钻爆条件下岩爆差别的案例是东端水平进尺约2.5km部位向斜核部洞段的岩爆破坏发育情况。辅助洞A洞和辅助洞B洞通过该洞段时，仅显现出岩爆破坏的一些迹象，形成的零散分布的单一破坏坑深度一般在50cm以内，而排水洞TBM掘进经过这一洞段时，破坏程度和范围都要强烈得多。

3.3.4 其他因素的影响

3.3.4.1 埋深的影响

锦屏二级水电站引水隧洞的最大埋深为2525m，随着埋深的增加引水隧洞开挖过程中围岩中的初始地应力水平增高，在同等条件下，隧洞开挖过程中由于埋深的变化其岩爆风险将会有差别。总体上，相同岩体质量条件下随着埋深的增大，应力比的变化对能量释放率的影响更加显著，随着埋深的增加及应力比的变化，隧洞开挖后应力集中区的位置加深。

不同埋深条件下排水洞能量释放率（UCS=40，GSI=80）如图3.3-15所示，随着埋深的增大，能量释放率呈线性增加，当埋深由1900m增加到2500m时，能量释放率由0.126MJ/m^{3}增加至0.240MJ/m^3。概括地讲，埋深的增加使得初始地应力水平的升高，隧洞开挖后应力集中区的位置加深，能量释放率水平也相应提高。

在不同的埋深情况下应力比的变化对岩爆风险程度的影响可能也存在差别。不同埋深（2000m和2500m）及不同应力比条件下排水洞能量释放率如图3.3-16所示。从图中可看出随着埋深的增大，应力比对能量释放率的影响更加显著。

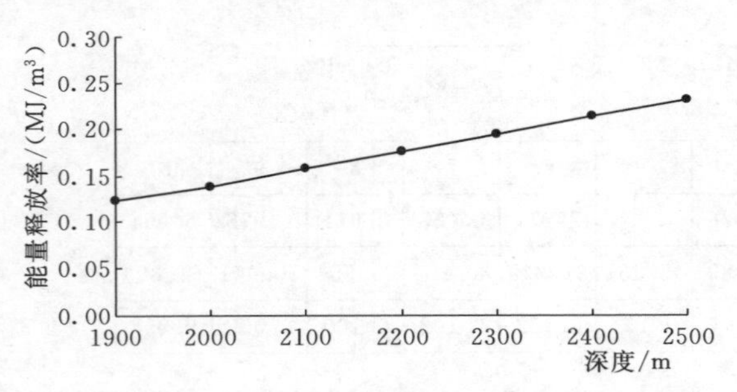

图3.3-15 不同埋深条件下排水洞能量释放率（UCS=140，GSI=80）

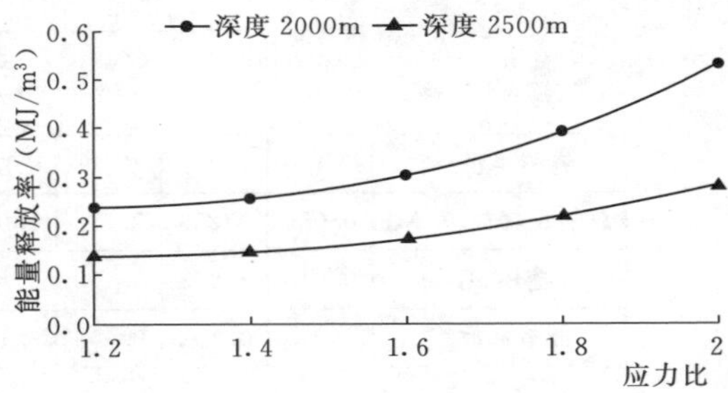

图3.3-16 不同埋深及应力比条件下排水洞能量释放率（UCS=140，GSI=80）

对于锦屏二级水电站引水隧洞沿线岩爆发育的整体特征而言，上述埋深与岩爆的规律仅是从理论上给予分析和诠释。实际上，由于锦屏隧洞沿线地质构造及地应力场甚至地形的复杂性，岩爆的发育规律与埋深间的对应关系变得不显著。辅助洞岩爆空间发育特征如图3.3-17所示。在隧洞沿线上辅助洞岩爆具有集中发育的特征，集中的部位与区域地质构造单元的发育特征密切相关，即与背斜和向斜以及断层构造的发育关系密切。区域地质构造的发育导致隧洞沿线局部地应力场特征十分复杂，在岩石条件均为T_{2b}以及开挖洞型尺寸基本一致的条件下，岩爆的发育主要受应力场条件和局部地质条件的控制。

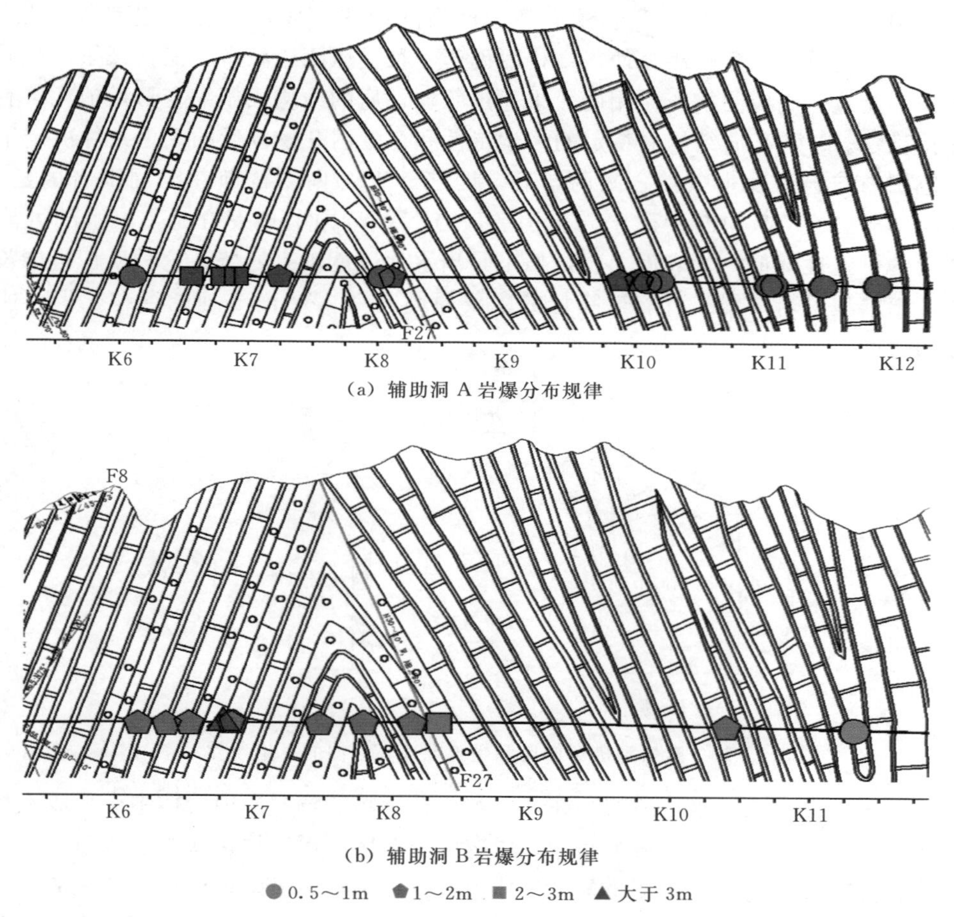

(a) 辅助洞 A 岩爆分布规律

(b) 辅助洞 B 岩爆分布规律

图 3.3-17 辅助洞岩爆空间发育特征

3.3.4.2 地下水的影响

锦屏二级水电站辅助洞施工期间的一个现象是岩爆多发生在干燥洞段，即地下水相对丰富时，岩爆发生频率显著降低。因此得出结论即地下水对岩爆具有抑制作用，这似乎也印证了增加岩面湿度可以作为抑制岩爆的工程措施的认识。不过，辅助洞后面的施工中揭露的一些现象需要调整这种认识，其中的一个典型实例是西端 BK5＋390～BK5＋420 洞段不仅是岩爆分布段，也是地下水出水段（已封堵）。此外，2007 年 2 月造成辅助洞 B 停工的岩爆破坏段内也出现了出水现象，掌子面南侧下部一个爆破孔内出现 3～5L/s 的水流，而该洞段的强烈岩爆对工程造成了严重的影响。

就该工程中地下水与岩爆关系而言，重点应该了解隧洞工程区导水构造和储水结构的影响。NWW 向张扭性构造是主要的地下水通道，这组构造在锦屏最发育，这组结构面在辅助洞边墙一带出现时，高应力和结构面组合在高边墙结构的辅助洞形成的边墙破坏非常普遍，但不形成岩爆破坏。当这组结构面出现在顶拱时，顶拱的稳定性相当好，几乎不出现任何破坏。图 3.3-18 给出了这种现象的解释，隧洞沿线初始水平主应力略高于垂直应力以及辅助洞的高边墙结构，使得顶拱围岩以水平向挤压应力为主。当岩体完整时，这种应力集中倾向于导致能量集中和岩爆破坏。但当陡倾的NWW向张扭性结构面发育时，结构面走向与洞轴线交角较小，使得结构面处于一种受压闭合状态。而其张扭性性质显然不利于积累能量，高应力挤压作用的效果通过软弱性质的结构面压缩变形而消耗，有利于顶拱保持稳定。NWW向结构面特定的力学特性和在隧洞开挖以后的受力条件决定了结构面延伸范围内与岩爆发生条件之间的矛盾，即当NWW向结构面在洞周围岩内延伸时，岩爆风险减弱。NWW向断裂属于导水构造，当NWW向节理发育时，出水的可能性增大，岩爆的可能性降低。从表面上看，似乎是出水地段就没有岩爆，这种认识可能没有反映本质。出水地段岩爆弱或可能性降低的主要原因是NWW向节理的存在，水可能不起主要作用。

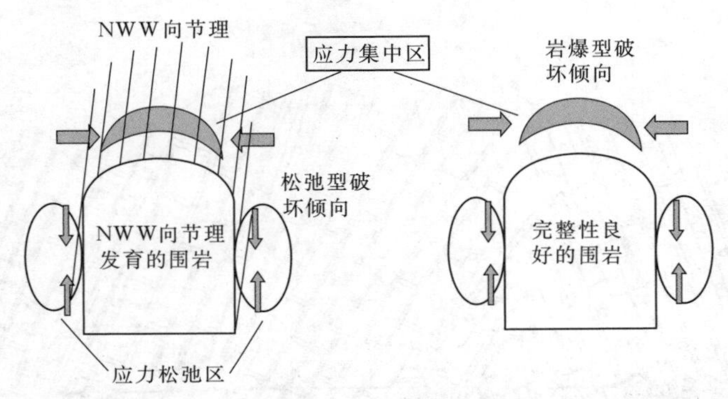

图 3.3-18　岩爆型破坏倾向和松弛型破坏倾向的发生条件示意图

但是，由于储水或导水构造的存在，此类构造影响的隧洞段内岩体中会形成不均匀的应力场分布，在构造区内高应力被卸除形成应力分布区，而在构造区周边或附近岩体内会形成高应力分布区，这类似于在均匀弹性体内开挖一个空区或降低内部某区域的力学参数后应力场的形成机制。此时，构造间的完整岩体由于高储能也会发生一定程度的岩爆破坏。图3.3-19是2号引水隧洞K10+030～K10+160洞段岩爆实例，最大流量为4L/s。两条裂隙带间和两侧完整岩体内均发生破坏深度超过0.5m的岩爆事件，裂隙带区域内无岩爆发生，这从一定程度上揭示了水文地质构造对隧洞开挖区域内应力场的改造作用。在施工阶段更应重视水文地质构造的发育情况，在接近或远离以及在水文地质构造单元间施工时岩爆的风险可能相对较高。

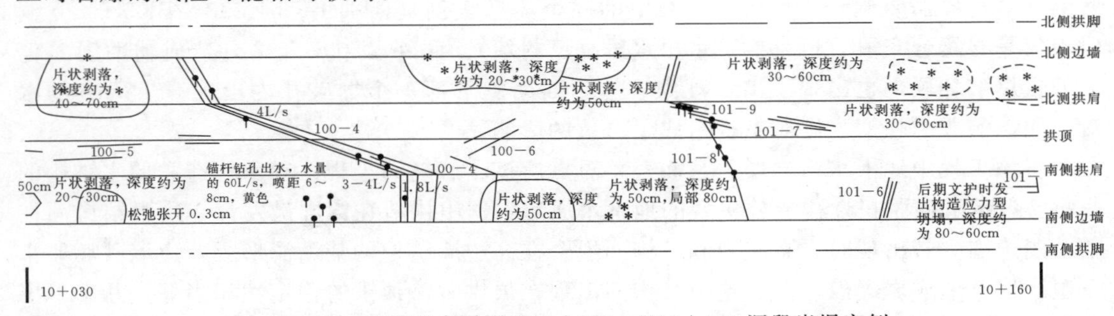

图 3.3-19　2号引水隧洞K10+030～K10+160洞段岩爆实例

3.3.4.3 时间效应与滞后岩爆

在辅助洞和引水隧洞的施工过程中曾出现了多次滞后岩爆。例如，辅助洞 B 出现的一次滞后岩爆距离掌子面 100m，70m 长范围内的边墙发生大面积的浅层破坏。排水洞第一岩爆段（埋深 1500m）出现长 20m 的破坏区，也发生在掌子面后方 20m 的区域。2010 年 7 月，辅引 3 号洞也出现了掌子面后方 100m 以外、长达 60m 范围的大面积破坏。这些破坏的共同特点是滞后掌子面距离较大，即所谓的滞后岩爆现象，其破坏面积大和深度小，破坏区支护弱，这些破坏可归结为“鼓胀变形导致的岩爆”，其中的鼓胀变形是围岩破裂不断发展的结果，而锚固强度不足是这种破坏得以大面积出现的直接原因。适当加强锚固，这种大面积的滞后岩爆可以得到抑制。

在锦屏二级引水隧洞工程中，真正具有滞后特点的岩爆破坏多出现在 TBM 掘进的情况下，成为 TBM 掘进条件下岩爆的特点之一。这种滞后岩爆包括以下原因。

（1）长度达到 5m 左右的 TBM 机头和开挖面之间的间隙一般很小，仅 15mm，而位于掌子面后方 5m 长度范围内的围岩处于岩爆高风险段。岩爆破坏伴随的扩容（围岩体积增大）可能会导致围岩与机头接触，反过来给围岩提供围压，对岩爆发展起到抑制作用。在机头向前推进，这些破坏区出露在护盾及其后方时，破坏区块体跨落，机头施加给围岩的围压解除，能量进一步释放，出现后续的二次岩爆破坏。

（2）当岩爆源位于开挖面以内相对较深的位置时，TBM 掘进有利于保持浅层围岩的强度，使得在开挖掌子面附近一段范围（如 1 倍洞径范围）以内围岩初始强度较高，内部的岩爆源不导致实际的岩爆破坏。随掌子面推进，掌子面空间效应的解除以及表层围岩破裂扩展的加剧及其表现出来的时间效应，使得围岩内高应力从表层向深部调整的时间相对较长。深部潜在岩爆源转化为岩爆破坏时，已经滞后在掌子面一定范围内。排水洞岩爆是一系列微震作用的结果，但导致严重破坏的强烈岩爆源滞后掌子面约 30m，说明了滞后岩爆的存在。

显然，第一种解释仅适用于 TBM 掘进的情形，第二种解释侧重于掌子面空间效应和破裂发展的时间效应，这种解释也应该适用于钻爆法。事实上，2 号引水隧洞东端于 2009 年 2 月 4 日出现的强烈岩爆也具备明显的滞后性，也符合上述第二种解释。图 3.3-20 为 2 号引水隧洞滞后断裂型岩爆破坏现象描述，其中一个典型特点是在距离掌子面 9～17m 范围内底板出现了数条裂缝，裂缝最大张开宽度 15cm 左右，可探深度 2m 左右。现场判断裂缝所在区域为震源所在位置，即震源距离掌子面 9～17m，形成所谓的滞后现象。图 3.3-21 是根据上述第二种解释给出的这种滞后现场的图示，现场判断这种岩爆属于断裂型岩爆。以现场常见的尖端型岩爆为例，当隧洞开挖应力集中区和断裂尖端部位的应力集中区发生干扰时，才可能诱发微震和导致岩爆现象。在隧洞开挖以后，应力集中区在纵剖面上的分布呈现掌子面一带较浅，远离掌子面较深的基本特征，如果断裂端部距离开挖轮廓有一定的距离，当掌子面接近该断裂端部所在断面时，两个应力集中区不产生相互干扰，因此不存在微震风险。但是，当掌子面向前行进后，断裂端部应力集中区和隧洞围岩应力集中区可以越来越接近，一旦两者之间出现明显干扰时，微震和岩爆风险即增高。这意味着，断裂型岩爆滞后现象可以取决于断裂端部应力集中区和围岩应力集中区的空间关系。

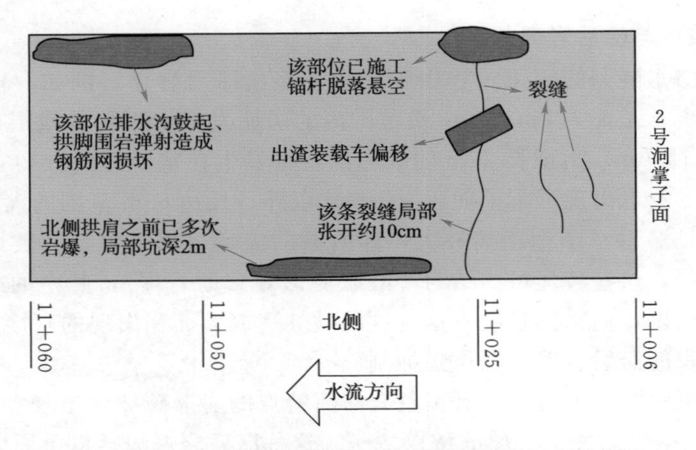

图 3.3-20　2号引水隧洞滞后断裂型岩爆破坏现象描述

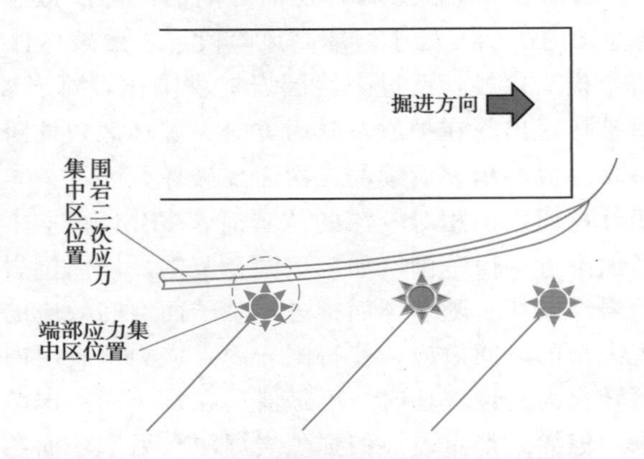

图 3.3-21　断裂型岩爆滞后现象的机理解释

3.4 大理岩岩爆发生条件

3.4.1 应变型岩爆的发生条件

应变型岩爆的发生条件主要取决于地应力状态和岩体力学特性。现实中人们所说的强度应力比往往针对的就是应变型岩爆，并且侧重绝对应力水平和岩体强度两个方面，分别代表了初始地应力和岩体力学特性。强度应力比是一种便于掌握和应用的简化表达方式，这里有一些前提条件，比如岩石强度需要达到一定水平，即具备积蓄能量的能力。例如，大理岩洞段可以使用强度应力比这个指标，但到了板岩洞段，就不能使用，这是因为板岩不具备积蓄高弹性应变能的基本能力。

深埋地下工程实践表明，随着埋深加大，岩爆程度总体上增强，这印证了强度应力比指标的总体规律。但具体到某一个工程而言，特别是锦屏二级水电站这样的长隧洞工程，岩爆破坏程度和频度并不总是随埋深单调增加，而是存在明显的间隔性，与具体部位的局部地应力场相关，也与应力比相关。一个极端情形是，即便主应力水平满足要求，如果三个主应力大小相等，地下工程开挖以后也不会导致岩爆，围岩的脆性破坏往往以破裂的方式出现。

应变型岩爆爆源位置需要具备一定的围压水平。对应在现实中，爆源位置需要与开挖临空面保持一定的距离，并且与开挖尺寸和断面形态有关，后者也因此成为岩爆控制可以选择的工程措施。

导致应变型岩爆的地应力条件概括为：

(1) 开挖断面上的最大初始地应力水平需要达到一定值。一般为40%岩石单轴抗压强度，并且断面上应力比也需要达到一定的水平。

(2) 应变型岩爆的爆源位置往往位于开挖面以内一定深度部位。具体与围岩力学性质、开挖断面形态和开挖尺寸等相关。

就锦屏深埋隧洞而言，可以认为随着埋深增大岩体初始地应力水平总体上单调增加，岩爆风险也因此不断增高。但在具体的工程实践中，往往看到岩爆成段出现，这除了岩体质量可能出现的变化外，另一个重要原因就是不同洞段的初始地应力比值可能不同，这反过来成为研究隧洞沿线初始地应力分布的依据之一。

发生应变型岩爆的另一个基本条件就是岩体力学特性，指岩体的峰值强度和岩体的脆性特征，但这两个指标很难被工程界所掌握。因此，对岩体力学特性的考察侧重于三个易于被工程界掌握的指标，即岩石单轴抗压强度、岩体完整性和岩石脆性程度。

岩石单轴抗压强度可以很容易地通过试验室试验或现场简易测试（如点荷载测试）获得。当岩石单轴抗压强度低于120MPa时，岩石蓄能能力相对较低，一般很难发生岩爆破坏。典型和强烈的岩爆多出现在岩石单轴抗压强度达到150MPa乃至180MPa以上的岩石类型中。因此，从岩石性质角度，对于岩石单轴抗压强度多在120MPa左右的大理岩而言，其岩爆破坏可能并不典型，或者说，与其他工程相比，有着一定的特殊性。

在锦屏的深埋隧洞实践中需要注意如何获得原状岩石的强度的问题。这是因为大理岩强度相对较低，取现场开挖面一带的块样进行试验时，块样内的损伤往往很强烈，易给试验和测试结果带来误差。在锦屏工程迄今为止的实践中，现场快速测试获得的岩石单轴抗压强度很难出现100MPa以上的结果，这很可能与取样损伤相关。由此可见，按常规取样方式获得的锦屏大理岩单轴抗压强度指标值普遍低于原状岩石的实际强度，这是锦屏在应用岩石单轴抗压强度指标时需要注意的环节。

岩体完整性和岩石单轴抗压强度共同反映了岩体的强度，岩体完整性越好，其强度指标就越接近岩石。岩爆仅出现在岩石强度相对较高的情形，完整性越好的岩体因此更具备发生岩爆的条件，现实中岩爆往往出现在完整性良好的Ⅰ类和Ⅱ类岩体中。

之所以用岩体完整性指标来判断应变型岩爆的发生条件完全是因为这一指标便于掌握。从理论上讲，更适合于用岩体单轴抗压强度来表述岩体的蓄能能力，同样岩石构成的岩体，因为结构面发育程度，即完整性的差别，岩体单轴抗压强度会受到显著影响。比如，由单轴抗压强度为120MPa的大理岩构成的岩体，因结构面发育程度被分别划分为代表性的Ⅰ类、Ⅱ类和Ⅲ类岩体时，其单轴抗压强度分别为72MPa、28MPa和14MPa，蓄能能力的差异由此可见一斑。

完整岩体的峰值强度大约相当于80%的岩石单轴抗压强度，这一差别体现了尺寸效应的影响。标准的岩石试样为5cm的直径，而隧洞开挖后可能出现岩爆的围岩体积在数米乃至10m以上，存在显著的尺寸差别。受影响范围的增大岩体强度会降低，蓄能能力因此也降低，这显然会影响到岩爆特征。从这个角度看，应变型岩爆存在尺寸效应，与受力范围或者开挖面尺寸有关。这一特点可以用于指导岩爆控制的设计，即利用岩爆的尺寸效应，通过改变开挖尺寸的方式达到控制岩爆的效果。在大尺寸地下隧洞开挖过程中，先导洞开挖就是利用这一原理的具体实践。

除岩体强度以外，岩体脆性特征是影响岩爆的重要因素，即达到峰值强度以后的应力-应变曲线形态。

岩体的脆性特征并不是固定不变。对于同样类型的岩石，岩体脆性特征很大程度上受到岩体完整性的控制，结构面相对发育时，岩体脆性特征会大大降低。因此，岩体完整性对岩爆的影响不仅仅表现在蓄能能力上，还表现在能量释放方式上。即便是脆性特征突出的岩石组成的岩体，只有当岩体完整性良好时，其脆性特征才能体现出来。破坏时能量得以动力波的方式快速释放，否则持续变形成为能量释放的形式，围岩将不会出现岩爆破坏。

影响岩体脆性特征的另一个因素是围压水平。这在大理岩力学特性研究中已经重点叙述，随着围压的增高，大理岩峰后曲线形态会不断变化，脆性特征减弱和延性增强。当延性特征增强时，岩爆风险降低，这对于工程荷载水平下脆延转换特征已经得到充分体现的大理岩而言，注意这一特点非常重要。

围压的升高有利于积聚能量，有利于岩爆的发生。围压的升高同时会抑制岩体的脆性特征，降低岩爆发生几率。从定性上讲，特别是对于锦屏大理岩而言，只有当围压水平处于某个相对较小的范围时，岩爆风险才相对较高，这也是锦屏应变型岩爆风险的有条件性。

从岩体力学特性角度，应变型岩爆的发生条件可以归纳如下。

(1) 岩石单轴抗压强度一般需要达到120MPa以上，具备必要的积聚能量的能力。且峰后应力应变曲线呈现显著的脆性特征，保证岩石破坏以后能量释放的突然性和冲击形式。

(2) 岩体完整性良好，以维持岩体的强度和脆性特征。

(3) 一定的围压条件，既有利于能量的积聚又不至于显著影响岩体的脆性特性。

3.4.2 断裂型岩爆的发生条件

目前国际上普遍认知的断裂型岩爆主要限于断裂滑移型岩爆，它是断裂上积聚高能量，突然导致局部岩体破坏，使断裂产生滑移的结果。根据这一认识，断裂滑移型岩爆的产生需要具备以下条件：

(1) 断裂的受力状态有利于能量的积聚。地下工程开挖时断裂总体为压剪趋势的受力状态，维持一定的围压是能量积累的条件，而潜在剪切滑移成为滑动破坏的荷载来源。

(2) 断裂具备积累能量的能力。如果断裂有软弱物质充填，性质相对软弱，对断裂的挤压作用趋势很可能通过软弱充填物的压缩变形而消耗，难以积累能量。现实滑移型断裂岩爆往往沿硬质结构面产生，特别是结构面起伏不平或者断续发育时，起伏体和岩桥成为能量积累的部位。

对于特定工程而言，上述第一个条件主要取决于结构面与开挖面的空间关系，它决定了结构面的受力状态。而第二个条件往往与工程场址区的构造体系密切相关。在锦屏，最发育的NWW向断裂属于张扭性结构面，在历史过程中往往因为导水风化、张开变形等原因而表现出相对软弱的力学特性，因此总体来说也往往缺乏导致滑移型断裂岩爆的条件。

大量工程实践表明，真正意义上的断裂滑移型岩爆往往不沿大型断层发生，而是沿规模相对较小，性质相对较好的结构面出现。这使得深埋条件下结构面对围岩破坏的影响方式更加多样化。除了大型软弱结构面导致的坍塌风险以外，传统概念上性质良好的结构面还可以导致围岩的剧烈型岩爆破坏，成为深埋地下工程中面临的新问题。

不过，包括锦屏在内的大量深埋地下工程实践表明，与断裂相关的岩爆可能不仅仅只是滑移型岩爆，还有其他形式。且不仅仅是刚性断裂可以导致岩爆，软弱性质的断裂也可以与岩爆破坏密切相关。也就是说，广泛认同的滑移型岩爆很可能只是断裂型岩爆的一种表现形式，断裂还可以导致其他的岩爆类型，但这取决于断裂的性质和受力状态。

锦屏深埋隧洞沿线固有的构造体系与岩爆类型之间的关系，成为锦屏断裂型岩爆研究的重要内容和方向，不仅需要了解锦屏滑移型断裂岩爆的发生条件，特别是与锦屏构造体系的关系，还需要了解其他断裂构造可能导致的岩爆风险、表现方式和内在机理，为岩爆预警和控制提供认识基础。

3.4.3 岩柱型岩爆的发生条件

岩柱型岩爆主要被某些使用特定开采方法的矿山所关注。随着锦屏山中部地段施工支洞方案的现场实施，将人为创造很多个相向掌子面之间的岩柱。

从岩柱型岩爆机理的概要分析可以看出，岩柱型岩爆的发生条件包括以下几个方面。

(1) 岩柱的受力状态。这是决定是否存在岩柱型岩爆风险的基础性因素，只有当岩柱形成过程中有利于岩柱内垂直向应力急剧集中时，才具备导致岩柱型岩爆的应力条件。就锦屏而言，东端最大初始主应力与隧洞轴线方向基本平行，垂直应力分量最小。在这种初始地应力条件下，两掌子面之间形成岩柱过程中的应力变化路径主要表现为最大主应力的不断释放，使得岩柱倾向于产生渐进式的屈服破坏，而非突然的岩爆破坏。与东端不同的是，在隧洞中部和西端，垂直应力分量与水平应力分量的比值增加，有利于在岩柱内产生垂直向应力集中现象，因此有利于导致岩柱型岩爆。

(2) 岩柱的尺寸和形态。就隧洞工程而言，主要是岩柱尺寸，即开挖洞径和两个掌子面之间的距离，它影响了岩爆的发生概率和强度，因此优化岩柱尺寸也成为岩爆控制措施设计的思路。一般地，当两个掌子面不断逼近，掌子面之间的相互干扰开始出现时（对应的掌子面间距或岩柱厚度为5～6倍开挖直径），岩柱型岩爆开始显现。如果岩柱内存在发生断裂型岩爆的条件，则岩柱的开挖和贯通将可能极其困难。

是否具备岩柱型岩爆，主要受岩柱形成过程中岩体受力条件和初始地应力状态的影响。岩柱型岩爆一般只出现在某些具备某种地应力场特征的洞段，比如西端和中部的大理岩洞段，而东端往往不具备这种条件。

总结以上几种岩爆发生条件可以发现，围岩、结构面、岩柱的受力条件是决定是否存在岩爆风险的基本因素，这些都与初始地应力场状态相关。因此，研究锦屏隧洞沿线初始地应力场分布特征，成为研究锦屏隧洞沿线岩爆发生条件、类型和机理的重要方面。

应变型岩爆实质上描述了在给定的初始地应力场和岩体条件下是否具备发生岩爆的基本条件。虽然还没有见到关于应变型岩爆与其他两类岩爆之间关系的研究成果，但从研究一个工程所有类型岩爆的角度出发，理解这些岩爆类型之间的内在联系，可以提高岩爆系统性认识。

如果把导致断裂滑移型岩爆的关键看成为结构面上凸体或岩桥的破坏，此时凸体和岩桥的破坏方式成为焦点。换句话说，可以把这种破坏简单理解成应变型岩爆破坏，即这些部位的应力超过了岩体的强度，岩体以脆性方式发生破坏。因此，可以认为应变型岩爆是其他类型岩爆的基础。

此前叙述到断裂导致的岩爆不仅仅局限于滑移型破坏，还可以是其他方式。比如，锦屏的NE向断层往往具有软弱特性，难以形成滑移型岩爆，但在掌子面逼近NE向软弱断层时确实可以诱发一些岩爆破坏。如果把应变型岩爆看成断裂型岩爆的基础，则有利于从断层附近初始地应力场变化、掌子面逼近断层过程中岩体（柱）内地应力变化特征的角度去研究这些地质构造导致的岩爆破坏机理。

当岩柱内不具备断裂型岩爆发生条件时，岩柱型岩爆也可以认为是应变型岩爆的另一种表现形式。就隧洞工程而言，两个掌子面相互逼近形成岩柱的过程会导致掌子面前方应力场的叠加，当这种叠加导致应力水平增高和应力状态恶化时，相对岩柱而言，开挖前的受力状态更容易导致应变型岩爆的产生。

由此可见，在深刻了解最基本的应变型岩爆以后，可以帮助深化研究其他类型岩爆复杂机理和发生条件，并利用控制应变型岩爆机理积累的经验帮助控制其他类型岩爆的危害。这对锦屏工程显得很重要，因为锦屏工程的岩爆类型相对很多，需要高效地认识和解决这些问题。

岩爆微震监测预测方法

4.1　微震基本概念

4.1.1　微震和岩爆

人们对岩爆的认识经历了一个漫长的过程，到目前为止，世界上对微震和岩爆以及两者之间关系的认识并不完全相同，这不仅与各地区岩爆机理和现象的差别有关，而且还涉及研究目的。比如，从事微震研究和监测更强调微震现象。对于岩爆条件下的支护设计工作而言，则侧重于岩爆的现场破坏现象、破坏机理和破坏程度，因为支护的直接目的在于消除或控制围岩破坏，创造安全的施工条件。

从某种意义上可以把微震与自然地震等同看待，二者之间具备完全相同的机理。之所以称之为微震，是因为深埋地下的工程实践活动诱发的这种现象释放的能量比自然地震要低很多。

从支护设计的角度，微震可以被简单地理解为围岩破裂时能量释放的一种现象和表现方式。一般认为，围岩破裂所释放的能量在围岩中以动力波的方式传播，能量强烈释放时导致围岩出现震动，轻微释放时则只能被仪器所接收。现实中一般用一个微震事件对应一次破裂现象，而用震级大小、质点最大振速（ppv）等指标来描述微震的基本特征。

锦屏隧洞开挖过程中伴随着大量的破裂现象，有些还导致不同程度的声响。每次破裂现象都是应力作用的结果，不同应力状态所导致的破裂性质可以存在很大差别，比如通常所说的张破裂和剪破裂，破裂产生时能量释放导致的波动特性也因此可能存在差别。一般来说，张破裂往往出现在开挖面附近的表层，破裂产生时释放的能量较低，动力波具有高频的特点，这种破裂导致的能量释放多被称为声发射，而不被称为微震。而微震多是剪切破裂的结果，往往为低频事件。开挖期间围岩断裂变形和错动导致的微震与一些自然发生的构造地震之间没有本质区别，工程中以里氏零级以下者非常多见，超过里氏 1 级时可以成为强烈微震，或大的微震事件。目前世界上监测到的地下工程开挖导致的最大微震事件为里氏 5.1 级，深埋矿山中超过里氏 2 级的微震事件数量非常庞大，应该已经达到数千次。

简单地讲，当微震引起围岩的破坏时，即认为出现了岩爆。注意术语“破坏”，既可以包含力学上的破坏（应力超过岩体的某个强度指标，如启裂强度、损伤强度或峰值强度），也包括了工程意义上的破坏，即形成了工程影响的破坏现象。如没有脱离原岩的鼓胀变形和脱离原岩的塌落和弹射等，通常的岩爆是指微震导致的工程意义上的围岩破坏。

由于微震强弱差别非常悬殊，微震导致的围岩破坏也差别很大，小到肉眼难以辨认的裂纹，大到数百上千方围岩的垮塌。从工程建设特别是围岩支护的角度，虽然实践中只有把那些导致了工程影响的破坏（工程意义上的破坏）才称之为岩爆，但这些细小破裂的发生和发展则反映了岩爆的孕育过程，对认识岩爆破坏的发展过程和指导围岩支护设计具有重要意义。

具有工程影响的围岩破坏（岩爆）实际上还与围岩支护有关，并可以以多种方式出现，轻微时可能仅仅是破裂，表现为围岩波速降低和锚杆应力增大，继而可能发展到体积增大（扩容）出现的鼓胀变形，但没有脱离原岩；再严重时出现脱离的垮塌，甚至是突然出现弹射。因为后者对施工安全的影响很大，往往被人们所关注，甚至作为岩爆破坏的标志。从岩爆条件下支护设计的角度看，支护不仅需要针对具有弹射特点的破坏，而且还需要针对破裂、鼓胀和坍塌等方式的破坏。

4.1.2 微震监测指标

微震监测，简单地说，是接收微震发生时释放的 P 波和 S 波，利用接收到的波动参数指标求解出工程所关心的问题，如所发生微震的震级大小、震源位置、震源区尺寸、发震断裂产状、发震断裂的破裂性质、将来出现潜在强微震事件的可能性和强度等。对工程中最关心的什么地方存在多大岩爆风险的问题，微震监测实际上是通过解译接收的波形方式来回答，由此可见，解译是至关重要的环节之一。为更好地理解微震监测和解译工作在锦屏可以达到的高度，这里将相关术语进行集中阐述。

地震、微震与声发射，这三个术语都是对岩体破坏方式的描述，对它们之间区别的描述方式需根据视角而定：从起因角度分析，地震是地应力自然变化作用的结果，而微震和声发射往往是人类工程活动所诱发，后两种往往有便利的观察和监测条件；从动力学的角度分析，地震、微震和声发射现象对应的波动特性也存在差别，地震的振幅较大（震级较高）但频率低，微震波的振幅较小，但频率都相对高一些，而声发射所对应动力波的频率更高。地震、微震与声发射波动频率的一段关系如图 4.1－1 所示。

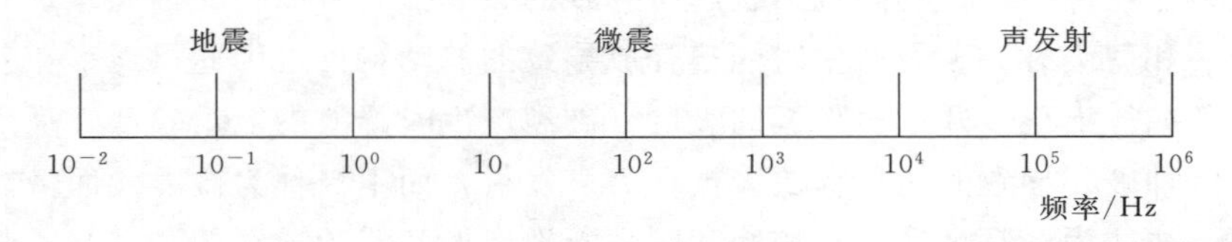

图 4.1－1 地震、微震与声发射波动频率的一般关系

由于硬件设备的不断发展，目前微震监测系统可以接收的频率范围已经涵盖了地震和

声发射的频率，即获得更多的信息帮助解译工作，但同时对解译工作技术能力和工作量提出了更高要求。

4.1.2.1 震源位置与定位技术

微震监测中的震源位置与地震中的微震位置具有相同的含义，即震动波被释放的位置。相关的定位技术概述如下：

（1）速度模型。包括均质各向同性和横观各向异性两种模型，即利用各传感器接收到的初至时间和速度来确定震源位置，两种模型分别假设在波传播的岩体中的各个方向都保持不变或者假设相互垂直的两个方向存在差别。

（2）单形法（Simplex Method）：1965 年最早提出的迭代求解方式的定位算法，到 1992 年最早开始应用。简单地说，该方法假设震源位于一个四面体内，通过不断改变四面体角点的位置使得误差最小。

（3）Geiger 法。20 世纪 90 年代广泛应用的一种时间步长迭代计算方法。

（4）相对位置定位技术。2002 年 Paul Young 完善的一种定位技术，所谓相对是相对于某个已经定位的事件，与定位的准确性相对于已定位事件的精度而言，适合于可以利用爆破等进行校核的情形。

（5）定位误差评价技术。所有定位技术都是根据数据进行数学解译的结果，都存在假设条件与现实的差别。

对于已知爆破区位置的隧洞微震监测而言，相对定位技术显然具有一定的优势，在锦屏工程中被采用。

4.1.2.2 震源机制

针对很多微震与断层有关的特点，利用微震监测数据判断断层的空间产状和破裂性质等，统称为震源机制。早期的研究局限于滑移型断裂机制，ASC（American Sensors Corp 美国传感器公司）在 20 世纪末扩展到所有的断裂机制，并在前几年形成程序化求解的软件，这些技术对判断锦屏工程潜在岩爆类型和强度具有重要意义。

4.1.2.3 震源参数

微震强度、震源尺寸、应力释放是描述震源动力特性的三个方面若干参数的统称，其中的震源强度采用震级大小或震动矩进行描述。震源尺寸采用震源半径和起伏体半径进行描述。应力释放采用静应力降、动应力降和视应力进行描述。所有这些参数都可以通过微震监测系统中传感器接收到的全波形进行频谱分析获得，相关指标的简单解释如下。

（1）局部震级大小（Local Magnitude）。常用的描述指标包括里氏震级（Richter）和纳氏震级（Nuttli）两种，分别以 M_n 和 M_L 表示，主要根据震动波振幅大小计算，需要根据传感器和震源之间距离大小进行修正。这两个指标中的前者曾主要用于北美东部深埋矿山工程和地震领域，后者则在其他地区应用相对普遍，二者之间存在换算关系。

（2）矩震级大小（Moment Magnitude）。目前普遍应用于微震监测的微震强度的描述指标，以断裂滑移型微震为例，震动矩（Seismic Moment）被定义为岩体剪切模量、剪切面面积和剪切位移三者之间的乘积（现实中利用传感器接收的动力波频谱分析计算震动矩大小），矩震级大小与震动矩之间为对数关系。里氏震级、纳氏震级和矩震级大小之间存在经验换算关系。

(3) 震源尺寸大小（Source Dimension）。往往用震源半径表示，即利用频谱分析获得给定微震对应的岩体破裂的尺寸大小，它建立在一个重要指标即角点频率的基础上，而该指标的计算与断裂破裂机制有关。早期的 Brune 模型（1970 年）、Madariaga 模型（1976 年）以及 1987 年 Snoke 提出的算法都是针对角点频率的计算问题。

(4) 应力降（Stress Release）。包括静态和动态应力降，描述了微震发生以后震源一带应力降低程度。其中的静态应力降大小可以直接利用震动矩大小和震源尺寸进行计算，动态应力降大小可用震动波普中的质点振速和加速度计算。

(5) 尺度关联（Scaling Relations）。是描述震源强度（震动矩）和震源尺寸关系的指标。对大量微震事件的综合分析表明，震动矩、震源尺寸和应力降三者之间的关系可以帮助判断导致微震的岩体破坏机理和类型，如属于完整岩体的应变型破坏还是受某一特定断裂控制的破坏。对于断裂型微震事件而言，应力降往往独立于微震强度，即应力降不随震动矩变化，强的微震事件导致更大一些的震源尺寸。而对于导致应变型岩爆的微震而言，应力降大小直接决定于震动矩大小。这种关系可以帮助利用监测到的数据区分潜在微震的类型。在锦屏工程已经了解到不同岩爆类型对工程影响程度有差别的情况下，这种分析对锦屏工程岩爆风险的准确判断具有非常重要的意义。

(6) 路径效应（Path Effects）。微震发生时的震动波包含很多信息，特别是对工程极为重要的震源特征信息。当震动波从震源传播到传感器时，因为传播路径上介质特性的变化，往往会导致信号衰减和某些信息的损失。因此，在频谱分析时，需要对相关信号进行修正，这一点也显得很重要，一方面传感器很可能安装在隧洞围岩松弛区内；另一方面随掘进进展，震源区和传感器之间震动波传播路径的介质条件也不断发生变化。

4.2 微震监测原理

国内外大量研究资料表明，岩体在破坏之前，必然持续一段时间以声的形式释放积蓄的能量，这种能量释放的强度，随着结构临近失稳而变化，每一个声发射与微震都包含着岩体内部状态变化的丰富信息，对接收到的信号进行处理分析，可作为评价岩体稳定性的依据，声发射信号图如图 4.2-1 所示。因此，可以利用岩体声发射与微震的这一特点，对岩体的稳定性进行监测，从而预报岩体塌方、冒顶、片帮、滑坡和岩爆等地压现象。室内研究表明，当对岩石试件增加负荷时，可观测到试件在破坏前的声发射与微震次数急剧增加，几乎所有的岩石当负荷加到其破坏强度的 60%时，会出现声发射与微震现象，其中有的岩石即使负荷加到其破坏强度的 20%，也可发生这种现象，其频率为 20～104Hz。基于上述，可以利用仪器对岩体声发射与微震现象进行监测。根据实验室所做的岩块试验和矿山现场的实际监测结果可以看出，岩体声发射与微震信号具有比较明显的特征：①信号是随

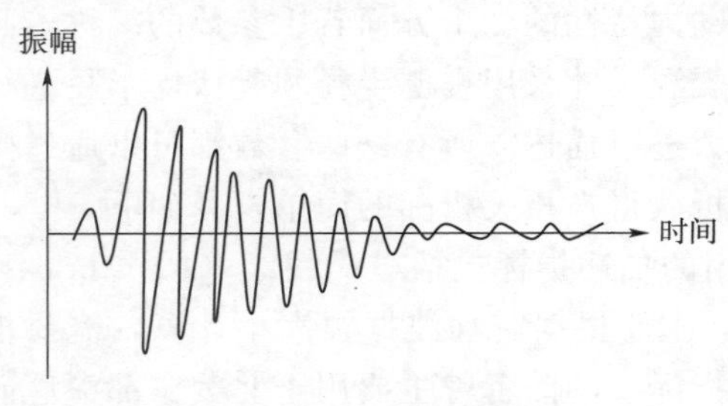

图 4.2-1　声发射信号图

机的，非周期性的；②信号频率范围很宽，上限可高达几万赫兹，甚至更高；③信号波形不同，能量悬殊较大；④振幅随距离增大迅速衰减。

声发射与微震表征岩体稳定性的机理很复杂，岩体声发射与微震监测技术通过对信号波形的分析，获取其内含信息，以帮助人们对岩体稳定性做出恰当的判断和预测。针对这类信号特征，一般主要记录与分析具有统计性质的量，即：①事件率（频度），指单位时间内声发射与微震事件数，单位为次/min，是用声发射或微震评价岩体状态时最常用的参数，对于一个突发型信号，经过包络检波后，波形超过预置的阈值电压形成一个矩形脉冲，这样的一个矩形脉冲称为一个事件，这些事件脉冲数就是事件计数，计数的累计则称为事件总数；②振幅分布，指单位时间内声发射与微震事件振幅分布情况，振幅分布又称幅度分布，被认为是可以更多地反映声发射与微震源信息的一种处理方法，振幅是指声发射与微震波形的峰值振幅，根据设定的阈值可将一个事件划分为小事件或大事件；③能率，指单位时间内声发射与微震能量之和，能量分析是针对仪器输出的信号进行的；④事件变化率和能率变化，反映了岩体状态的变化速度；⑤频率分布，声发射与微震信号的特征决定于震源性质、所经岩体性质及监测点到震源的距离等。基本参数与岩体的稳定状态密切相关，基本反映了岩体的破坏现状。事件率和频率等的变化反映岩体变形和破坏过程；振幅分布与能率大小，则主要反映岩体变形和破坏范围。岩体处于稳定状态时，事件率等参数很低，且变化不大，一旦受外界干扰，岩体开始发生破坏，微震活动随之增加，事件率等参数也相应升高，岩体内部应力重新趋于平衡状态时，其数值也随之降低。若震源周围以一定的网格布置一定数量的传感器，组成传感器阵列，当监测体内出现声发射与微震时，传感器即可将信号拾取，并将这种物理量转换为电压量或电荷量，通过多点同步数据采集测定各传感器接收到该信号的时刻，连同各传感器坐标及所测波速代入方程组求解，即可确定声发射源的时空参数，达到定位之目的。

4.3 微震定位精度影响因素

应用声发射与微震技术进行稳定性预报，所关心的是岩体是否发生此类活动，乃至可能引发此类活动的位置、时间及不稳定程度，其中对声发射与微震源进行精确定位是该方法的关键技术之一。地震事件的定位精度受到现场地质环境、设备的硬件性能及定位算法等诸多因素的影响，不同用途的监测设备，所关注的侧重点有所不同。长期以来，地震学家在不断改进或提出新的定位方法，期望得到更高的地震定位精度。为此，国内外很多学者都曾对地震定位精度的可能误差进行了较详细的分析，把地震定位问题作为一个应用数学中的最优化问题，采用了多种在其他领域证明有效的最优化方法。精确可靠的震源位置（指地震的空间坐标和发震时刻）及地震大小（指震级）的数据是地震学和地球内部物理学研究的重要基础数据。现场环境影响研究地震定位方法和提高地震定位精度，一直是地震科学中的一个重要课题和难题。

提高地震台网的地震定位能力，是指可定位的空间范围、震级范围、测定地震位置的及时性（速报），要使地震定位结果有足够高的精度，比较统一的认识是有一个具有足够多个台站并且布局合理的地震台网，这是使台网具有强定位能力的基础。

4.3.1 传感器对事件定位的影响

为了尽量减小信号在岩体传播中的衰减，保证传感器接收到有效信号，传感器的布置位置应尽量避开断层，破碎带，且处在同一水平上的传感器之间的距离不能太大。锦屏选用了单向加速度传感器，传感器在轴向上具有良好的灵敏度，在安装时，尽量使传感器的端面垂直于岩体发生微破裂产生的弹性波传来的方向。为了确保传感器能较真实地接收到微破裂产生的信号，在传感器端面的螺栓上涂抹锚杆树脂作为黏结剂，使传感器紧贴孔边墙，并且用泡沫塑料堵住孔口，初步滤除外部机械噪声。由于微震事件的时空定位精度依赖于传感器检测到的 P 波初到时间和传感器安装时的坐标精度，为了使微震事件定位精度尽可能的高，可以采用全站仪来测量传感器的孔底坐标及其方位角，这样，在进行迭代计算时，误差积累尽量的小。

4.3.2 算法误差

微震事件的监测是从宏观地震监测演变过来的，但又不同于宏观意义上的地震定位。微震监测适用于小范围的监测，从几十米到几百米的范围，要求事件定位精度高，而宏观意义上的地震监测所监测的范围大，从几公里到几百公里，甚至几千公里。正因为监测范围大小的区别，两者定位的侧重点也有所不同，在定位算法上有很大的区别，但都是基于 Geiger 算法发展的。目前，用于地震监测的定位法有两大类：相对计算方法与非线性计算方法。相对计算方法包括双重残差定位法（DD 法）、DD 层析成像定位法；非线性计算方法包括 Powell 法、遗传算法、球面交切法、“翻台法”以及模拟退火法、单纯形算法等。

(1) 传感器信噪比的算法，计算系统总的信噪比很复杂，算法选择的不同，会影响采集系统的 ADC 的转换速度与精度，快速傅立叶（FFT）算法比用电压方式推导得到的传感器信噪比要高，相应的计算误差要小。

(2) 微震事件的定位过程是使到时时差达到最小，最简单的方法是使传感器实际检测到的波到达时间与计算的到达时间的时差最小。为了达到此目的，对于每次计算的定位结果（试验点），都可以得到一组波到达每一个传感器的时间（计算时间），将每个计算时间与实际的检测时间比较，就会得到一个误差值，以此判断计算的定位结果是否满足要求。比较的方法有两种：

绝对值偏差估计
$$E=\left[\frac{1}{N}\sum_{i=1}^{N}\parallel T_{oi}-T_{ci}\parallel\right] \tag{4.3-1}$$

最小二乘估计
$$E=\left[\frac{1}{N}\sum_{i=1}^{N}(T_{oi}-T_{ci})^2\right]^{\frac{1}{2}} \tag{4.3-2}$$

式中 N——实际检测到的到达时间个数（小于等于传感器个数）；

T_{oi}——第 i 个传感器检测到的到达时间；

T_{ci}——由试验点计算出的到达第 i 个传感器时间。

以上两种误差方法的选择取决于事先给定的时差误差的最小值。最小二乘估计对于每个时差都要平方，任意一个较大的时差都对最后的计算结果有很大影响，因此此方法强调在计算过程中消除个体的较大误差。绝对值偏差估计则减轻了个体较大误差对最终结果的影响，使用范围更广。在计算每个网格点的误差之后，误差实际上就被映射在三维空间上，这个空间被称为误差空间。理论上，最小的误差空间即为真实事件定位的最佳估计值。

(3) P 波计算到时检测是准确计算微震事件定位的前提，与硬、软件门槛值的设定及长短时窗比值（STA/LTA）有关。微震信号属于突发型信号，具有到达峰值时间短，衰减快的特点。一般情况下，STA/LTA 设置范围为 3.0～4.0。这样，信号的实际到达时刻与计算到达时刻就会有时差。对于相同波长的波，时差随振幅的增大而减小。该系统在阈值设定为 50mV，STA/LTA 的比值设置为 3 的情况下，检测的 P 波计算到时能进行较精确的事件定位。

(4) 在算法误差中，定位计算误差影响最大，一是由迭代算法中高斯消元法引起的，它与计算矩阵的病态程度有关，即与矩阵的条件数大小有关，条件数越大，计算误差越大，反之越小。计算矩阵与参与定位计算的传感器的位置有关，三个传感器组成的三角形较规则，在三角形边缘产生较大的误差的几率要小些。二是迭代计算的初始值的确定，初始值取得好坏，一方面影响迭代次数的大小，从而影响系统计算时间；另一方面直接影响着计算结果。如果取得不当，就有可能计算不收敛，或者得不到唯一的解，或导致局部收敛到另外一点，得出伪定位。

大多数微震事件采用近震定位算法，单纯型算法由于不用求走时偏微商，避免了矩阵求逆的运算，也就避免了病态矩阵的求算，适用范围广而得到了广泛的应用。

4.3.3 信号干扰因素影响

尽管微震监测系统的安装环境要求尽量避免嘈杂、电火花、高压电、强磁干扰以及爆破产生的烟雾、粉尘等影响，但由于锦屏二级水电站 TBM 施工的隧洞环境复杂，放于 TBM 的微震监测系统主机和数据采集仪，不可避免会受到来自周围各种杂电、机械噪声的干扰，给微震监测的信号识别造成了很大了影响，对其进行滤波处理是必须要进行的。由于干扰信号存在多样性的特点，用软件门槛值进行滤波过于单一化，有时会把有用的监测信号给滤掉，这样会给分析微震信号的工作带来了很大的难度。通过长期探索及现场调查，主要从以下方面来滤除干扰信号：

(1) 信号传输线的布置。隧洞内布置有大量的动力电缆等，因为动力电缆传输的是交变电流，具有高电压的特点，会在其周围一定区域内产生大量强的感应磁场，而信号电缆传输的是弱电流，极易受到这些强感应磁场的干扰，甚至“淹没”监测的微震信号。为了减少动力电缆对信号线的影响，在布置信号电缆的过程中，把信号电缆与大功率电器设备和动力电缆尽量远离。当敷设线缆过程中遇到动力电缆，应尽量使之与动力电缆垂直穿过。这样，有效降低了信号在传输过程中的磁场影响，效果较为理想。由于隧洞内采用的电压多为交流电，且频率为 50Hz，与微震信号的频率相差甚远，所以即使微震信号在传输过程中，混入了一定频率的外部电流产生的信号，如果被微震监测系统所监测到，应用电流滤波器可以将其滤除。

(2) 工频干扰。工频干扰主要来源于洞内各种电器设备等产生的电气噪声干扰，主要包括三类：①鼓风机、TBM 刀盘、钻机、动力电缆、线路相互干扰；②微震监测系统本身产生的电气噪声；③电缆与传感器或主机接头处接触不紧而产生的干扰。电气噪声特点是：①一部分噪声各种频率成分都有，振幅变化不大，主要是由电子元器件自身产生的；②一部分噪声的频率基本固定，是由设备运行产生的感应，另一种是电器设备启动时产生的尖脉冲信号，幅度可能很大，但持续时间极短。接头接触不紧产生的噪声一般幅度很大，波形连续且变化极大，波形失真，该类噪声在认真操作的前提下出现的概率非常小。

(3) 射频干扰。射频干扰主要有以下类型：一是大型机械运行时与洞内架空线剧烈摩擦产生的电弧火花；二是大型设备的电子开关在动作过程中因接触不良而产生的电弧干扰；三是隧洞内焊接设备工作时以及进行金属切割时产生的瞬间高电弧；该类噪声干扰在工作时表现极为强烈，频率范围为300kHz～30GHz之间，属于高频干扰。

(4) 机械作业噪声。主要是隧洞内工作面各类机械设备在作业过程中产生的噪声，如TBM作业、锚杆钻机作业、手风钻、风镐作业等。其基本特点是规律性较强。在机械作业时，集中产生大量信号，并具有明显的周期性，这是机械运转频率所固有的。对于挖掘机、大直径钻机等在短期内波形呈现出连续的特点，即使偶尔不连续，持续时间都较长，对于电钻、风镐、风钻等设备，噪声信号呈现出明显的等间距特点。机械作业噪声的振幅一般变化较小。

(5) 人员活动。主要是工作面附近人为活动过程中产生的作业噪声，如：架设轨道、出渣、放炮、连接管道、敲打钻杆、从机车上搬卸重型材料等过程中产生的噪声。人为活动噪声是最难滤除的一种噪声，因为它产生的方式多样化，呈现出的规律性一般不强，频率变化范围较宽，振幅变化也较大，特点一般不十分明显，有些噪声与有效微震信号十分相似，但是与机械噪声等相比，其信号数量相对较少。

(6) 随机噪声。主要是传感器附近的岩体垮落以及安装探杆的钻孔内碰击到探杆或传感器引起的噪声。随机噪声的特点是：噪声幅度有大、小，频率有高、低；波形形状很像有效微震信号，但信号的出现比较集中。

4.3.4 传感器坐标误差

由于隧洞地质情况和现场情况复杂，有时候测量人员无法找到合适的架设全站仪的位置，而TBM又在不断掘进，等可以架设全站仪的时候，孔又可能已经到了无法看到的位置，因此有些孔无法及时测量坐标，只能靠拉皮尺进行一个相对距离的测量，然后在三维图上推移一个目测的大概位置。而且由于洞内无法架设全站仪测量孔底坐标，最多能测到孔口坐标，孔的深度用卷尺测量，角度则用量角器测量，无形中又使其中增加不少人为的视觉、感觉误差。

4.4 微震监测设计

4.4.1 微震监测设计的影响因素

进行工程微震监测系统的设计时往往需要考虑如下几个方面的因素，即这些因素构成了微震监测设计的原则。

(1) 微震监测工作目的和精度要求。如石油和矿山微震监测的工业目的存在很大差别，锦屏隧洞针对岩爆问题的监测与矿山相似，但在具体目的上也存在差异。监测目的直接影响到设备选型、检波器参数选择以及传感器布置等。

（2）被监测对象范围大小和几何形态。这是锦屏最具特色的因素，与石油、矿山行业形成明显差异，是影响设备参数配置，特别是传感器埋设布置方法的重要现实因素。

（3）被监测对象的潜在微震特征。即微震事件的大小（振幅）和频率范围，这往往是事先难以确定的参数，因此，在项目开始之前的既往经验和对被监测区基本地质条件的了解十分重要。这两个方面的参数直接决定了设备参数配置，因此可能影响到设备选型和监测布置方案。

图 4.4－1 是以南非帕拉博拉矿山为例给出了该工程中记录到的微震事件大小和频率范围统计，其中的绝大部分事件震级都很小，其震动矩（Moment Magnitude）一般在 0 级以下，最高达到 2.6 级，震级大小的变化范围较大，要求微震监测系统能适应相应的振幅范围。图 4.4－1（b）的横坐标为震级，纵坐标为频率，数量相对少、震级相对较大（0 级以上）事件的频率一般在 200Hz 以下，而数量多、震级小（小于 0 级、多在－1 级以下）事件的频率在一个较大范围内变化，即 200～13000Hz，因此要求系统同时具备低频和高频事件的采集能力。

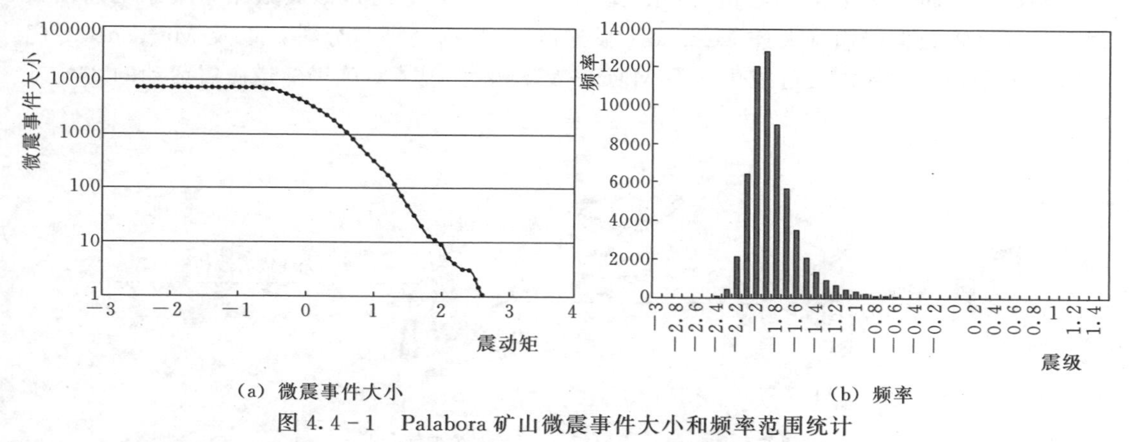

（a）微震事件大小　　（b）频率

图 4.4－1　Palabora 矿山微震事件大小和频率范围统计

4.4.2　微震监测设计流程和内容

在进行特定工程微震监测设计时，先需要获得如下信息：

（1）监测区域范围大小。影响到监测布置和信号传播方式，如检波器与采集系统的布置、信号传播方式及是否需要采用信号放大器等。

（2）测试定位精度要求。石油行业微震监测需要尽可能地了解裂纹的尺寸和空间形态，定位要求很高，矿山实践中往往侧重于工作面所在区域的风险评估，定位精度要求相对低一些，这直接影响了检波器数量和布置要求。

（3）具体的监测目的和要求。是否需要了解震源参数和是否对某些震源参数具有特别的兴趣，对检波器类型设计有着直接影响。

一般而言，微震监测设计的内容包括如下方面：

（1）监测布置。即整个监测系统的布置方式，检波器与信号采集的位置、信号传送方式等，这往往受到具体工程实际条件影响，但同时与潜在微震特点和采取的设备密切相关。比如，当检波器获得的信号未进行数字化或增幅处理时，其有效传送范围一般仅数百米，要求采集系统布置在信号有效传送范围以内。

（2）检波器类型、参数。单向或三向检波器、检波器工作频率和振幅范围等都是需要根据工作目的以及工作区域潜在微震特点确定的内容。

（3）采集系统配置。即选择与工作区域微震特征相匹配的数据采集系统，特殊情况下可能需要委托相关厂商专门配置。

（4）检波器埋设布置。包括数量和埋设位置。

4.5 锦屏微震监测系统设计实例

锦屏微震监测分为A、B两个标段，引水隧洞以K9+100.00为A、B标的分标界面，排水洞以SK8+650.00为A、B标的分标界面。其中A标为分界桩号以东，B标为分界桩号以西。A标由大连力软科技有限公司负责，采用加拿大ESG公司生产的微震监测系统，构建了TBM隧道施工微震监测系统（见图4.5-1），通过微震数据采集系统连续数据采集、远程数据传输（大连Mechsoft服务器）、数据处理与分析，以及Mechsoft专门针对中国用户开发的中文可视化软件MMS-View，实现了对施工隧道微震活动的24h连

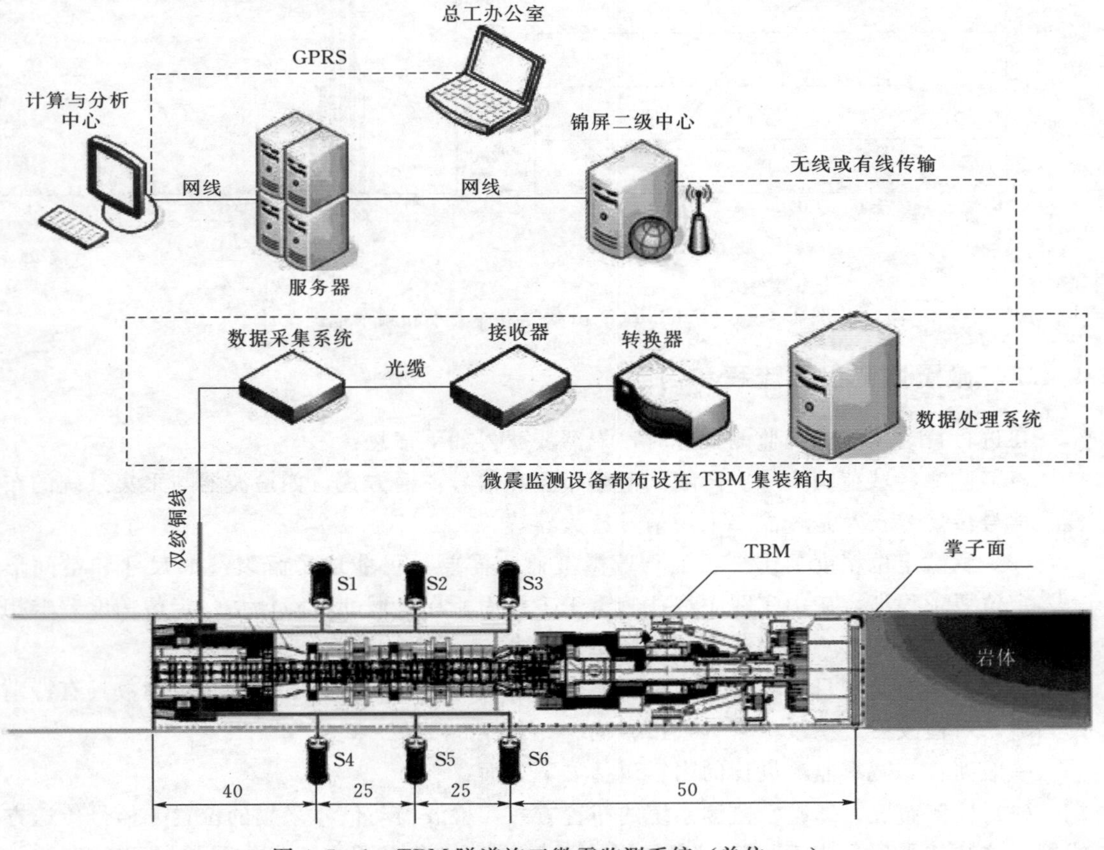

图4.5-1 TBM隧道施工微震监测系统（单位：m）

续监测和分析，形成了微震数据现场全天候连续采集和集中分析的模式，为TBM施工隧道过程中的岩爆监测预报探索提供了重要的研究平台。B标由中国科学院武汉岩土力学研究所负责，采用南非ISSI公司生产的微震监测系统，该系统由两个分析中心组成，一个设立在锦屏二级水电站负责微震数据的系统分析、现场地质勘察与岩爆预测预报，一个设立在武汉负责数据的进一步分析、数值模拟和岩爆预报综合决策，两个分析中心，统筹协作，充分利用各自的专业经验和特色，共同完成锦屏二级水电站微震监测与岩爆预测预报工作。

4.5.1 深埋隧洞钻爆法施工的微震实时监测及传感器移动式布置方案

为了尽可能的形成有利的传感器阵列，引水隧洞钻爆法施工的微震监测传感器布置方案如图4.5-2所示。在钻爆法主开挖洞段和新增工作面洞段内各布置一套传感器，分别独立监测钻爆法两个工作面附近岩爆活动情况。以断面Ⅰ、断面Ⅱ为例说明钻爆法施工的传感器布置方案。

(1) 首先在距掌子面50～70m处布置监测断面Ⅰ，传感器布置方式如图4.5-2 (b) 所示；传感器钻孔深度3m，钻孔直径不小于51mm。

(2) 当断面Ⅰ距掌子面约100m时布置监测断面Ⅱ，传感器布置方式如图4.5-2 (b) 所示。

(3) 当监测断面Ⅰ距掌子面约140m时，取出传感器，在距掌子面50～70m处，按图4.5-2 (b) 方案重新布置传感器。

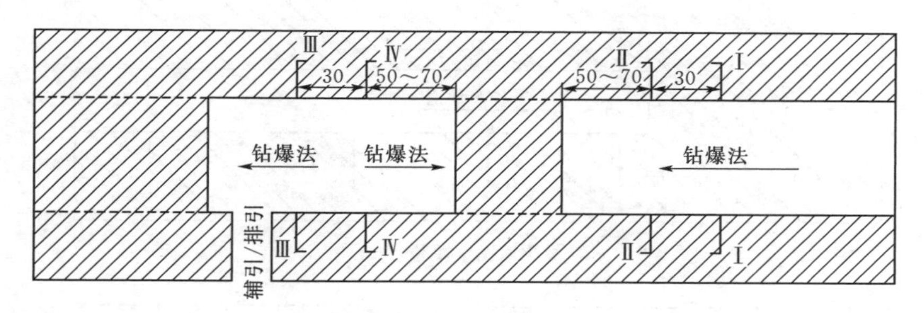

(a) 纵剖面图（单位：m）

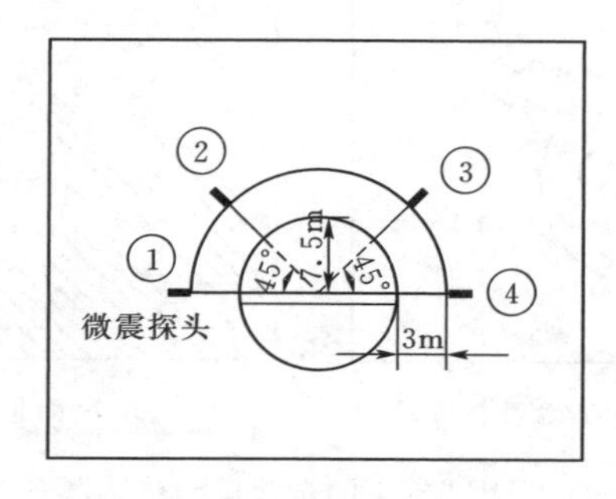

(b) 传感器布置横剖面图

图4.5-2 引水隧洞钻爆法施工的微震监测传感器布置方案

重复上述步骤，随钻爆法掌子面的前进而移动，如此循环实现24h连续监测。断面Ⅲ、断面Ⅳ布置方法与断面Ⅰ、断面Ⅱ相同。

线路铺设：沿3号引水隧洞铺设光缆，将断面Ⅰ、断面Ⅱ的微震信息传递到东端洞口(1560平台)；沿辅引或排引铺设光缆，将断面Ⅲ、断面Ⅳ监测断面的微震信息传递到1560平台，洞外时间同步。

4.5.2 深埋隧洞TBM施工的微震实时监测及传感器移动式布置方案

4.5.2.1 TBM施工

考虑到传感器布置与走线的可行性和微震信号监测的范围与精度，始终保持有3个监测断面的传感器（共12通道）进行微震监测，如图4.5-3（a）所示。传感器布置如下：①首先在掌子面附近布置监测断面Ⅰ，布置方式如图4.5-3（b）所示，钻孔深度2m，钻孔直径不低于51mm；②当监测断面Ⅰ距离掌子面40m时，布置监测断面Ⅱ，布置方式如图4.5-3（c）所示；③当监测断面Ⅰ距离掌子面80m时，布置监测断面Ⅲ，布置方式如图4.5-3（b）所示；④当监测断面Ⅰ距离掌子面120m，取出传感器，在监测断面Ⅲ距离掌子面40m时，按图4.5-3（b）方案重新布置传感器，重复上述步骤，紧跟TBM前进。

线路铺设：沿3号引水隧洞铺设光缆，直接将信号传递到1560平台。

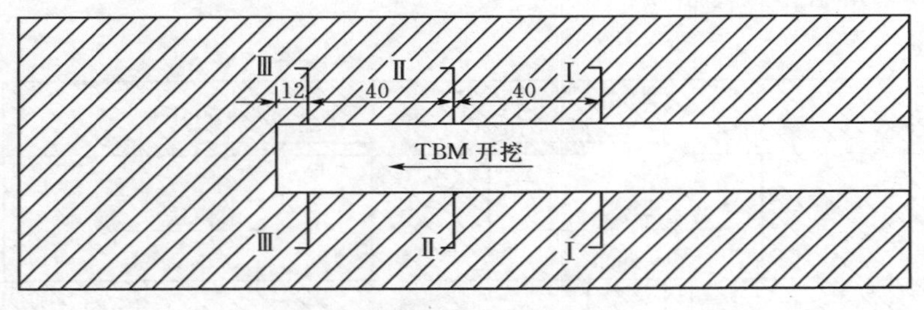

(a) 纵剖面图（单位：m）

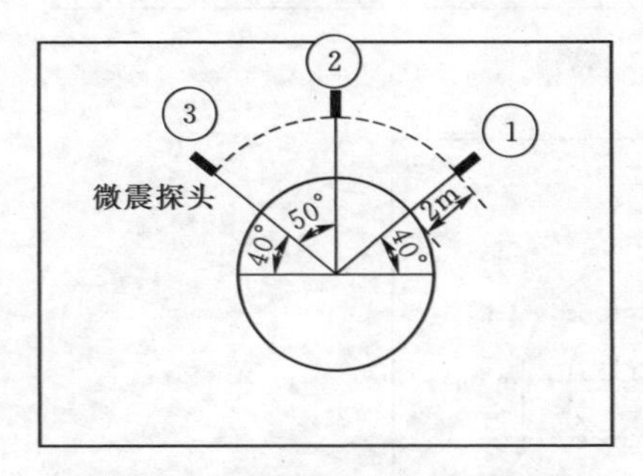

(b) 断面Ⅰ、断面Ⅲ传感器布置方案

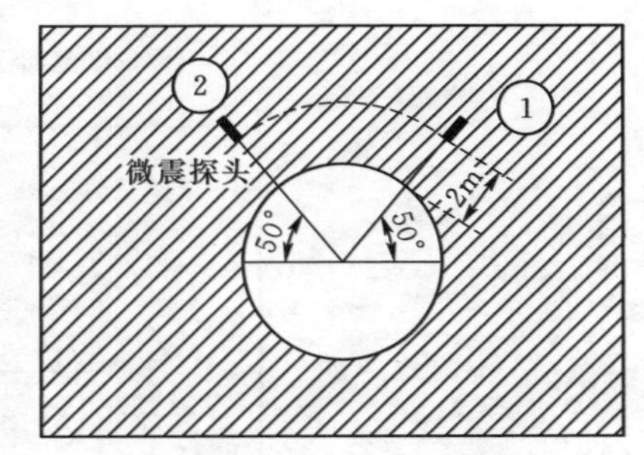

(c) 断面Ⅱ传感器布置方案

图4.5-3 TBM施工的微震监测传感器布置方案

4.5.2.2 “TBM＋导洞”施工

针对3号引水隧洞“TBM＋导洞”联合施工洞段，分别在TBM施工前方的导洞内和TBM施工掌子面后方的洞段内各布置一套传感器，以共同监测TBM掘进过程掌子面附近岩爆活动情况，如图4.5－4（a）所示，TBM施工洞段传感器布置方式如上述“TBM施工”部分所述；导洞传感器布置方案：①首先在距TBM施工掌子面约140m处布置监测断面Ⅴ，传感器布置方式如图4.5－4（d）所示，1、2、4号传感器为单向加速度计，3号传感器为三向地音仪；②当断面Ⅴ距TBM施工掌子面约100m时布置监测断面Ⅳ，传感器布置方式如图4.5－4（d）所示，1、2、4号传感器为单向地音仪，3号传感器为三向加速度计；③当监测断面Ⅴ距掌子面50～70m时，取出传感器，在距掌子面140m处，按图4.5－4（d）方案重新布置传感器，重复上述步骤，随TBM前进而移动。

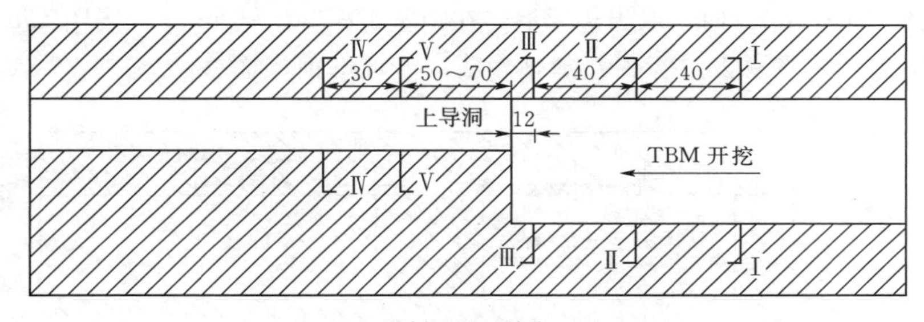

（a）纵剖面图（单位：m）

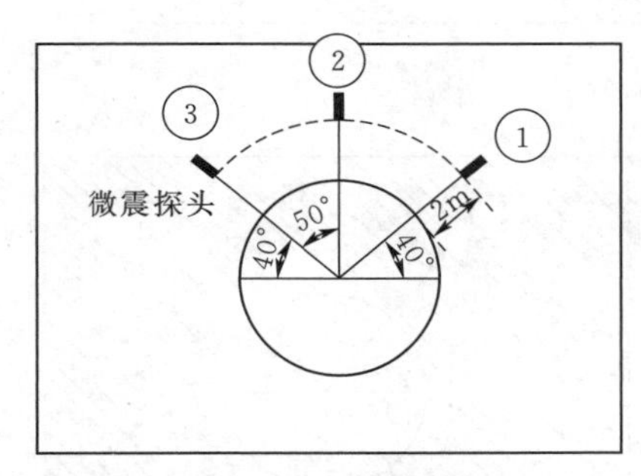

（b）断面Ⅰ、断面Ⅲ传感器布置方案

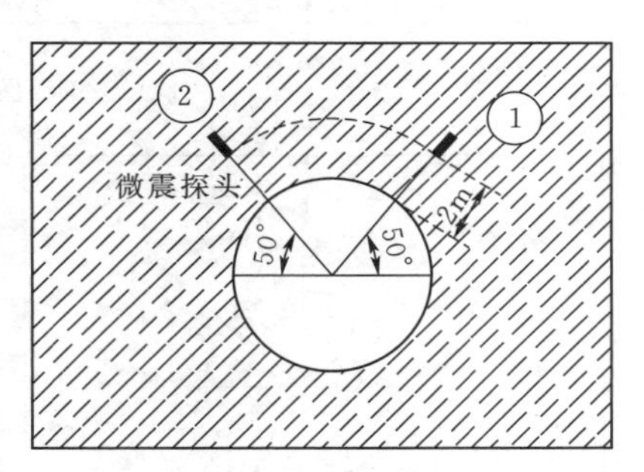

（c）断面Ⅱ传感器布置方案

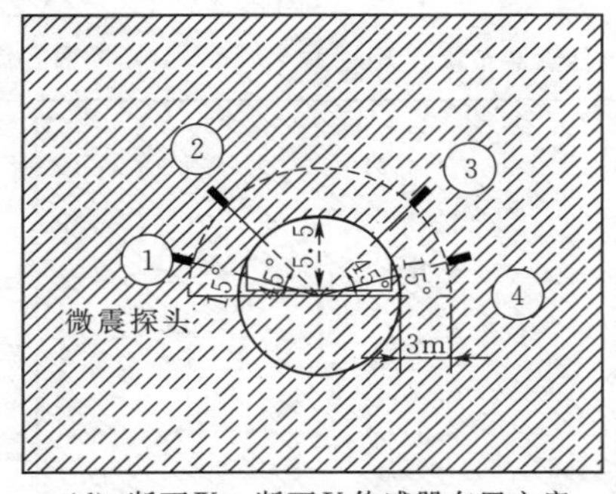

（d）断面Ⅳ、断面Ⅴ传感器布置方案

图4.5－4　TBM与上导洞联合施工的微震监测传感器布置方案

线路铺设：沿3号引水隧洞铺设光缆，将监测断面Ⅰ、Ⅱ、Ⅲ的微震信息传递到

1560 平台；沿辅引或排引铺设光缆，将监测断面Ⅳ、Ⅴ的微震信息传递到 1560 平台，洞外时间同步。

4.5.2.3 “TBM+钻爆法”施工

针对 3 号引水隧洞既有 TBM 施工又有钻爆法施工的特点，设计如图 4.5-5（a）所示微震监测方案，在钻爆法洞段和 TBM 施工的洞段内各布置一套传感器，分别独立监测钻爆法工作面和 TBM 工作面附近岩爆活动情况。TBM 施工洞段传感器布置方式如上述“TBM 施工”部分所述；钻爆法施工传感器布置方案：①首先在距掌子面 50～70m 处布置监测断面Ⅳ，传感器布置方式如图 4.5-5（d）所示，1、2、4 号传感器为单向加速度计，3 号传感器为三向地音仪；②当断面Ⅳ距掌子面约 100m 时布置监测断面Ⅴ，传感器布置方式如图 4.5-5（d）所示，1、2、4 号传感器为单向地音仪，3 号传感器为三向加速度计；③当监测断面Ⅳ距掌子面约 140m 时，取出传感器，在距掌子面 50～70m 处，按图 4.5-5（d）方案重新布置传感器，重复上述步骤，随钻爆法掌子面的前进而移动。

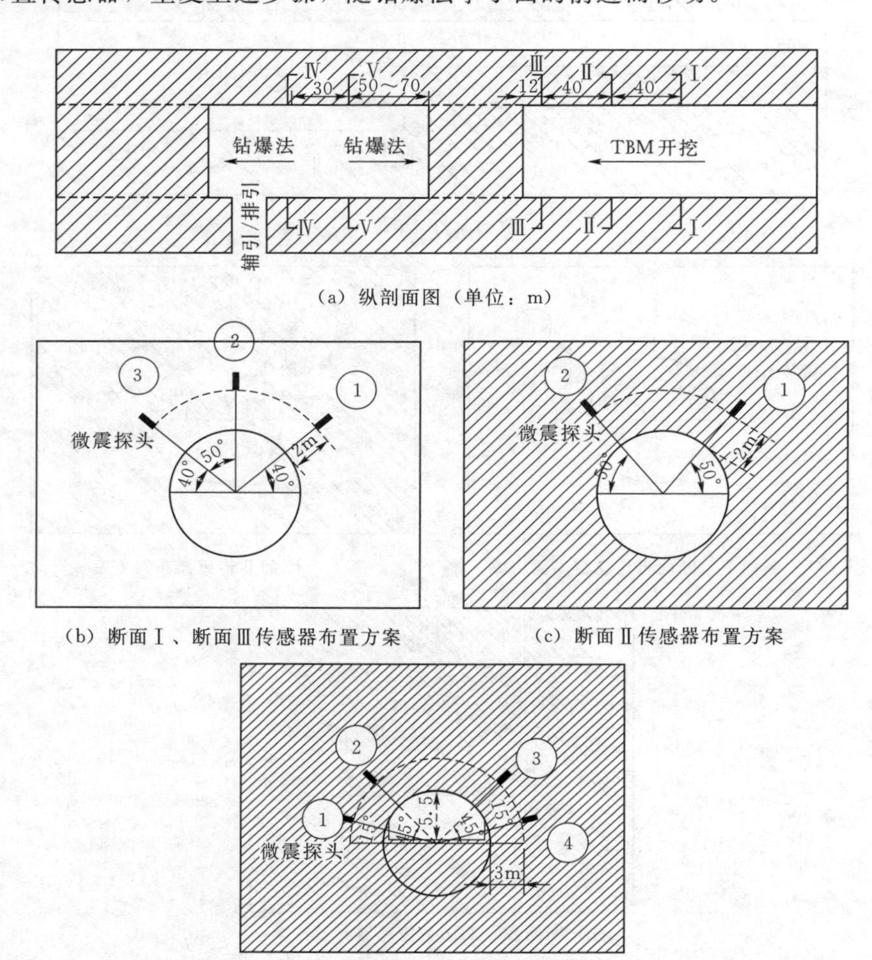

图 4.5-5 TBM 与钻爆法联合施工微震监测传感器布置方案

线路铺设：沿 3 号引水隧洞铺设光缆，将监测断面Ⅰ、Ⅱ、Ⅲ的微震信息传递到 1560 平台；沿辅引或排引施工支洞铺设光缆，将监测断面Ⅳ、Ⅴ的微震信息传递到 1560 平台，洞外时间同步。

4.6 锦屏微震监测解译

4.6.1 岩爆风险的微震解译判断

就锦屏工程实践而言，微震监测工作主要起到两个方面的作用：①风险评价，即判断是否存在岩爆风险；②定位，即了解潜在微震源的位置，为采取工程措施提供依据。

在前面关于微震监测原理介绍中，描述了已经发生的微震发震机理和未发生的微震类型和潜在强度，这是利用微震监测数据进行锦屏工程岩爆风险评估所关心的问题。岩爆风险程度取决于两个重要的方面，即潜在微震类型和潜在微震强度，锦屏工程存在各种类型的岩爆及相对应的微震，其中 NW 向刚性结构面滑移导致的微震对工程影响最突出。因此，如果能根据微震监测数据评价潜在微震类型和强度，则可以大大提高微震监测的应用水平，这里仅介绍这两个环节的工作方法。

当隧洞开挖面附近存在一个潜在的强微震源时，隧洞开挖对该部位的应力扰动往往在 1 倍开挖洞径以外或更远的距离即开始出现，并导致围岩破裂和释放震动波，因此可以被配置良好的微震监测系统所捕获。当开挖使得该部位的应力扰动不断增强时，监测得到的信号和信息往往也越多，这就为继续开挖过程中对潜在微震类型和强度的预测提供了基本依据。

锦屏工程中应用的技术方法有两种可以帮助预测潜在微震类型，第一种方法利用震动矩、震源尺寸和应力降三种参数之间的关系进行判别，它可以有效地区分潜在微震属于应变型还是断裂型。第二种方法则专门针对断裂型微震，帮助判断是哪种潜在性质的断裂岩爆风险。

1. 基于震动矩、震源尺寸和应力降三者关系的判别方法

在隧洞掘进过程中微震监测系统总可以记录到一些信号，在消除噪音信号以后，保留的数据可靠地记录了围岩破裂产生的微震事件和信息。一般地，在一个相对大的微震事件发生之前，总可以接收到与之相关的某些微震事件，对于每个事件而言，都可以利用波谱分析获得震动矩、震源半径和应力降的解译结果，把这些解译结果放在如图 4.6-1 和图 4.6-2 所示的图中。从图 4.6-1 可以看出，随着震动矩的增大，应力降不断增大，而震源半径变化很小，这显示了应变型微震的特点。而从图 4.6-2 可以看出，震动矩增大时，应力降基本都保持在一定范围内，但震源半径不断增大，反映了断裂型微震的特点。

以上特点在很多工程实践中都得到了印证。由于锦屏工程的剧烈应变型岩爆可能主要和埋深、褶皱和某些断裂的存在有关，其可能存在的微震类型的预测是锦屏微震监测数据解译需要研究和探讨的具体问题之一，这也是建立锦屏岩爆风险评价标准的基础性工作之一。

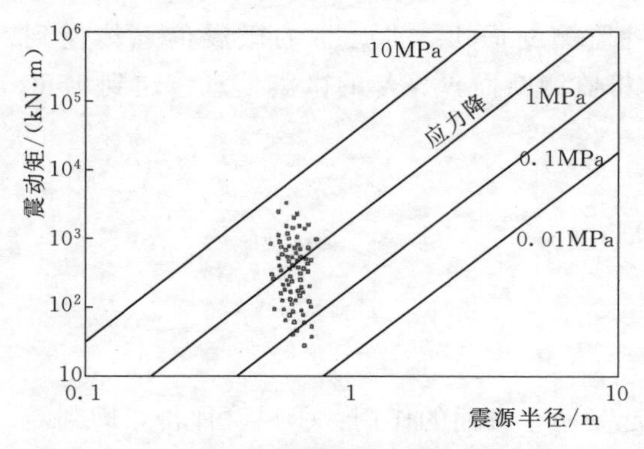

图 4.6-1 应变型微震对应的震动矩、震源半径和应力降之间的关系

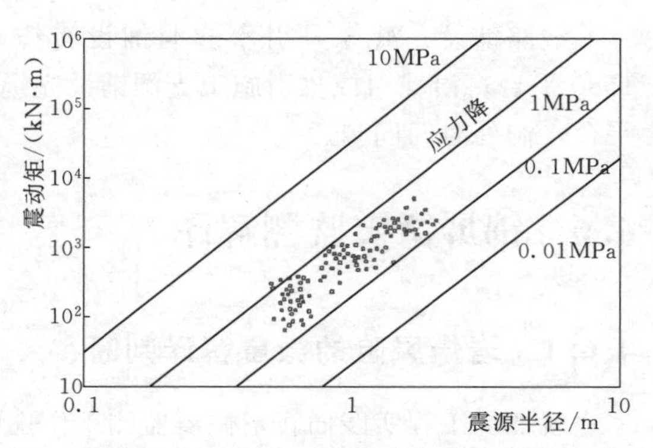

图 4.6-2 断裂型微震对应的震动矩、震源半径和应力降之间的关系

在确定断裂性微震以后，英国 ASC（Applied Seismlogy Consultants）公司近年来发展的技术可以帮助解译破裂的性质，即张性、滑移等破坏形式，其基本原理是不同的破裂导致的波谱特征存在差别。

2. 基于断裂产状解译的判别方法

在明确了潜在微震具有断裂诱发型的特点之后，锦屏工程还需要进一步确定潜在震级大小和断裂型微震的类型（尖端型、滑移型、断裂应变型），有三种方法可以帮助实现这些目标，分别是利用微震事件数和震级之间的关系、断裂产状、破裂性质的解译结果。

（1）b 值大小。微震事件数和震级的关系曲线如图 4.6-3 所示，斜率的绝对值大小称为 b 值，当 b 值降低时，往往意味着较大微震事件的风险。进行 b 值大小分析的监测数据具有时空概念，即某个区域某个时期的 b 值大小，b 值随空间和时间的变化说明了微震风险随空间和时间变化的特征，这是工程中岩爆风险预警所需要的信息。图 4.6-3 中震级在 $-1.1\sim-0.4$ 范围内的数据而言，这些数据所在位置可能发生的最大微震震级约为 1.5 级，而震级在 $0\sim0.25$ 之间数据指示的针对震级为 0.9。如果这是两组不同时间或不同位置的数据，则表明了微震风险在空间和时间上的变化关系。

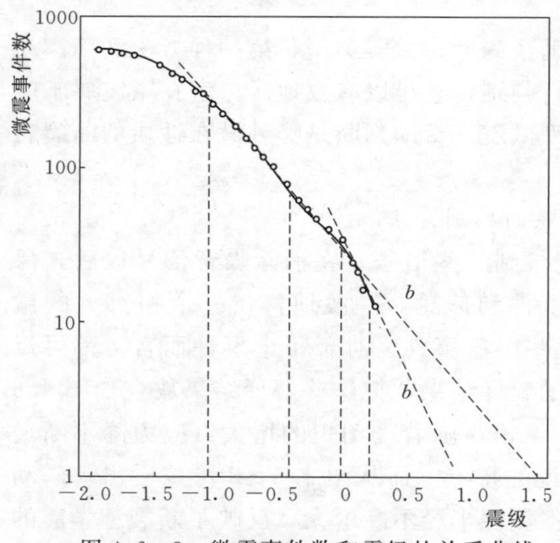

图 4.6-3 微震事件数和震级的关系曲线

（2）断裂方位。当微震由某条断裂诱发时，释放的总能量、P-波能量和 S-波能量在空间上具有变化性，利用这些变化性即可帮助解译发震断裂的产状。

（3）微震源定位。在确定了潜在高岩爆风险（如滑移型或尖端型岩爆风险）以后，锦屏工程需要解决的一个问题是如何确定潜在微震源的位置，为精确定位应力解除爆破设计服务。鉴于这种强岩爆风险的有条件性和局部性，很多情况下锦屏工程的微震监测工作可能并不把定位作为重点，重点是确定岩爆风险，而仅在明确了很高岩爆风险时，定位工作才显得非常重要。

4.6.2 典型岩爆监测与风险规避岩爆案例

4.6.2.1 钻爆法施工案例

1. 岩爆描述

2011年4月16日，3-4-W[1]掌子面开挖至4号引水洞K6+010，8：30响炮后即进行通风排烟。8：57，值班人员听到洞内剧烈岩爆响声，进洞查看时未发现3-4-W岩爆塌方现象，相邻的3-P-W[2]的SK5+560～SK5+540洞段和SK5+535～SK5+530洞段南侧边墙处则发生中等岩爆，平均深度约0.5m，且SK5+560～SK5+540洞段右侧边墙及拱腰部位初喷混凝土发现裂缝。初步判断岩爆巨响为排水洞内岩爆所致。3-P-W的SK5+560～SK5+540洞段中等岩爆如图4.6-4所示。

3-4-W在通风排烟完成后即进行出渣作业，12：43，装载机司机发现K6+025处底板上抬，有新鲜岩石出露。15：00，底板岩层隆起基本轮廓显现，经监理、设计等有关人员现场查看，最终确认3-4-W至后方约30m范围内整个底板岩层隆起达2m，已开挖洞段边顶拱所施工的锚杆和喷射混凝土除了两侧拱脚部位破碎以外，未发现明显的变形和破坏。

图4.6-4 3-P-W的SK5+560～SK5+540洞段中等岩爆

值得注意的是，4号引水隧洞发生岩爆的洞段是从辅引3号支洞往西174m处，相邻的排水洞发生岩爆的洞段是从辅引3号支洞往西169m处，两处岩爆发生位置基本一致。

由于是在开挖爆破后通风排烟期间发生，未造成任何人员和设备事故。此次3-4-W底板隆起达2m之高，为锦屏引水隧洞施工以来首次发生。

2. 基于微震信息岩爆预测预报情况

根据微震信息、数值分析结果和现场勘查，2011年4月10—15日连续6次分别对3-4-W的K6+010～K6+070洞段和3-P-W的SK5+510～SK5+590洞段高概率预测，有发生轻微至中等岩爆的风险，4月16日3-4-W的K6+010～K6+040洞段岩爆诱发底板隆起，能量释放较大。3-P-W的SK5+560～SK5+540洞段和SK5+535～SK5+530洞段南侧边墙处则发生中等岩爆，岩爆位置与预测预报区域基本一致。

3. 岩爆时微震信息与实际对比

2011年4月16日，8：00—10：00微震系统监测到4号引水隧洞K6+010～K6+035洞段有较多能量较大的微震事件。根据现场岩爆反馈信息，参考强烈岩爆信号的幅值、持续时间等特征参数，确定于8：56：27监测到的当地震级为1.0的微震事件为该次岩爆所触发，其位置与3-P-W的SK5+487中等岩爆发生位置靠近，如图4.6-5所示。

---

[1] 3-4-W代表4号引水隧洞在辅引3号施工支洞以西工作面。

[2] 3-P-W代表排水洞在辅引3号施工支洞以西工作面。

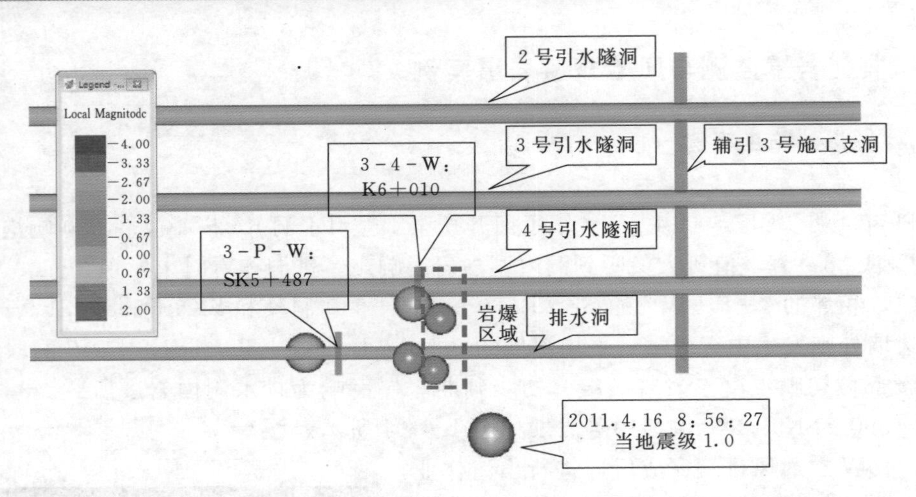

图4.6－5　3－4－W与3－P－W微震事件示意图
（2011年4月16日8：00至2011年4月17日8：00）

由于该次岩爆所触发的波形与以往典型岩爆波形有较大区别，导致定位误差较大，见图4.6－6。初步分析时，根据波形为双波峰、振幅较大、时续时间长等特点，疑似其为

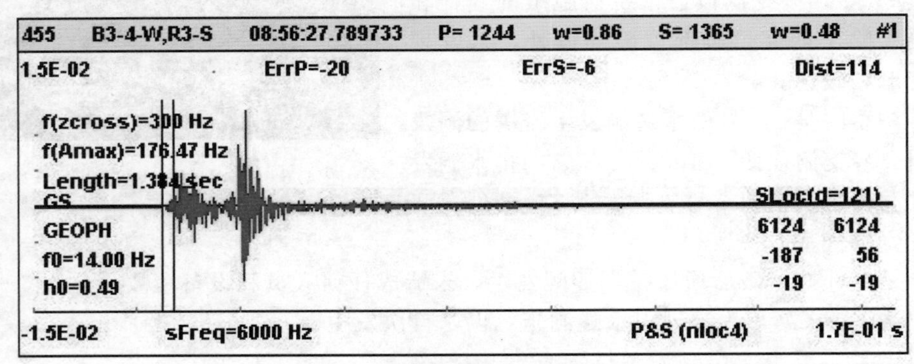

（a）该次岩爆信号波形图

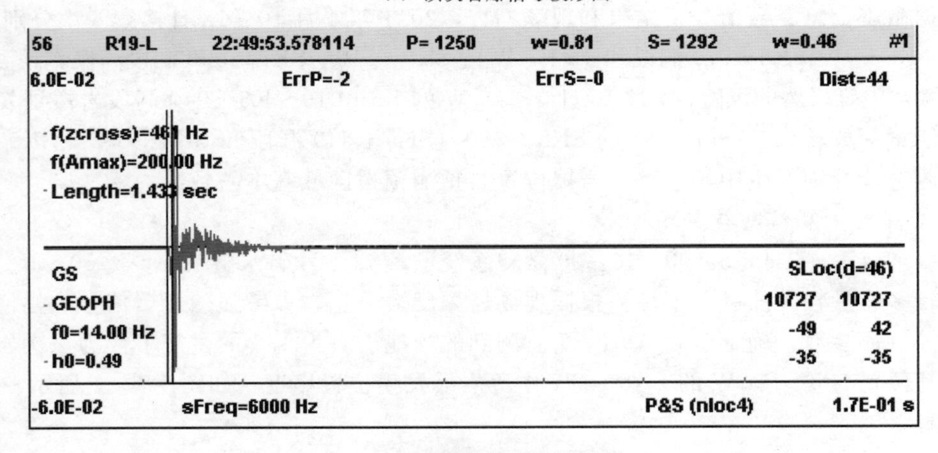

（b）典型岩爆信号波形图

图4.6－6　该次岩爆信号与典型岩爆信号的对比

微差爆破时触发的信号，但现场反馈对应时间内现场并无相关作业，后分析岩爆发生时刻前后1h的微震数据，确认该波形为此次岩爆所触发。双波形应为两处不同位置几乎同时触发（相差小于0.17s）的岩爆波形所叠加而产生，先触发的波形定位于3-P-W岩爆区域附近，后一波形因波形叠加而无法判断P波到时的震源位置。

4. 岩爆演化规律分析

(1) 微震事件数的时域演化。图4.6-7和图4.6-8分别为自2011年3月21日至2011年4月21日监测到的3-4-W与3-P-W微震事件数随时间的演化规律。从图中可以看出，4月16日岩爆发生之前约半个月内，微震活动发生频度较为平缓，并未出现微震事件突增的现象，但在3月31日—4月2日，掌子面至该区域（SK5+529～SK5+538）内微震事件出现过突然增加的异常现象，可见该区域当时就积蓄了较高的能量且未得到很好的释放。

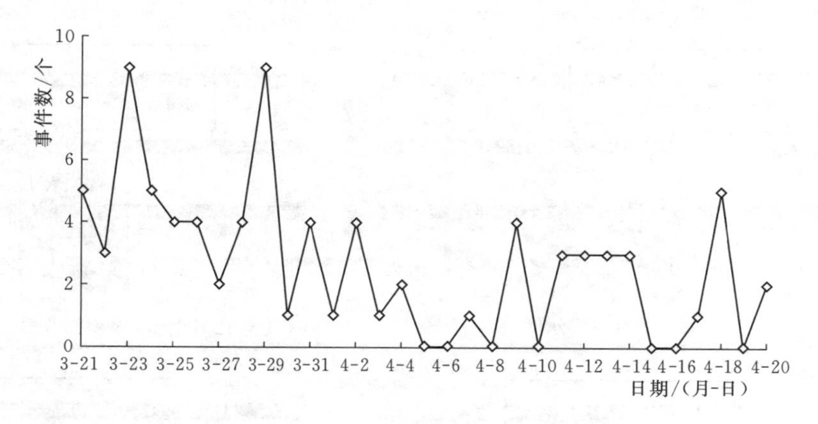

图4.6-7 3-4-W微震事件数随时间的演化规律
(2011年3月21日—2011年4月20日)

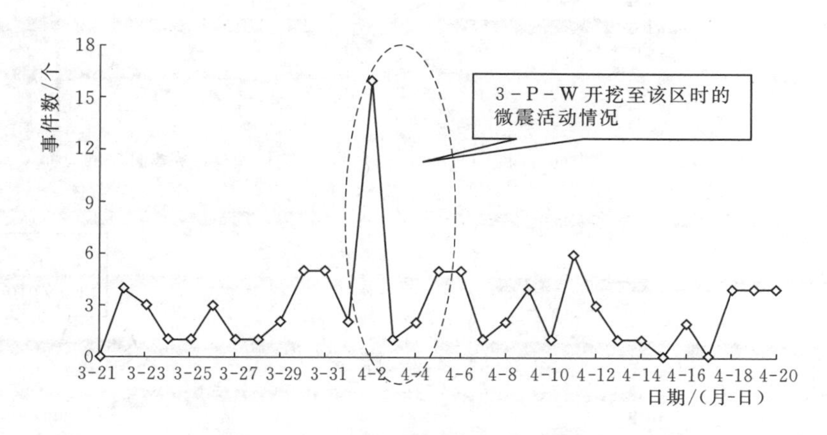

图4.6-8 3-P-W微震事件数随时间的演化规律
(2011年3月21日—2011年4月20日)

(2) 微震事件的空间演化。图4.6-9是2011年4月16日岩爆前3-4-W和3-P-W

微震事件的空间演化特征，可以看出岩爆发生前期该区域微震活动比较活跃，微震事件空间位置比较集中，且多为震级较大的事件，主要集中在4号引水洞K6＋045～K6＋000洞段，该区域岩爆风险较高。

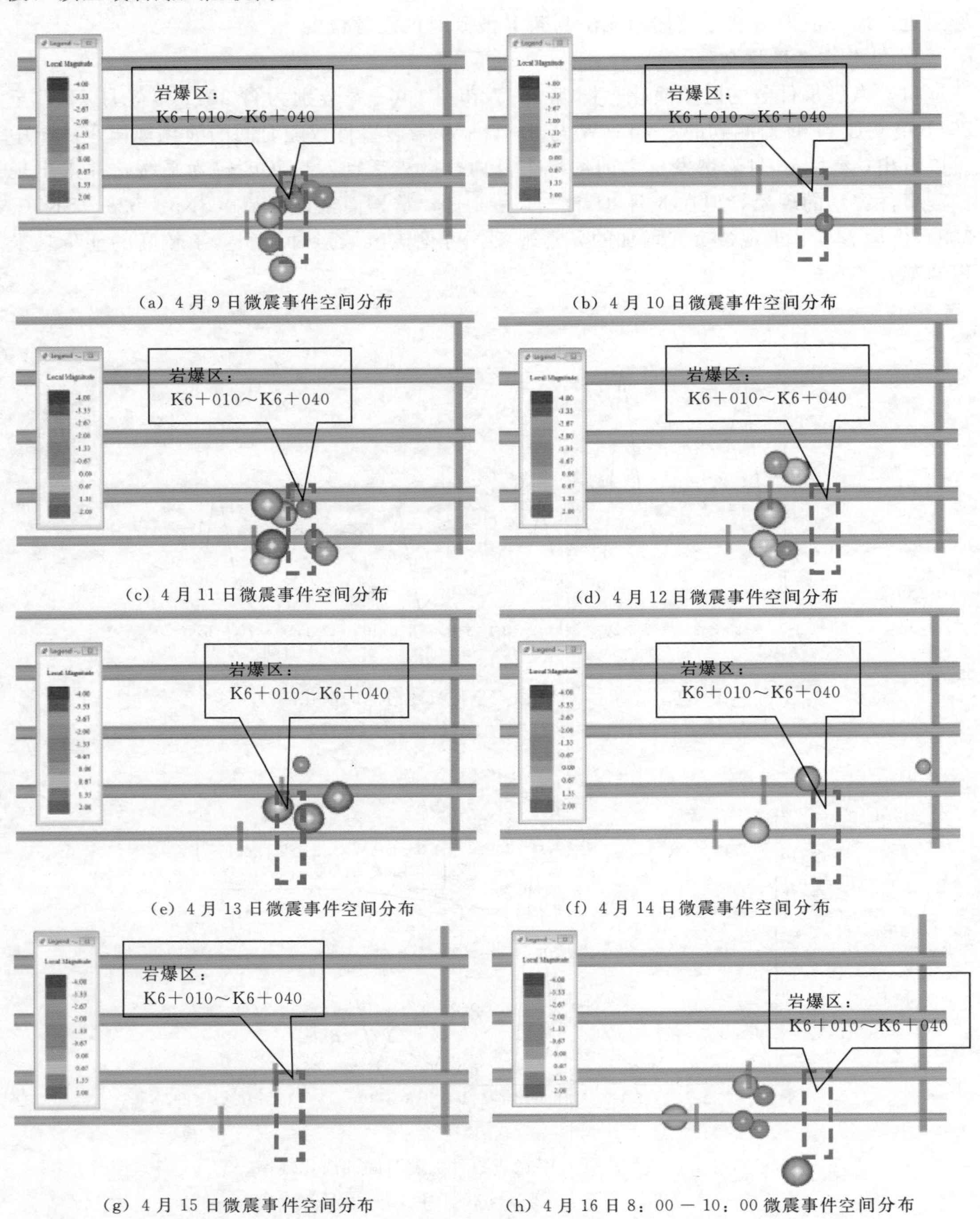

(a) 4月9日微震事件空间分布

(b) 4月10日微震事件空间分布

(c) 4月11日微震事件空间分布

(d) 4月12日微震事件空间分布

(e) 4月13日微震事件空间分布

(f) 4月14日微震事件空间分布

(g) 4月15日微震事件空间分布

(h) 4月16日8：00－10：00微震事件空间分布

图4.6-9（一） 岩爆前3-4-W和3-P-W微震事件的空间演化特征

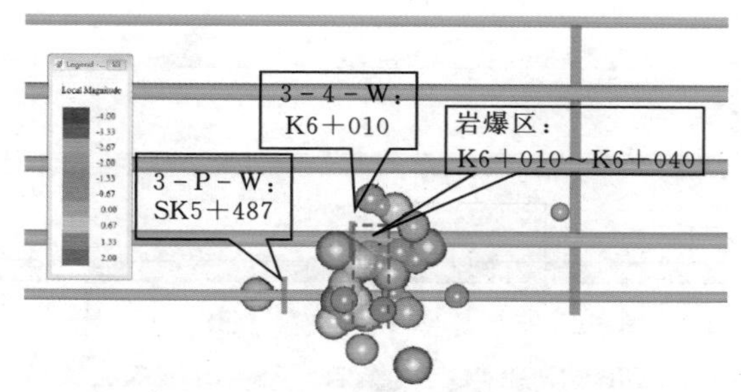

(i) 4月9～16日微震事件空间累计分布

图4.6-9（二） 岩爆前3-4-W和3-P-W微震事件的空间演化特征

对该次岩爆发生后2011年4月17—20日的微震信息进行定位分析，由2011年4月17—20日每日及累积微震事件图可以看出：随着3-4-W掌子面的向前推移，微震事件集中区域亦向前推移，值得注意的是，3-P-W的微震活动受3-4-W掘进的影响明显，2011年4月14日、15日及17日3-4-W无掘进，相对应的，3-P-W同样无微震事件发生，而3-4-W掘进时，3-P-W微震事件发生区域与3-4-W基本对应，如图4.6-10和图4.6-11所示。

（3）能量指数和累积视体积的时域演化。2011年4月9—15日，3-4-W和3-P-W的能量指数出现阶段性突降，累积视体积出现阶段性突升，在此期间连续6天预报该区域又发生岩爆的风险，2011年4月16日3-4-W底板隆起和3-P-W发生了中等岩爆。

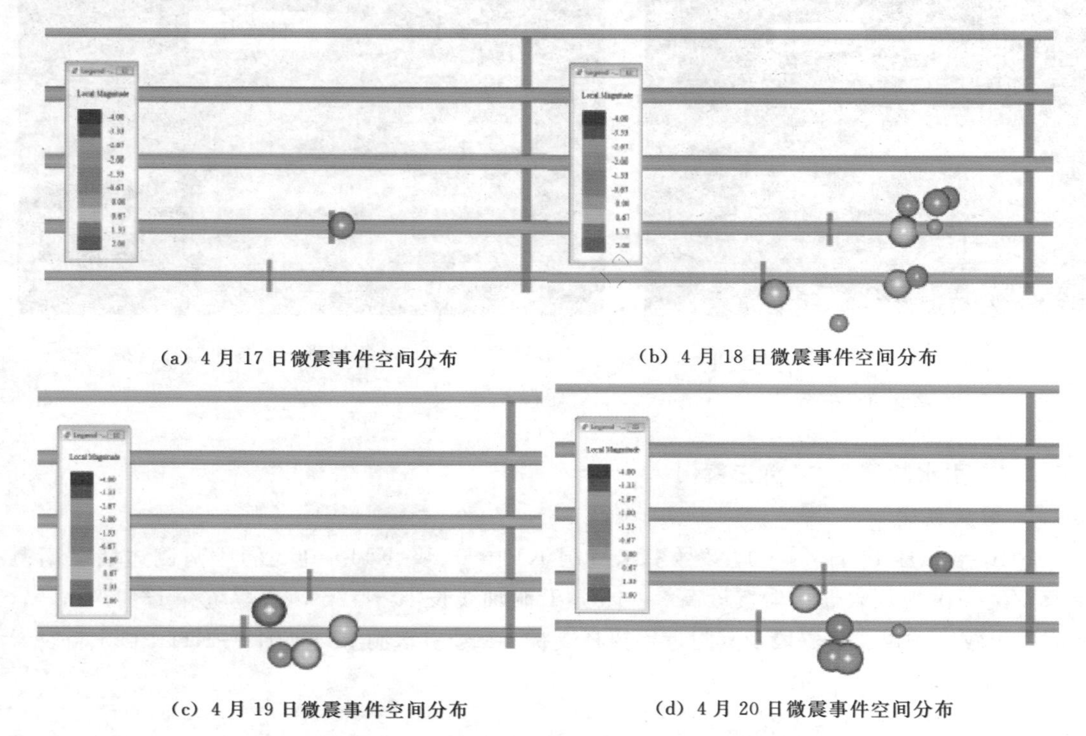

(a) 4月17日微震事件空间分布

(b) 4月18日微震事件空间分布

(c) 4月19日微震事件空间分布

(d) 4月20日微震事件空间分布

图4.6-10 3-4-W和3-P-W岩爆后微震事件的空间演化

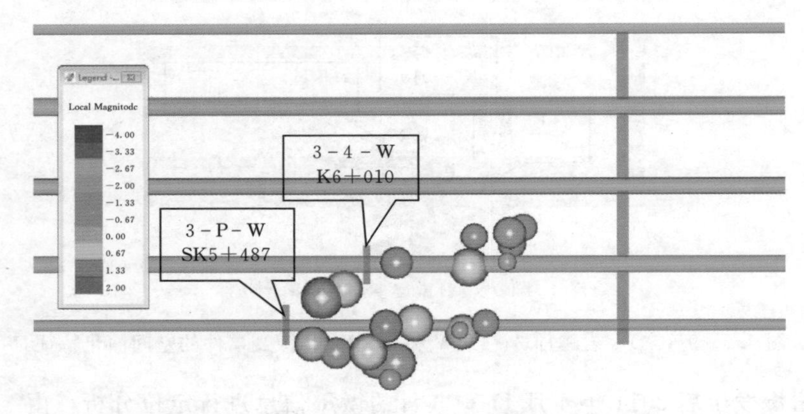

图 4.6-11 3-4-W 和 3-P-W 累积微震事件示意图
(2011 年 4 月 17 日 8:00—4 月 21 日 8:00)

5. 现场支护情况

3-4-W 岩爆发生区域现场支护情况如图 4.6-12 所示，喷混凝土＋系统锚杆支护。

3-P-W 岩爆发生区域现场支护情况如图 4.6-13 所示，喷混凝土＋随机锚杆支护，无系统支护。

图 4.6-12 3-4-W 岩爆发生区域现场支护情况

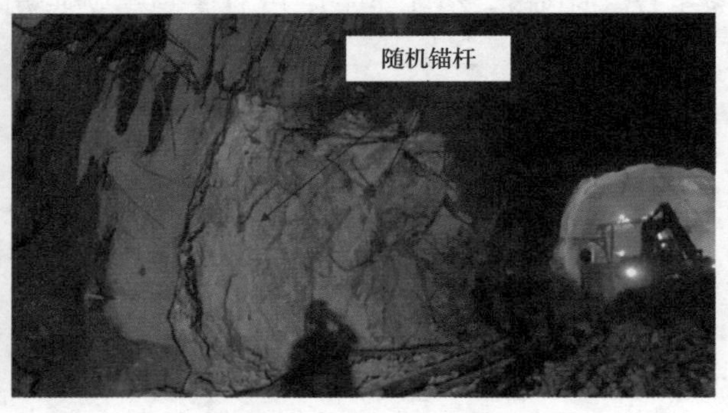

图 4.6-13 喷混凝土＋随机锚杆支护

4.6.2.2 引水隧洞 TBM 施工案例

1. 岩爆描述

2010 年 6 月 10 日 4:00，3 号引水隧洞 K11＋045～K11＋055 洞段南侧边墙至南侧拱肩发生一次强烈岩爆。岩爆段高 2～4m，沿洞轴线长 10～12m，岩爆坑深 1～1.2m，岩爆时发出较大响声。岩爆段及其附近用锚杆支护。3 号引水洞 K11＋045～K11＋055 洞段岩爆情况如图 4.6-14 所示。

2. 岩爆段微震信息及预测

微震事件随时间演化规律如图 4.6-15 所示，微震事件空间分布规律如图 4.6-16 所示。从图 4.6－15 和图 4.6－16 可以看出，2010 年 6 月 6—9 日，微震事件数持续增加，由 6 个增加到 37 个，且事件高度集中在洞段附近，部分震级较大（当地震级 0 级以上）。累积视体积及能量指数随时间演化规律如图 4.6－17 所示，从中看出累积视体积有突升、能量指数有下降的规律，暗示着岩体趋于不稳定发展状态。累积视体积及能量指数分布云图如图 4.6－18 所示，从图中看出应力与变形的高度集中。据此，2010 年 6 月8—11 日连续预测轻微至中等岩爆、中等至强岩爆的风险，现场反馈，岩爆预测结果与实际岩爆基本吻合。

图 4.6－14　3 号引水隧洞 K11＋045～K11＋055 洞段岩爆情况

3. 岩爆风险规避建议

对于微震活动活跃的高岩爆风险区域，建议现场及时加厚钢纤维混凝土喷层的厚度封闭裸露工作面，同时加强随机支护的强度，系统支护跟进掌子面，现场施工人员注意安全。现场应尽量根据微震监测建议有效的降低或避免岩爆风险，最大限度地降低因岩爆而造成的工程损失。

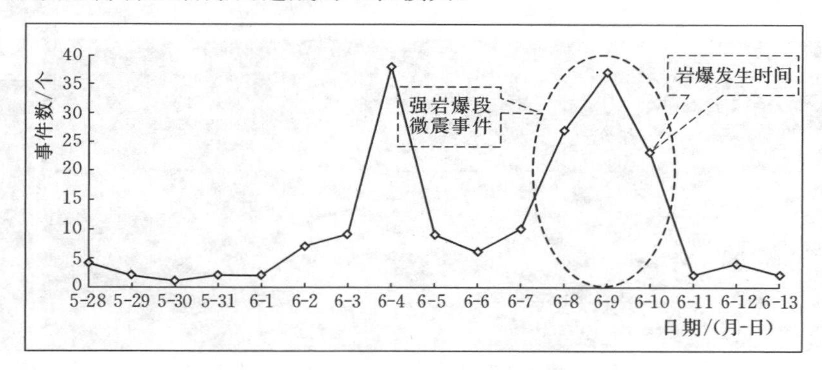

图 4.6－15　微震事件随时间演化规律

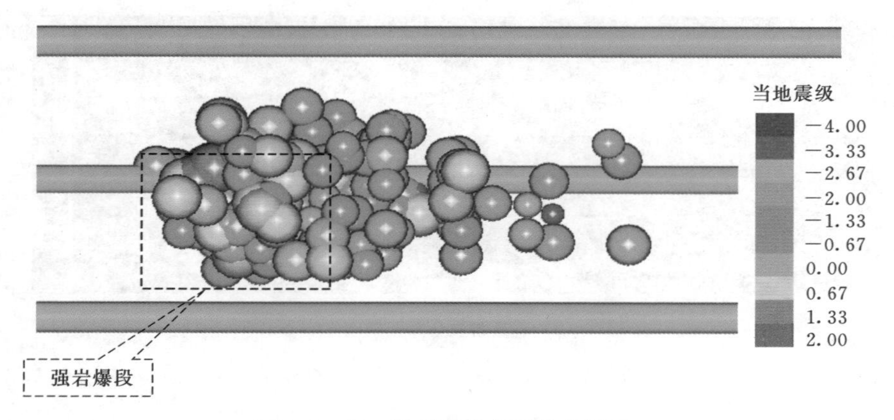

图 4.6－16　微震事件空间分布规律

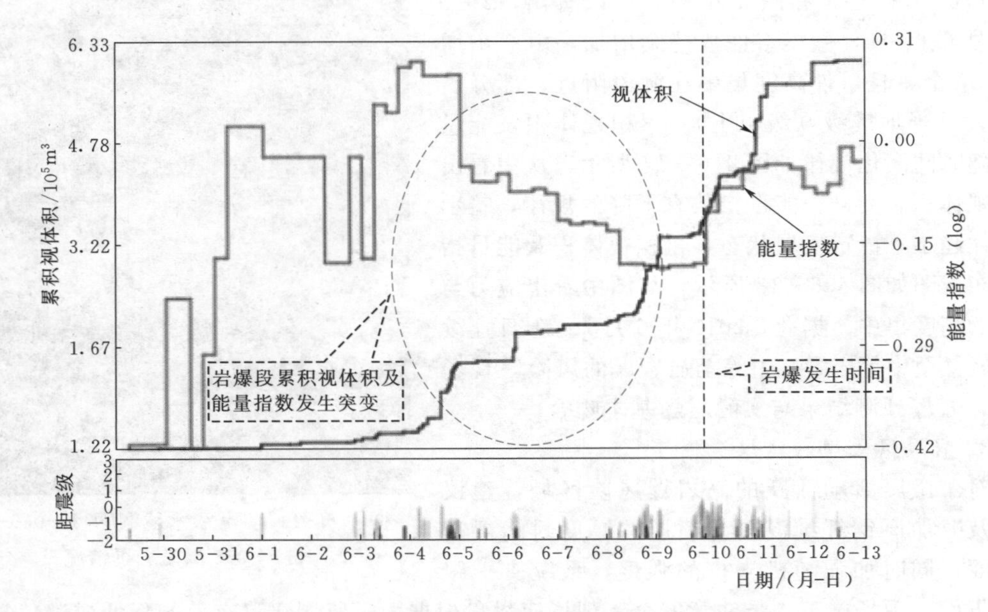

图 4.6-17 累积视体积及能量指数随时间演化规律

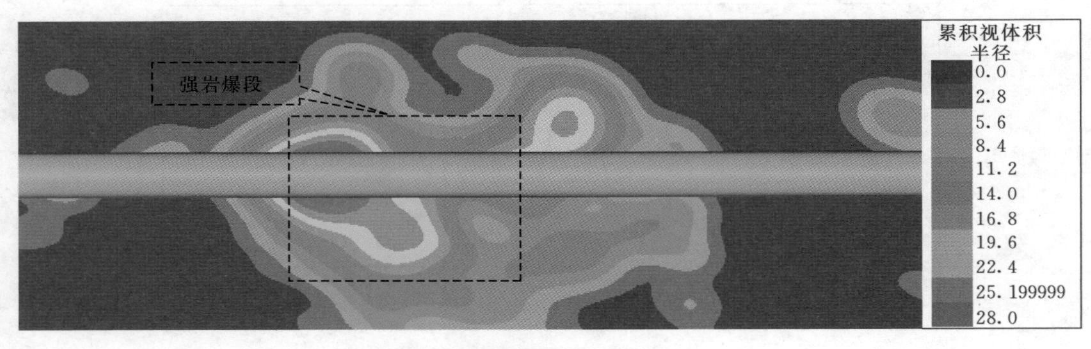

(a) 累积视体积分布云图

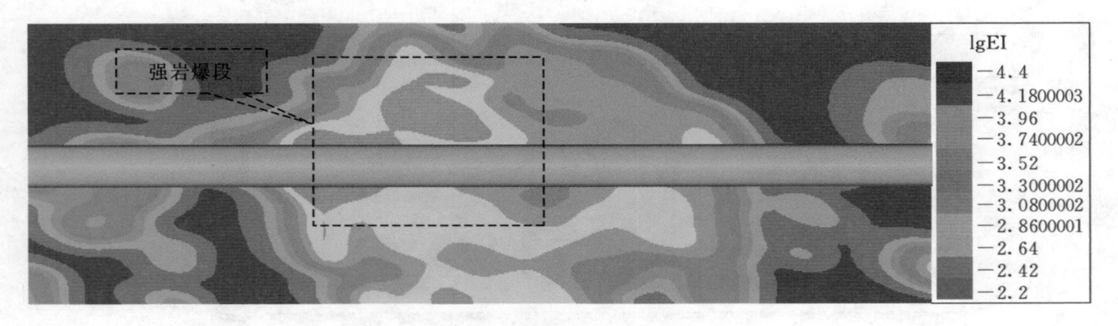

(b) 能量指数分布云图

图 4.6-18 累积视体积及能量指数分布云图

4.6.2.3 排水洞 TBM 施工案例

2009 年 11 月，排水洞发生了极强烈的岩爆，现将岩爆过程及微震情况说明如下。

4.6.2.3.1 第一次岩爆

1. *岩爆描述*

当排水洞施工人员处理完 2009 年 10 月 9 日的岩爆后，TBM 开始继续掘进，在恢复掘进向前开挖仅 4m 后，又遇到岩爆并导致 TBM 再次卡机。此次岩爆卡机是由大小两次岩爆共同作用而引起的。11 月 6 日 17：52，SK9＋292.2 发生岩爆，岩爆导致 TBM 中心线再次出现偏移现象，其中水平为 13.4mm，高差为 8.9mm。11 月 7 日 3：09 刀盘内部、护盾内侧发生岩爆，导致 TBM 左侧锚杆钻机减速器及刹车等损坏，同时 TBM 再次卡机。

2. *岩爆段微震信息及预测*

2009 年 11 月 2—8 日微震监测数据如图 4.6－19 所示。

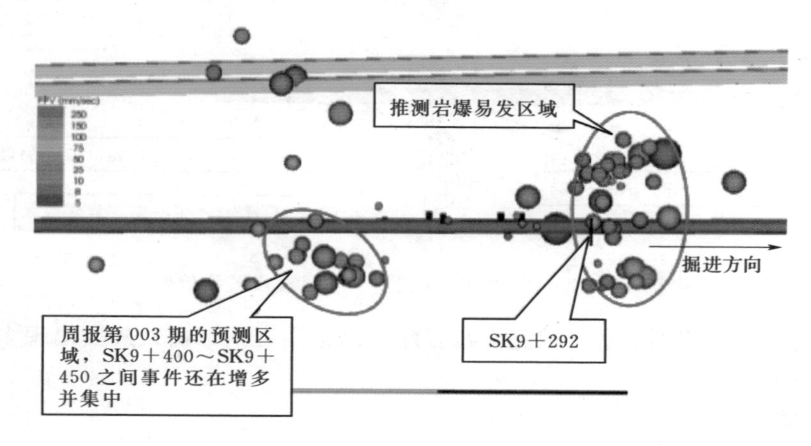

图 4.6－19　2009 年 11 月 2—8 日微震监测数据

根据微震监测数据，微震事件在 SK9＋300～SK9＋240 洞段明显集中且位于排水洞上部较近的区域，推测该范围有发生中等偏强岩爆和多次小岩爆的可能性，并有可能诱发较大区域整体破坏。

由于此次岩爆前近 1 个月并未出现明显前兆，而且从监测数据看，这两次岩爆声响相比 2009 年 10 月 9 日极强岩爆清晰而巨大岩爆声响，非常不明显，因此初步判定这两次岩爆主要是 2009 年 10 月 9 日极强岩爆时已经产生微破坏但并未出现塌方的岩体，由于掘进扰动，小岩爆诱发了整体塌方。

4.6.2.3.2 第二次岩爆

1. *岩爆描述*

施工人员处理完 11 月 6、7 日的岩爆后 TBM 开始掘进，恢复掘进向前开挖不到 4m，再次发生岩爆并导致 TBM 再次卡机。导致卡机的岩爆分别发生于 2009 年 11 月 15 日 18：10 和 17：01，位于 SK9＋288 和 SK9＋292 处，岩爆伴随巨大声响，发生部位分别在 7 点至 3 点和 12 点至 4 点，最深爆坑在 2 点半至 3 点位置，深约 3m。历经数次岩爆 TBM 中心线产生的累积位移，水平达到 19.8mm，高差为 18.4mm。此次岩爆导致右侧钻机油管被砸断，TBM 再次卡机。

2. 岩爆段微震信息及预测

2009 年 11 月 9—15 日微震监测数据如图 4.6-20 所示，由此看出，微震事件在 SK9＋295～SK9＋270 内继续增加并集中且位于排水洞四周，推测该区域还将发生中等偏强岩爆和多次小岩爆，并有可能诱发较大面积破坏。参照 2009 年 10 月 9 日极强岩爆前兆，该区域岩爆前兆较为明显，建议施工过程中适当加大钢拱架密度，减小较大面积破坏的可能性，降低破坏程度，并采取相应措施注意人员设备安全。

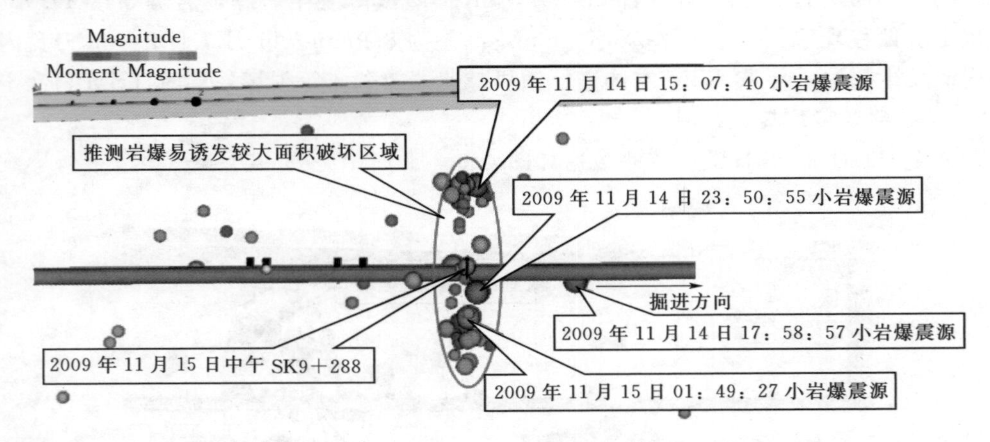

图 4.6-20　2009 年 11 月 9—15 日微震监测数据

显然，此次较强岩爆破坏区域完全在岩爆预测范围之内，而且确实出现多次小岩爆，与预测结果吻合。

4.6.2.3.3　第三次岩爆

1. 岩爆描述

施工人员处理完 2009 年 11 月 15 日发生的较强岩爆后，于 2009 年 11 月 19 日再次开始重新掘进，第一天进尺 1.3m，第二天和第三天进尺 1m 多，总共掘进不到 4m 后，21 日在掌子面及其后 5m 范围内，再次发生了较强岩爆，岩爆破坏区为 SK9＋284～SK9＋290，致使刀盘再次被卡。

2. 岩爆段微震信息及预测

2009 年 11 月 15—22 日微震监测数据如图 4.6-21 所示，微震事件在 SK9＋265～SK9＋285 内增加并集中且位于排水洞四周，推测该区域仍将发生中等偏强岩爆和小岩爆多次，并有可能诱发较大面积破坏（图 4.6-22 是 2009 年 11 月 1—22 日微震监数据，图 4.6-23 是 2009 年 10 月 9 日至 11 月 26 日微震事件密度等值云图，通过汇总相关数据可推测 SK9＋265～SK9＋295 均有潜在危险）。

2009 年 11 月 28 日凌晨，排水洞掌子面后 SK9＋283～SK9＋316 出现大面积整体破坏，岩爆塌方极其严重，图 4.6-24 为岩爆发生时的微震监测数据。现场岩爆情况如图 4.6-25 所示，爆坑深度达到 12m，属国内外十分罕见的极强岩爆，导致排水洞 TBM 已开挖洞段塌方数十米，后采取钻爆法新开挖一条绕行洞。

此次极强岩爆破坏区域完全在岩爆预测范围之内，而且除极强岩爆外还发生多次小岩爆，与预测结果吻合，但实际发生的岩爆强度较预测大。

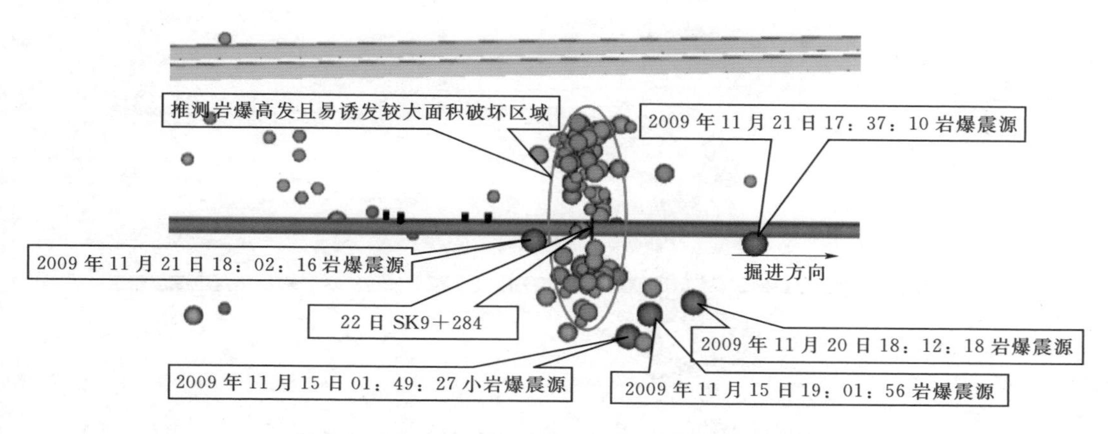

图 4.6－21　2009 年 11 月 15—22 日微震监测数据

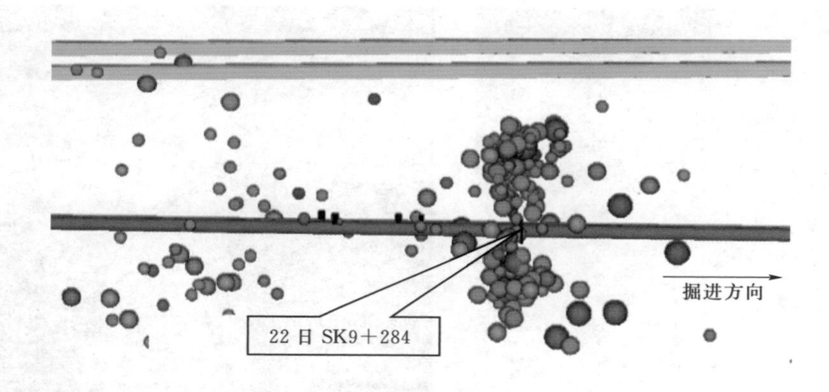

图 4.6－22　2009 年 11 月 1—22 日微震监测数据

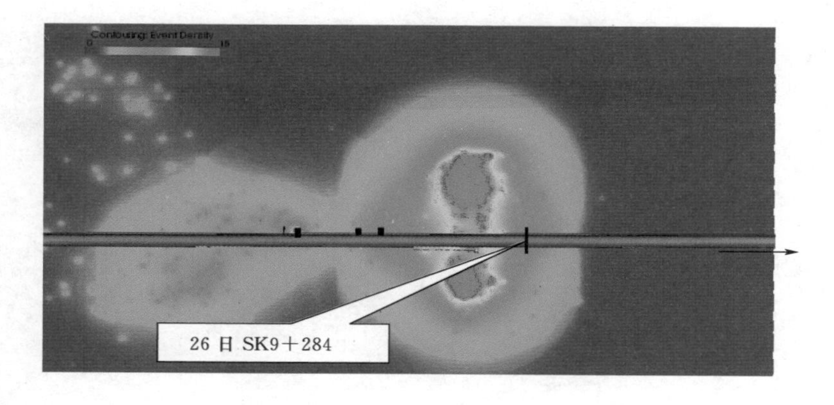

图 4.6－23　2009 年 10 月 9 日至 11 月 26 日
微震事件密度等值云图

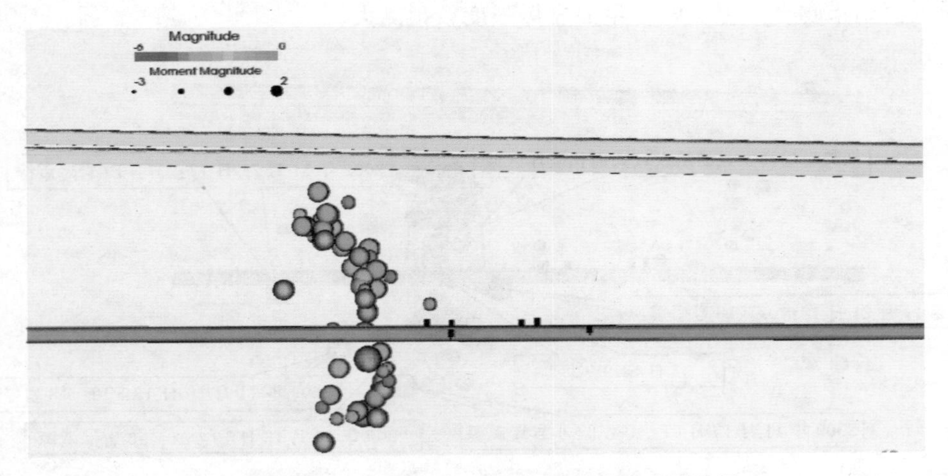

图 4.6-24　2009 年 11 月 28 日凌晨微震监测数据

图 4.6-25　2009 年 11 月 28 日强烈岩爆现场情况

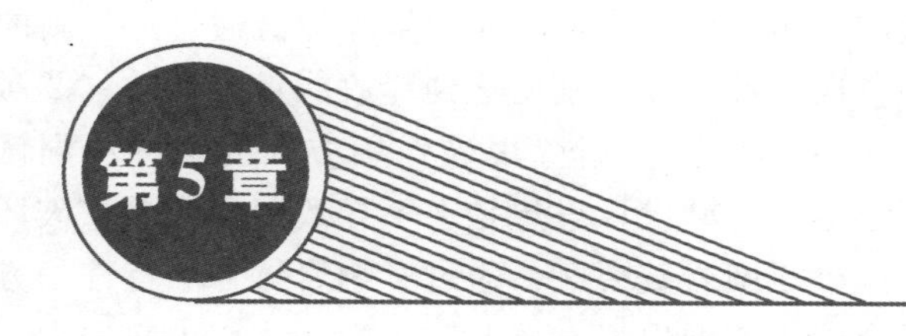

应力解除爆破技术

岩爆灾害的防治，是一个众所周知的世界性难题。至今为止，虽然取得了令人欣喜的成果，但远未做到及时精确的防治。基于对隧洞岩爆机理和控制因素的认识，高应力是岩爆的首要控制因素，首先要处理高应力问题。该问题的处理策略就是降低围岩的储能能力，使得高应力向内部围压高的岩体转移，从而降低高能量冲击的可能性，减少开挖区近区内围岩的应力集中和能量积聚，提高岩体变形能力而消耗围岩释放的应变能。应力解除爆破就是基于该思路的一种主动岩爆防治技术。本章主要从应力解除爆破的发展历程、工程经验、原理和实施方案等方面对该方法进行详细的阐述、综合理论分析、数值计算试验成果分析，比较不同应力解除爆破方案下的应用效果，并提出这些方案的适用范围。

5.1　应力解除爆破技术发展历程及工程经验

应力解除爆破技术（destress blasting）最早出现在20世纪50年代南非深埋矿山实践中，自该技术出现以来，关于其效果一直存在不同的评价。目前世界上还没有形成应力解除爆破设计和实施的标准化方法，仍然需要针对具体工程因地制宜，不断纠正和完善。1951年，为帮助控制深埋矿山开采过程的岩爆问题，南非在东兰德专有矿山（ERPM矿区）的数座矿山开始进行应力解除爆破试验工作，基本方法是在掌子面前方钻3m深的钻孔进行开挖前的预先爆破。1957年，Roux等人首次发表了试验工作的相关成果。当时认为该技术起到了很好的效果，与历史统计结果相比，降低了35%的岩爆，特别是强岩爆减少了77%。应力解除爆破的另一项贡献是调整了岩爆发生的时间，采用应力解除爆破以后，92%的岩爆发生在非人员作业时间（伴随爆破发生）。然而，这一成果也引起了争议。1966年，南非著名岩石力学专家Cook不认同应力解除爆破方法，由此导致应力解除爆破技术在南非被尘封。不过，由于20世纪五六十年代南非的岩爆问题研究和工程实践处于世界前列，这一技术在其他国家产生了影响。就在应力解除爆破技术在南非被尘封的20世纪60年代，加拿大Creighton矿山实践中把应力解除爆破纳入到了巷道开挖的作业程序中，成为开挖爆破中的一个环节。

由于岩爆类型多样化和岩爆机理的复杂性，迄今为止还没有对应力解除爆破的作用机理形成全面和明确的认识，应力解除爆破的作用被概括为：①应力解除爆破通过产生新的裂纹和导致破裂面滑移的方式增强岩体的各向异性和降低刚度达到释放能量的目的；②激发岩体内结构面的滑移变形而释放能量。正是关于应力解除爆破作用方式的两种不同认识，应力解除爆破设计思想也相应受到了影响，一种设计思想是在不导致围岩的严重破坏增加支护的前提下尽可能增加爆破强度，以形成围岩破裂区，通过影响岩体力学特性的方式实现岩爆控制。显然，这种思想特别适合于应变型岩爆，瑞典和美国一些矿山实践中采用了这种设计思想，并观察到应力解除爆破孔之间新产生的裂纹。应力解除爆破的另一种设计思想是希望导致结构面的扩展或滑移错动，这种条件下的设计注意到了对断裂型岩爆的控制难度更大，效果的不确定性也更大。1988年，在断裂型岩爆被人们所认识和关注以后，Brummer和Rorke首次在南非采用应力解除法对诱震断裂进行预爆破，通过人工诱发滑移的方式可控性地导致微震的发生，实现岩爆控制的目的。1997年，Toper等人报道了南非在地表以下2600m深度处开展的应力解除爆破的试验工作，除观察到原有裂纹状态的变化外，地质雷达监测结果显示38mm的单个应力解除爆破孔的影响半径大约为1.5m。鉴于这些试验成果，Toper等人并不建议采取大药量的爆破方式，而是相对较少的装药量使得爆破气体能顺结构面发生作用。

5.2 应力解除爆破法的基本原理

实践和研究发现岩爆的发生主要与隧洞开挖后洞边墙上切向应力大小有关，应力解除爆破方法就是通过降低洞边墙上的切向应力的幅值，达到岩爆防治的目的。

应力解除爆破防治岩爆的基本原理就是在围岩内部造成一个破碎带，形成一个低弹性区，从而使掌子面和隧洞周边应力降低，将周边应力转移到深部围岩。这种方法的具体措施是从掌子面或邻近掌子面的侧边墙，向前方钻超前斜孔，并在孔内爆破，形成一个与洞边墙有一定安全距离、一定厚度的人工破碎带，使原有应力集中部位的应力得以释放，减少岩爆发生的可能性。由于属于围岩内部爆破，除装药孔外，还需钻些非装药的空孔，才可形成破碎带。

根据炮孔深度的不同，应力解除爆破法可以分为超深孔应力解除爆破法、深孔应力解除爆破法和浅孔应力解除爆破法。根据炮孔的开孔位置和倾角，又可以分为掌子面直孔应力解除爆破法、掌子面斜孔应力解除爆破法、轮廓线斜孔应力解除爆破法、围岩内斜孔应力解除爆破法以及上述方法的组合。

5.2.1 掌子面直孔应力解除爆破法

掌子面直孔应力解除爆破法，是在掌子面，向掌子面推进的方向钻直孔，炮孔方向平行于隧洞轴线，炮孔的延伸深度必须超过下一次爆破循环，如图5.2-1所示。该方案的特点是，在开挖体中钻孔爆破，对围岩体的影响较小。

该方法是在掌子面钻直孔，应力解除爆破孔位于待开挖岩体中，对掌子面的应力解除

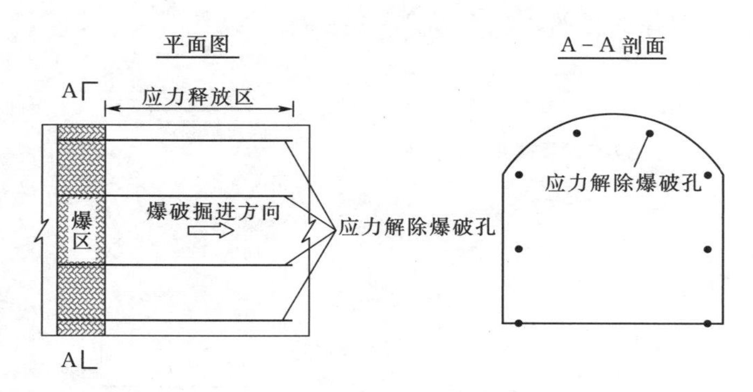

图 5.2－1　掌子面直孔应力解除爆破孔布置图

有较为明显的作用，但对围岩体中的应力集中情况改善有限。

5.2.2　掌子面斜孔应力解除爆破法

鉴于掌子面直孔应力解除爆破法只能解决掌子面的应力集中问题，为了克服这个缺陷，设计了掌子面斜孔应力解除爆破，该法的应力解除爆破孔倾斜进入围岩，对围岩的应力释放也有一定的作用。掌子面斜孔应力解除爆破法的开孔位置在掌子面上，炮孔向外侧倾斜，延伸入保留围岩，该方案分浅孔方案和深孔方案，其区别在于孔深不同，深孔覆盖的范围更大，如图 5.2－2 所示。

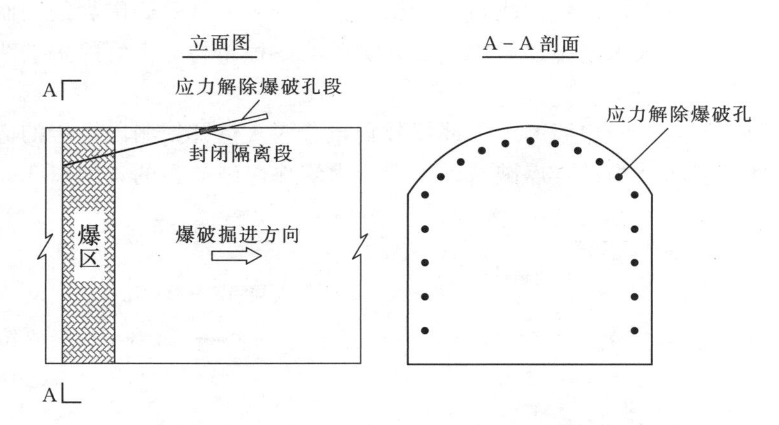

图 5.2－2　掌子面斜孔应力解除爆破孔布置图

掌子面斜孔应力解除爆破法的开孔位置在掌子面上，应力解除爆破孔向外侧倾斜，延伸入保留围岩，对下一开挖循环的应力释放及减少围岩的应力集中有一定的效果。但该方法钻孔工作量大，应力解除爆破孔均匀分布于掌子面，对本循环及下一循环的爆破会有一定的影响。

5.2.3　轮廓线斜孔应力解除爆破法

掌子面斜孔应力解除爆破法应力解除爆破孔伸入围岩较浅，对围岩的应力集中的改善效果有限，因此设计了轮廓线斜孔应力解除爆破方案，即在轮廓线钻斜孔，深入围岩，并通过爆破来达到应力解除的目的，如图 5.2-3 所示。

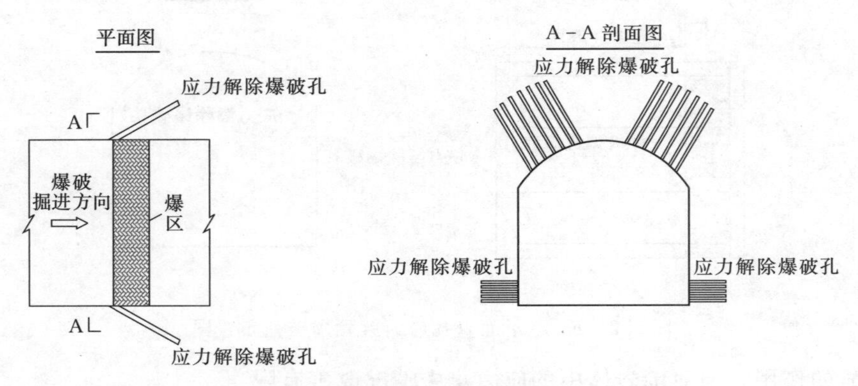

图 5.2-3　轮廓线斜孔应力解除爆破孔布置图

轮廓线斜孔应力解除爆破法一定程度上解决了应力解除爆破孔伸入围岩较浅的问题，提高了围岩内的高地应力释放效果。但该方法钻孔工作量很大，且要求孔要平行，角度控制要精准，此外在轮廓线钻孔，受围岩的约束影响，钻孔精度不容易控制。

5.2.4　围岩内斜孔应力解除爆破法

掌子面布置应力解除爆破孔，可以一定程度上解决掌子面上的岩爆问题，但对开挖成型后的围岩岩爆作用有限，而轮廓线斜孔法钻孔工作量大，且受到围岩的夹制作用，钻孔受限。因此，在锦屏二级水电站建设中提出并实践了一种新的应力解除爆破法，即围岩内斜孔应力解除爆破法。

该法是在洞室已开挖洞边墙的某一部位分别布置深入待开挖洞段围岩的应力解除爆破孔，并采用合理的装药结构进行爆破，以达到应力解除爆破的目的，如图 5.2-4 所示。

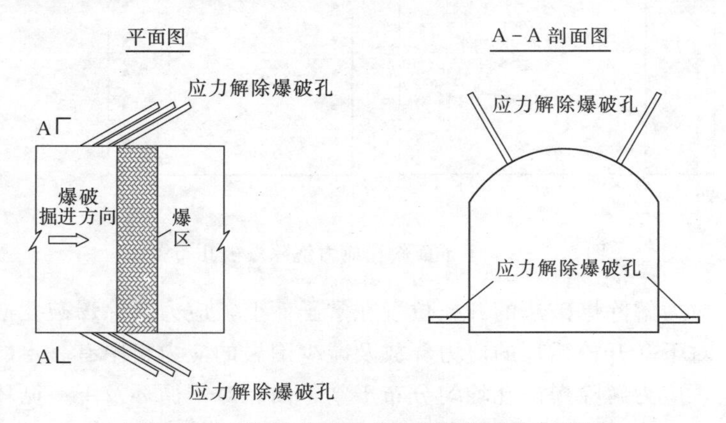

图 5.2-4　围岩内斜孔应力解除爆破孔布置图

围岩内斜孔应力解除爆破法的布孔及装药很关键，一方面需要达到对围岩及掌子面应力解除的目的；另一方面又要尽可能的方便施工，减小施工干扰。

应力解除爆破法，均需要根据工程的实际情况，并结合数值模拟和现场试验对应力解除爆破法的方案进行比选。

5.3 基于数值模拟的应力解除爆破法防治效果评价

5.3.1 FLAC3D 模拟方法

采用 FLAC3D 对应力解除爆破进行模拟。FLAC3D 是三维快速拉格朗日法（Three Dimensional Fast Larangian Analysis of Continua）的简写，它是一种基于三维显式有限差分法的数值计算方法，可以用来进行岩土或其他材料的三维力学行为的模拟。所谓的拉格朗日法就是先将计算的域划分成若干单元，在给定的边界条件下，每个单元都遵循指定的线性或非线性本构关系，当单元应力使得材料屈服或产生塑性流动，这个时候单元网格就随着材料的变形而出现变形。拉格朗日算法不仅可以对材料的屈服、塑性流动、软化直至大变形进行准确的模拟，而且在材料的弹塑性分析、大变形分析以及施工过程的模拟等领域也有它独到的优点。

FLAC3D 软件具有很强的计算分析功能，它在求解过程中使用了以下三种计算方法。

（1）离散模型方法。通过对三维连续介质的离散，使所有外力与内力集中于三维网络节点上，进而将连续介质运动定律转化为离散节点上的牛顿定律。

（2）有限差分方法。时间与空间的导数采用沿有限空间与时间间隔线性变化的有限差分来近似。

（3）动态松弛方法。将静力问题当作动力问题来求解，运动方程中惯性项用来作为达到所求静力平衡的一种手段。应用质点运动方程求解，通过阻尼使系统运动衰减至平衡状态。

FLAC3D 采用的破坏准则之一是张拉剪切组合的 Mohr - Coulomb 准则。

5.3.2 计算条件和材料参数

计算模型尺寸为 40m×40m×40m。其约束条件为：两侧边界水平方向约束，底部边界铅直方向约束，顶部为自由表面，上表面根据埋深增加围岩自重荷载。计算模型及网格划分如图 5.3-1 所示。地应力边界条件的施加如下。

第一主应力：与水平面成 83°倾角，63MPa。第二主应力：34MPa。第三主应力：沿洞轴线方向，26MPa。计算采用的岩体物理力学参数见表 5.3-1。岩石屈服服从 Mohr - Coulomb 准则。

表 5.3-1 岩体物理力学参数

材　料	密度 /(kg/m^3)	变形模量 /GPa	泊松比	黏聚力 /MPa	内摩擦角 (°)
岩石	2750	20	0.2	1	35
应力解除爆破孔作用后的区域	2000	2	0.4	0.1	25

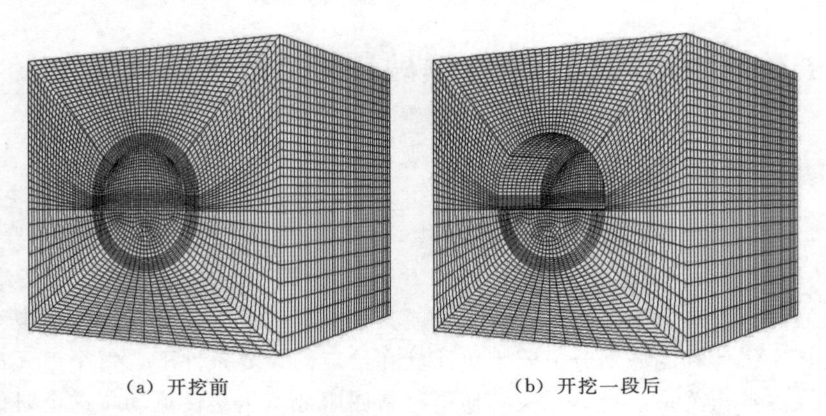

(a) 开挖前　　(b) 开挖一段后

图 5.3-1 计算模型及网格划分

5.3.3 计算方案

以锦屏二级水电站引水隧洞群开挖工程为例，根据现场条件，岩爆往往发生在洞室左下部（南拱脚）和右拱肩（北拱肩）。因此，重点针对围岩内斜孔应力解除爆破法，分别对三种应力解除爆破设计方案进行三维数值模拟分析。岩爆防治设计方案详解见表 5.3-2。

表 5.3-2 岩爆防治设计方案

方案名称	方案布置情况	备注
单排斜孔方案（右侧顶拱和左侧边墙底部）	在掌子面距开挖轮廓线 0～2m 的圆周上，在右侧顶拱和左侧边墙底部，布置与洞轴线呈 30°～36°夹角的超前应力解除爆破孔方案，单孔深 6m，孔径 50mm	初步设计的单孔装药量为 1.8kg，根据实际爆破效果，共进行三组不同药量的试验
单排斜孔方案（左右侧顶拱和左右侧边墙底部）	在掌子面距开挖轮廓线 0～2m 的圆周上，在左右两侧顶拱和左右两侧边墙底部，分别布置与洞轴线呈 30°～36°夹角的超前应力解除爆破孔方案，单孔深 6m，孔径 50mm	初步设计的单孔装药量为 1.8kg，根据实际爆破效果，共进行三组不同药量的试验
双排斜孔方案（右侧顶拱和左侧边墙底部）	在掌子面距开挖轮廓线 0～2m 的圆周上，右侧顶拱和左侧边墙底部，各布置两层爆破孔，布置与洞轴线呈 30°夹角的炮孔，中深孔孔深 6m，浅孔孔深 3m，孔径均为 50mm，各炮孔均布置在已开挖洞身边墙面	初步设计的单孔装药量为 2.2kg，根据实际爆破效果，共进行三组不同药量的试验

5.3.4 不同岩爆防治方案开挖后的数值模拟成果

针对表 5.3-2 中三种岩爆防治设计方案分别进行数值模拟计算，就三种不同岩爆防治方案开挖后的应力场和塑性区分布规律进行具体分析。

5.3.4.1 方案一：单排斜孔方案（右侧顶拱和左侧边墙底部）

1. 炮孔布置

方案一应力解除爆破孔布置如图 5.3-2 所示，在掌子面距开挖轮廓线 0～2m 的圆周上、右侧顶拱和左侧边墙底部，分别布置与洞轴线呈 30°～36°夹角的超前应力解除爆破孔，单孔深 6m，孔径 50mm。初步设计的单孔装药量为 1.8kg，根据实际爆破效果，共进行三组不同药量的计算。

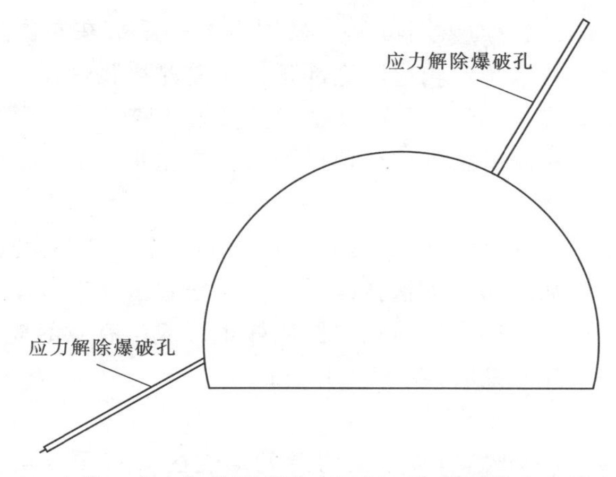

图 5.3-2　方案一应力解除爆破孔布置图（右侧顶拱和左侧边墙底部）

2. 应力场分布规律

图 5.3-3 和图 5.3-4 分别为采用方案一开挖后的最大主应力和最小主应力云图（图中应力以拉为正，压为负，单位为 MPa，下同）。

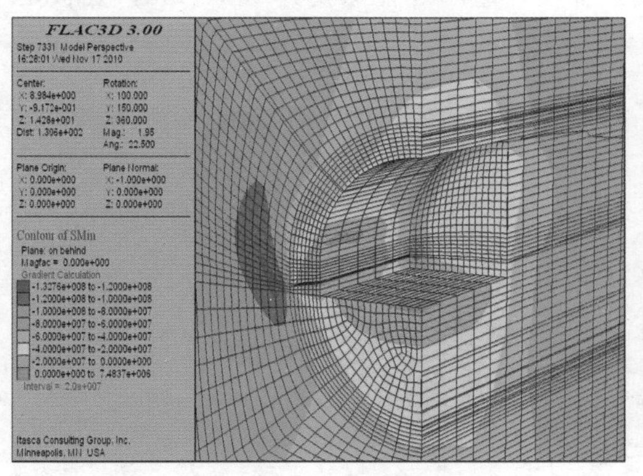

（a）左视图

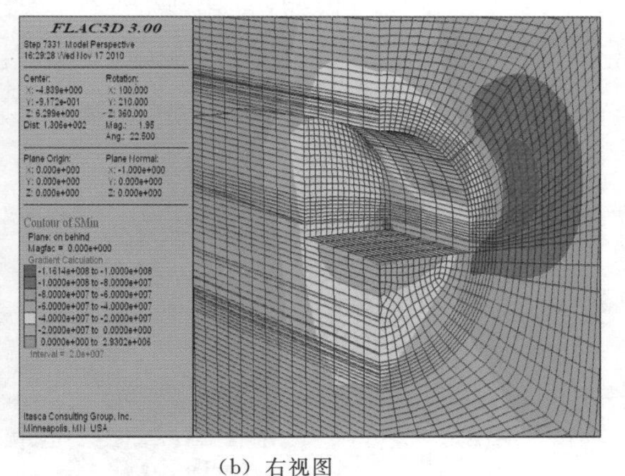

（b）右视图

图 5.3-3　采用方案一开挖后的最大主应力云图

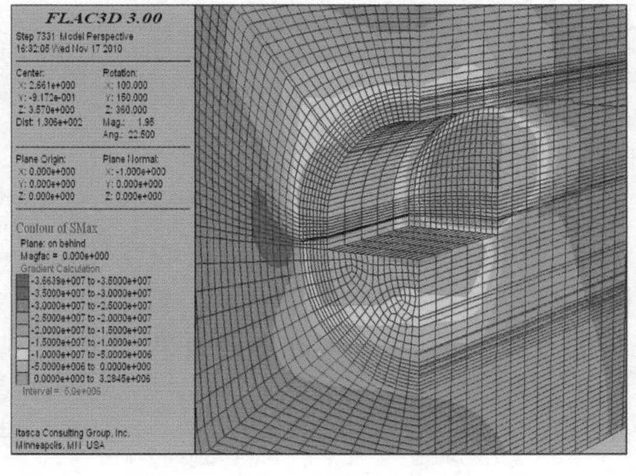

（a）左视图

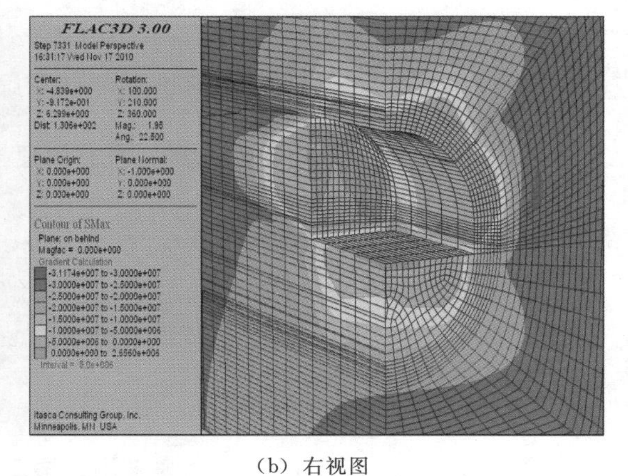

（b）右视图

图 5.3-4　采用方案一开挖后的最小主应力云图

（1）从图5.3-3最大主应力云图可见，采用方案一后，在左侧边墙爆破孔周围形成了有效的应力松弛区，松弛区从左侧边墙底部延伸至左侧拱腰部位，应力集中部位从轮廓线附近转移至离边墙轮廓线3.5m左右的深部。在右侧拱肩爆破孔周围同样也形成了有效的应力松弛区，松弛区从右侧拱腰延伸至顶拱附近，应力集中部位从轮廓线附近转移至离边墙轮廓线4m左右。

（2）从图5.3-4最小主应力云图可见，采用方案一后，在左侧边墙爆破孔周围形成了有效的应力松弛区，松弛区与底板松弛区贯通，且松弛区深度较不采取应力解除爆破孔开挖时增加1.5～2m；在右侧拱肩爆破孔周围同样也形成了有效的应力松弛区，松弛区深度较不采取应力解除爆破孔开挖时增加1～1.5m。

3. 塑性区分布规律

图5.3-5为采用方案一开挖后掌子面附近的塑性区分布图，从图中可以看出：塑性区主要集中在应力解除爆破孔周围，两侧边墙主要以压剪屈服为主，底板以拉伸屈服为主。压剪屈服区主要分布在两侧边墙底部至拱肩部位，延伸深度为3.5～4.5m；左侧底板处压剪屈服区分布多于右侧底板处，向下延伸深度为3～4m。拉伸屈服区主要分布在底板、左侧边墙底部至拱腰、右侧拱腰至右侧顶拱部位，边墙延伸深度为1.5～2m，底板延伸深度为1.5～2.5m。

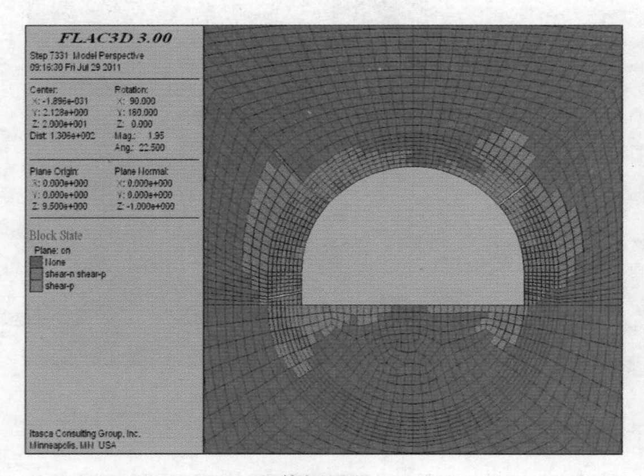

（a）剪切屈服

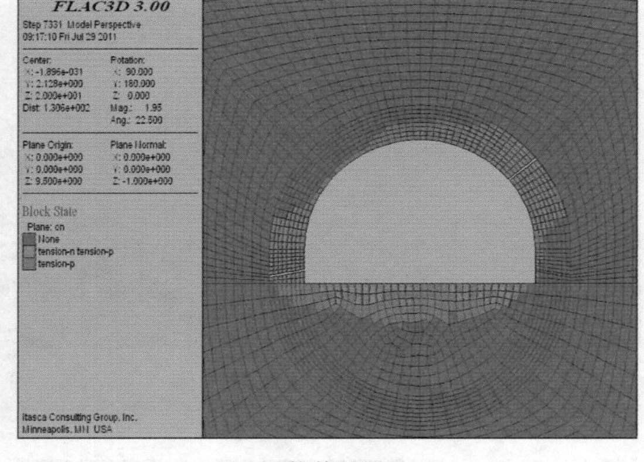

（b）拉伸屈服

图5.3-5 采用方案一开挖后掌子面附近的塑性区分布图

5.3.4.2 方案二：单排斜孔方案（左右侧顶拱和左右侧边墙底部）

1. 炮孔布置

在掌子面距开挖轮廓线0～2m的圆周上，在左右两侧顶拱和左右两侧边墙底部，分别布置与洞轴线呈30°～36°夹角的超前应力解除爆破孔方案（简称方案二），单孔深6m，孔径50mm，见图5.3-6。初步设计的单孔装药量为1.8kg，根据实际爆破效果，共进行三组不同药量的计算。

2. 应力场分布规律

图5.3-7和图5.3-8分别为采用方案二开挖后最大主应力和最小主应力云图。

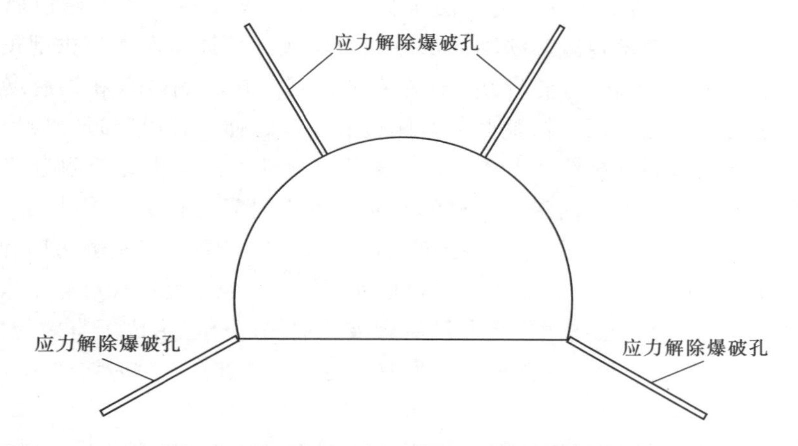

图 5.3-6 方案二应力解除爆破孔布置图（左右侧顶拱和左右侧边墙底部）

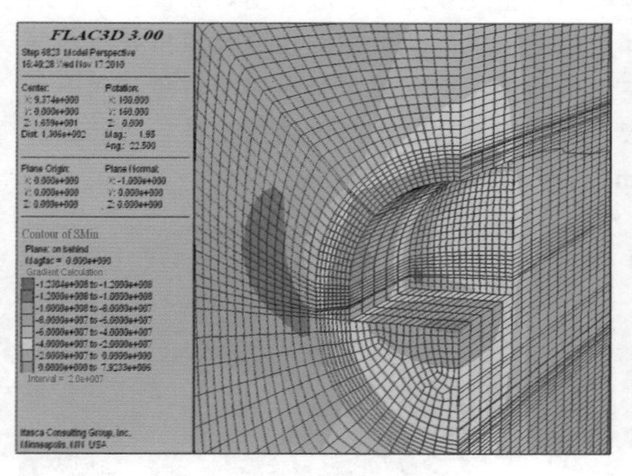

(a) 左视图

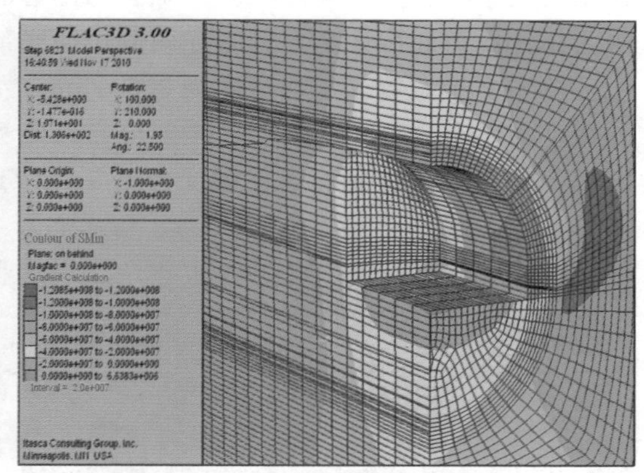

(b) 右视图

图 5.3-7 采用方案二开挖后最大主应力云图

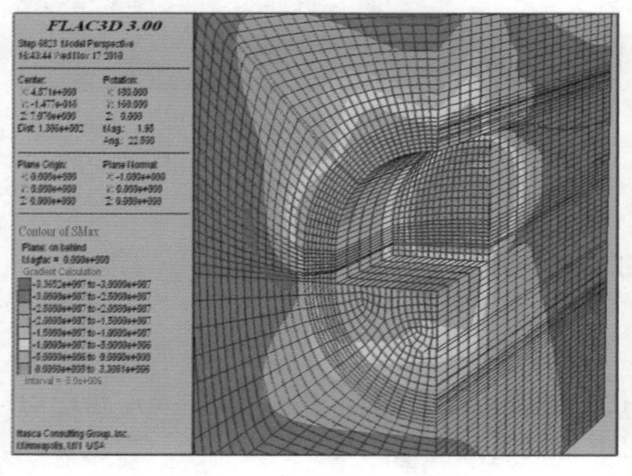

(a) 左视图

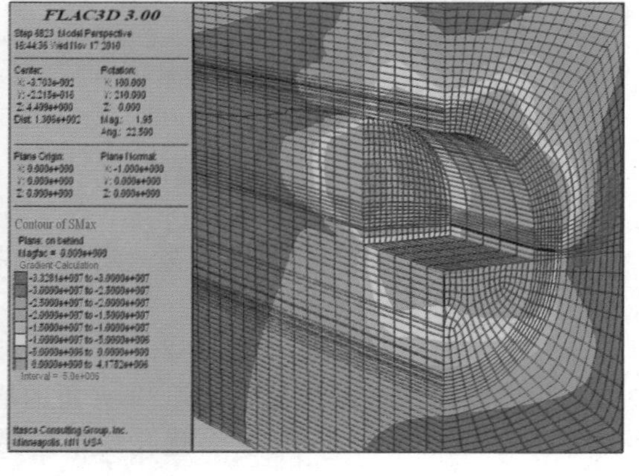

(b) 右视图

图 5.3-8 采用方案二开挖后最小主应力云图

（1）从图5.3-7中的最大主应力云图可见，采用方案二后，在左侧边墙和拱肩爆破孔周围形成了有效的应力松弛区，松弛区从左侧边墙底部延伸至左侧顶拱部位，应力集中部位从轮廓线附近转移至离边墙轮廓线4m左右的深部；在右侧边墙和拱肩爆破孔周围同样也形成了有效的应力松弛区，松弛区从右侧边墙底部延伸至顶拱附近，应力集中部位从轮廓线附近转移至离边墙轮廓线4.5m左右的深部。此外，开挖轮廓线附近应力松弛区环向贯通，原有应力集中区域在向深部转移的同时应力集中范围有了显著减小。

（2）从图5.3-8中的最小主应力云图可见，采用方案二后，在左侧边墙和拱肩爆破孔周围形成了有效的应力松弛区，松弛区与底板松弛区贯通，且松弛区深度较不采取应力解除爆破孔开挖时增加2～3m。在右侧边墙和拱肩爆破孔周围同样也形成了有效的应力松弛区，松弛区与底板松弛区贯通，松弛区深度较不采取应力解除爆破孔开挖时增加1.5～2.5m。

3. 塑性区分布规律

图5.3-9为采用方案二开挖后掌子面附近的塑性区分布图，从图中可以看出，塑性区主要集中在应力解除爆破孔周围，两侧边墙及顶拱主要以压剪屈服为主，底板以拉伸屈服为主。压剪屈服区主要分布在两侧边墙底部至两侧顶拱部位，左侧边墙及顶拱处压剪屈服区分布多于右侧，延伸深度为3.5～5m；左侧底板处压剪屈服区分布多于右侧，向下延伸深度为3～4m。拉伸屈服区主要分布在底板、左侧边墙底部至两侧顶拱部位，边墙延伸深度为1.5～2m，底板延伸深度为1.5～2.5m。

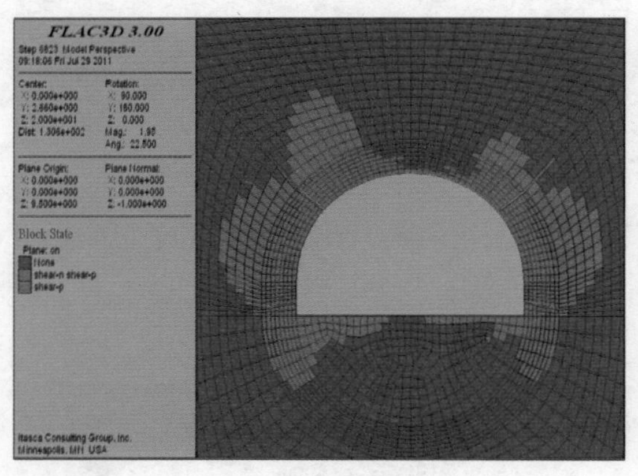

（a）剪切屈服

（b）拉伸屈服

图5.3-9　采用方案二开挖后掌子面附近的塑性区分布图

5.3.4.3　方案三：双排斜孔方案（右侧顶拱和左侧边墙底部）

1. 炮孔布置

在掌子面距开挖轮廓线0～2m的圆周上，右侧顶拱和左侧边墙下部，各布置两层应力解除爆破孔，布置与洞轴线呈30°夹角的炮孔，中深孔孔深6m，浅孔孔深3m，孔距均为40cm，孔径均为50mm，各炮孔均布置在已开挖洞身边墙面，见图5.3-10。初步设计的单孔装药量为2.2kg，根据实际爆破效果，共进行三组不同药量的计算。

2. 应力场分布规律

图5.3-11和图5.3-12分别为采用方案三开挖后最大主应力和最小主应力云图。

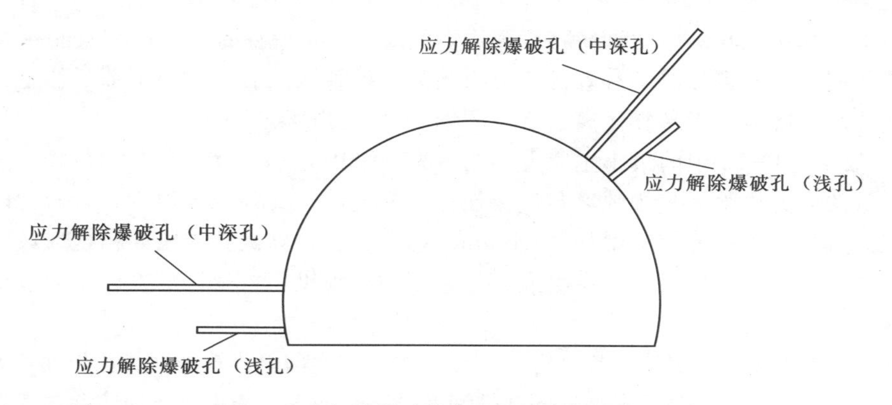

图 5.3－10　方案三应力解除爆破孔布置图（右侧顶拱和左侧边墙底部）

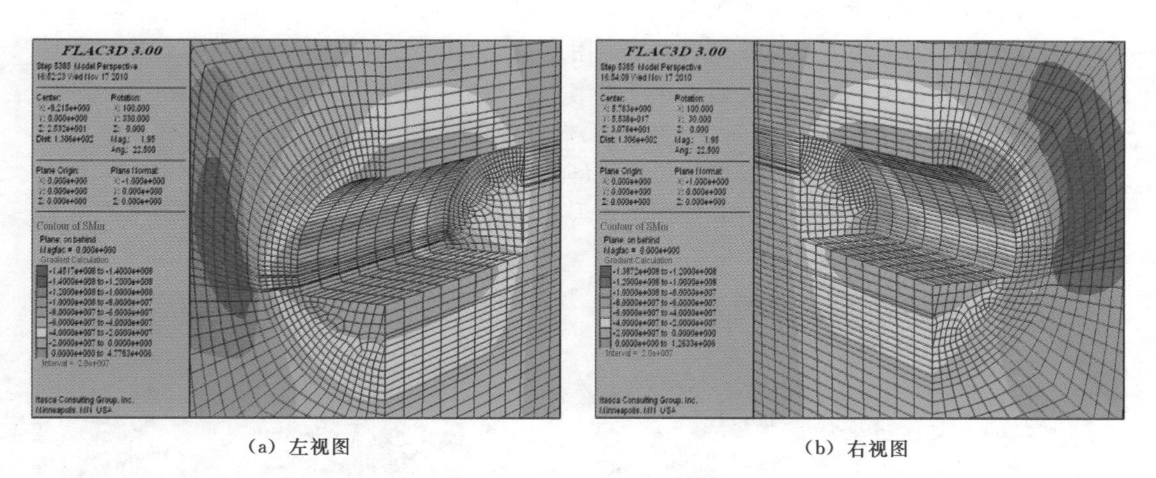

(a) 左视图　　(b) 右视图

图 5.3－11　采用方案三开挖后最大主应力云图

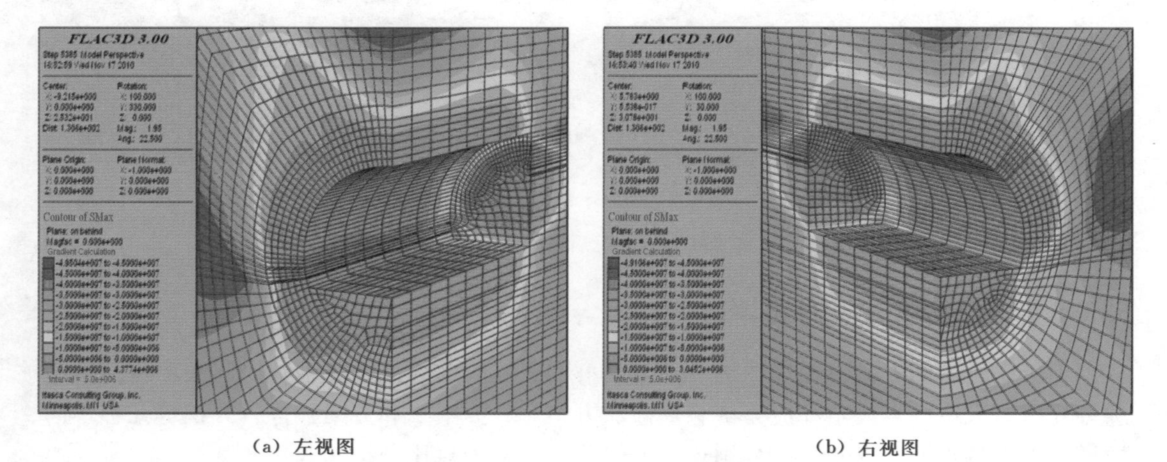

(a) 左视图　　(b) 右视图

图 5.3－12　采用方案三开挖后的最小主应力云图

（1）从图 5.3－11 中的最大主应力云图可见，采用方案三后，在左侧边墙爆破孔周围以及顶拱中部附近形成了有效的应力松弛区，松弛区从左侧边墙底部延伸至左侧拱腰上部，应力集中部位从轮廓线附近转移至离边墙轮廓线5m左右的深部；在右侧拱腰下部和拱肩爆破孔周围同样也形成了有效的应力松弛区，松弛区从右侧拱腰下部延伸至顶拱，应力集中部位从轮廓线附近转移至离边墙轮廓线5m左右的深部。

(2) 从图5.3-12中的最小主应力云图可见，采用方案三后，在左侧边墙爆破孔周围形成了有效的应力松弛区，松弛区与底板松弛区贯通，一直延伸至顶拱，且松弛区深度较不采取应力解除爆破孔开挖时增加3～4.5m。在右侧边墙爆破孔周围同样也形成了有效的应力松弛区，松弛区与底板松弛区贯通，一直延伸至顶拱，松弛区深度较不采取应力解除爆破孔开挖时增加2.5～4m。

根据该方案的最大、最小主应力分布图可知，该方案与单排孔方案相比较而言，将应力集中区从开挖轮廓线附近转移至围岩深部的深度进一步加大，能更有效地防治岩爆发生。

3. 塑性区分布规律

图5.3-13为采用方案三开挖后掌子面附近的塑性区分布图。从图中可以看出，剪切屈服区分布在开挖轮廓线周围，边墙及顶拱部位分布多于底板处，边墙延伸深度为4.5～6m，左侧顶拱最大延伸深度为8.5～9m，底板延伸深度为2.5～3.5m。拉伸屈服区主要分布在应力解除爆破孔周围，左侧从边墙底部延伸至拱腰部位，延伸深度为1.5～2m，右侧从拱腰延伸至右侧顶拱部位，延伸深度为1.5～2m，底板的拉伸屈服区主要分布在底板中部，延伸深度为2～2.5m。

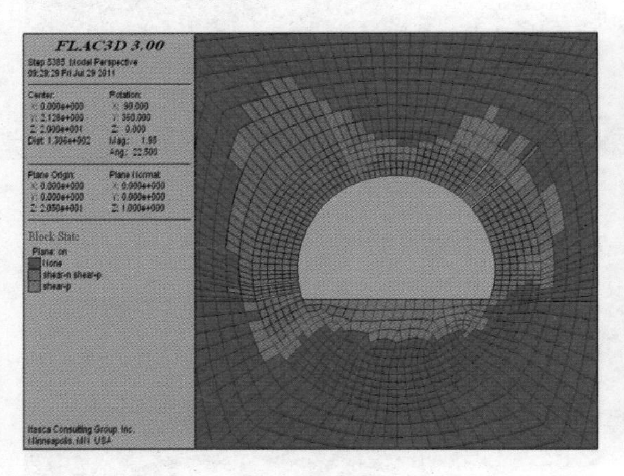

(a) 剪切屈服

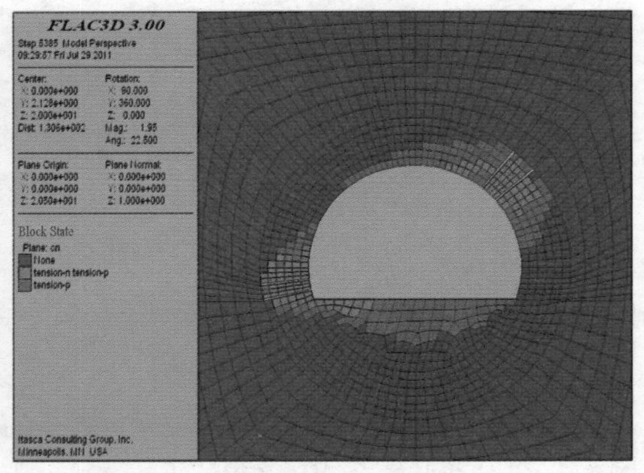

(b) 拉伸屈服

图5.3-13 采用方案三开挖后掌子面附近的塑性区分布图

5.3.5 岩爆防治效果对比评价

为了比较不同方案下锦屏二级引水隧洞群的岩爆防治效果，分别针对不采取任何措施进行开挖，采取围岩内斜孔应力解除爆破法方案一、方案二和方案三进行开挖等几种不同情形，采用拉森斯岩爆判别法分别进行岩爆防治效果的对比分析。

5.3.5.1 不同方案下岩爆防治效果评价

拉森斯岩爆判别法是根据洞室的最大切向应力σ_θ与岩石点荷载强度I_S的关系，建立岩爆烈度关系图。把点荷载强度I_S换算成岩石的单轴抗压强度σ_c，并根据岩爆烈度关系图判别是否有岩爆发生。其判别关系如下：

$$\sigma_\theta/\sigma_c<0.20，无岩爆$$

$$0.20\leqslant\sigma_\theta/\sigma_c<0.30，弱岩爆$$

$$0.30\leqslant\sigma_\theta/\sigma_c<0.55，中岩爆$$

$$\sigma_\theta/\sigma_c\geqslant0.55，强岩爆$$

从图 5.3-14～图 5.3-17 可以看出，在不采取任何措施开挖状态下，开挖轮廓线附近发生岩爆的可能性非常大，特别是在右侧顶拱及左侧边墙底部，拉森斯岩爆判别系数分别达到了 0.6 和 1.1，均有发生强烈岩爆的可能。其他部位如顶拱中部及左侧拉森斯岩爆判别系数也达到了 0.5，有发生中等岩爆的可能。在采用方案一开挖状态下，右侧顶拱及左侧边墙底部的拉森斯岩爆判别系数分别降为 0.2 和 0.3，顶拱中部及左侧拉森斯岩爆判

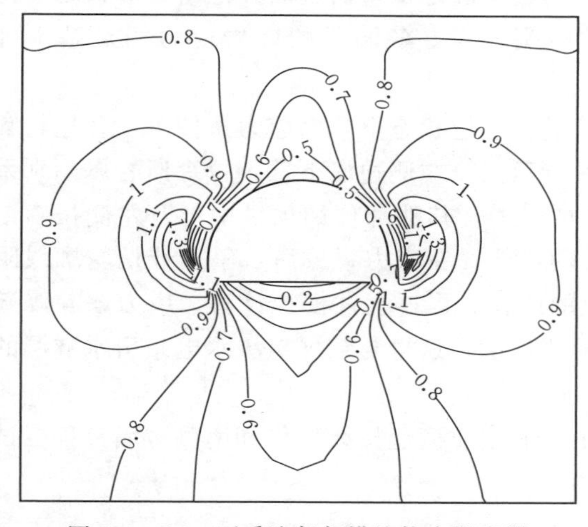

图 5.3-14　不采取任何措施拉森斯岩爆判别系数分布

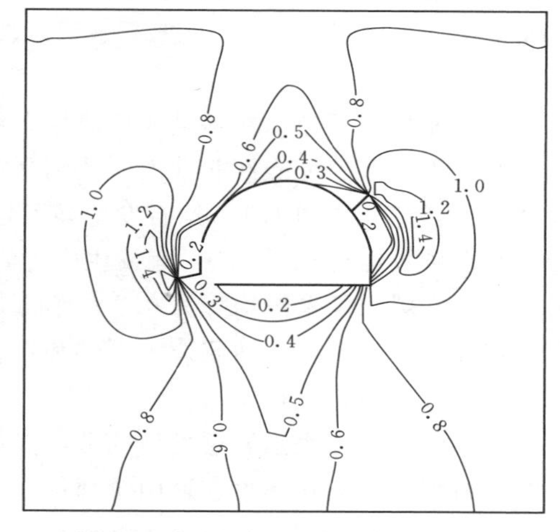

图 5.3-15　方案一：拉森斯岩爆判别系数分布

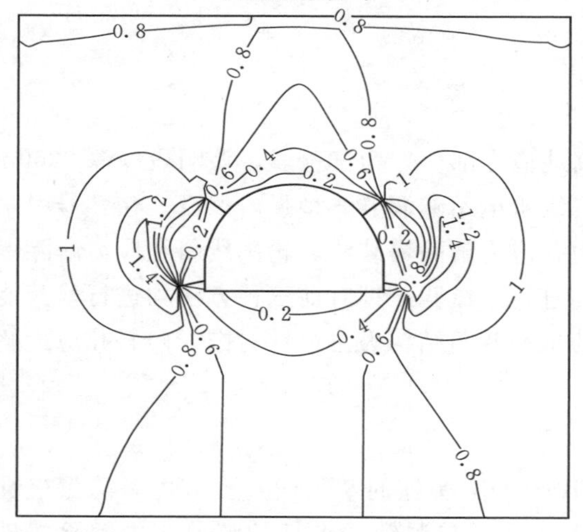

图 5.3-16　方案二：拉森斯岩爆判别系数分布

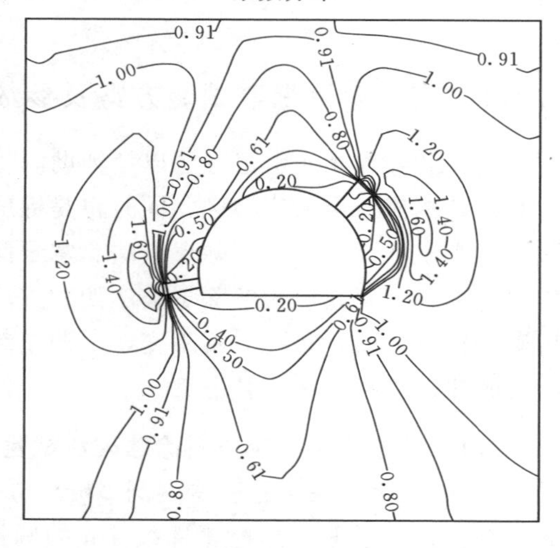

图 5.3-17　方案三拉森斯岩爆判别系数分布

别系数也降为0.3，有一定的改善。在采用方案二开挖状态下，整个开挖轮廓线附近拉森斯岩爆判别系数均降为0.2，有了很明显的改善。在采用方案三开挖状态下，左侧边墙底部至拱腰开挖轮廓线附近拉森斯岩爆判别系数降为0.2，右侧边墙拱腰下部至顶拱开挖轮廓线附近拉森斯岩爆判别系数也降为0.2，左侧拱肩及右侧边墙底部开挖轮廓线附近拉森斯岩爆判别系数降为0.24左右，但相比较单排斜孔方案，不发生岩爆的拉森斯岩爆判别系数向轮廓线深部进一步延伸，说明这些部位发生岩爆的可能性进一步降低。

5.3.5.2 应力释放部位的确定

在既定的应力场环境下，隧道围岩内部的应力无法完全消除，只能通过调整使隧洞表层围岩的应力向深部转移，以此达到削弱或防治岩爆的目的。一般说来，一旦隧洞平纵断面设计方案确定以后，各洞段围岩的初始应力场也就确定了，而隧洞开挖断面形状的变化余地又很小，因此对于已经进入施工阶段的隧洞而言，各洞段的围岩应力场是基本确定的。

由前面分析可知，在不采取任何应力释放措施开挖状态下，高应力条件下，开挖轮廓线附近发生岩爆的可能性非常大，特别是在右侧顶拱及左侧边墙下部，拉森斯岩爆判别系数分别达到了0.6和1.1，均有发生强烈岩爆的可能，其他部位如顶拱中部及左侧拉森斯岩爆判别系数也达到了0.5，有发生中等岩爆的可能。在应力释放后，整个开挖轮廓线附近拉森斯岩爆判别系数均降为0.2，有很明显的改善。根据上述模拟计算，应力解除爆破的重点部位分别是左右两侧边墙下部和左右两侧顶拱，这也与锦屏二级水电站引水隧洞的岩爆实际统计结果相符。

考虑到锦屏工程强岩爆发生的部位多集中在洞室北侧起拱线部位和南侧边墙，部分试验的应力解除爆破孔集中在这两个部位。

5.4 岩爆灾害工程防治的应力解除爆破试验

5.4.1 应力解除爆破试验方案及参数

选择2号和4号引水隧洞以及辅助洞等高地应力部位作为试验段，该洞段埋深2260m左右，基本属于最大应力区，同时也是锦屏二级水电站隧洞群典型强岩爆区。在2号引水隧洞对掌子面直孔应力解除爆破法、掌子面斜孔应力解除爆破法、轮廓线斜孔应力解除爆破法及围岩内斜孔应力解除爆破法四种方法均进行了试验。针对前三种方法均进行炸药能量渐变比较试验，布孔方式不变，以调整装药量和装药结构为主。针对围岩内斜孔应力解除爆破法试验了多种布孔方案。

5.4.1.1 掌子面直孔应力解除爆破法试验

图5.4-1是在4号引水隧洞K6+365～K6+467实施的掌子面直孔应力解除爆破孔布置图。在掌子面距开挖轮廓线1m的圆周上，钻凿与洞轴线平行的超前应力解除爆破孔，单孔深15m，孔径ϕ65mm，布置7个孔，不耦合装药，采用细竹片和导爆索绑扎ϕ32mm药卷，用MS1、MS3、MS5雷管进行起爆。该试验进行了三组，三组试验的布孔

方式相同，仅仅调整了线装药密度，三组试验的线装药密度分别是 300g/m、250g/m、200g/m。三组试验的单孔装药量分别为 4.5kg、3.75kg、3.0kg。

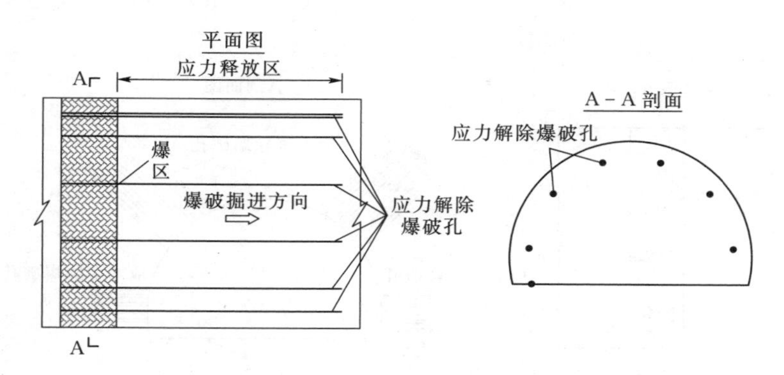

图 5.4－1　掌子面直孔应力解除爆破孔布置图

5.4.1.2　掌子面斜孔应力解除爆破法试验

图 5.4－2 是在 2 号引水隧洞 K10＋90～K10＋194 实施的掌子面斜孔应力解除爆破孔布置图。在掌子面距开挖轮廓线 2m 的圆周上，钻凿与洞轴线呈 36°夹角的超前应力解除爆破孔，单孔深 6m，孔径 ϕ50mm。左侧边墙下部布置 5 个孔，右侧顶拱布置 7 个孔。在孔的底部 1m 用 ϕ32mm 药卷乳化炸药连续装药，上部间隔装药。该法共试验三组，三组试验线装药密度分别为 200g/m、300g/m、400g/m，孔口堵塞 1m，用黄泥封堵，细竹片绑扎导爆索下药。三组试验的炮孔布置方式不变，仅在装药量上有所调整，三组试验的单孔装药量分别是 1.5kg、1.75kg、2.25kg。

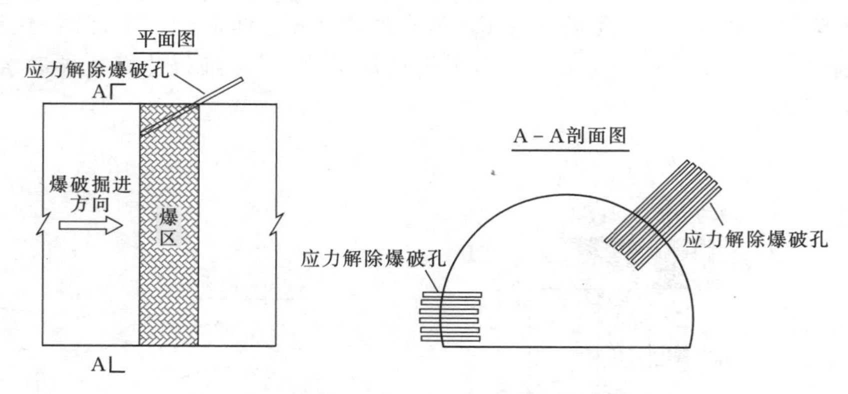

图 5.4－2　掌子面斜孔应力解除爆破孔布置图

5.4.1.3　轮廓线斜孔应力解除爆破法试验

图 5.4－3 是在 2 号引水隧洞 K10＋380～K10＋400 实施的轮廓线斜孔应力解除爆破孔布置图。具体做法是在开挖轮廓线左右两侧顶拱和左右两侧边墙底部，布置与洞轴线呈 30°夹角的超前应力解除爆破孔。单孔深 6m，孔径 ϕ50mm。左右两侧边墙下部各布置 5 个孔，左右两侧顶拱各布置 7 个孔。在孔的底部 1m 采用 ϕ32mm 药卷乳化炸药连续装药，上部间隔装药，共试验三组，三组试验线装药密度分别为 200g/m、200g/m、300g/m，孔口

用黄泥封堵，堵塞长度分别为1m、1.5m、1.5m，用细竹片绑扎导爆索下药。第三组试验的单孔装药量分别是1.8kg、1.7kg、2.05kg。

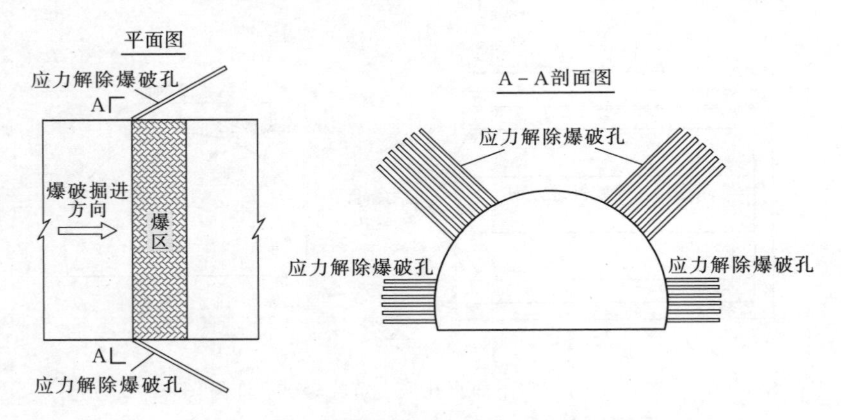

图5.4-3　轮廓线斜孔应力解除爆破孔布置图

5.4.1.4　围岩内斜孔应力解除爆破法试验

1. 双排斜孔方案（右侧顶拱和左侧边墙底部）

在2号引水隧洞K9+560～K9+606实施的围岩内斜孔应力解除爆破法试验，试验方案为，在隧洞已开挖洞边墙的右侧顶拱和左侧边墙底部分别布置垂直于洞边墙和与洞轴线呈30°夹角的应力解除爆破孔，炮孔布置见图5.4-4。垂直洞边墙的应力解除爆破孔深3m，孔径ϕ50mm，炮孔底部1m连续装药，上部间隔装药，线装药密度为0.5kg/m，孔口采用黄泥封堵1m，细竹片绑扎导爆索下药，单孔装药量1.5kg，与洞轴线呈30°夹角的超前应力解除爆破孔深6m，孔径50mm，炮孔底部1m连续装药，上部间隔装药，线装药密度分别为0.5kg/m、0.2kg/m，孔口采用黄泥封堵2m，细竹片绑扎导爆索下药，单孔总装药量2.2kg。

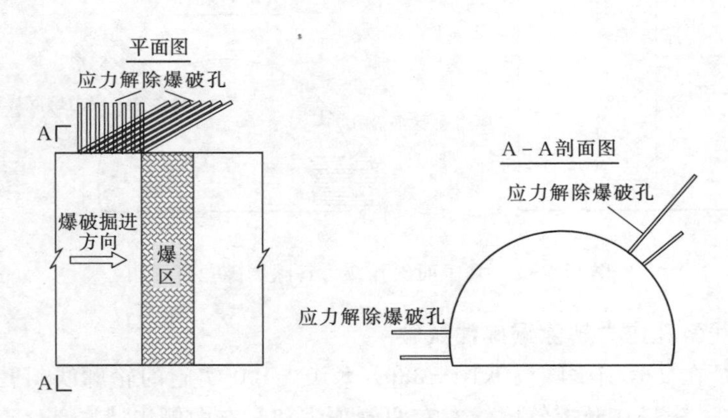

图5.4-4　双排斜孔方案布孔图（右侧顶拱和左侧边墙底部）

爆破试验前后，在左侧边墙底部应力解除爆破孔两侧及两排炮孔之间布置了声波孔，声波孔孔径50mm，孔深3.5m，进行爆破前后的声波对比测试，判断应力解除爆破形成的松动区情况，并在爆后对爆破效果进行了宏观调查和巡视检查。

第一组试验，发现的问题：①孔数偏多，增加了施工的难度；②单孔药量偏小。又进行了两组试验，炮孔布置方式不改变，仅仅改变装药结构，后两组试验的单孔装药量分别是 2.4kg 和 2.6kg。同样也进行了爆破前后声波测试和爆后宏观调查。

2. 单排斜孔方案（左右侧顶拱和左右侧边墙底部）

双排斜孔方案布孔类型和孔的数量比较多，不同类型的炮孔倾角也不相同，增加了现场操作的难度。为此，对其进行了简化，改为只保留单排斜孔，每类孔只布置三个。

在 2 号引水隧洞 K9＋520～K9＋540 开展单排斜孔方案（左右侧顶拱和左右侧边墙底部）的应力解除爆破试验，布孔见图 5.4-5，左右两侧顶拱和左右两侧边墙下部，布置与洞轴线呈 30°夹角的炮孔，孔深 6m，孔径 50mm。左右两侧顶拱各三个，左右两侧边墙下部各三个。炮孔底部 1mϕ32mm 药卷连续装药，上部间隔装药，三组试验线装药密度分别为 200g/m、250g/m、300g/m，孔口堵塞 2.5m，黄泥封堵，细竹片绑扎导爆索下药。同一部位的孔间距为 40cm，连入掌子面主起爆系统一起起爆。

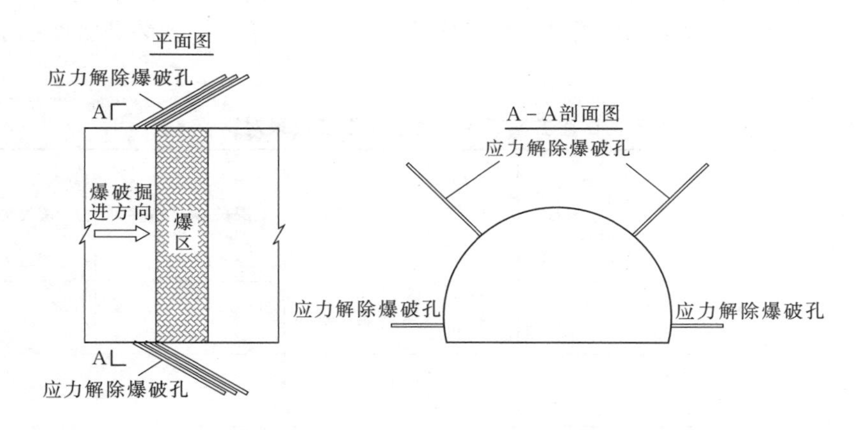

图 5.4-5　单排斜孔方案布孔图（左右侧顶拱和左右侧边墙底部）

3. 单排斜孔方案（右侧顶拱和左侧边墙底部）

前面进行的三组单排斜孔方案试验，布孔位置分别是在左右两侧顶拱和左右两侧边墙下部，考虑到锦屏强岩爆发生的部位多集中在洞室右侧顶拱和左侧边墙底部，因此对该方案进行了简化，应力解除爆破孔集中布置在隧洞已开挖洞边墙的右侧顶拱和左侧边墙底部。试验在排水洞 SK8＋845.2～SK8＋841 段进行，具体布孔方法是分别布置与洞轴线呈 30°夹角的爆破孔，孔深 6m，孔距 40cm，孔径 ϕ50mm，炮孔布置见图 5.4-6。结合现场围岩实际情况，右侧顶拱和左侧边墙采用不同的装药结构：右侧顶拱炮孔底部 1m 连续装药，中部间隔装药，线装药密度为 300g/m，上部减弱 100g，孔口均采用黄泥封堵 2m，细竹片绑扎导爆索下药，单孔装药量 1.9kg。左侧边墙炮孔底部 1m 连续装药，中部间隔装药，线装药密度为 500g/m，上部减弱 100g，孔口均采用黄泥封堵 2m，细竹片绑扎导爆索下药，单孔装药量 2.3kg。

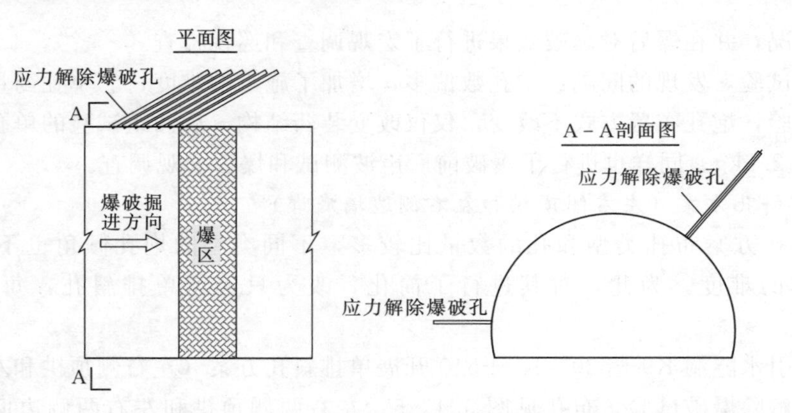

图5.4－6　单排斜孔方案布孔图（右侧顶拱和左侧边墙底部）

5.4.2　试验结果及分析

5.4.2.1　试验结果

不同试验方案下，应力解除爆破效果对比见表5.4－1。表中，线装药密度小于300g/m称为弱能量爆破。

表5.4－1　　　　不同试验方案下，应力解除爆破效果对比

序号	试验方案	试验位置	线装药密度/(g/m)	单孔装药量/kg	爆破类型	爆破效果描述	声波测试情况
1	掌子面直孔应力解除爆破法试验	4号引水隧洞K6＋365	300	4.5	常规能量爆破	—	无
		4号引水隧洞K6＋369	250	3.75	弱能量爆破	—	无
		4号引水隧洞K6＋467	200	3	弱能量爆破	—	无
2	掌子面斜孔应力解除爆破法试验	2号引水隧洞K10＋180	200	1.5	弱能量爆破	孔口有轻微缝	波速有明显降低
		2号引水隧洞K10＋194	300	1.75	常规能量爆破	孔口有炸裂现象	波速有显著降低
		2号引水隧洞K10＋090	400	2.25	常规能量爆破	孔口有明显炸裂现象	波速有显著降低
3	轮廓线斜孔应力解除爆破法试验	2号引水隧洞K10＋380	200	1.8	弱能量爆破	孔口无缝，破裂迹象可见	波速有降低
		2号引水隧洞K10＋390	200	1.7	弱能量爆破	孔口无缝	波速有降低
		2号引水隧洞K10＋400	300	2.05	常规能量爆破	孔口有轻微缝	波速有明显降低

续表

序号	试验方案	试验位置	线装药密度/(g/m)	单孔装药量/kg	爆破类型	爆破效果描述	声波测试情况
4	围岩内斜孔应力解除爆破法试验——双排斜孔方案(右侧顶拱和左侧边墙底部)	2号引水隧洞K9+602	500 500	1.5 2.2	常规能量爆破	孔口有炸裂现象	波速有显著降低
		2号引水隧洞K9+560	500 500	1.5 2.4	常规能量爆破	孔口有炸裂现象	波速有显著降低
		2号引水隧洞K9+550	500 500	1.5 2.6	常规能量爆破	孔口有炸裂现象	波速有显著降低
5	围岩内斜孔应力解除爆破法试验——单排斜孔方案(左右侧顶拱和左右侧边墙底部)	2号引水隧洞K9+540	200	1.5	弱能量爆破	孔口有轻微缝	波速有明显降低
		2号引水隧洞K9+530	250	1.75	弱能量爆破	孔口有炸裂现象	波速有显著降低
		2号引水隧洞K9+520	300	2.25	常规能量爆破	孔口有明显炸裂现象	波速有显著降低
6	围岩内斜孔应力解除爆破法试验——单排斜孔方案(右侧顶拱和左侧边墙底部)	排水洞SK8+845～SK8+841	300 500	1.9 2.3	常规能量爆破	孔口有炸裂现象	波速有显著降低

1. 典型声波测试结果

除了掌子面直孔应力解除爆破法试验外，其他试验均在爆破试验前后进行了声波对比测试，以分析应力解除爆破形成的松动区情况。这里给出围岩内斜孔应力解除爆破法双排斜孔爆破试验（右侧顶拱和左侧边墙底部）的典型测试结果。试验在2号引水隧洞K9+560进行，在左侧边墙底部上排应力解除爆破孔上约0.5m处布置声波孔S1，在两排孔之间布置声波孔S2，在下排孔下0.5m处布置声波孔S3，声波孔孔径50mm，孔深3.5m。应力解除爆破法试验典型声波测试图见图5.4-7。

从图5.4-7中可以看出，两排炮孔之间的声波孔S2爆破后波速迅速降低，尤其在孔深2m以下的部位，声波平均衰减率达到了20%，声波孔S1、S3深部围岩的声波衰减率也均在10%以上。可知受应力解除爆破作用，深部围岩（孔深2m以下）完整性有所降低，在两排应力解除爆破孔之间形成了围岩松动区，在这个区域内围岩的高地应力得到了一定程度的释放。

2. 典型微震监测结果

2号引水隧洞K9+560应力解除爆破法试验前后微震活动对比图，如图5.4-8所示。

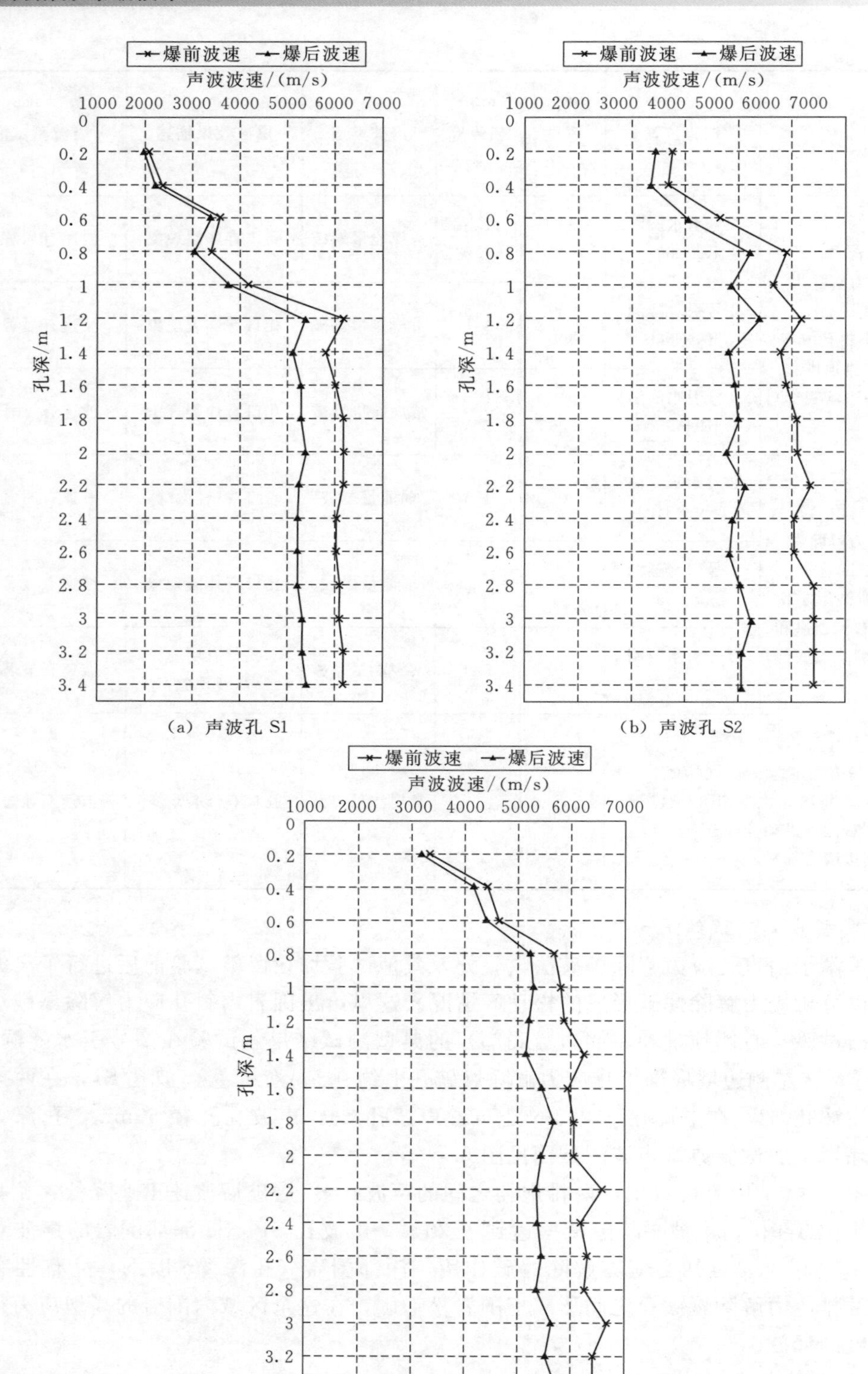

图 5.4-7 围岩内斜孔应力解除爆破法试验典型声波测试图

由图 5.4-8 可知，应力解除爆破试验后，相同洞段微震事件数明显减少，微震强度明显降低，现场岩爆频次也大幅减少。

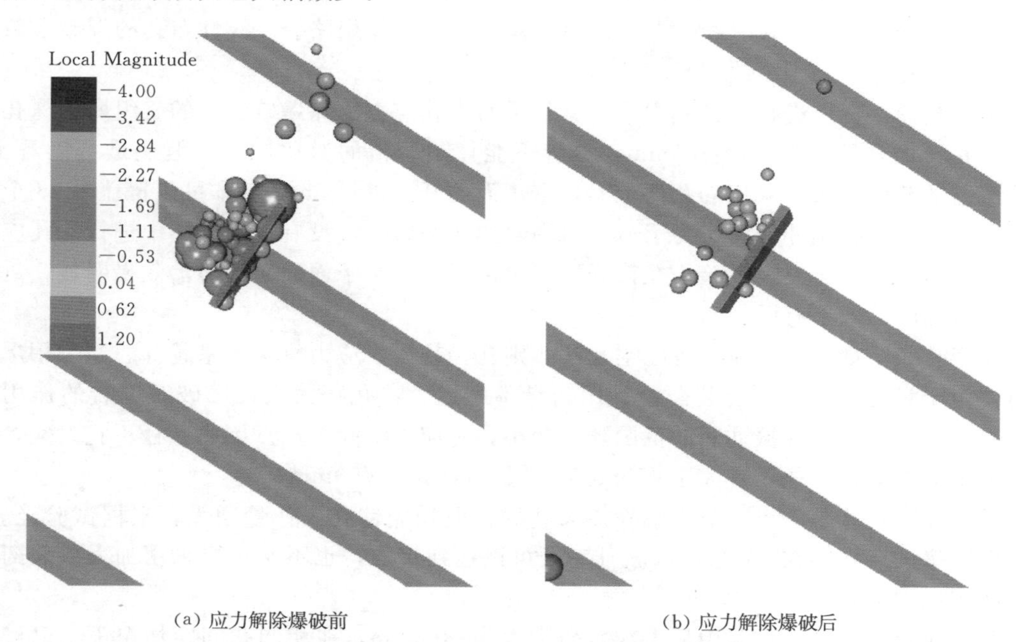

(a) 应力解除爆破前　　(b) 应力解除爆破后

图 5.4-8　2 号引水隧洞 K9+560 应力解除爆破法试验前后微震活动对比图

5.4.2.2　结果分析

通过对不同应力解除爆破法不同方案的试验结果进行分析，得到下述结论。

1. *应力解除爆破单孔爆破效果*

对于后三种应力解除爆破法，每次爆破试验以后，均对爆破效果进行了宏观调查。调查结果表明，爆破后形成了爆破破碎圈，但破碎圈的范围比较小，大约为以原炮孔中心线为轴线，直径 60～70mm 的范围。此外通过对炮孔周围微裂隙的调查，在直径为 100～150mm 范围内，裂隙明显增多，可以判断是爆破所致，这个范围内的岩体有明显的松动作用，根据该范围的岩体损伤情况，可以基本确定为爆破松动圈，爆破松动圈和爆破振动圈内的高地应力都有了有效的释放。至于爆破振动圈，对炮孔爆破，理论上应该为以炮孔为中心，半径 150～5000mm 的范围，但肉眼和一般宏观调查无法判断振动圈的具体范围。从单孔的作用来说，单孔爆破后其附近的高地应力有所释放。

2. *掌子面布孔与围岩体布孔的对比*

掌子面布孔与围岩体布孔有几种情况，第一种情况，开孔在掌子面，但炮孔向围岩体中倾斜延伸入围岩体；第二种情况，在轮廓线布孔，炮孔延伸入围岩；第三种情况，开孔位置和炮孔均位于围岩体中。

第一种情况，由于应力解除爆破孔一部分在待开挖岩体中，另一部分在围岩体中，理论上对掌子面的岩爆和围岩体的岩爆均有防治效果，但应力解除爆破孔会穿过爆区，与爆破孔和光爆孔交叉，网路连接和爆炸作用相互交叉，对掌子面的爆破会造成干扰。第二种和第三种布孔情况，应力解除爆破孔基本不在掌子面开挖岩体中，主要针对围岩体岩爆起到防治作用。

3. 爆破参数与应力释放效果的关系

应力解除爆破孔一般呈线性布置，目的是切断应力作用路径。线性布孔的爆破参数主要有孔径、孔深、孔距、线装药密度等。

关于孔深，在所进行的试验中，只有掌子面直孔应力解除爆破法中的三组属于深孔爆破，但孔径也只是中等孔径 ϕ65mm，尽管不能算是严格的对比试验，但还是可以看出，深孔覆盖的范围更大，采用的孔深 15m，掌子面的开挖进尺 2m，基本可以覆盖 7～8 个开挖循环。由于深孔延伸较深，为了避免对围岩的深部影响，没有在围岩体中进行深孔应力解除爆破试验，所有三组试验均在待开挖体中进行，对掌子面的岩爆防治效果明显，对围岩体的岩爆防治效果有限。

关于孔径，如果采用应力解除空孔法，则孔径越大，应力解除效果越好。当采用爆破法时，由于只能采用不耦合装药，且用药量不宜过大，孔径太大，爆破对围岩的作用变小，粉碎圈、破裂圈和振动圈的范围随之变小，对应力解除不利。因此孔径不宜太大，深孔应力解除爆破，孔径不宜大于 ϕ70mm，浅孔不宜大于 ϕ50mm。

关于孔距，孔距越小，应力解除效果越好，但相应钻孔工作量增大，根据试验经验，应力解除爆破孔孔距在 40～60cm 较佳，既可以达到目的，也不至于要采用加大线装药密度来实现应力解除。

关于线装药密度，试验中最大线装药密度为 500g/m，在相同孔间距情况下，已经超过了很多预裂爆破的线装药密度。但实际的爆破效果也并没有随线装药密度的增大而明显增加，为了避免诱发岩爆或者增加支护难度，当炮孔间距在 40～60cm 时，线装药密度不宜超过 300g/m。也就是说，宜采用弱能量爆破。

4. 关于爆破成缝的问题

根据最初的设想，通过在岩体中实施预裂爆破，预裂孔之间贯穿成缝，通过成缝来达到应力解除的目的。因此，为了判断成缝效果，在应力解除爆破孔两侧布置了声波孔，爆破前后进行对穿测试，判断应力解除爆破孔爆破后对围岩的作用情况。实际情况与原设想有较大的出入，即高地应力条件下围岩中形成预裂缝的难度很大。试验中采用了增大药量的措施，从孔口来看，药量越大，孔口的破裂范围也显著增大。从内部声波测试来看，穿过应力释放缝的波速有衰减，但衰减增加迹象并不明显，而且与完全成缝条件下的声波衰减率相比，减幅要小得多。增大药量带来的孔口过度破裂影响了后期的支护。因此，试验中后期不再以形成预裂缝为目标，以达到应力释放而又不破坏岩体为目的，衡量应力释放区是否有效形成的标志是能否看到压缩区、破裂区和振动区的有效形成，这一方面是通过宏观调查进行观察；另一方面是通过声波测试进行判断。

5. 弱能量爆破与常规爆破的比较

在新的试验目的下，线装药密度大于 200g/m 时，声波波速有明显衰减，线装药密度在 180g/m 以下时，声波波速也有衰减。这两种装药量下，声波波速的衰减率虽然小于常规能量爆破，但变幅并不大。这也表明，在高地应力条件下，弱能量爆破在围岩中的影响与常规能量爆破的效果差异要比一般条件下小。根据微震观测的情况，试验段也属于岩爆高发区，但试验期间未发生大规模岩爆，尤其是掌子面，表明应力解除爆破对岩爆防治起到了一定作用。

5.4.3 不同应力解除爆破方案的应用效果比较

锦屏二级水电站隧洞群岩爆防治试验的实践表明，采用深孔爆破法应力解除的范围更广、效果更好。但地下工程的隧洞开挖一般都采用浅孔爆破，虽然覆盖的范围不及深孔爆破法，但通过良好的设计和施工，浅孔爆破法依然可以达到较好的效果。

掌子面直孔应力解除爆破方案对于解决下一轮炮的掌子面岩爆有良好的效果，但对围岩的岩爆起不到应有的作用。掌子面斜孔应力解除爆破方案虽然既可解决下一轮炮的掌子面岩爆问题，也可以解决围岩的岩爆问题，但应力解除爆破孔会穿过爆区，与爆破孔和光爆孔交叉，对掌子面的爆破会造成干扰。而轮廓面斜孔应力解除爆破方案对围岩和掌子面的岩爆都有缓解作用，只是钻孔的难度比较大，对钻孔的精度要求也比较高。围岩内斜孔应力解除爆破方案覆盖范围广，对围岩体的高地应力有比较好的释放效果。所以在实践中要根据具体的条件，合理选择应力解除爆破孔的布置方式。如果是掌子面的岩爆问题较为严重，则可采用掌子面直孔（或斜孔）应力解除爆破方案。如果已成型洞段的岩爆问题较为严重，则可以采用围岩内斜孔应力解除爆破方案。

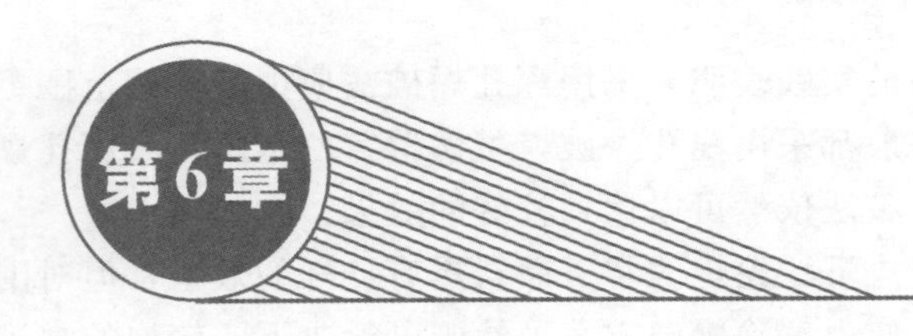

钻爆法开挖岩爆防治技术

锦屏二级水电站水工隧洞群地应力水平极高，岩爆灾害频发，严重影响施工安全和进度，因此必须对岩爆灾害进行防治。锦屏二级引水隧洞2号和4号东、西端及1号和3号西端均采用钻爆法开挖，钻爆法是该水工隧洞群开挖的主要方式，不同的地质条件和岩爆机理，必须采取不同的防治措施。本章基于锦屏二级水电站深埋引水隧洞钻爆法施工过程中岩爆灾害防治试验成果及现场经验，分析了不同的岩爆防治措施的优劣，系统比较了岩爆条件下各种防治措施，提出了适用于锦屏二级水电站引水隧洞开挖的防岩爆支护系统。

6.1 岩爆防治与控制思路

岩爆的防治即是基于岩爆发生的机理，从破坏岩爆发生所具有的条件出发，从而达到防治岩爆的目的。

防治岩爆的原理旨在改变岩体性能，破坏其完整性，减弱其初始应力，使其不具备岩爆发生的条件或减弱岩爆发生的强度。岩爆防治重点在于超前性和及时性，因此在实际工程的开挖过程中，应每隔一段距离进行一次超前地质预报，探明掌子面前方的岩体性状，以便初步判断及评估可能发生的岩爆强度。在施工过程中，应观察隧洞内是否有坚硬、干燥、完整的围岩出现剥皮、声响等情况，或者是施工时是否出现夹钻、钻杆跳动等现象，并做好必要防护准备及应对措施。

目前深埋地下工程采用的岩爆防治与控制的工作思路、原则和一些方法可以追溯到20世纪30年代南非的深埋矿山工程实践中。到80年代南非政府为控制深埋矿山事故投入了大量的力量开展科研，90年代加拿大也开展了类似的工作。这些研究成果为深埋工程实践起到了显著的作用。事实上，80年代以后的矿山开采深度越来越深，而岩爆导致的事故则大幅度减少。这一方面归功于微震监测技术的普遍应用；另一方面直接得益于岩爆防治和控制能力的提高，即采用工程可以接受的措施达到降低岩爆风险的目的。

目前岩爆防治与控制主要从两个方面着手：一是降低围岩中能量集中水平，即降低岩爆风险；二是提高围岩在岩爆条件下的自稳能力，确切地说，是提高围岩的抗冲击能力，因为强烈岩爆都是微震动力波冲击的结果。

把上述的思路转化为工程措施时即成为岩爆防治与控制方法，总体而言包括以下两大类。

（1）设计方法。在工程规划设计阶段，通过采取一些措施避免岩爆出现，或者降低岩爆出现的可能性或强度。典型的设计方法包括优化工程布置方案、施工方法、开挖顺序等。设计方法的效果往往是全局性的，且基本上全部是通过主动降低岩爆风险的方式实现岩爆防治与控制，工程性价比很高。

（2）施工措施。对于可能出现的岩爆限制其危害程度或控制岩爆的发生时间，主要是通过具体的方法对存在岩爆危害的局部部位进行处理，或者扰动局部岩体的受力状态，或者加强岩体的抗冲击能力。具体的措施可以分为两类：①主动性措施，即降低岩爆风险的手段，如应力解除爆破、优化开挖方式（如台阶）、优化开挖面形态等，这类措施的工程性价比相对较高，技术难度较大，效果取决于对问题的把握程度；②被动性措施，主要指支护措施，其作用是提高围岩对微震的抵抗能力，在微震不可避免的情况下，围岩依然能保持稳定或者尽可能降低破坏程度和范围，这一思路决定了支护的方式和要求，是支护设计和优化的基础。

应该说，在深埋地下工程发展历史过程中，设计方法、施工措施（包括主动和被动措施）都取得了长足的进步，可以充分和有效地帮助深埋隧洞开挖过程中的岩爆防治和控制。

6.2 岩爆防治的设计方法

锦屏二级水电站岩爆防治设计方法的目标是整体性地改变岩体的受力状态，尽量避免导致强烈的应力集中和能量积累。可以实现这一目标的方法包括优化隧洞方向的布置方案、优化群洞的布置方案、优化开挖面形态等。

在锦屏深埋隧洞工程的设计中均考虑到了岩爆影响。对于隧洞轴线方向的设计，布置隧洞的洞轴线方向与地应力场中的最大主应力方向基本一致，从而减小岩爆风险。

一般而言，相邻隧洞之间的岩体厚度，应根据枢纽布置的需要、地形地质条件、围岩的应力和变形情况、隧洞的断面形状和尺寸以及运行条件等因素，综合分析确定。考虑到引水隧洞在深埋条件下的高地应力和高外水压力作用，预计隧洞围岩变位和塑性区扩展范围均会比常规埋深的隧洞大，为了避免隧洞围岩塑性区彼此连通，影响引水隧洞围岩的安全稳定性，确定引水隧洞之间的中心轴线距为60m，约为隧洞开挖洞径（13m）的4.6倍，隧洞之间的净岩体厚度为47m，约为隧洞开挖洞径的3.6倍。研究成果表明：引水隧洞相邻隧洞之间，一条隧洞的开挖不会对另一条隧洞围岩应力状态造成明显影响，即洞群开挖不存在群洞效应。

就控制岩爆而言，水平轴略长于垂直轴的椭圆形断面最优，其次是圆形，较高边墙的城门洞型布置相对不利。但是，由于开挖断面上的水平应力和垂直应力水平接近，只要开挖断面的高、宽比差别不是很大，都是可以接受的方案。断面形态设计需要考虑的因素很多，功能要求是基础性的。从这方面讲，引水隧洞断面圆形形态比城门洞型的辅助洞更好，当然主要起交通洞作用的城门洞型辅助洞断面形态也是可以接受的。

也就是说，锦屏深埋隧洞（辅助洞和引水隧洞等）工程的轴线布置和间距设计基本都处于较优状态，断面形态也接近于较优水平，因此，这些设计方案从宏观上保证了对岩爆的有利控制。

6.3 岩爆防治的主动性措施

钻爆法开挖岩爆主动防治措施有很多种，如优化掌子面形态、应力解除爆破法、冲水减压法、注水减压法、应力释放空孔法、孔槽卸压法等。在应用时，结合超前预报，针对实际岩爆诱因，采用综合防治措施，从而得到更好的岩爆防治效果。

6.3.1 岩爆主动防治方法

6.3.1.1 优化掌子面形态

优化掌子面形态的依据是引水隧洞掌子面一带围岩高应力区的分布，根据对隧洞开挖应力响应的应力分析，如图6.3-1和图6.3-2所示，引水隧洞开挖以后掌子面一带的应力集中区空间形态为一“蜗壳”状区域，当开挖面形态适应这种应力分布形态时，有利于维持围岩的围压水平和维持围岩强度，达到利用围岩强度控制岩爆的目的。

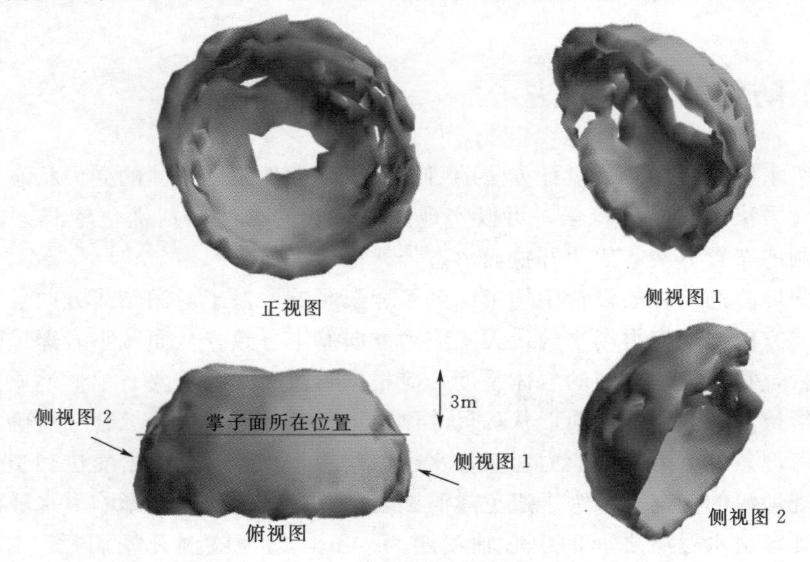

图6.3-1 钻爆法开挖应力集中区三维视图

因此，掌子面形态优化以后也可以为“蜗壳”状，中心部位凹进，与周边的进尺差以方便施工为宜，从控制岩爆的角度看可以控制在2m左右，也可以略大一些，原则上不超过3m。从中央到周边平顺过渡，形成总体上的弧形形态。

在优化掌子面形态以后，开挖进尺也需调整，具体要求把开挖进尺控制在1.5～2m

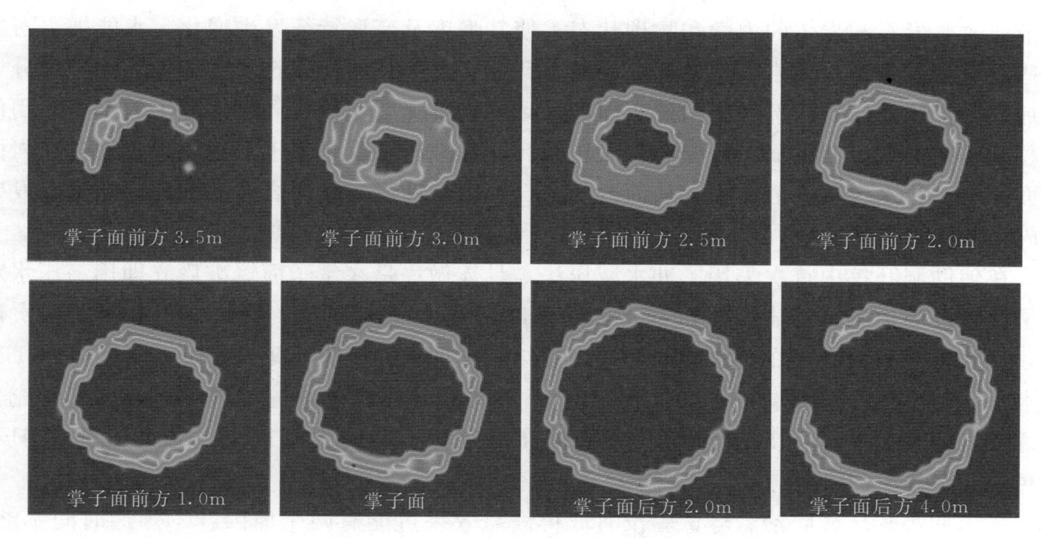

图 6.3-2 开挖掌子面前后围岩应力集中区位置

的深度范围内（不采取应力解除爆破时的进尺），即保持弧形掌子面以较小的进尺向前推进。减小开挖进尺具有两个方面的重要作用：一是使得被开挖岩体内应力水平相对不高，即开挖限制在“屈服区”相对较低的应力水平下进行，控制开挖能量释放率的大小和对围岩的扰动程度，达到主动控制岩爆的效果；二是保证支护工作的及时性，小进尺掘进缩短了出渣的时间消耗，使得喷护和锚固施工可以在数小时内完成，利用爆破后岩爆往往滞后发生的特点完成支护，以发挥支护的作用。

6.3.1.2 应力解除爆破法

应力解除爆破法在前一章已经进行了详细的叙述。该法是通过在岩体内部装药进行爆破，利用爆破的作用改变岩体的力学特性，它是强烈、极强岩爆治理的关键技术。应力解除爆破法的采用，能使掌子面前方及洞周应力集中区远离开挖面，从而使隧洞周边应力集中程度降低，降低强岩爆发生的风险，而且应力解除爆破可以与常规爆破作业融合一并实施，对施工进度影响较小。

应力解除爆破法有防止岩爆的效果，但若应用不当，也会有诱发岩爆的可能，因此对应力解除爆破方法的要求较高，应力解除爆破法的基本要求是：①钻孔的部位要准确；②布孔的方式要合理；③装药结构和起爆网路要科学；④施工过程要精细。

6.3.1.3 冲水减压法

岩爆一般发生在硬岩洞段，硬岩的弹模、抗压强度和内聚力 C、内摩擦角值都较高，其加载过程中的应力—应变曲线近似为直线，变形以弹性变形为主，塑性变形很小。由于地质构造运动及浅表改造，其内部往往储存有大量的弹性应变能。在外界的扰动下，大量的弹性应变能快速释放，从而引发岩爆。这一点在其他工程，如太平驿电站引水隧道、天生桥二级水电站隧洞、二郎山公路隧道等工程的岩爆灾害中均得到证实，而在围岩岩性较弱，或者地下水发育的洞段，岩爆灾害较少，这在锦屏二级水电站也得到了较好的印证。

岩石在水作用下表现出的性质有渗透性、溶蚀性、软化性、膨胀性等。理论上水可以逐渐地改变岩石和岩体的力学和物理状态，使其强度及变形特征发生变化，水能把岩石中某些组成物质带走，使岩石致密程度降低、孔隙度增大，致使岩石强度降低。由于水分子的加入，会改变岩石内部颗粒间的表面能，致使岩石强度变低。同时水分子的水楔作用使颗粒间间距加大，产生膨胀应变和膨胀压力。冲水减压法就是基于上述原理，通过在岩体表面冲水，让水渗透进岩体中，从而改变岩石的力学性能，减弱岩石的强度，从岩爆发生的内因上防治岩爆。

在辅助洞开挖中首次采用了冲水减压法，具体做法是在掌子面爆破后立即用高压水对掌子面以及周边暴露的岩面进行冲水，冲水时间在 10min 左右，用此方法进行了多次试验，但效果并不明显。在引水隧洞开挖中总结了辅助洞的经验，延长了冲水时间，第 1 次冲水 10min，而后间断 30min 再冲水 10min，目的是让水有足够的渗透时间，使其能充分渗透入岩体中，实施效果较辅助洞有所提高，但对于防治中等以上的岩爆效果依旧不理想。

采用冲水减压法防治岩爆试验没有取得满意效果可能有两个原因：①渗透时间不够，引水隧洞的开挖工期很紧张，每天要进行至少一轮开挖循环，无法给冲水留出足够的渗透时间；②大理岩的抗渗性能较强，向围岩表面洒水并不能有效保证岩体内部含水率增大，岩体受力状况的改善有限。

上述实验表明，冲水减压法并不适用于工期要求紧张、岩体结构致密的锦屏隧洞工程。

6.3.1.4 注水减压法

注水减压法的原理和冲水减压法相同。其差异在于，冲水减压法是在岩体表面冲水，注水减压法是在岩体内部钻孔注水，靠高压力让水充分渗透入岩体中。

在锦屏二级水电站隧洞群的开挖中，根据岩爆发生的特点，在掌子面的左侧边墙下部和右侧顶拱上部设计了注水孔，原计划钻 75mm 的注水孔，孔深不少于 10m。在实际实施过程中，受到现场设备的制约，现场钻孔采用凿岩台车，钻孔直径 50mm，同时由于顶拱的钻孔注水存在相当大的困难，完整的注水方案没有实施。但为了验证注水减压法防治岩爆的效果，在左侧边墙下部利用锚杆孔和声波测试孔进行了一定的注水试验，受现场条件限制，注水未施加压力。在注水试验期间，左侧边墙下部未有岩爆发生。

从理论上说，注水减压法的效果要优于冲水减压法，但在水工隧洞群中没有进行严格的对比试验，只获得了一些定性的结论。注水减压法的缺点是需要增加注水设备，增加了施工程序，而且往顶拱注水的难度很大，现场很难实行。

6.3.1.5 应力释放空孔法

应力释放空孔法，就是在应力比较集中的部位钻应力释放孔，通过应力释放孔改变岩体中的应力分布。应力释放空孔法要求钻孔的部位和方向要精准，孔必须布置在应力集中的部位，孔要有一定的密度，孔径还要尽可能大。

在辅助洞开挖中进行了此项试验，钻爆破孔时在易发生岩爆的右侧顶拱和左侧边墙下部有针对性的钻了 10～20 个深 5m、直径 50mm 的空孔，该项试验原计划结合注水减压法同时对孔内注水，但实际只对边墙下部的孔实施了注水。

试验结果表明，应力释放孔法在弱岩爆地段有一定的效果，但在中等以上岩爆洞段因钻孔释放的能量不够，效果不佳。还有一个原因是炮孔均为圆形，圆形孔的应力释放能力较差，只在孔的周边很小范围内有效（为2～3倍孔径范围）。应力释放空孔法最好钻大孔径深孔，而钻爆法施工采用多臂钻钻小孔径炮孔爆破，如果钻大孔径深孔需要另外增加钻孔设备，这也不利于该方法的应用，钻孔的成本也很高。

6.3.1.6 孔槽卸压法

孔槽卸压法是指用大直径炮孔或切割沟槽使岩体松动，达到卸压效果。在隧洞的开挖过程中，先钻大孔径炮孔，再用切割的方法将大孔径炮孔进行一定的切割，破坏其圆形结构，从而达到应力释放的目的。与应力释放孔法相比，由圆形孔卸压变成了有针对性的槽卸压，卸压效果预计会大大改善。孔槽卸压法需要引进切割设备，同时也会增加工程的造价，而且对工程进度影响比较大，因而此法最终未能在锦屏二级水电站引水隧洞群开挖中实施。

6.3.2 防治方法比较

根据以往研究成果及锦屏二级水电站水工隧洞群中的试验分析，对各个方法应用效果比较如下。

（1）优化掌子面形态。所优化的掌子面形态仍存在一定的安全问题，在强岩爆洞段可以推广应用。

（2）应力解除爆破法。该法具有较好的效果，围岩的应力释放范围比较广，对中等以上的岩爆有很好的防治效果。用精细爆破的理论对应力解除爆破进行精心设计和精心施工，可以达到有效防治岩爆的目的。

（3）冲水减压法。该法的应用效果并不理想，表明冲水减压法只能解决围岩浅层的微岩爆和弱岩爆问题，且只适合于渗透性比较好的岩体。对于锦屏二级水电站的大理岩，因其抗渗性能较强，很难取得好的效果。

（4）注水减压法。该法遇到了冲水减压法同样的问题，围岩的应力释放效果有限，同时该法还受到注水设备和注水时间的限制。

（5）应力释放空孔法。该法在微岩爆和弱岩爆地段有一定的效果，但在中等以上岩爆洞段因钻孔释放的能量不够而起不到应有的效果。且钻孔工作量大，成本高，难以大面积的推广。

（6）孔槽卸压法。由于该法只适合微岩爆和弱岩爆区域，还需要引进切割设备，增加了工程造价，且卸压范围也很有限，因而未进行实质性试验。

6.4 岩爆防治的被动性措施

岩爆防治的被动性措施是采用支护方式防治岩爆，一方面可以通过支护提高围岩的极限储能能力；一方面可以控制其裂纹扩展的速度，减缓其破坏时的能量释放速度，消耗能量，抵抗冲击。但支护系统更为重要的岩爆防治功能是吸收围岩释放的能量。采用支护措施防治岩爆是目前隧洞施工中重要的方式，因为该方式实施简单，技术成熟，对于中等及以下岩爆效果明显，对于强烈岩爆也有明显地抑制效果，可减小损失，但对于极强岩爆，支护方式的控制作用和抗冲击能力已经力不从心，需要通过降低围岩储能能力并配合支护方式进行综合治理。因此，从控制岩爆的角度来讲，支护系统所防治的岩爆为强烈以下岩爆，而对于极强岩爆条件下支护措施的作用更多地在于防护和减灾。

6.4.1 围岩支护抗岩爆机理

围岩支护设计的一个基本思想是发挥围岩的自承载能力。围岩支护的抗爆机理非常复杂，这里主要是从支护改善围岩受力环境和提高围岩强度这两个方面来说明围岩支护的抗爆机理。

围岩支护机理的研究认为，支护对围岩的加固作用至少可以以三种方式实现，即成拱效应、悬挂作用（或支撑作用）和改变围岩应力状态。对于深埋工程，成拱效应可能占主导作用。在大跨度低应力水平地区，围岩破坏方式主要为块体破坏，锚杆的悬挂和支撑作用显著。改变围岩应力状态的作用显然体现在围岩应力和围岩强度之间的矛盾比较突出的情形，即深埋条件下更普遍，岩爆属于这种矛盾的一种表现方式。在低应力条件下的大跨度工程实践中，改变围岩应力状态一般不改变应力水平和岩体承载力之间的基本格局，因此，这种方式的效果不起主要作用。

岩体强度的围压效应是一个经典的岩石力学问题，大量研究和工程实践已经证明了围压导致岩体强度增加，最早的研究工作是针对岩块试件进行的，与岩块强度随围压水平增高相一致，围压增高也可以提高岩体的强度。图6.4-1是采用Hoek的经验方法获得的锦屏白山组Ⅱ类岩体强度特征的$\sigma_1-\sigma_3$关系，可以看出，如果岩体的围压水平从0MPa提高到5MPa，岩体的强度可以从大约28MPa增加到60MPa，即在这种环境下较小的围压增加会大幅度提高岩体强度。这给我们一个启示，如果将围岩的围压水平适当提高，则可以显著提高围岩的强度，达到发挥围压承载力的效果。

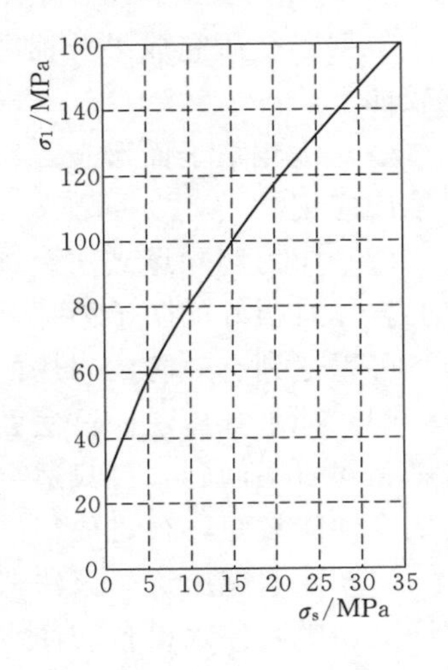

图6.4-1 锦屏白山组Ⅱ类岩体强度特征$\sigma_1-\sigma_3$关系

为更好地了解支护在控制岩爆时的作用机理，这里专门分析了喷锚支护对围岩受力状态的影响以及这种改变对改善围岩稳定性的作用。如图6.4-2所示，该项研究采用数值计算方法，计算程序为FLAC3D，模拟的相关条件为：以辅助洞B洞埋深2000m的白山组Ⅱ类大理岩洞段为对象，锚杆间距1m，喷层厚度0.2m，力学参数按经验方法选取，满足一般情形。然后采用分步开挖、分步支护方式来了解不同支护滞后条件下围岩的应力变化，分析支护措施的效果。这种计算并不特指岩爆情形，只不过该次计算针对的对象为潜在岩爆破坏，分析工作也围绕岩爆问题进行。

模拟开挖与支护顺序示意图如图6.4-3所示。

模型一共模拟了6种情形，即开挖以后不滞后及时支护，滞后1、2、3、4个开挖步以后再支护和开挖不支护（见图6.4-4）。其中开挖以后不滞后及时支护是开挖以后进行运算，实现开挖以后应力分布的初始平衡，然后再进行支护。这一工况与现场实际条件或

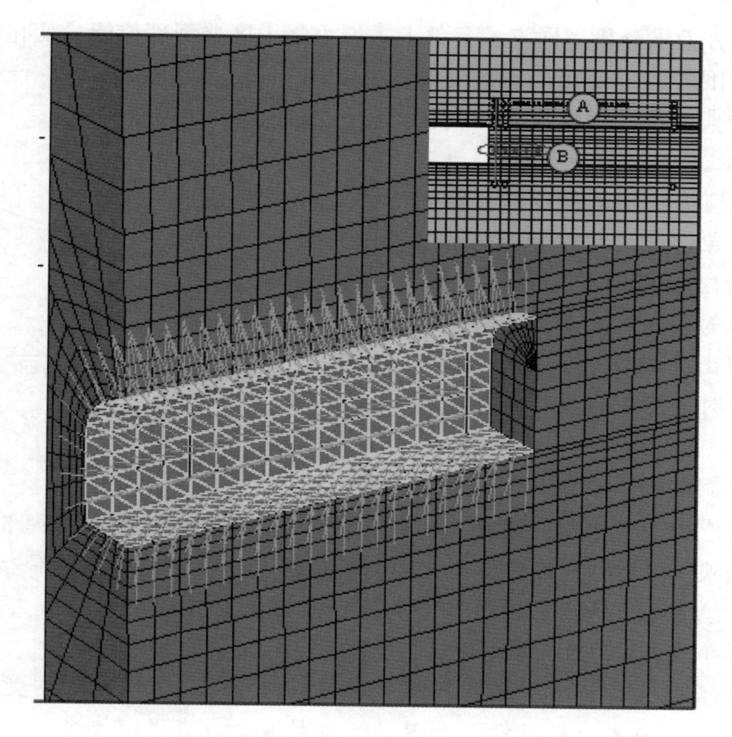

图 6.4-2　围岩支护抗爆机理数值模拟研究的模型设置

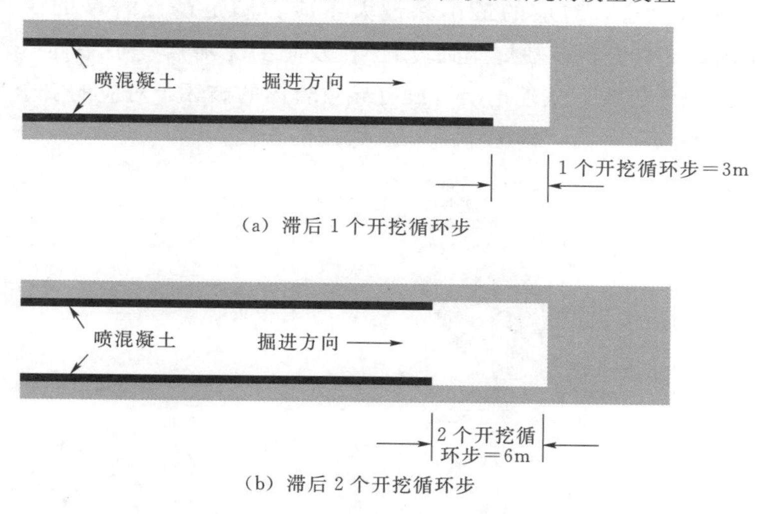

图 6.4-3　模拟开挖与支护顺序示意图

许缺乏一致的对应关系，主要是反映爆破以后围岩应力即很快发生调整，即便是及时的围岩支护也是在开挖导致的围岩应力调整接近完成的一种可能状态。这种模拟方式仍然能够反映现实中存在的掌子面拱效应，但忽略了高应力条件下大理岩强度可能具有的时间效应及其对围岩应力分布的影响。

为避免造成端部效应，模型中先行开挖了 16m，然后模拟分步开挖和支护。分析计算成果时，不考虑最先开挖的 16m 洞段，目的是消除端部效应。

下面从三个方面来分析不同支护条件下，应力集中区典型部位能量变化、应力状态变化和洞边墙浅层围岩围压变化。不同支护条件应力集中区典型单元弹性应变能变化如图 6.4-4 所示。

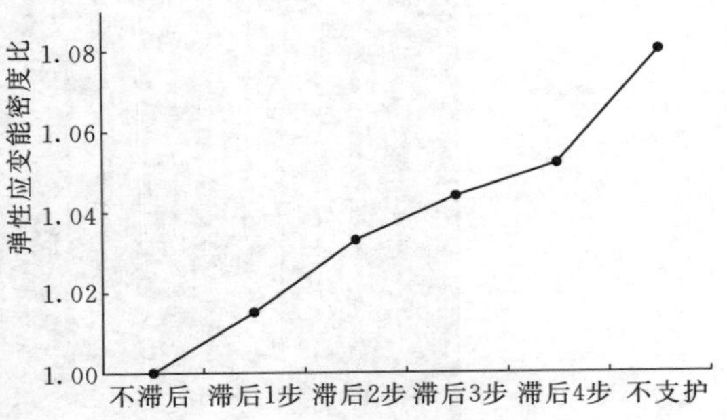

图 6.4-4 不同支护条件应力集中区典型单元弹性应变能变化

在模型中取应力集中区部位同样体积的围岩为分析对象，定义弹性应变能密度比为弹性应变能之和与体积之和的比值，以及时支护条件为参考，不支护时对应部位能量密度比高出及时支护条件下的 8% 左右，表明了及时的支护可以帮助控制潜在岩爆风险。

上述的这种能量比值定性地说明潜在风险的高低，与应变能变化相一致地，该部位的应力状态变化特征可以从图 6.4-5 看出，其中左侧曲线反映了隧洞开挖以后不同支护时机条件下的从初始状态到围岩应力稳定时的应力变化路径。总体来讲，支护时机的不同不改变隧洞开挖以后围岩应力变化的基本特征，其影响体现在围岩最终受力状态上。

图 6.4-5 右侧的散点表示了不同条件下围岩应力变化趋于稳定时的受力状态（同样以 $\sigma_1-\sigma_3$ 关系表示），在不支护条件下，围岩应力点落在峰值强度包线上，即这种条件下该部位岩体处于屈服状态，对应的最小和最大主应力满足诱发岩爆的应力条件（$\sigma_1>0.6\sigma_c$，$\sigma_3>0.12\sigma_c$，σ_c 为岩石单轴抗压强度）。在及时的无滞后支护条件下，该部位围岩受力相对远离峰值强度包线，从理论上讲没有导致岩体的破坏，对应的安全系数为该应力点到强度包线之间的法向距离，即图中 A—A′线段的长度。

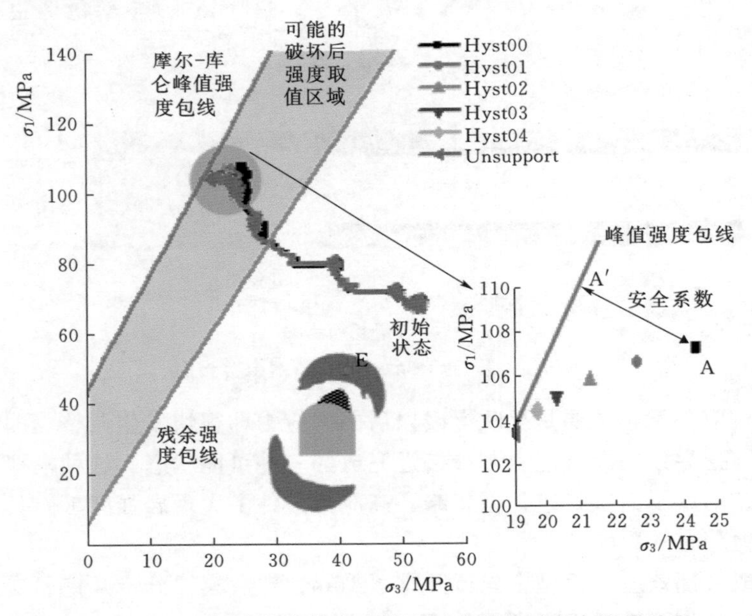

图 6.4-5 不同支护条件应力集中区典型单元应力调整过程

经典的摩尔—库仑强度准则下的安全系数计算公式如下：

$$FOS = \frac{2\sigma_c \cos\varphi + (\sigma_1 + \sigma_3)\sin\varphi}{\sigma_1 - \sigma_3} \tag{6.4-1}$$

不同支护时机潜在岩爆区岩体安全系数变化特征如图 6.4-6 所示。当不支护条件下的安全系数为 1.02 时，及时的支护可以使该部位的安全系数提高到 1.09。不同的滞后支护对提高潜在岩爆区围岩安全系数的作用有不同程度减小，说明了及时的围岩支护对控制潜在岩爆动力源的意义。显然，支护对围岩应力状态的改善比较明显。

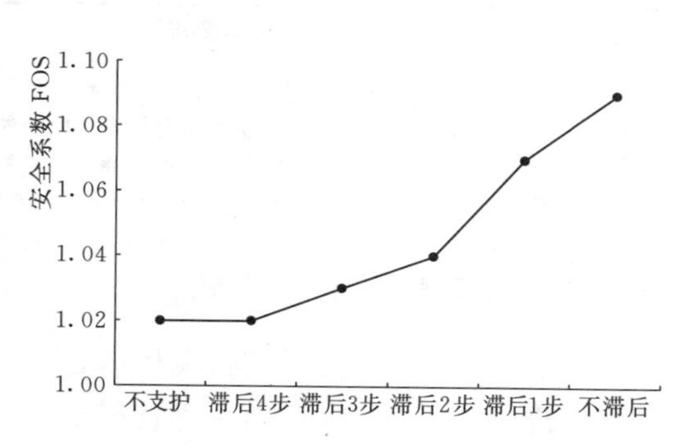

图 6.4-6　不同支护时机潜在岩爆区岩体安全系数变化特征

6.4.2　深埋长隧洞开挖支护设计要求

对于不同等级岩爆支护设计目的和要求是不同的。在轻微岩爆洞段，主要以完整岩体轻微的劈裂剥落或片帮为主，通过支护结构改善围岩的应力或增加围岩强度，完全可以阻止岩爆的发生。中等岩爆也主要发生在完整岩体中，通过及时喷混凝土和水胀式锚杆也基本可以控制。对强烈至极强岩爆的处理，不仅包括支护系统的设计，而且包括施工方法的改进，如应力解除爆破等。但在针对强至极强岩爆问题进行支护控制设计时，必须明确一点，即对于极强岩爆，仅依赖支护系统很难达到完全控制的效果，因此要求在极强岩爆发生时，支护系统能够有较好的韧性和抗冲击能力，很大程度上降低岩爆的级别，岩爆发生后岩体可脱离母岩，但可被吊住或兜住。

因此，对于强至极强岩爆支护来说，需要支护系统具有容易实施并快速作用、支护力高且具有较大变形能力，延性好且能在屈服状态工作，能够大量吸收岩体释放的能量。这意味着不仅要求支护系统能够有效限制裂纹扩展，加固岩体，提高岩体和结构面的抗剪强度，改善结构面附近的应力分布，具有一定的抗剪切能力，更重要的是要求支护系统特别是锚杆具有抵抗岩爆冲击的能力或者具有吸能机制。对于锚杆而言，就是要求锚杆具有能在屈服状态下工作的能力。由于每种支护形式具有不同的特点和作用，所以强调支护的系统性，即要求在对各支护单元的性能准确清晰把握的基础上对其充分利用。

综上所述，锦屏二级水电站引水隧洞各等级岩爆支护设计要求及支护结构见表 6.4-1。

表 6.4-1　各等级岩爆支护设计要求及支护结构

烈度	支护设计要求	支　护　结　构
轻微	加固围岩、提高围岩强度改变应力状态，完全控制岩爆	喷射钢纤维混凝土
中等	要求支护结构及时作用，具有一定抗冲击能力，岩爆发生后，破裂岩块不脱离母岩，岩爆后不需要清理碎石	带垫板普通砂浆锚杆/涨壳式预应力锚杆/水胀式锚杆、挂钢筋网或钢丝网，喷射钢纤维混凝土

续表

烈度	支护设计要求	支护结构
强烈、极强	要求支护结构及时作用，有较好的韧性和抗冲击能力，岩爆发生后，破裂岩块可脱离母岩，但能被吊住或兜住，岩块弹射速度降低，岩爆后需要清理碎石	带垫板普通砂浆锚杆/胀壳式预应力锚杆/水胀式锚杆、挂钢筋网或钢丝网，喷射钢纤维混凝土、格栅拱架或钢拱架

6.4.3 岩爆条件下支护措施

开挖后形成的临空面使得隧洞围岩处于二向应力状态，采用柔性支护可吸收围岩的部分能量，降低岩块的运动趋势，并使围岩处于三向应力状态，减小岩爆风险。

6.4.3.1 岩爆条件下支护基本形式和性能

在处理岩爆时普遍采用的支护措施包括以下几种：锚杆、喷射混凝土、钢丝网或钢筋网。在轻微或中等岩爆洞段，有时可以通过改变支护设计参数控制岩爆，但对于强烈和极强岩爆，已经无法通过支护方式来完全控制其发生，支护设计的目的在于控制岩爆的危害程度，以达到保护人员和设备安全的目的。

1. 锚杆

（1）锚杆选型。

锚杆是隧道工程中维护围岩稳定，保证施工安全的主要支护手段。某些类型的锚杆还可以作为永久支护结构的一部分而发挥作用。在岩爆洞段，对于应变型岩爆要求锚杆能够有效限制裂纹的扩展，控制破裂剥落和鼓胀；而对于断裂型岩爆应具有一定的抗剪切能力，能够有效提高岩体在高应力作用下的抗剪切破坏能力。对强烈及以上岩爆问题，还要求锚杆具有一定抵抗能量冲击的能力，或者具有吸能机制，要求锚杆具有一定的延性，能在屈服状态下工作。最后还要求锚杆能够迅速发挥作用，保证施工进度和施工安全。针对岩爆问题，锚杆的作用主要体现在三个方面：①加固围岩，提高围岩的强度；②支撑作用，限制扩容，提高韧性，控制裂纹不稳定扩展的速度，消耗能量；③悬吊作用，对于破碎或松动岩块发生的远程激发式岩爆非常有效。

锚杆有很多类型，如普通砂浆锚杆、树脂锚杆、预应力锚杆、锥形锚杆、水胀式锚杆等，各种锚杆各有各的特点和功能，只有充分了解这些特点和功能才能针对不同的岩爆性状做出合理的选择。图6.4-7为各种锚杆的荷载特征曲线，可见，普通砂浆锚杆的承载能力较强，延性较差，其抵抗冲击的能力较好，但吸收能量的能力较差。锥形锚杆的承载能力和延展性都较好，但普通砂浆锚杆和锥形锚杆都是注浆后才起作用，存在砂浆强度龄期问题，锥形锚杆一旦滑动就存在长期防腐能力问题。水胀式锚杆承载能力较普通砂浆锚杆差，但其屈服性能较好，具有良好的吸能能力。各种锚杆的吸能能力如图6.4-8所示，可见，在这些类型的锚杆中，水胀式锚杆具有优异的吸能能力。

根据支护设计要求，岩爆条件下锚杆支护要求应包括5个方面：①快速作用；②支护力高；③延性较好，能在屈服状态下工作；④具有吸能机制；⑤能作为永久支护长期作用。表6.4-2对比了几种常见锚杆的性能，可见，没有一种锚杆能同时满足这五个方面的要求。故在选取锚杆类型时，综合考虑施工方便、抵抗岩爆冲击能力或吸能能力等因素。为了满足

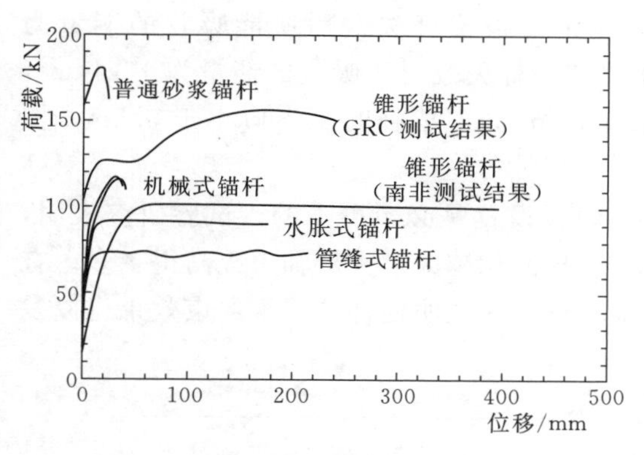

图 6.4-7　各种锚杆的荷载特征曲线

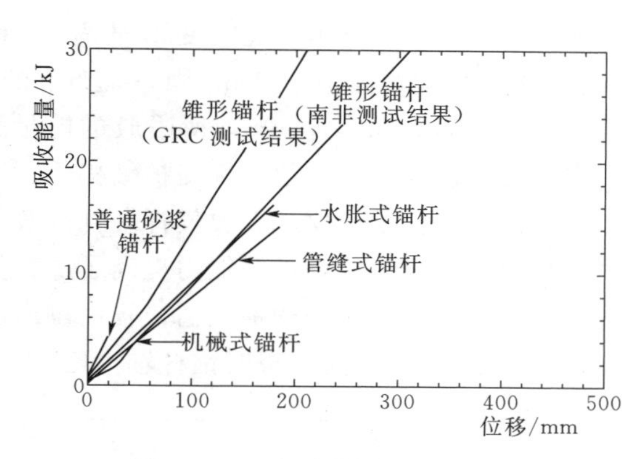

图 6.4-8　各种锚杆的吸能能力

永临结合的目的，引水隧洞中配合使用普通砂浆锚杆、水胀式锚杆和涨壳式预应力锚杆是比较合适的选择。尽管图 6.4-8 中所示的机械涨壳式预应力中空注浆锚杆的性能并不突出，但随着技术的不断进步，现在这类锚杆的强度可以达到普通砂浆锚杆的水平，这意味着其可提供高支护力、抵抗高能量的冲击，而且可做到快速安装并施加预应力，通过垫板给围岩表面提供主动支护力，随后注浆，发挥对内部围岩的加固作用。目前，该类锚杆的引水隧洞中使用表现出较好的支护效果，而且现场的工效试验结果表明其也能满足快速掘进的要求。

表 6.4-2　　各种锚杆的性能比较

锚杆类型	支护力	作用速度	延性	吸能机制	时效性
普通砂浆锚杆	高	慢	差	差	能作为永久支护
树脂锚杆	高	快	差	差	不能作为永久支护
水胀式锚杆	低	快	好	好	不能作为永久支护
管缝式锚杆	低	快	好	好	不能作为永久支护
锥形锚杆	较高	慢	好	好	不能作为永久支护
恒阻大变形锚杆	高	慢	好	好	不能作为永久支护
涨壳式预应力锚杆	高	快	差	差	能作为永久支护
楔缝式预应力锚杆	高	快	差	差	能作为永久支护

(2) 锚杆参数。强至极强岩爆洞段锚杆的长度需要根据围岩破裂损伤的深度和岩爆剧烈程度进行确定。

在强至极强岩爆洞段，用普通砂浆锚杆或涨壳式预应力锚杆做系统支护时，主要是控制围岩内部裂纹扩展速度和尺度，并能抵抗一定的能量冲击，当普通砂浆锚杆穿过裂纹损伤扩展区后，单纯增加锚杆长度，效果并不明显。须通过调整间距来提高其抗冲击能力，锚杆在纵向和环向的间距可以选取为 0.5～1m。

水胀式锚杆作为重要的岩爆防治手段，主要利用其对能量的吸收能力，而一味增加锚固长度，对提高其吸能效果也不明显，在强烈岩爆洞段，须调整锚杆间距来满足设计要求。而间距大小要根据岩爆所释放能量的大小来确定。根据国内外岩爆实录统计结果，极强岩爆时，以岩块动能形式释放的能量可达到 $100kJ/m^2$。假设水胀式锚杆的最大抗拔力为 80kN，锚杆失效时的最大变形量为 200mm，则每根锚杆失效后所能吸收的能量为 16kJ。若锚杆间距为 1m×1m，则系统布置的水涨式锚杆失效时所吸收的能量为 16kJ/m²，若锚杆间距为 0.5m×0.5m，所吸收的能量为 64kJ/m²，但锚杆间距不应小于 0.5m，控制岩爆灾害还需结合其他柔性支护结构。

(3) 锚垫板设计要求。要发挥锚杆的效果，垫板设置是必不可少的。试验研究表明，设置垫板比不设垫板，承载能力提高了 2.5 倍，垫板面积越大，头部轴力提高得越多。有垫板时，锚杆轴向应变的最大值位置向围岩内部转移，这说明锚杆的三维约束效果得以发挥。图 6.4-9 为有无垫板时锚杆轴力比较。

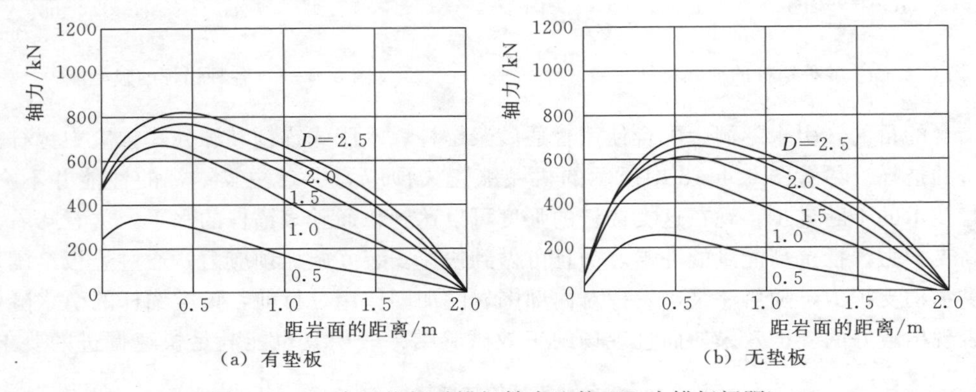

图 6.4-9 有无垫板时锚杆轴力比较（D 为锚杆间距）

通过锦屏二级水电站引水隧洞盐塘组（T_{2y}）洞段现场岩爆后支护性能的调研可以看到，岩爆时很多垫板受到冲击与锚杆脱离，而很少发生垫板弯曲的现象，这说明锚杆与垫板的连接强度不够，除此之外，岩爆时锚杆未发生滑动或者拉断的现象，这意味着岩爆时锚杆未能充分发挥抵抗能量冲击的能力，说明锚垫板的尺寸太小，锚垫板未能与岩面紧贴。

进入引水隧洞白山组（T_{2b}）洞段后，锚垫板的尺寸由原来的 20cm×20cm 改成了 30cm×30cm，且由于采用胀壳式预应力锚杆，以上有关锚垫板的问题都得到了很好的解决。

2. 喷射混凝土

在岩爆洞段，一般采用钢纤维或仿钢纤维喷射混凝土。钢纤维混凝土比普通混凝土的优势在于：①弯曲拉伸及抗剪强度大；②残余强度大；③峰值强度后的变形能力及韧性大，开裂发生后也能传递拉力；④耐冲击。

正因为钢纤维混凝土具有比普通混凝土大得多的柔性，并且能够承受大变形而不会导致表面开裂，所以当岩爆破坏程度较小时，它可以控制围岩劈裂时裂纹向临空面扩展，使其不至于脱落。事实证明，及时喷钢纤维混凝土对于控制片帮、剥落甚至小岩片弹射效果非常明显，当然岩爆烈度较高时，单靠钢钎维混凝土还不够，但它也能吸收一定的能量，降低岩块弹射速度。表 6.4-3 为钢纤维混凝土吸能试验结果。可见，钢纤维混凝土的吸能能力与喷层厚度和钢纤维掺量都有较大关系，钢纤维掺量越高，吸收能量越多；喷层厚度越大，其吸收能量也越多。当喷层厚度为 150mm，钢纤维掺量为 2.63%时，可吸收的能量达 10.9kJ/m²。如果进一步提高钢纤维掺量和喷层厚度，其吸收能量将可达到 20kJ/m²。

表 6.4-3　钢纤维混凝土吸能试验结果

喷层厚度 /mm	钢纤维长度 /mm	钢纤维掺量 /%	吸收能量 /(kJ/m^2)
50	30	1.38	1.7
50	30	2.67	4.09
100	30	1.47	2.16
100	30	2.60	4.72
150	30	2.63	10.9

3. 钢丝网或钢筋网

钢丝网或钢筋网也属于一种柔性支护结构，它的作用具体体现在两个方面：①当岩块在锚杆和喷层仍不能阻止岩块脱离围岩弹射出来时，柔性钢丝网或钢筋网可以兜住石块，从而起缓冲作用，减少人员和机械设备的损失；②在复喷混凝土层时，钢筋网或钢丝网作为加固单元，可以提高喷射混凝土强度和柔性，从而提高喷层的吸能能力。

使用钢丝网加固的喷层，其吸能能力大幅提高，喷层厚度为 150mm 时，吸收的能量可接近 $10kJ/m^2$，如果增加喷层厚度，减小钢筋网网格尺寸，其吸收能量会增加。

钢丝网一般应在初喷混凝土后挂设。钻爆法开挖后，洞边墙平整程度一般较差，为保证钢筋网与岩边墙紧密接触，初喷混凝土应填满洞边墙凹陷。如钢筋网与岩边墙没有紧密接触，复喷混凝土时，钢筋网可能造成混凝土中的大颗粒物质和钢纤维回弹，影响喷层质量，薄弱处可能被弹射岩块击穿。

6.4.3.2　采用的支护措施

锦屏二级水电站引水隧洞的环境十分复杂，强烈、极强岩爆时有发生，其支护措施根据具体情况进行优化。

1. 支护类型

喷（网）+锚杆构成的支护系统是岩爆条件下的正确选择，这是过去几十年来国际深埋地下工程实践经验的总结，也已经在锦屏工程的实践又一次证实：东端 2 号引水隧洞在 2010 年 2 月发生强烈岩爆时，现场完成喷锚系统支护的洞段没有产生围岩大范围破坏。

拱架（包括钢拱架和格栅拱架）在深埋矿山工程中很少使用，但在水工隧洞工程中应用普遍。在钻爆法掘进时，拱架大多数应用于岩爆发生以后的治理，而不是岩爆发生前的防治。当然，当岩体条件相对较差，存在应力型坍塌破坏风险时，需要提前采用拱架。

2. 锚杆类型

锦屏深埋隧洞围岩支护的锚杆类型选择首先需要建立在对围岩潜在问题及其机理的认识基础上，施工单位的实际作业能力也成为选择锚杆类型的重要因素，在某些情况下甚至是决定性因素。在手工安装的条件下，能保证锚杆安装质量和发挥锚杆设计能力成为锚杆类型选择的重要条件。

锚杆的机械安装为锚杆类型选择提供了更多的选择。由于水泥和环氧树脂都可以作为黏结材料，很多类型的锚杆采用这种黏结材料都能快速安装和立即发挥作用，水胀式锚杆快速承载的优势不复存在。因此，在进行机械安装的情况下，采用普通螺纹钢锚杆为主，只有在水胀式锚杆具有明显快速优势时，才考虑使用水胀式锚杆。

3. 锚杆安装工艺

鉴于锚杆类型选择不仅仅依据锚杆的性能，而且还需要考虑施工条件是否能保证锚杆的性能得到及时发挥。因此，锚杆安装工艺显得非常重要。

锚杆安装工艺要求为机械安装，锚杆能以机械旋转过程不断推进的方式被装入锚杆孔内，以保证黏结剂被充分搅拌，满足黏结强度要求。

4. 垫板和螺帽

垫板的设计与锚杆配套，即当锚杆屈服时，垫板应开始产生显著的变形，以增加整个支护系统的抗冲击能力。根据测试，当锚杆和垫板之间满足上述设计要求时，锚杆吸收能量的能力可以提高50%，从而起到给锚杆的缓冲作用。

5. 喷层和挂网

锦屏现场强岩爆段需要充分发挥喷层质量好、作业能力强的优势，需要解决的问题是尽可能加大初喷的厚度，现场出现的岩爆破坏，很大部分都与初喷厚度不足密切相关。

6. 喷层与锚杆的搭配（支护系统性问题）

在喷锚支护体系中，喷层与锚杆的搭配即为支护的系统性，这是岩爆条件下支护设计“艺术性”和关键点之一，这一环节往往成为支护能否发挥预期作用和体现系统性的决定性因素。

6.4.3.3 滞后性围岩破坏（破裂松弛）条件下支护措施

从锦屏二级水电站引水隧洞开挖的围岩响应特征看，局部洞段引水隧洞处于岩爆风险相对较高的洞段，有轻微或中等岩爆的发生，但整个隧洞沿线特别是围岩相对完整洞段（以及局部有结构面发育洞段），高应力导致的破裂松弛、局部垮塌仍是隧洞开挖后的主要响应方式。大多数情况隧洞系统锚杆和喷层都及时跟进至掌子面，使得在强岩爆风险段开挖过程中即使有中等以上的岩爆，因实施了及时的系统支护洞段没有发生大范围的围岩破坏，对机械设备和人员安全没有造成重大的威胁。但这些已经实施了锚杆和喷层支护的洞段，局部仍出现了一些围岩破坏，或者沿某些结构面在高应力的组合下导致围岩的垮塌。

针对现场存在的滞后性围岩破裂松弛现象，对锦屏二级水电站水工隧洞表面支护提出相关优化措施，尽量避免在实施了及时的支护后仍发生围岩破坏的现象。

1. 支护优化原则

（1）加固。主要针对应力和围岩强度之间的矛盾，提高围岩承载能力。

（2）支撑。保持围岩表面和一定深度范围内块体不坍塌，即不出现脱离围岩形成安全威胁。

（3）维持。保持浅表块体不脱离围岩。

概括地讲，所有锚杆都同时具备加固和支撑的作用，而所有的表面支护单元如钢筋网、钢丝网、喷层、衬砌、拱架等都具有维持的作用。

锚杆垫板是连接表面支护和内部支护（锚杆）的纽带，在发挥支护系统性方面具有特别重要的作用，因此要发挥这一锚杆的优势，即在注浆前提供一定的预应力并且能够和混凝土（钢筋网）形成有效的支护系统。锚杆垫板的施工工艺为：开挖后对开挖面及时进行一定厚度的混凝土喷护，然后再进行带垫板的锚杆施工，尽量要做到锚杆垫板与喷层表面的紧密粘贴，在没有实施钢筋网片之前保证喷层和系统锚杆通过锚杆垫板形成一个整体，及时为围岩提供有效的锚固和表面支撑，避免在完成系统支护的洞段仍发生局部的围岩破坏。另外对于涨壳式预应力中空锚杆在施加预应力后应尽可能早的进行注浆，使锚杆和围岩面之间尽早的形成握裹力，使支护的整体性和效果得到更好的保证。

6.4.3.4 防岩爆支护新材料

喷射混凝土中掺加纳米材料和使用仿钢纤维替代钢纤维是近年来锚喷支护技术发展的热点，具有适应复杂地质条件、强度增长迅速、施工方便等突出特点。如能够增加喷射混凝土厚度，提高混凝土支撑性能与黏结性能，降低回弹率，可以为系统锚杆支护提供施工时间和施工安全保障，同时还可以减轻喷射混凝土设备管道磨损，提高混凝土抗渗、抗冲磨、抗冲击、抗弯、抗冻等性能。

但是，纳米材料和仿钢纤维在我国大型水电工程中的应用并不广泛，对纳米材料的主要性能指标，包括强度发展过程、抗岩爆冲击韧性和抗渗性等都还没有足够的实践经验，纳米材料与其他材料掺和、喷射施工工艺还缺乏实践经验，仿钢纤维试验成果也很不系统完整，这都影响了纳米材料和仿钢纤维在水电工程上的应用。

由于锦屏二级水电站水工隧洞沿线地应力高，隧洞开挖后应力重分布造成局部洞段表层围岩形成一层密布的鱼鳞状突起，有些洞段表层围岩破裂（破碎）程度远较一般浅埋隧洞严重，导致喷射混凝土与围岩之间黏聚力相对较差，频繁发生喷层反复脱落，初喷采用常规喷射混凝土实际支护效果不明显。上述各种现象的存在将导致围岩与喷层、衬砌之间不能有效传力，围岩、支护破坏的可能性增加。为研究高地应力条件下洞室支护新材料的应用，实现高地应力条件下隧洞快速支护要求，确保支护材料起到快速早强作用，减少洞周围岩变形和破坏风险，降低施工期和运营期的安全风险，因此开展了高地应力条件下洞室支护新材料的应用研究。

为改善喷射混凝土性能，常常往混凝土中掺加各种类型的外加剂或拌和料，目前常用的外加剂主要有减水剂、速凝剂、早强剂、硅粉、无机纳米材料、钢纤维、聚丙烯微纤维、增韧型聚丙烯合成粗纤维（有机仿钢纤维）等。

通过大量室内试验与现场试验成果对比，结果如下：

（1）纳米材料混凝土综合回弹率与硅粉混凝土相比降低了25%（见图6.4-10），1d强度较硅粉混凝土提高了33%～63%（图6.4-11），快速早强支护作用明显。纳米仿钢纤维与硅粉钢纤维混凝土抗拉、抗折及与围岩黏结强度相差不大。仿钢纤维可以明显提高混凝土的弯曲韧性，但与钢纤维混凝土有明显差距（图6.4-12）。

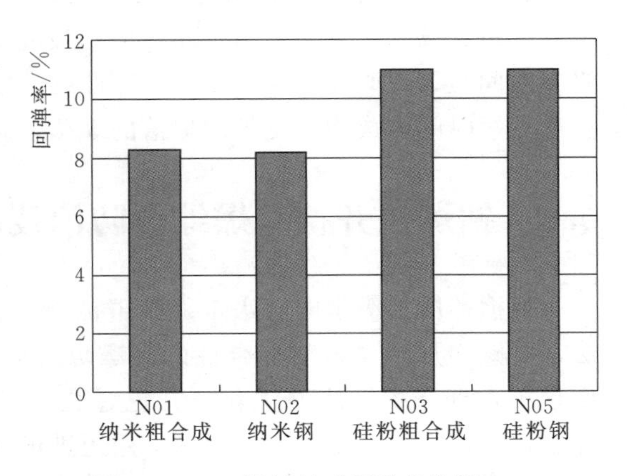

图6.4-10 新材料对回弹率的影响

（2）纳米材料混凝土现场一次喷层厚度可达60mm以上。

（3）掺加6～12kg/m^3粗合成纤维（仿钢纤维），混凝土28d弯曲韧度指数I5均大

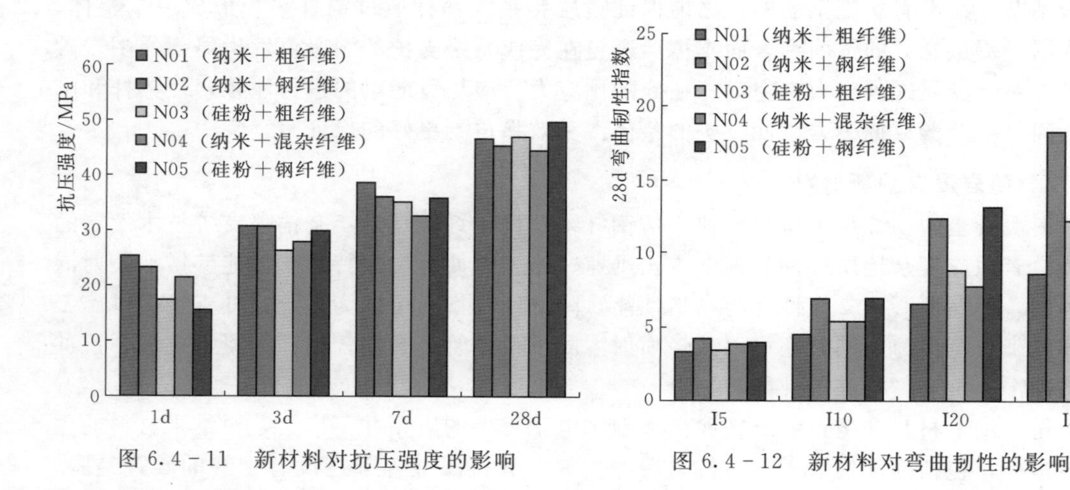

图 6.4-11　新材料对抗压强度的影响　　　图 6.4-12　新材料对弯曲韧性的影响

于 3，满足设计要求；随粗合成纤维掺量增加，弯曲韧性明显提高；长径比为 50、掺量 8kg/m^3或长径比 38、掺量 12kg/m^3条件下，混凝土 I10、I30 及 R30/10 接近或已达到硅粉钢纤维混凝土设计要求；且工程实际应用的新材料混凝土成本较常规硅粉钢纤维混凝土减少了 10%；粗合成纤维不存在钢纤维的锈蚀问题，且耐碱性良好。[注：弯曲韧度指数等于当变形达到某个值时的抗弯韧度除以变形达到第一次裂缝出现时的抗弯韧度，I5、I10、I30 分别表示变形达 3δ、5.5δ、15.5δ 时的韧度指数，其中 δ 为第一次出现裂缝时的变形即初裂挠度。韧度指数 R30/10＝5×(I30—I10)。]

可见，与常规的硅粉钢纤维湿喷混凝土相比，掺加纳米材料和粗合成纤维等新材料的湿喷混凝土综合回弹率较低，快速早强性能优异，抗裂性能提高，易于湿喷施工，对运输、湿喷施工设备损耗减轻，综合技术经济性提高。

掺加粗合成纤维材料后，可以部分替代钢筋网、钢纤维的防裂和增强功能，施工更加经济、省时方便，还能够抑制混凝土塑性收缩及干缩裂缝，提高混凝土抗疲劳性、抗渗透性、抗磨性、抗冲击性能等；能够提高混凝土的支撑性能和黏结性能，产生有效的支护效果；提供混凝土较高的残余强度，改善混凝土的耐久性。而且泵送容易，不易磨损管道，减少回弹等。

大量现场施工表明，由于新材料湿喷混凝土与围岩黏结强度较高、一次喷层厚度大、终凝时间短、短时间强度增长快、弯曲韧性较高，减少了岩爆带来的危害，且明显减少了湿喷后短时间内放炮时支护层塌落的现象，确保了工期和施工安全。

6.5 钻爆法开挖岩爆综合防治技术

根据锦屏二级水电站水工隧洞群的爆破试验成果及开挖特点，结合多种岩爆防治方法，实践中形成了一套综合性的岩爆防治措施。这种综合防治措施涵盖了从开挖前的地质预报，到开挖措施的优化，开挖过程中的应力解除爆破以及开挖完成后的支护措施等。在开挖方法上，一般岩爆段采用短进尺、弱爆破开挖，强烈与极强岩爆洞段则配合应力解除爆破开挖。开挖过程中注意危石清理，在水源比较方便的地方采用高压水冲洗，开挖完成后及时喷护纳米钢纤维（合成粗纤维）混凝土覆盖岩面，及时实施防岩爆锚固措施（包括快速锚杆、挂网、钢拱肋等支护），而后续实施系统锚杆支护。实践证明及时挂网喷射混凝土、施作锚杆能有效减少岩爆发生的概率。现场组织施工时，根据超前地质预报成果资料并结合掌子面揭露的地质情况，分别有针对性地采取处理方法。岩爆防治综合措施流程图见图6.5-1。

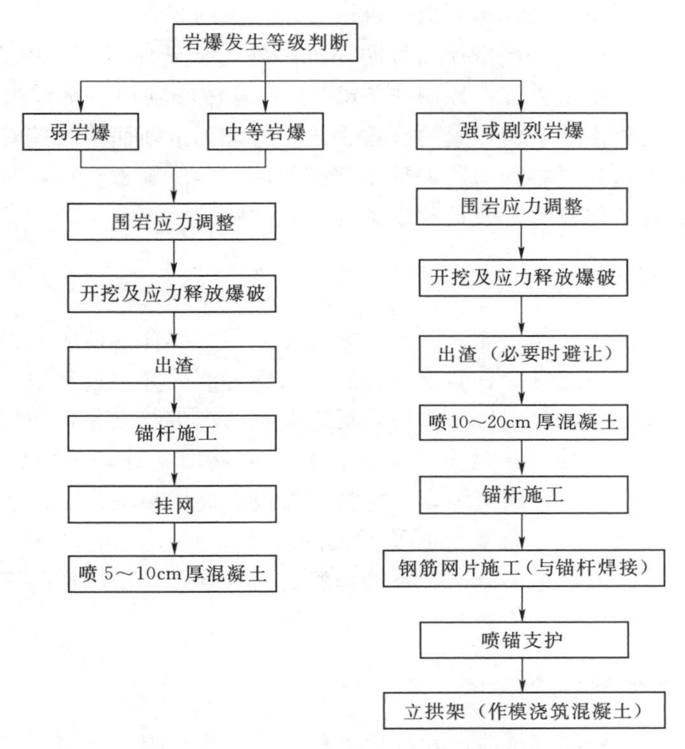

图6.5-1　岩爆防治综合措施流程图

6.5.1　优化开挖程序

在深埋隧洞的开挖过程中，若开挖方法选择不当，则会进一步诱发或加剧岩爆灾害。根据锦屏工程经验，采用钻爆法进行深埋隧洞开挖时，应采用短进尺、小药量和低频次的爆破施工方案，同时优化轮廓爆破设计，提高光面爆破的效果，从而减少围岩表面的应力集中现象。采用多分段延时起爆，严格控制最大单段药量，降低爆破对本洞和相邻洞室群的振动等方式，减轻对围岩的扰动，防止破坏性岩爆的发生。

改变施工方法。在岩爆地段，将全断面开挖改为上下分台阶开挖，使应力逐步释放，同时将下台阶开挖的深孔爆破改为浅孔爆破，减少装药量，减轻应力场叠加作用，达到降低岩爆危害程度之目的。分部开挖采用多臂钻钻孔为主，多层次作业，机动灵活，“岩变我变”，有利于紧急情况撤离，减少损失。

提高光爆效果。在施工中及时调整钻爆设计，提高光爆效果，改善洞边墙应力条件，避免应力集中，降低岩爆频率与强度。

对于潜在的中、弱强度岩爆区，循环进尺一般应控制在 2～2.5m，对于高强度的岩爆区，循环进尺需控制在 2m 以内。采用结合上下台阶法开挖，并且应严格控制光面爆破的钻孔质量和爆破半孔率，最大限度地控制应力集中现象。通过减小单次爆破的规模，将围岩应力分步释放，从而改善其应力条件。当预示有强至极强岩爆发生时必须严格控制爆破孔的深度，即强岩爆控制在 2m 以内，极强岩爆控制在 1.5m 以内，同时采取光面爆破。工程实践表明，采用“短进尺、小药量”可以有效地控制岩爆。

除了适当放缓施工进度，严格控制每循环进尺外，掌子面开挖成中心部位凹进形态，与周边的进尺差以方便施工为宜，控制在 2m 以内，从中心到周边平顺过渡，形成总体上的弧形形态，这也是防治掌子面岩爆的有效手段。考虑到全断面法开挖对围岩扰动大，易诱发岩爆。后期施工遇到强岩爆洞段，采用开挖超前小导洞等方法，通过小导洞提前释放部分应力，以减少后续作业时对人员和设备安全的威胁。

6.5.2 改善围岩特性

地下水的物理化学侵蚀作用能让围岩参数劣化，使其储存的地应力得到较快释放，因此在有地下水出露的洞段通常少有岩爆灾害。在深埋隧洞的开挖过程中，经常对掌子面及围岩喷洒冷水，可以起到软化围岩的作用，促进裂隙的产生与发展，加快应力释放，从而降低岩爆风险。喷洒水作业应在地下工程开挖完成后立即实施，选用喷射距离大于 10m 的高压水。可在开挖爆破前在隧道围岩一定高度处设置高压喷嘴，通过水管供水。待爆破开挖结束后，立即开启阀门，向掌子面及附近围岩喷水 10～30min，喷水角度不宜过大，应保证围岩均匀润湿。虽然这个方法并不能彻底防治岩爆，但仍应作为综合措施里面的一种辅助方法。

6.5.3 应力解除爆破技术

应力解除爆破参数要通过试验确定。应力释放孔布置在岩石完整应力集中的位置。应力释放孔装药控制在孔深的 1/3～1/2，且先于爆破孔爆破。应力释放孔爆破可采取微差爆破实现，也可单独与掘进孔分开爆破。

根据试验结果，应力解除爆破应遵循以下原则进行设计。

(1) 钻孔布置。应力解除爆破孔布置在开挖边界 1.5～2m 范围内，孔距采用 0.4～0.6m，钻孔数量依据断面尺寸和应力释放部位确定。

(2) 钻孔长度。孔深不小于开挖进尺的 2 倍，例如强岩爆条件下开挖进尺控制在 2m 以内，则应力解除爆破孔深应不小于 4m，在锦屏采用 5～6m 的孔深证明是适合的。

(3) 孔向孔斜。钻孔的角度向外呈扇状散开，角度随孔深增大而降低，应力释放孔与主应力 σ_1 的方向尽量垂直或大角度相交。

(4) 装药量。底端应力解除爆破段的装药量需要视实际效果调整。

(5) 起爆顺序。应力解除爆破先于爆破孔起爆。

6.5.4 合理的支护方案

以上三个方面的措施可以不同程度地降低岩爆灾害的风险和等级，却无法从根本上消除突发强岩爆对人员和机械的威胁。既然岩爆主要取决于地质条件、地应力条件和施工触发因素，为减轻岩爆的危害，很重要的一条就是在隧洞开挖前和开挖后对围岩进行及时支护（每循环系统支护紧跟），这样不仅可以改善应力的大小和分布，而且还能使隧洞周边的岩体从平面应力状态变为空间三向应力状态，从而达到减轻岩爆危害的目的，并且还能起到防护作用，防止岩石弹射和剥落造成事故。

针对岩爆防治设计支护方案，应综合考虑实际工程中岩爆产生的特点，有的放矢地选择支护材料及工艺。

在岩爆频发的地区所采用的喷射混凝土应不同于一般的喷射混凝土，初喷作业应选择在爆破开挖结束后立即进行，并且需各种类型的外加剂或拌合料，如纳米仿钢纤维、纳米钢纤维等，从而提高混凝土的抗剪强度，缩短初、终凝时间，同时提高与岩面的黏结性能，对岩爆的防治起到积极作用。

选择适当的锚杆类型及布置形式，如砂浆锚杆、树脂锚杆、胀壳式锚杆、缝管式锚杆、水涨式锚杆、恒阻大变形锚杆等。一般在岩爆区以选择摩擦力和膨胀力大的锚杆为宜，锚杆的长度和密度根据岩爆发生部位的围岩结构条件、岩爆的强烈程度确定。锚杆主要作用是加固围岩防止劈裂和剥离的岩块塌落和弹射。若锚杆支护及时和结构合理，还可以改变洞边墙岩体的应力状况，改善岩爆触发条件，从而达到防治岩爆发生的目的。

预应力锚杆应选择涨壳式锚杆和水力膨胀锚杆，其施工过程简单快捷，故作业时间应尽量安排在开挖结束后至岩爆出现前。另外，设置大角度的超前锚杆，不但可以增加岩体强度，还可在锚杆钻进过程中缓慢释放部分岩体初始应力。格栅钢架需在出渣完成后才能安装，并且需要喷射混凝土进行覆盖。施工完成后，格栅钢、锚杆及混凝土将形成一个整体，支撑围岩并且保证施工安全。

恒阻大变形锚杆是一种一端锚固另一端可自由变形的锚杆，具有大变形的特点。锦屏二级引水隧洞 TBM 在强岩爆洞段施工中开展了恒阻大变形锚杆现场工效试验，恒阻大变形锚杆施工工效平均为 13.21min/根，与预应力锚杆相比，同样的钻机、钻杆、钻杆连接套、钻头，恒阻大变形锚杆的造孔工效与预应力锚杆相比，造孔工效相当，但锚固剂安装时间较长，且锚固剂凝固还需要一段时间，较难给杆体快速施加预应力，从而体现不出支护快速达到预应力的效果，并且在岩爆段施工该类型锚杆，由于锚固剂安装时间较长，工人暴露在岩爆围岩的时间增加，不利于施工安全，因此，此类锚杆在锦屏二级引水隧洞没进行推广。但该类型锚杆更适用于软岩变形较大洞段。

6.5.5 加强地质预报和岩爆微震监测

在隧道施工过程中，运用各种超前预报方法来指导施工是很重要的且也很必要。通过观察尽量找出岩爆发生前的征兆，逐步积累经验，开展岩爆预报，减少岩爆产生的危害。如在施工中根据有无地下水、岩体完整性、岩石软硬、岩性及地质构造进行初判，通过岩石裂缝的发展、岩体内的声音、暴露时间的长短判别是否会落石伤人。岩爆严重地段通过对边墙面的敲击，若发现“空、空”的声音，则应及时加强支护，若岩层内发出沉闷的声响时要及时撤离。除了这些常规的人工预测手段外，常见的地质超前预报方法有地震波法、地质雷达法、地表电法，这些方法对工程施工中的预报准确度的提高大有裨益。

采用微震监测方法预测岩爆是一种较好的手段，依据预报成果选择施工方法，制定施工措施。

6.5.6 其他安全措施

(1) 岩爆个人防护及躲避措施，增设临时防护设施，给主要的施工设备安装防护网和防护棚架，对施工人员加强安全教育，循环作业时间中须安排适当的待避时间。给施工人员配发钢盔、防弹背心等，加强巡回撬顶，及时清除爆裂的危石，确保施工人员的安全。

(2) 主动规避。极强烈岩爆洞段，岩爆难以控制时，应主动进行躲避一段时间，防止岩爆危害设备和人员安全，直至岩爆平静为止。

(3) 对围岩的再次扰动，是产生第二次岩爆的诱因。因此，要求对容易发生岩爆或发生过强岩爆的部位，必须一次处理到位。

(4) 现场可对反铲、装载机的薄弱部位安防弹钢丝网和加厚钢板予以加固，以确保设备人员安全。需严格控制掌子面两倍洞径范围内的人员停留。

第7章

TBM 掘进岩爆防治技术

TBM 为全断面硬岩掘进机，在地质构造简单，岩石强度适中的长隧洞工程中，采用 TBM 掘进可以大大提高掘进效率。但深埋隧洞采用 TBM 掘进时，当遭遇到强岩爆时，若处理不当可能产生严重后果。显然，工程建设中需要回避这种风险。由于 TBM 掘进条件下掌子面后方 5m 范围属于机头占据的区域，现实中几乎无法对这一区域内的围岩状态采取及时有效的干预措施，使得 TBM 掘进条件下对该段岩爆控制显得“束手无策”。以往国际深埋工程实践中的岩爆控制经验几乎全部来自于钻爆法施工，可以为锦屏工程钻爆法条件下的岩爆控制提供一定的借鉴，但 TBM 掘进条件下的岩爆控制却无先例可循。本章以锦屏二级水电站引水隧洞 TBM 掘进工程实践为基础，对深埋长隧洞 TBM 的选型、使用 TBM 掘进时的岩爆防治与控制思路及相应的控制方案进行详细的叙述，并对极强岩爆风险下 TBM 掘进的导洞开挖方案进行优化。

7.1 深埋长隧洞 TBM 的选型

7.1.1 TBM 的制造及应用现状

7.1.1.1 国际方面

自 1952 年首台 TBM 在美国研制完成以来，经过几十年的发展，TBM 制造技术已趋成熟。随着 TBM 制造技术的发展，全断面 TBM 施工的应用技术也越来越先进，且被大量运用在铁路、公路、水利水电等工程的隧道施工中。在欧洲，30%的公路隧道使用 TBM 施工，尤其是长大隧道，多数使用了 TBM 施工。

著名的英吉利海峡海底隧道全长 48.5km，海底段长 37.5km，且隧道最深处在海平面以下 100m，由两条开挖直径 8.6m 的单线隧道及一条开挖直径为 5.6m 的辅助隧道组成，隧道全部采用 TBM 施工，英国共投入 6 台 TBM，其中 3 台施工海底段，单向推进 21.2km，3 台用于岸边段隧道施工；法国投入 5 台 TBM，3 台施工海底段，与英国掘进隧道对接贯通，2台施工岸边段。

瑞士尤特利公路隧道全长4.46km，双向四车道，由两条平行的隧道组成，每条隧道宽10.5m，隧道施工先用一台直径5m的TBM开挖导洞，然后采用直径达14.4m的TBM扩大开挖，且为运送弃渣专门用TBM开挖了一条长3.5km的出渣隧道。

瑞士圣哥达铁路隧道部分洞段亦采用TBM施工，该隧道全长57km，最大埋深2300m，由两条洞径9m的平行隧洞组成。采用4台TBM施工。

7.1.1.2 国内方面

国内TBM制造始于20世纪60年代中期，截至2006年共生产了14台，直径在2.5～5.8m之间。但当时国内生产的TBM与国外引进的先进产品相比还有一定差距，其机械性能、配套设备、设计制造、施工操作、机械设备维修保养以及隧道施工适应性等均不能同国外引进的TBM相比，掘进速度缓慢，最高月进尺不超过300m。但TBM制造技术已列入我国“863”“973”计划，TBM设备已进入全面国产化阶段。目前国内生产厂家主要有中国铁建重工、中铁装备和北方重工。中国铁建重工2014年生产了第一台直径7.9m的TBM，用于吉林引松工程，目前已完成制造和签订合同近20台，生产TBM的最大直径7.9m、最小直径4m，占据国内市场的70%左右。设备性能和国外厂家相当，主要部件也均采用进口产品，其第一台TBM在吉林引松取得不错的成绩，最高月进尺突破1000m。中铁装备采用维尔特技术，亦于2014年生产其第一台直径7.9m的TBM，用于吉林引松工程，其设备性能和国外厂家相当。北方重工在引洮和辽西北引水已生产过TBM。随着国内厂家具备中等直径TBM的生产能力，近两年的国外厂家在国内TBM设备采购中鲜有中标。

我国在TBM施工方面已取得了长足的进展，广泛地运用于铁路、水利、水电等工程中，如贵州天生桥二级水电站引水隧道、西康铁路秦岭隧洞、西合铁路磨沟岭隧洞、辽宁大伙房水库输水工程、甘肃引大入秦工程以及广州地铁、北京地铁、成都地铁工程等。其中天生桥二级水电站引水隧洞较早引进美国罗宾斯生产的直径10.8m的全断面岩石TBM，取得了一定的经验。

西康铁路秦岭隧洞长18.46km，开挖直径8.8m，埋深小于1600m，隧洞以花岗岩和混合片麻岩Ⅱ类围岩为主，岩石抗压强度达110MPa，并发育F4大断层和存在弱～中等岩爆。工程采用开敞式TBM施工，轨道运输，月平均进尺380m。

西合铁路磨沟岭隧洞长6.11km，开挖直径8.8m，埋深小于1000m，隧洞围岩以Ⅲ、Ⅳ类岩石为主，岩石抗压强度27MPa。工程采用开敞式TBM施工，轨道运输，月平均进尺250m。

辽宁大伙房水库输水工程长85.3km，开挖直径8.05m，埋深小于420m，隧洞以片麻岩和石英岩Ⅲ类围岩为主，岩石抗压强度30～114MPa。工程采用开敞式TBM施工，连续皮带机运输，月平均进尺480m。

甘肃引大（大通河）入秦（秦王川）工程的水磨沟隧道采用美国罗宾斯生产的双护盾型岩石TBM施工，该隧道长11.65km，开挖直径5.53m，隧道最大埋深330m，穿过结晶灰岩、板岩、含漂石砂砾岩、砂岩、泥质粉砂岩、黄土等软硬不同的岩层，创下了最高月进尺1300.8m，最高日进尺65.6m的隧洞掘进记录。

上述工程实例证明，采用 TBM 施工，有以下优点：①施工安全；②施工速度远远超过钻爆法施工方法；③施工质量好，对围岩扰动小；④机械化程度高，施工方便，使用的劳动力极少，可减轻工人劳动强度，便于施工管理。

7.1.2 TBM 选型分析

7.1.2.1 TBM 适应性

直径 1.5～15m 的圆形隧道，都适合 TBM 施工，特别是水工隧道、铁路隧道等，在断面积上得到充分利用，圆形断面非常适用输水隧洞，特别是 TBM 掘进成型的光滑岩面，使得输水隧洞在输水中减少了水头损失，同样原因也有利于隧道的通风要求。TBM 可以开挖坡度变化范围较大的隧道，以满足工程设计需要。隧洞的坡度受到所选择运输方式的限制，轨道运输时坡度不能大于 1∶6，采用无轨运输时的坡度受牵引车辆能力的限制。

锦屏二级引水隧洞工程地质及水文地质条件是适合 TBM 施工的，但采用何种形式的 TBM，需要考虑岩石条件，并重点考虑岩爆、高压大流量涌水段及破碎带的影响。

7.1.2.2 TBM 的类型和特点

TBM 分为开敞式、扩孔式、单护盾、双护盾、三护盾等类型。

1. 开敞式 TBM

(1) 开敞式 TBM 特点。开敞式 TBM（图 7.1-1）在相对较完整、有一定自稳性的围岩中，能充分发挥出优势，特别是在硬岩、中硬岩掘进中，强大的支撑系统为刀盘提供了足够的推力。使用开敞式 TBM 施工，可以在开挖后较短的时间内直接观测到被开挖的岩面，从而能方便地对已开挖的隧道进行地质观察。由于开挖和支护设备分开布置，使开敞式 TBM 刀盘附近有足够的空间用来安装一些临时、初期支护的设备，如钢拱架安装器、锚杆钻机、超前钻机、喷射混凝土设备等。应用新奥法原理，这些辅助设备可及时有效地对不稳定围岩进行支护，许多工程实例充分证明了开敞式 TBM 在这些方面的成功经验。

图 7.1-1　开敞式 TBM

选用开敞式 TBM，衬砌可采用管片，也可采用模注。而护盾式只能采用管片衬砌，管片衬砌费用要高于二次模注衬砌，且二次模注衬砌在防水、速度和质量上更易于控制。

开敞式 TBM 相对于护盾式 TBM，在主机价格上也有 20%左右的优势。

(2) 开敞式 TBM 主要结构。开敞式 TBM 设备结构分为主机、连接桥和后配套三部分。TBM 设备后接连续皮带机。

主机包括刀盘、护盾、主轴承及其密封、驱动组件、主梁及后支撑、支撑系统、推进系统、润滑系统、液压系统、电气及控制系统（含 PLC）、主机皮带机等。

主机辅助设备包括初期支护L1区（包括钢拱架安装器、锚杆钻机、钢筋网安装器、混凝土应急喷射设备、超前灌浆钻机、地质勘探钻机等）、底部清渣设备、可移动的挡水护盾（防水篷）、主机除尘系统、激光导向系统、洞内气体监测及控制系统、电视监测系统、步进机构等。

连接桥为连接主机与后配套的平台。

后配套包括支护台车、辅助设备台车及尾拖板三部分。

后配套辅助设备包括后期支护L2区（布置于支护台车区，包括锚杆钻机、混凝土喷射系统、水泥砂浆喷射系统等）、高压电缆卷筒（含550m电缆）、变压器、应急发电机、风管储存箱等。

连续皮带机包括控制系统、驱动组件、皮带储存装置、皮带、皮带张紧机构、硫化设备、支架和托辊、调偏托辊、皮带刮渣器等。出渣采用连续皮带进行，连续皮带分为3节，使用变频电机驱动。

（3）开敞式TBM应用。磨沟岭隧道是穿越秦岭山脉的铁路越岭隧道，隧道全长6.11km，处于秦岭中低山区，隧道处基岩大多裸露，为泥盆系中统石英片岩及大理岩夹云母石英片岩，岩石饱和抗压强度为27MPa左右，Ⅲ、Ⅳ级围岩所占比例达71.5%，使用直径8.8m开敞式TBM进入岩质较软的绢云母石英片岩地段后，由于挤压揉皱使岩体破碎，隐形节理和裂隙发育，结构面光滑，岩层软硬交错，特别是地下水相对富集地段，非常容易造成围岩软化失稳、坍落。据统计在隧道掘进中，共支立圈梁5400余榀，一次连续进行超前注浆和管棚支护长度132.8m，全隧道施工中支护时间比例占50%以上，掘进时间比例仅为21%，月平均掘进速度为250m。磨沟岭隧道的顺利贯通，充分反映了开敞式TBM运用及时有效的支护措施，能够胜任软弱围岩和不确定地质隧道的掘进功能。

2. 扩孔式TBM

（1）扩孔式TBM特点。扩孔式TBM见图7.1-2，它是一种先开挖导洞，紧接着分级或一次扩孔掘进成洞的掘进设备。在用TBM开挖隧洞时，当刀盘最外缘的边刀滚动线速度超过刀具设计最大允许值（2.5～3m/s）时，从破岩机理分析，破岩量将停止增加，此时缘边刀的使用寿命将急剧下降，由于刀盘最外缘刀的滚动线速度为刀盘转动角速度和掘进机开挖直径之乘积，因此当开挖直径较大时，刀盘的转速受刀具最大线速度的限制而

图7.1-2 扩孔式TBM

不得不相应减小，从而降低了掘进速度。此时，采用一台较小直径的全断面掘进机先沿隧洞轴线开挖一条导洞，然后再用扩孔式掘进机将隧洞扩至所需直径。扩孔式掘进机最大开挖直径可达 15m。

扩孔式 TBM 的优点主要有：①开挖导洞时已掌握了详细的地质和岩相资料；②在开挖导洞时可对围岩采取预防措施以改善岩石开挖质量，减少扩孔时出现突发情况导致施工长期中断的风险；③利用导洞可进行排水、降低地下水位和处理瓦斯；④可及时进入关键的隧洞段或通风竖井；⑤扩孔时可用导洞进行通风；⑥由于机器主要支撑在导洞里，扩孔刀盘后面有足够的空间可立即进行岩石支护；⑦与全断面掘进机相比，较易改变开挖直径，只要导洞直径不变，机器前部就不需要修改。

主要缺点有：①要用一台开挖导洞的全断面掘进机和一台扩孔式掘进机，总投资较高；②掘进导洞加上扩孔时间，总的施工时间较长；③若导洞开挖需进行大量复杂的岩石支护，则应慎重考虑是否选用扩孔方式开挖隧洞。

应该指出的是，若已有一台旧的小直径全断面掘进机，用其开挖导洞再进行扩孔，总投资并不比一台新的大直径全断面掘进机高。此外，由于导洞的施工期不到大直径全断面掘进机的 50%，而通过导洞开挖掌握了扩孔中可能遇到的各种问题的详细资料，扩孔机的施工期不会超过同直径全断面掘进机的 75%，所以利用已有的小直径全断面掘进机先进行导洞施工，同时订购扩孔机，则完工期可能提前。

(2) 扩孔式 TBM 主要结构。扩孔式 TBM 的结构，主要由扩孔刀盘和刀具、刀盘驱动装置、前后两套外机架及支撑系统、内机架、推进系统、前中后三套支承以及包括皮带输送机的出渣系统等组成。

(3) 扩孔式 TBM 应用。扩孔式掘进机的生产商主要有德国的维尔特公司，分为二级扩孔机（扩孔二次）和一级扩孔机（扩孔一次）。从 1970 年第一次使用扩孔式掘进机，共开挖了 8 条隧道，开挖直径为 6～12m。20 世纪 90 年代初，维尔特一级扩孔式 TBM（直径 10.8m）在瑞士洛卡诺（LOCARNO）公路隧道施工中最高日进尺 24m，最高月进尺 385m。

3. *护盾式* TBM

在开敞式 TBM 的基础上结合盾构的结构形式，使开挖和衬砌同步完成而形成的护盾式 TBM（图 7.1-3）。利用已安装的管片提供推力完成掘进，是护盾机可以在软弱围

图 7.1-3 护盾式 TBM（适用于破碎岩石条件）

岩和破碎地层中掘进的基础，它解决了开敞式TBM在软弱围岩中撑靴不能提供有力支撑的劣势。由于双护盾TBM在后盾上也设置了支撑靴，因此双护盾还具备了在硬岩条件下，仍能为刀盘提供强大推力进行切削，从而增强了双护盾TBM的适用范围。

虽然护盾式TBM有圆筒形护盾保护结构，并能在掘进同时进行管片安装，但是它更适用于地层相对稳定、岩石抗压强度适中、地下水不太丰富的地层施工，高速掘进纪录也大都在这类隧洞施工中创造。当它在地应力变化大、块状围岩时如不能及时、迅速通过，则护盾有被卡住的危险。

为了解决护盾式TBM在不良地质体中掘进时盾壳被卡的风险，应设法缩短护盾的长度，伸缩内护盾的外径与支撑护盾外径尽量保持一致，以减少被石渣卡阻的可能。刀盘直径相对前护盾直径要有足够的间隙，以满足围岩可能的变形需要，特殊地质条件下选用可进行刀盘上下、左右移动的结构等。决定护盾长度的因素除结构外，还有设计管片的宽度、管片的安装方式；在通过松散地层时，铰接的伸缩护盾也很容易使岩石楔状体松动、坍落并堵塞到护盾上，使TBM有被卡往的危险，因此需换成单护盾掘进模式。

2000年一台直径4.92m双护盾TBM在山西引黄工程中创造了1821.5m的月掘进纪录。

7.1.3 TBM主机类型确定

开敞式、护盾式（单护盾、双护盾、三护盾）等各种类型的TBM都具有自已最适应的地质条件，但是同时对其他地层都有不同程度的局限性。一般来说，开敞式TBM对于岩爆、高压水及十分破碎的岩体如断层、破碎带、局部软岩、高压水流或溶洞等较难适应。

随着TBM和辅助功能的完善与发展，如拱架安装机、锚杆安装设备、挂网机构、高效的喷混凝土系统等快速初期支护能力，超前预报及超前注浆功能等系统的采用，开敞式TBM具有了十分完善的功能和先进的技术性能，使之发展成为一定意义上的复合式TBM，对围岩的适应性进一步加强。

例如：秦岭隧道是典型的TBM施工的硬岩铁路隧道，磨沟岭隧道是以软岩为代表的铁路隧道，大伙房隧洞是以中硬岩为主的长大输水隧洞，以上都采用了开敞式TBM施工。由于支护技术和支护手段的进步，使得开敞式TBM的适应能力得到很大的拓展。

对于护盾TBM掘进，可以采用单护盾和双护盾和三护盾三种模式，在围岩较好时可以采用只有顶护盾的开敞式TBM。如果遇到局部围岩不稳，可以在TBM刀盘后进行临时支护，如锚杆、喷混凝土、钢筋网、钢支撑等即可以确保围岩稳定；必要时采用超前灌浆加固前方围岩后再掘进。如遇高压大流量地下水，可以利用护盾阻挡地下水，不致伤害人员和设备。

锦屏二级水电站引水隧洞大部分埋深为2000m左右，最大埋深2525m，隧洞大部分地下水水头为700～800m，最大水头1000m，实测最大地应力超过100MPa，岩石强度55～114MPa。水压力和地应力是影响成洞后隧道质量的主要因素。如果采用管片衬砌的双护盾TBM，可能在地层变形尚未完全收敛前，管片已经安装和回填完毕，管片将替代围岩结构承受地层压力，将会导致管片的破损。隧洞建成后，地下水的处理以堵为主，以排为辅，这也意味着地下水位线将回复到开挖前的水平，水压力将独自对管片作用，每平方米管片外圆表面将承受1000t的压力，管片是否能够承受，或接缝是否漏水，也需要考虑。同时采用管片衬砌费用增加30%左右。

结合锦屏二级水电站引水隧洞地质情况及岩爆、涌水等特点，宜采用TBM全断面掘进的方式。后配套功能应考虑配置超前钻灌、支护锚杆、喷混凝土、钢拱架架设等设备能力要求。甚至可把混凝土瓦片安装机与灌浆设备相结合，以考虑防岩爆飞石的顶棚防护及机电防水设施。另外，锦屏二级水电站引水隧洞工程的TBM还要解决高压大流量地下水突涌对人员和设备的影响。

经过多方面的分析和比较，锦屏二级水电站引水隧洞工程采用开敞式TBM施工。采用较短的双护盾TBM或开敞式+短护盾TBM，这种TBM要能采用支撑掘进，护盾结构尽量短，护盾顶部与围岩有足够的间隙，避免不良地质段围岩收缩卡住护盾。

7.1.4 锦屏二级水电站TBM构造和主要参数

锦屏二级水电站引水隧洞的施工条件及要求主要有：TBM施工隧洞长度13～14km（全断面开挖）；隧洞埋深一般1500～2000m，最大2525m；纵坡为3.65‰及平坡。隧洞成洞尺寸：全断面开挖洞径12.4m，衬后过水断面直径11.2m。进度要求：平均进度450m/月（开敞式TBM全断面法开挖）及550m/月（开敞式TBM导洞法开挖）；TBM施工场地条件：场地狭窄。

东端1号、3号引水隧洞所采用的两台全断面硬岩TBM是通过国际招标的方式采购的。其中1号隧洞TBM编号为锦屏一号，由美国罗宾斯公司生产；3号隧洞TBM编号为锦屏二号，由德国海瑞克公司生产。

锦屏一、二号TBM类型为开敞式，开挖直径12.4m，选用变频驱动和连续皮带机出渣方式。其中锦屏一号TBM全长约215m（不含轨道平台），锦屏二号TBM全长约158m。两台TBM工地最大起吊重量260t，运输最大重量105t，直径7.25m。一般岩石状况下TBM一个行程内纯掘进能力不低于3.6m/h。除了基本的掘进设备和必备的供电、供水、通风等辅助设施外两台TBM还配备了钢拱架及钢筋网安装设备、锚杆钻机、超前钻机、喷混凝土等功能性设备，具备较强的系统支护能力和一定的超前钻探能力。

7.2 TBM掘进岩爆防治与控制思路

7.2.1 TBM掘进条件下的岩爆特点

从岩爆发生机理方面讲，TBM掘进和钻爆法开挖之间没有本质的差别，二者在诱发岩爆之间的不同之处主要体现在：

（1）TBM对围岩损伤小的特点可以帮助保持开挖面大理岩的脆性特性，从这个角度讲，有助于岩爆的产生，不利于岩爆风险控制。钻爆法的爆破损伤与岩爆控制的应力解除爆破措施对围岩进行了改造，因此有助于控制岩爆风险。这种差异在岩爆程度相对不高时或许更明显，即钻爆法掘进时岩爆较弱或基本无岩爆的一些洞段，TBM掘进时岩爆现象可能比较普遍。

（2）从力学原理上讲TBM小进尺的掘进方式有利于控制能量释放率的大小，即所切削的围岩一般可以总是位于屈服区以内。钻爆法的掘进进尺可以部分或全部地穿过屈服区进入到围岩应力集中区，从而具备更高一些的能量释放率。从开挖导致的能量释放率角度看，TBM 掘进似乎更有利一些。不过，这是忽略了时间因素，即忽略了掘进速度和能量调整之间的时间关系。若 TBM 掘进时的进尺速度大于被切削围岩的能量有效释放的速率，那么 TBM 掘进的这种作用在现实中可能得不到体现。锦屏工程的实践证明，即便假设 TBM 掘进存在有利于能量释放率的优势，但正因为能量释放的滞后性，TBM 掘进遭遇到更普遍和更强烈一些的岩爆问题。当然，TBM 掘进形成的光滑洞形可减少应力集中，从这方面讲，有利于岩爆控制。

(3) 相对于钻爆法施工而言，锦屏二级水电站深埋隧洞 TBM 掘进条件下岩爆的特点如下：

1) 总体来说，TBM 掘进可能更容易导致岩爆的发生，破坏程度也相对严重。

2) 强岩爆条件下，TBM 掘进岩爆对施工进度的影响更大，在处理同等条件下岩爆破坏的施工难度和所需要的时间消耗方面比钻爆法大。

3) 两种开挖方式下岩爆主要发生在新开挖面一带，由于钻爆法掘进时可以实施包括对掌子面的封闭处理，使得对岩爆高发段存在人工干预的现实条件。而 TBM 掘进时的岩爆发生在机头覆盖的数米长度范围内，受到 TBM 机器设备的“屏蔽”，很难在岩爆发生前实施有效的干预。

4) 尽管两种掘进方式下岩爆主要产生在新开挖面一带，即掌子面及其以后数米的区域范围内，相比较而言，TBM 掘进时可能更有利于滞后性的岩爆破坏或同一部位多次发生岩爆的处理。

7.2.2 TBM 掘进的岩爆防治思路

TBM 掘进条件下的岩爆防治工作受到这种特定的开挖方法的制约，可选择余地较小。TBM 掘进条件下具体的岩爆防治措施需要考虑潜在岩爆风险程度和工程可以接受的程度，总体上可以分为设计层面和施工层面的措施。前者着眼于 TBM 掘进可能存在 TBM 自身难以解决的问题，需要依赖其他非常手段实现 TBM 掘进，涉及其他层面的问题。后者建立在 TBM 基本可以顺利掘进，施工方法不存在不可逾越困难的认识基础上，即工程中基本可以承受这些风险。

TBM 掘进条件下岩爆防治设计层面的措施依然从降低潜在岩爆部位能量水平和提高围岩抗冲击能力两个方面着手，但将降低能量水平的工作思路转化为现实方法时受到很大限制，缺乏实施条件。因此，优化围岩支护成为 TBM 掘进条件下岩爆防治的主要工作方法。

从国外某隧道工程岩爆防治的实施情况看，支护成为 TBM 掘进时岩爆防治的唯一手段。该工程采用了水胀式锚杆和钢筋网作为支护手段（见图 7.2-1），锚杆和网片通过垫板的紧密结合，锚杆紧跟到了齿形护盾位置，这体现了支护的系统性和及时性。在锦屏二级水电站隧道支护工作中借鉴了这些经验，施工过程中，先初喷钢纤维混凝土取得了更好的效果。

根据上述关于 TBM 掘进时岩爆特征和危害的认识，锦屏工程使用 TBM 掘进时采取了如下岩爆防治措施。

(1) 掘进以后在主机支护区尽可能快地进行初喷处理，喷层应尽可能地接近护盾，形成早期封闭。初喷是最具条件保证质量的支护措施，也是非常有效地维持围岩强度、为围岩提供早期支护的措施，实践过程中保证了这一可行措施的落实。喷层厚度要求参照设计文件，视岩爆程度可不限上限，应添加钢纤维。

（2）初喷以后在主机支护区立即施作锚杆，锚杆类型需要考虑实际设备能力。在不具备机械安装的条件下可使用水胀式锚杆。在具备机械安装条件下，可以使用水泥药卷或环氧树脂黏结的全长黏结普通螺纹钢锚杆，或者是增加了后期注浆功能的机械胀壳式锚杆。锚杆采用较大的垫板（如 20cm×20cm）紧贴在喷层上，构成内外结合的支护系统。

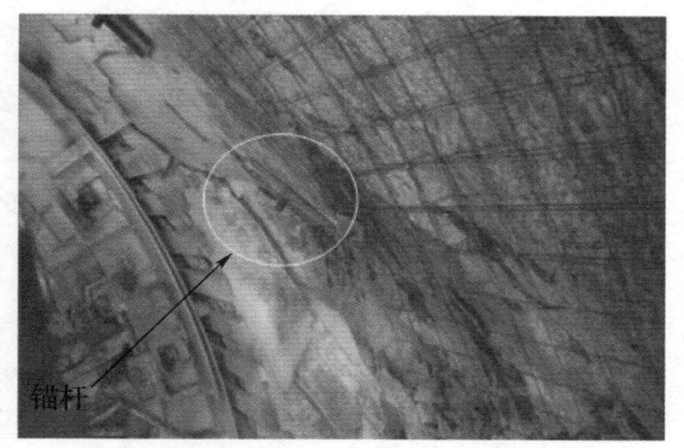

图 7.2-1　水胀式锚杆和钢筋网支护系统

（3）上述的喷锚支护系统构成岩爆条件下 TBM 掘进时的临时支护系统，同时也是永久支护的一部分。连接桥支护区的支护主要考虑以挂网和二次喷护为主，为保证网片和初期喷护的有效结合，采用专门补充连接网片的措施，甚至补打二期锚杆。

（4）当掌子面一带出现强岩爆，围岩在护盾区即发生严重破坏时，钢拱架就成为必要的支护措施，且钢拱架与岩面之间布置钢筋网，同时加强钢拱架与锚杆的连接。

需要说明的是，上述措施只是在岩爆发生以后的被动防御，并不能避免岩爆的产生，但可以有效地防止受岩爆和高应力影响岩体从护盾揭露以后的破裂扩展，即有效控制住护盾以后出现的岩爆。

当强烈岩爆频繁发生时，掌子面岩爆和掌子面后方数米区域范围的围岩破坏不可避免，当这些破坏对 TBM 掘进造成严重影响时，上述仅能起到被动防御作用的措施对这种破坏显得无能为力，因此也不能帮助加快 TBM 掘进进度。在这种条件下，围绕 TBM 本身研究措施可能已经不能解决问题，这种条件下保证 TBM 顺利向前推进的有效措施是改变施工组织，即通过 TBM 先导洞解除围岩应力的方式为 TBM 掘进创造条件。导洞的开挖涉及整个施工组织设计的调整，需要考虑现实可行性和经济合理性。

导洞开挖的前提条件是 TBM 掘进显著滞后于钻爆法，TBM 掘进所受岩爆影响的严重程度已经难以保证 TBM 向前掘进。换句话说，TBM 掘进遇到了难以逾越的困难，需要采用非常手段。从这个角度讲，这种条件下的岩爆防治措施可视为一种应急预案。

7.3　一般岩爆风险下 TBM 掘进岩爆控制方案

7.3.1　TBM 技术措施

7.3.1.1　设备防护和改造

岩爆和塌方给在主机支护区域施工的人员带来很大的威胁，也会造成设备的严重损坏，为保证 TBM 掘进过程中主机支护区安装锚杆和挂网人员的安全，在施工过程中结合 TBM 自身构造，在指形护盾后增加了 4 套可翻转指形护棚（图 7.3-1）。此护棚的作用是：①TBM 停机维修时，指形护棚伸开，保护钻机维修人员安全；②TBM 掘进过程中，防止大石块下落，指形护棚收缩后，顶部的石渣可落下，避免意外砸坏钻机设备；③工人在护棚防护作用下进行挂网和锚杆安装施工，在一定程度上保证了人员的安全。

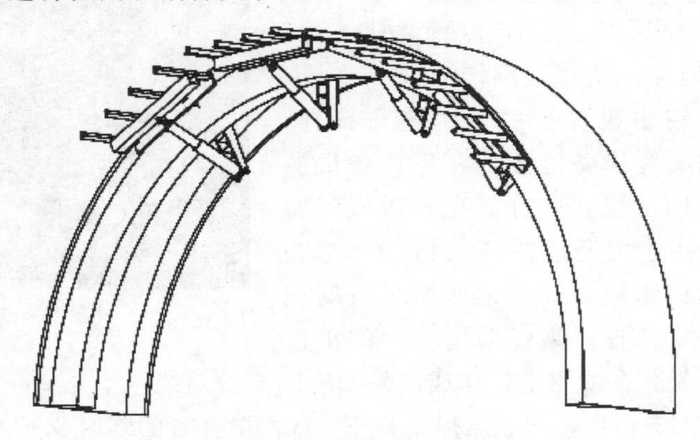

图 7.3-1 增加的可翻转指形防护棚

增加后的平台方便挂网，挂网时间明显减少，使工人在围岩下暴露的时间更少。主机支护区域后方增加的挂网平台如图 7.3-2 所示。

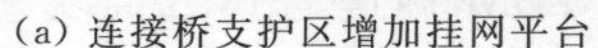

(a) 连接桥支护区增加挂网平台 (b) 主机支护区两侧增加挂网安装锚杆平台

图 7.3-2 主机支护区域后方增加的挂网平台

增加可翻转指形防护棚使用情况如图 7.3-3 所示。

图 7.3-3 增加可翻转指形防护棚使用情况

7.3.1.2 调整掘进参数

在岩爆段为了保证设备和人员安全，一般都需要调整刀盘贯入度和转速等放慢掘进速度，为避免落石带来的危害，开挖完成一段距离后立即停机进行支护。

当掌子面发生岩爆后，刀盘前面堆积大量石渣，容易造成刀盘被压，因此需要将刀盘前方石渣全部转出后再调整掘进参数，此刀盘前部已经形成塌腔，为保证主轴承的安全，需要按照岩爆段的低推力、低转速、小贯入度的参数进行掘进。

掌子面前方岩爆往往都是正面冲击或者斜向下冲击刀盘，此种工况会对主轴承造成一定的损伤，为避免此种情况的发生，在 TBM 操作过程中，可适当的将撑靴压力减少到仅保证能够掘进，同时后支撑不能离岩面太高，离地有一定的间隙，保证 TBM 能正常掘进，这样既能给正面冲击一个缓冲的空间又能防止主梁上部正面冲击，但这需要及时的清理后支撑底部石渣。

7.3.2 优化支护措施

综合排水洞和引水隧洞岩爆发生特征，岩爆发生部位多为刀盘前方掌子面和撑靴前部左右两侧拱肩位置，其中掌子面岩爆不直接危害施工人员，伤害程度也较小，但对于指形护盾后的岩爆，即当围岩出露指形护盾后在左、右拱肩位置发生的对人员和设备造成很大安全风险的岩爆，其类型多为应变型岩爆，其位置与主应力方向有关。从引水隧洞及排水洞的施工经验来看，顶拱发生的塌方和岩爆对人员和设备危害较大，顶拱的岩爆多是与构造有关的断裂型岩爆为主，此外危害较大是顶拱的结构型塌方和因两侧应变型岩爆诱导的结构型塌方。因此 TBM 在岩爆段施工的支护措施和防御重点是“顶拱防止大的断裂型岩爆和结构型塌方，两侧预防应变型岩爆”。施工措施总结如下。

7.3.2.1 对于洞周轻微（Ⅱb）岩爆洞段

表现为薄片状破坏，有少量弹射，深度一般不超过 50cm，岩爆控制主要通过有效的开挖控制和支护系统，具体措施如下：

（1）掘进以后在主机支护区尽快对新开挖面进行纳米有机仿钢纤维混凝土喷护封闭处理，喷层厚度为 5～8cm，确保 TBM 掘进后未支护长度原则上不超过护盾长度。完成喷护以后是否需要在主机支护区及时挂网视破坏区岩体完整情况而定，如节理（包括小型隐节理）发育围岩掉块时，则需要及时挂网。

（2）在主机支护区对顶拱 120°范围内系统施加长 3.8m 预应力锚杆（如机械式胀壳中空预应力锚杆）或水胀式锚杆进行快速加固，局部区域情况较严重时可随机配合槽钢拱架加固。

（3）及时完成主机支护区以外的其他系统支护施工。

7.3.2.2 对于中等（Ⅲb）岩爆洞段

表现为较强烈的弹射型破坏，破坏深度为 50～100cm，防治具体措施如下：

（1）降低 TBM 掘进速度，具体参数需根据现场实际确定。

（2）掘进以后在主机支护区随时对新开挖面进行性能更为优良的纳米钢纤维喷射混凝土封闭处理，喷层厚度为 8～10cm，确保 TBM 掘进掌子面以后未支护长度原则上不应超过护盾长度。

(3) 对喷护段顶拱范围跟进挂网处理和系统型钢拱架安装，并通过垫板与锚杆连接的方式固定，与锚杆系统形成完整的支护系统。

(4) 在挂网和系统型钢拱架安装施工的同时，在主机支护区进行防岩爆快速锚固处理，视现场潜在岩爆程度可在顶拱120°范围内系统施加长3.8m或6m的预应力锚杆（如机械式胀壳中空预应力锚杆）或水胀式锚杆，锚杆间距不大于1m，并配合排距0.9m左右的系统型钢拱架进行系统支护，快速形成与表面支护措施（网、喷层、锚杆和钢拱架）构成的支护系统。

(5) 如施工过程中刀盘和机头部分声响和震动相对活跃，需要确保完成主机支护区的系统支护以后再掘进，并注意控制掘进速度。

(6) 完成主机支护区初期支护后尽快进行后续系统锚杆的安装。

TBM控制岩爆的主动手段及其作用较为有限，由于无法进行掌子面前方进行应力解除爆破，调整掘进参数（降低掘进速度和调整刀盘压力）成为TBM掘进时岩爆控制的主动手段。在实践过程中需要有意识地加强减缓掘进速度对岩爆控制效果的总结和观察，并必须及时实施系统喷锚与钢拱架支护，并保证支护体系的质量。

7.3.2.3 对于强烈（Ⅳb级）岩爆或极强（Ⅴb）岩爆洞段

表现为弹射型破坏，或破坏深度超过100cm，且刀盘和机头部分声响和震动显著，由于以上方法并不能降低岩爆发生的频率和程度，必须考虑到强烈岩爆对设备及人员的严重威胁。现场施工中，对这些洞段加强岩爆预测和监测工作，如微震监测等手段。一旦进入潜在强烈岩爆高发洞段，首先加强TBM自身支护能力，包括及时完成喷射厚度为10～15cm纳米钢纤维混凝土封闭开挖面，施加长度不小于6m、间排距0.5m左右的系统预应力锚杆和排距0.9m系统型钢拱架、间距1.0m的纵向型钢连接等内外紧密联系的支护系统等。必要时停机并采用非常措施提前解除掌子面前方岩爆风险，为TBM掘进安全创造条件。

由于岩爆问题的复杂性和TBM掘进的特点，仍然不能排除TBM掘进过程中出现强烈掌子面岩爆的可能性，因此要求施工单位在切实控制好掘进参数的前提下，不断完善施工工艺和流程，做好主机支护区的支护工作，尽最大程度减少强岩爆对人员和设备的伤害。同时，及时做好微震监测及岩爆预报工作，避免重大岩爆灾害威胁施工人员安全。

7.4 极强岩爆风险下TBM掘进的导洞开挖方案

TBM掘进时岩爆防治和控制的能力主要受TBM设备能力和工作特点的制约，目前国际上还没有TBM在极强岩爆风险条件下顺利掘进的案例，与锦屏工程类似的工程是位于南美洲秘鲁的一条引水隧洞施工采用罗宾斯制造的TBM掘进，在通过1900m最大埋深段以后，掌子面岩爆非常强烈，形成坍塌腔。2010年以来，尽管包括E. Hoek和R. Robins在内的世界顶级水平岩石力学问题专家和TBM专家联合参与该工程的岩爆防治，但就工程而言，基本无进展。在遇到极强岩爆时，现场采用了回撤TBM、灌浆处理、再掘进的施工方式，工程进度极其缓慢。

在锦屏二级水电站隧洞开挖过程中，当强烈岩爆频繁发生时，为保证 TBM 顺利向前推进，研究采用了通过 TBM 前方导洞解除围岩应力的方式，对岩爆进行控制。

7.4.1 导洞方案设计

因 TBM 掘进所受岩爆影响的严重程度已经难以保证 TBM 安全掘进，研究采用导洞开挖的方案。特殊条件下 TBM 掘进应急方案示意图如图 7.4-1 所示。导洞方案布置及实施原则基本如下：

(1) 当钻爆法开挖的 2 号和 4 号引水隧洞开挖至 TBM 掘进洞前方时，从钻爆法隧洞开挖绕行（横通）洞到 TBM 隧洞前方。如果钻爆法隧洞落后于 TBM 隧洞，或者需加快 TBM 隧洞掘进时，可提前从辅助洞开挖绕行洞到 TBM 隧洞前方（亦可考虑从东西端同时开挖先导洞以缩短施工周期）。

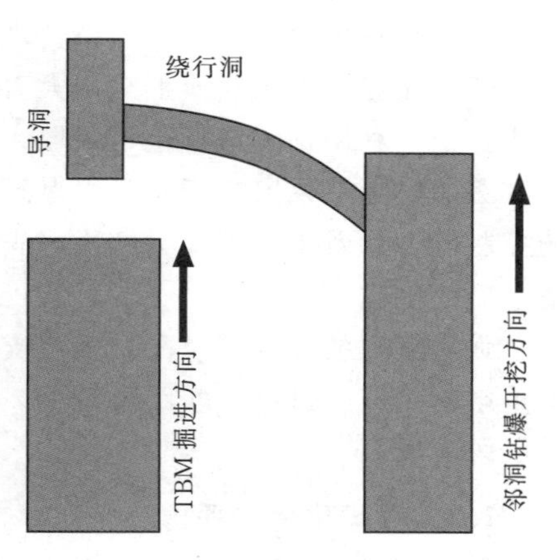

图 7.4-1 特殊条件下 TBM 掘进应急方案示意图

(2) 利用绕行洞在 TBM 隧洞中心部位用钻爆法开挖跨度大约 7m 的导洞，具体尺寸需考虑渣料运输能力和设备布置条件。采用钻爆法开挖导洞的同时，在隧洞两侧拱肩和顶部一带以及掌子面前方范围进行应力解除爆破，目的是控制导洞开挖时的岩爆风险，同时主动控制 TBM 后续掘进时可能遇到的岩爆。

(3) 在导洞周围一定范围内（覆盖 TBM 撑靴部位）采用长 6m 的玻璃纤维锚杆进行系统支护，同时进行表面喷护。玻璃纤维锚杆支护的目的有两个，一是保证导洞开挖时的安全，另一方面为后续 TBM 掘进提供临时支护，维持 TBM 扩挖以后的围岩稳定，解除 TBM 掘进的瓶颈制约（出渣和支护），加快 TBM 掘进速度。因为导洞实施的喷锚支护起临时支护的目的，支护量可按维持导洞施工安全的最低要求设计。

(4) 后续的 TBM 扩挖，因导洞采用了玻璃钢锚杆支护，对 TBM 刀盘不构成损伤。刀盘切断先期安装的锚杆以后，仍然遗留约 3m 长的预装锚杆在 TBM 掘进隧洞围岩内，起到了预安装临时支护的作用，可以大大减轻 TBM 支护压力，显著提高 TBM 掘进进度。

(5) 在导洞先期实施的应力解除爆破可以有效地控制 TBM 掘进时的岩爆风险，这一措施与先期安装的锚杆一起为 TBM 围岩提供了良好的施工安全环境。

7.4.1.1 方案合理性分析

由于对 TBM 设备存在致命危害的强岩爆风险，显然不能单靠 TBM 设备自身加以控制，因此解决问题的思路是跳出 TBM 设备本身。解决这一问题的基本方案即在该强岩爆风险段用钻爆法开挖先导洞，TBM 以扩挖方式通过该洞段。

从技术和经验上讲，先导洞方案显然可以为 TBM 扩挖创造一个安全的环境，它的合理性和有效性体现在如下几个方面。

(1) TBM 掘进适合于地质条件良好和稳定的环境，一般而言，TBM 自身具备应付中低强度岩爆的能力，但当岩爆冲击能量足以导致机器设备损毁时，就不应该依赖设备能力来解决问题。TBM施工时特定的现场条件几乎无法实现对岩爆高风险区进行人工干预。因此，从某种意义上讲，先导洞是TBM设备通过岩爆高风险区的辅助工程措施。

(2) 先导洞的意义不仅仅是提前释放能量，更重要的是先导洞彻底解决了TBM针对强岩爆“束手无策”的被动局面，利用先导洞可以采取预先的应力解除爆破、关键部位的预锚等手段。即便先导洞开挖自身并不能完全解决TBM扩挖时潜在的强岩爆风险，但现实中可以利用先导洞采取相应的措施，把这种风险降低到TBM设备可以承受的范围内。这不仅仅是技术可行，而且经济合理。

(3) 先导洞方案实质上是把大直径隧洞的TBM开挖的岩爆风险转嫁给小直径隧洞钻爆法开挖，利用钻爆法开挖可采取人工干预的特点使得TBM安全通过强岩爆风险段。这一方案的实际效果取决于在强岩爆风险段进行先导洞和相关施工支洞钻爆法作业时对岩爆的控制能力和效果。因此，解决好先导洞钻爆法开挖过程中的岩爆控制，是保证先导洞方案成立的基础。

强岩爆段的先导洞及配套施工支洞开挖也存在很高的安全风险，如果处理不当，可以严重影响到施工进度。实践也证明，开挖尺寸在7～8m范围的先导洞和施工支洞存在的微震风险较高。

7.4.1.2 方案优化与评价

下面将讨论各种导洞布置型式下岩爆风险的差别，为合理选择导洞形式提供依据，对不同的导洞方案进行优化和评价。如图7.4-2所示，先导洞布置型式有上导洞、中导洞和上半洞三种型式。

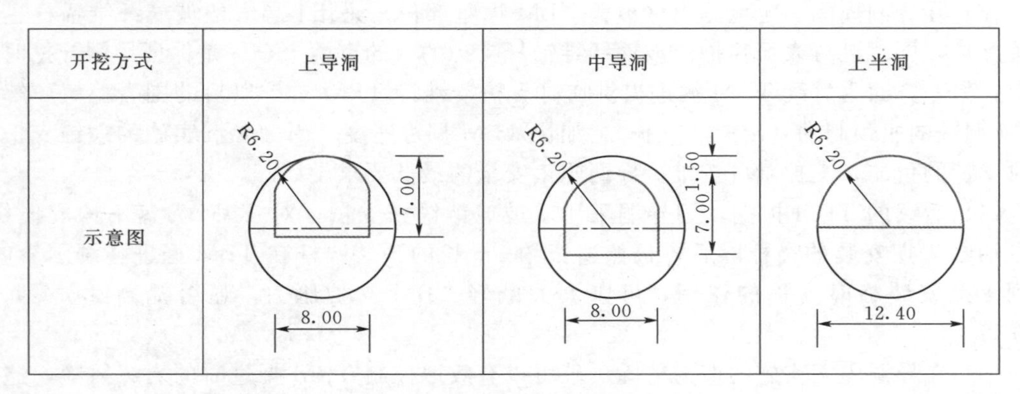

图7.4-2 先导洞布置型式

三种导洞型式的岩爆风险评价工作采取数值计算方法完成，同时考虑了扩挖期间岩爆风险控制的需要。图7.4-3为导洞型式评价数值模拟的开挖设置，即在模型中先对导洞开挖12m长度段，消除端部效应，然后以3m的进尺开挖导洞，计算中仅执行两个开挖步。此后模型转入到扩挖模拟，以评价对应先导洞方案下扩挖期间的岩爆风险。模型没有考虑掌子面效应的影响，采用这一分析成果时应考虑该因素的影响。

三种导洞开挖方式在深埋条件下自身的岩爆风险特别值得关注，而先导洞完成开挖后的二次扩挖同样将引起系统能量的变化，二次扩挖有可能也同样面临岩爆风险，因此在评估导洞岩爆风险时，必须结合导洞本身和二次扩挖隧洞两者来进行综合评判。

图 7.4-4 表示了埋深 2500m 条件下不同导洞开挖方式导洞自身能量释放率。

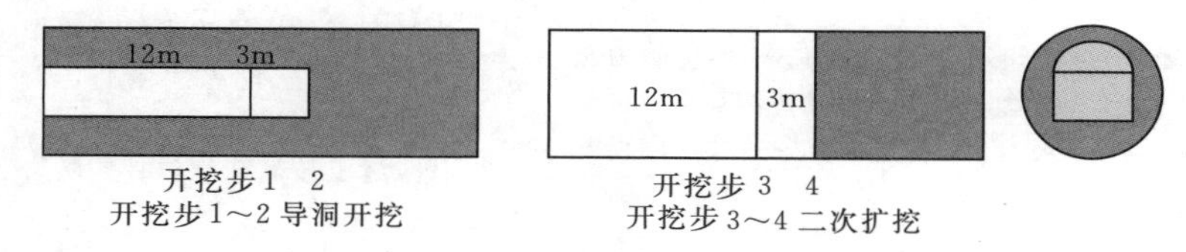

图 7.4-3　导洞形式评价数值模拟的开挖设置

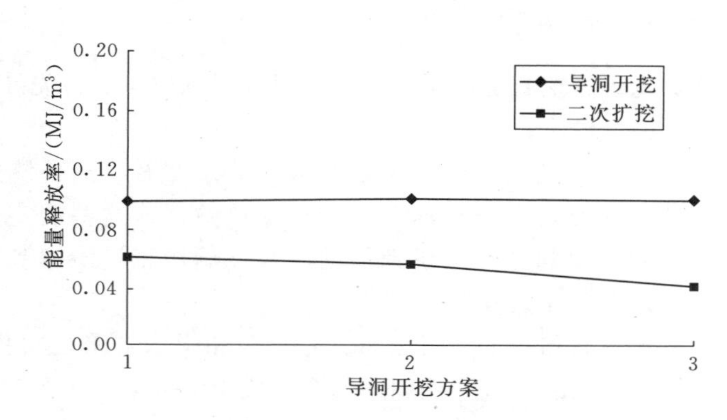

图 7.4-4　不同导洞开挖方式导洞自身能量释放率

1—中导洞方案；2—上导洞方案；3—上半洞方案

从能量释放率即从岩爆风险角度看，上导洞、中导洞、上半洞三种先导洞开挖方式的自身开挖岩爆风险没有显著差别；二次扩挖过程的岩爆风险中导洞、上导洞相当，上半洞略低。扩挖洞的岩爆风险都比导洞自身开挖小。至于选择何种形式的导洞更多是从 TBM 设备的适应性和方案经济效益角度进行决策。

将这三个方案优劣比较见表 7.4-1。

表 7.4-1　　方案优劣比较

特点	上　导　洞	中　导　洞	上半洞
优点	1. 开挖洞形合理，有利于降低局部内应力集中。 2. 上导洞开挖后，设计断面上部完全暴露出来，可以采取支护和可能防治措施降低上导洞开挖时的岩爆风险，且对 TBM 掘进期隧洞围岩稳定性给予保证。 3. 开挖断面大，施工设备运行、操作的空间大，可提高施工效率。 4. 方案可灵活调整，适应性强。 5. 松动爆破段可能比中导洞少	1. TBM 掘进时洞形对称，对 TBM 设备几乎没有额外要求。 2. 可通过松动爆破降低中导洞开挖过程中的岩爆风险。 3. 可通过施加玻璃纤维锚杆临时支护	同上导洞开挖

续表

特点	上 导 洞	中 导 洞	上半洞
缺点	由于开挖体上下不对称，TBM掘进时刀盘上下受力不均匀，对主承压轴可能存在一定影响，需要调整TBM掘进参数来适应半断面开挖的情况	1. 中导洞开挖后导致高能量集中在引水隧洞开挖轮廓线附近，对TBM掘进造成非常大的岩爆风险。 2. 只能施工玻璃纤维锚杆，防岩爆能力差	工期等方面需要综合考虑

7.4.2 导洞方案岩爆风险分析

先导洞方案中需要先行开挖施工支洞，然后在引水隧洞位置进行先导洞开挖，就岩爆而言，这一方案将存在如下风险：

(1) 施工支洞和先导洞开挖的风险。从方便施工的角度看，这些隧洞的断面尺寸在7～8m之间，这种尺寸在锦屏具有较高的微震和岩爆风险，即这些洞室开挖过程岩爆风险的控制成为需要关注的首要问题，考虑到辅助洞在该洞段掘进时遇到的实际困难，因此，必须优化施工措施并保证开挖质量。

(2) 施工过程中在先导洞和施工支洞之间、先导洞和引水隧洞之间将形成一些岩柱，这些岩柱可能是岩爆风险极高的部位，处理不当会造成很大的安全风险，并可能影响到掘进进度，需要采用专门的方案进行针对性处理。

(3) 先导洞开挖完成后TBM扩挖期间存在的岩爆风险。这不仅仅是因为扩挖可能在先导洞的应力集中区内，更重要的可能是扩挖改变了潜在诱震断裂与隧洞围岩高应力区之间的关系。比如，距离先导洞洞边墙相对较远的潜在诱震断裂，在扩挖过程中因为受到扰动而出现微震和导致岩爆破坏。当然，先导洞的存在为提前解决这一问题创造了条件。

7.4.3 导洞方案风险控制

7.4.3.1 岩柱型岩爆风险控制方案

在先导洞掌子面和TBM相距大约50m的区域范围可以认为是先导洞和引水隧洞之间的岩柱，此时任何一个掌子面向前掘进都可能遭遇到极其强烈的岩爆风险。因此，在岩柱形成前，即两个掌子面接近50m之前即需要做好应对措施。

图7.4-5为先导洞和引水隧洞之间岩柱型岩爆风险的控制方案，该方案由如下重点环节组成：

(1) 将7～8m的先导洞改为3m×3m的小导洞，利用小尺寸隧洞微震风险和破坏程度均相对较低的优势。

(2) 小导洞开挖时在掌子面前方和外围一个扇形范围内布置应力解除爆破孔，解除岩柱体的高应力，同时需要特别注意控制进尺和喷层封闭，改用树脂锚杆支护。

(3) 在小导洞掘进大约30m或略长一些以后停止TBM掘进，此时要求TBM至少距离小导洞20m以上。在小导洞前方一个扇形区域内进行应力解除爆破，视现场设备能力，

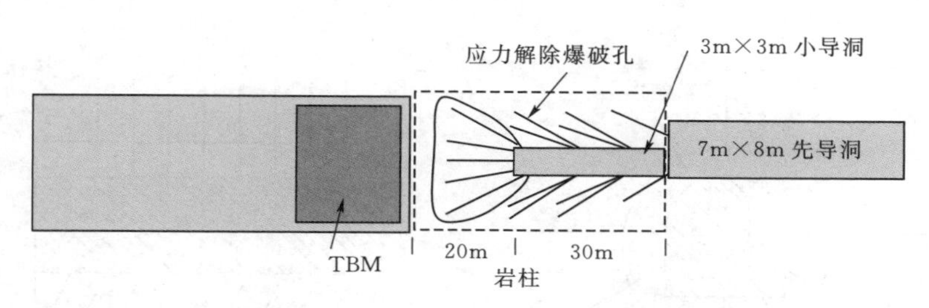

图 7.4-5 先导洞和引水隧洞之间岩柱型岩爆风险的控制方案

应力解除爆破孔应保证达到 9m 以上的深度，具体在现场需要进一步优化，尽可能控制 TBM 向前掘进时的岩爆风险。

(4) 当 TBM 掘进的掌子面逐渐接近小导洞掌子面过程中，如果引水隧洞掌子面前方出现岩爆迹象，此时应停止 TBM 掘进，并将设备后退，对引水隧洞掌子面进行应力解除爆破和锚固处理，然后从小导洞掘进实现贯通。

岩柱型岩爆控制方案的目的是控制引水隧洞掌子面（TBM 刀盘）一带的岩爆风险，这种风险既可以来自 TBM 向前推进，也可以来自小导洞推进。为准确和科学地把握现场岩爆风险，需要在 TBM 机头后方、乃至掌子面一带开展微震监测，即在 TBM 停止掘进、在小导洞掘进期间将微震监测系统安装到 TBM 机头附近，以监测微震活动情况，帮助了解微震强度进行现场决策。

7.4.3.2 TBM 扩挖岩爆风险控制方案

在完成导洞开挖以后，导洞附近围岩中的一些部位将出现应力集中现象，虽然整体上扩挖期间的岩爆风险降低，但局部风险仍然存在。从这个角度上讲，先导洞方案并不能完全排除扩挖期间的岩爆风险，甚至不排除局部增加风险的可能。

另外，强岩爆风险主要取决于一些特定断裂构造和围岩二次应力分布区之间的空间位置关系。先导洞开挖可能引爆其中一些潜在的微震和岩爆现象，即总体上降低微震和岩爆风险，至少使扩挖期间出现微震的次数大大降低。但是，这并不排除距离导洞相对较远的断裂在扩挖期间不诱发微震或岩爆。但由于扩挖期间洞径增大，其危害甚至比导洞开挖时更严重。

从以上这两方面看，完成导洞以后即进行扩挖还不足以确保不对 TBM 安全造成严重威胁，但是先导洞的存在已经不再“束手无策”，可以利用先导洞实现扩挖安全。

隧洞扩挖前预处理方案如图 7.4-6 所示。

目前研究比较的几种先导洞形式中，其顶部都与引水隧洞开挖轮廓线接近，鉴于这一情况，在进行 TBM 扩挖前沿导洞的预处理方案可以归结为两个环节，即上锚下爆。所谓上锚是利用先导洞对引水隧洞围岩进行预锚，下爆是对中下部进行应力解除爆破。实施该方案的基本依据是：

(1) 导洞顶拱与引水隧洞轮廓线接近时，二次扩挖导致的应力扰动小，可以通过支护手段，特别是有效的预锚措施维持围岩稳定。也就是说，导洞已经降低了扩挖过程顶拱一带的微震风险，即便还存在微震现象，将依赖预支护措施维持 TBM 掘进安全。

(2) 导洞下部是扩挖的重点，扩挖范围可能包括了先导洞的应力集中区，而且扩挖期

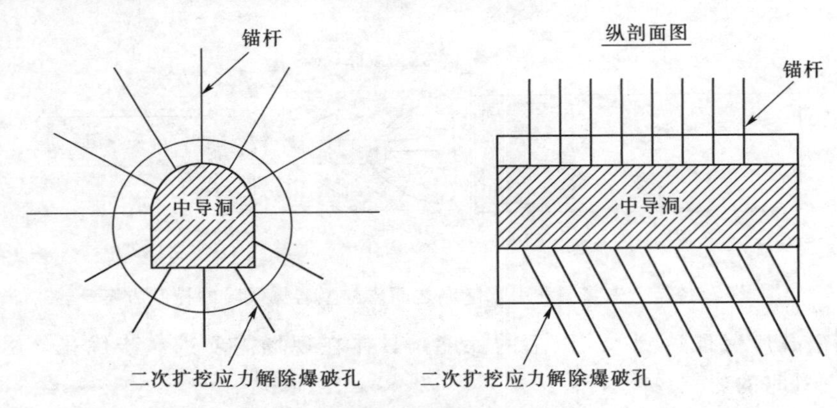

图7.4-6 隧洞扩挖前预处理方案

间开挖面轮廓线改变较大，出现断裂诱发性微震和岩爆的风险也相对较高，需要利用在导洞中下部一带在扩挖前事先采取应力解除爆破的方式降低这些风险。

该方案的最佳实施时机是导洞开挖期间，即把这种应力解除爆破和支护落实到先导洞开挖的每一个进尺中，一则有利于导洞开挖的顺利进行，二则完成导洞开挖以后即具备TBM扩挖条件。

7.4.4 导洞开挖方案实例分析

3号引水隧洞TBM在与2号隧洞引K11＋006～K11＋060极强岩爆洞段对应的3号引水洞K11＋131～K11＋181洞段通过钻爆法开挖了长50m的半导洞室，然后采用TBM掘进通过，进行半导洞掘进试验。开挖导洞尺寸为10m×8m（宽×高）。这一段TBM的掘进过程主要关注两个问题：①上导洞开挖后TBM设备的运行情况；②验证上导洞开挖后对围岩应力调整的效果。

7.4.4.1 导洞形成后TBM扩挖时结构参数测试

在TBM进行半导洞开挖过程对TBM设备主梁、驱动电机等进行振动及应力、应变进行监测，以监控TBM在导洞施工中对设备在结构上造成的影响。

从导洞掘进试验时对TBM设备监测试验得出如下结论。

（1）主梁上部应变为正值，为拉应力；主梁下部应变值为负，为压应力，说明主梁存在偏载。

（2）当转速小于3.5r/min时，主梁上部和下部应变变化平缓；当转速度超过3.5r/min时，应变开始增加，所以部分断面掘进转速不应大于3.5r/min。

（3）当工况为：主推力9600kN，刀盘转速2.02r/min和主推力10600kN，刀盘转速2.52r/min时，虽然主梁应变偏载较小，但掘进速度低，出渣量很少，不适合用于日常掘进；当工况为：主推力12600kN，刀盘转速2.99r/min；主推力13600kN，刀盘转速2.99r/min；主推力14000kN，刀盘转速3r/min时，主梁应变偏载较小，但掘进速度合适，出渣量正常，适用于日常掘进。根据实际情况，在这三个工况中进行选择。

（4）测试数据显示半断面掘进时主梁受到最大弯矩应力不足80MPa，掘进过程中主梁不会发生强度破坏，但会对TBM最佳工作状态有一定影响。

(5) 和全断面掘进相比，半断面掘进时，在同一工况下主轴承振动速度和加速度都有所增加；在主梁三个方向的振动中，横向振动在部分断面中有所减小。垂向和横向均有所增大；半断面掘进时，激光棱镜振动较大，可能会对导向产生不利影响（实际施工时导向系统未受影响）。振动频率分析结果表明，主梁频率有所降低，但是离主梁固有频率差距较大，没有明显共振现象。典型工况振动测试结果如图 7.4-7 所示。

(6) 电机振动加速度在半断面和全断面变化不大。

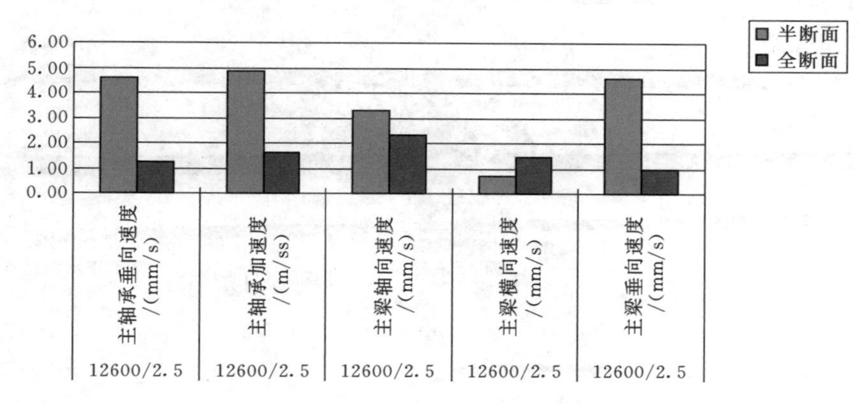

图 7.4-7 典型工况振动测试结果

经过上导洞段的 TBM 扩挖试验可知，在掘进速度为 10m/d 的情况下，掘进过程中 TBM 设备运行状况良好，刀盘磨损反而降低，未出现崩刀的现象，主轴承和主梁的安全性良好。

7.4.4.2 有、无导洞，TBM 开挖时微震监测

在导洞段扩挖掘进过程中和导洞段之后的全断面掘进过程中均进行了微震跟踪监测，这两个洞段相邻，地质条件未表现出明显的变异，因此，若都采用全断面掘进，围岩应力水平和岩体微震活动水平应该基本相同。TBM 掘进过程中监测获得微震事件个数如图 7.4-8 所示，可见，在上导洞段 TBM 掘进过程中微震事件明显少于全断面掘进时的情况，微震事件个数的降低表示大量的微震和能量释放活动在上导洞开挖过程中已经发生，而当掘进至上导洞末端接近应力未释放区域，微震事件个数明显增多，特别是进入全断面掘进段后，微震事件数急剧上升，并发生了多次轻微岩爆。图 7.4-9 则给出了这两个区段微震信号的平面分布图，可见，无论是微震事件个数还是事件能量的大小，全断面掘进洞段都大于上导洞段。

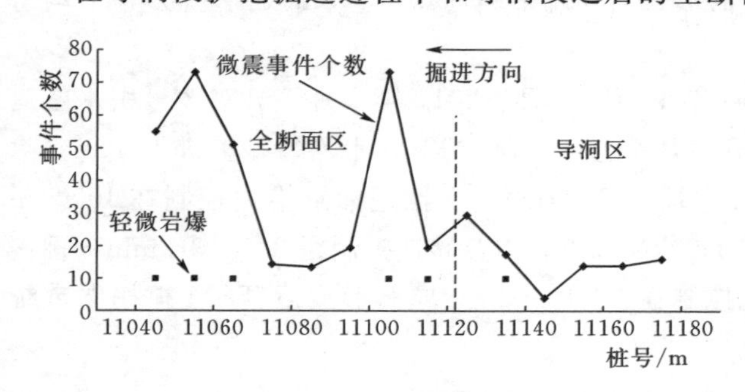

图 7.4-8 3 号引水隧洞导洞开挖后全断面掘进过程中的微震事件个数

以上微震监测结果表明，上导洞开挖后确实对围岩应力调整和能量释放起到了很大的作用，对降低 TBM 掘进过程中的岩爆风险非常有利。

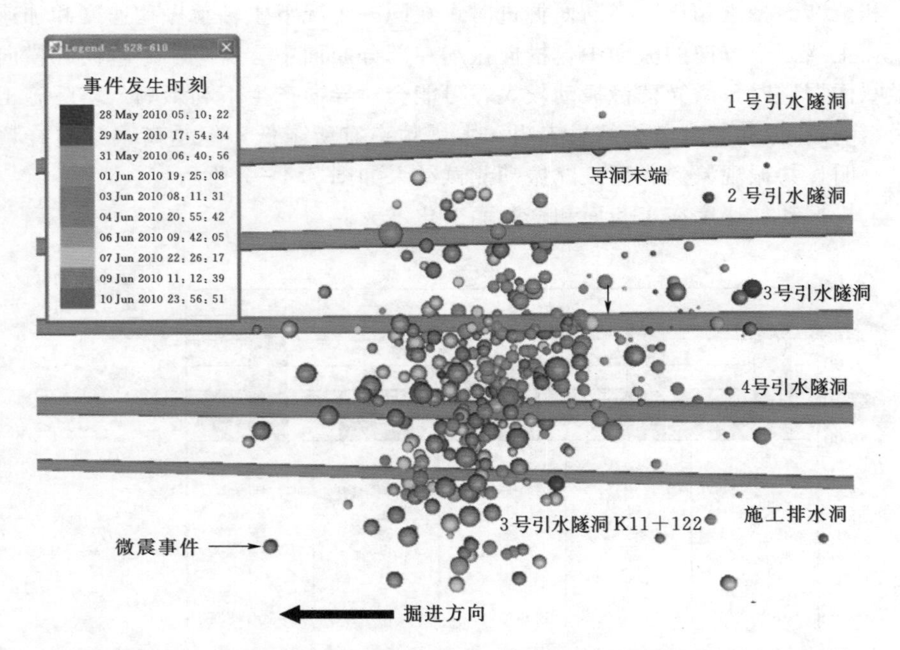

图 7.4-9 3号引水隧洞导洞开挖后全断面掘进过程中的微震信号平面分布

7.4.4.3 导洞开挖、TBM扩挖微震监测

将3号引水隧洞导洞钻爆开挖与导洞形成后TBM扩挖微震监测数据进行对比。二者的开挖参数如下。

导洞段开挖参数：2010年9月3日—2010年12月4日对3号引水隧洞K9+897～K9+668洞段的导洞进行开挖，开挖断面形式为马蹄形断面10m×8m（宽×高），平均每天开挖3.63m，钻爆法开挖。

导洞形成后，TBM扩挖参数：2010年12月22日—2011年2月7日对3号引水隧道K9+897～K9+668洞段的剩余断面采用TBM进行开挖，TBM平均每日掘进4.82m（除去客观原因造成的4天0进尺，平均日进尺为5.24m）。主推进油缸推力控制在10000～12000kN之间，主推力最大值应控制在13000kN以下；刀盘转速控制在2.5～3r/min，掘进速度控制10～20mm/min，刀盘贯入度控制在3～8mm/r。导洞形成后TBM扩挖参数统计对比见表7.4-2。

表7.4-2 导洞形成后TBM扩挖参数统计对比表

项　目	刀盘转速 /(r/min)	主推进力 /kN	推进速度 /(mm/min)	刀盘贯入度 /(mm/r)
理论值	2.5～3	10000～12000	10～20	3～8
实际平均值	2.63	10409	10.84	3.94
正常段参数值	3.5～4.5	14200～16500	36～45	8～13

1. 钻爆法导洞开挖监测数据

图7.4-10和图7.4-11为钻爆法导洞开挖微震监测结果，监测范围为K9＋900～K9＋668，监测时间为2010年9月1日—2010年11月30日。

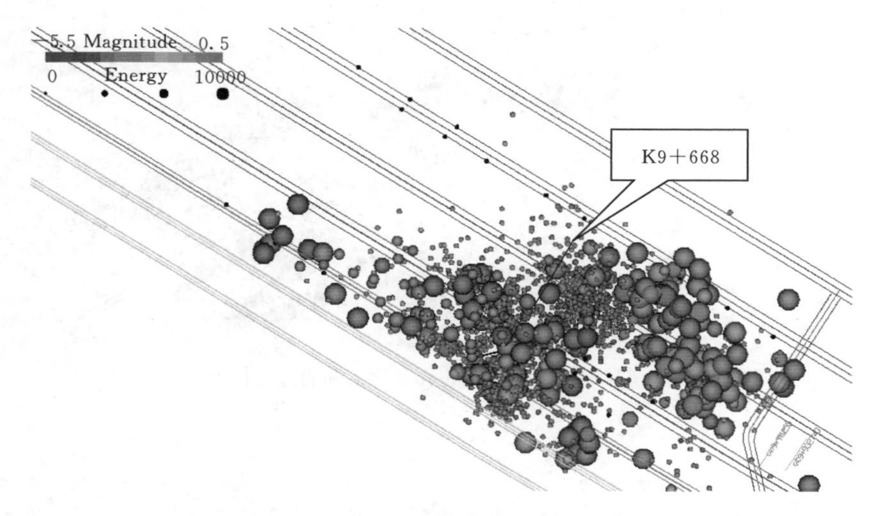

图7.4-10　监测到有效微震事件1614个

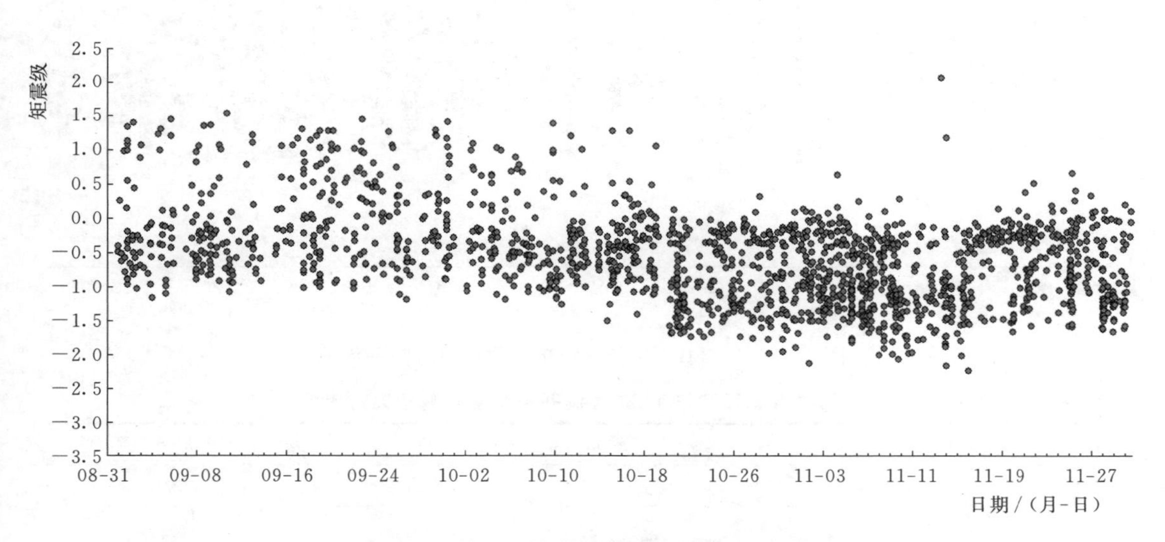

图7.4-11　导洞开挖微震事件震级与时间关系图

2. TBM先导洞开挖监测数据

图7.4-12和图7.4-13为TBM导洞形成后，TBM扩挖微震监测结果，监测桩号K9＋900～K9＋668；监测时间为2010年12月1日—2011年2月6日。

3. 微震监测结果对比

钻爆法导洞开挖与TBM导洞开挖微震监测结果对比表见表7.4-2。

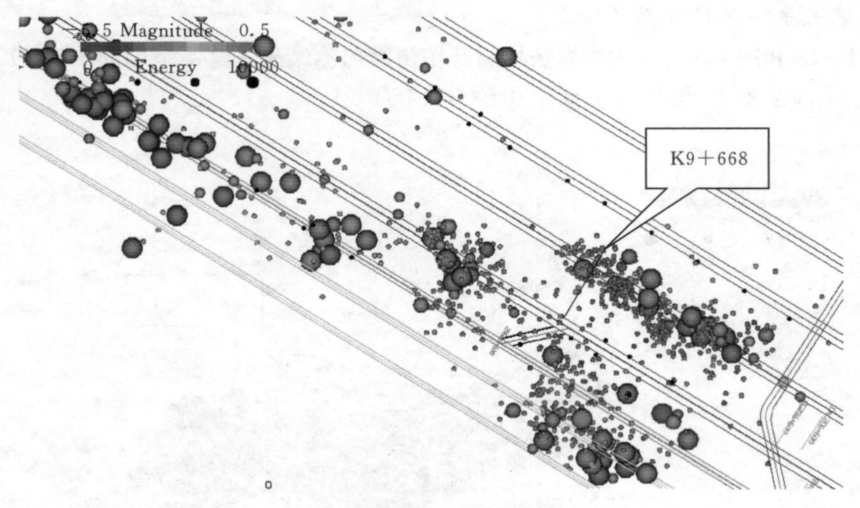

图 7.4-12 监测到的有效微震事件1101个

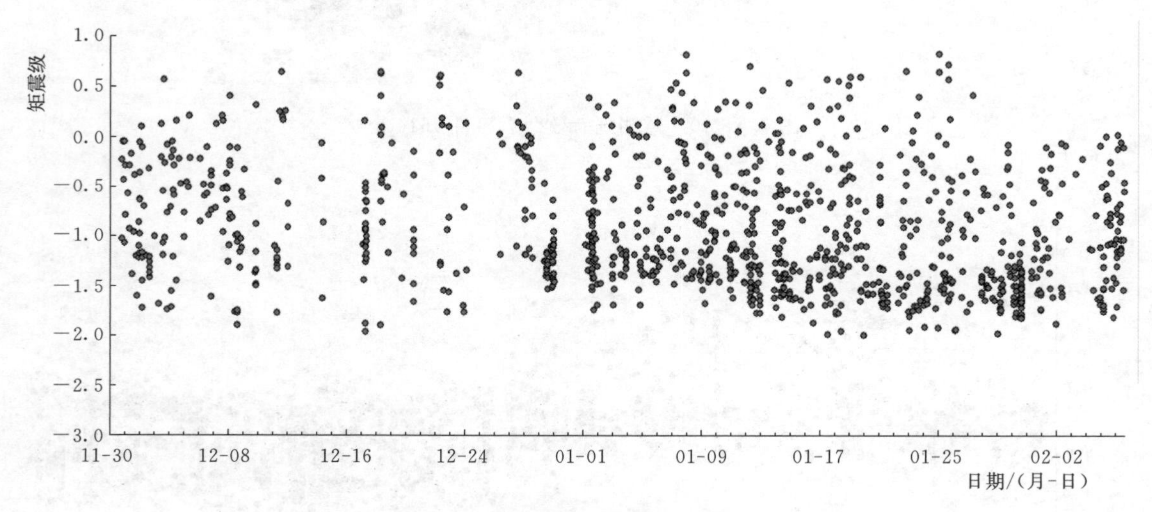

图 7.4-13 TBM扩挖微震事件震级与时间关系图

表 7.4-2 钻爆法导洞开挖与TBM导洞开挖微震监测结果对比表

序号	名　称	钻爆法导洞开挖	TBM开挖
1	微震事件数量	1614	1101
2	微震震级	−2.5～2	−2～0.8
3	微震事件能量	多数能量很大	多数能量很小
4	岩爆情况	14次中等以上岩爆，2次强岩爆，3次极强岩爆	两次轻微塌方

对比结果说明：

(1) 导洞形成后，TBM扩挖（见图7.4-14）微震数量较钻爆法导洞开挖微震数量明显减少，且由于地应力的提前释放，微震震级也明显降低，钻爆法开挖过程中产生许多0～1.5级的微震事件，不少为1～1.5级，而TBM开挖过程中绝大多数都在0级以下，少数在 0～0.5 之间，没有超过 1 级的微震事件。

图 7.4-14　导洞开挖后 TBM 扩挖照片

（2）微震事件能量明显降低，钻爆法开挖过程中，尤其是导洞前半段，产生很多集中且能量较大微震事件，而导洞形成后，TBM 扩挖能量明显低了很多，仅有少数几个能量较大事件。

（3）从实际统计岩爆发生情况来开，钻爆法导洞开挖岩爆频率及强度均大于导洞形成后 TBM 扩挖时的岩爆频率与强度，TBM 扩挖时岩爆风险明显低于钻爆法。

可以看出钻爆法导洞预处理后 TBM 扩挖方法可以较好地分步释放围岩体内积蓄的能量，能有效地降低 TBM 掘进时岩爆发生的风险，确保 TBM 设备安全。

附录　锦屏二级水电站隧洞群中等以上岩爆破坏汇总表

1. 引水隧洞中等以上岩爆破坏汇总

四条引水隧洞发生岩爆洞段总长12090.2m，约占隧洞总长的18.14%。其中以轻微～中等岩爆为主，岩爆洞段累计长10726.3m，占隧洞总长的16.09%。强烈岩爆洞段累计长1302.9m，占隧洞总长的1.96%；极强岩爆洞段长61m，发生于2号引水隧洞K11＋006～K11＋028、4号引水隧洞K9＋729～K9＋768两段。

1～4号引水隧洞中等以上岩爆破坏汇总表见附表1～附表4。

附表1　　1号引水隧洞中等以上岩爆破坏汇总表（48次）

桩号/m		段长/m	破坏部位	破坏深度/m	等级	地层岩性	发生时间/(年-月-日)
起	止						
1349.0	1353.0	4.0	顶拱及两侧拱肩	0.3～1.0	中等岩爆	T_{2z}	2008-04-04
2750.0	2766.0	16.0	南侧拱肩	0.6～1.0	中等岩爆	T_{2z}	2009-11-28
3883.0	3888.0	5.0	顶拱及北侧边墙	0.5～1.0	中等岩爆	T_3	2010-08-09
5242.0	5249.5	7.5	南侧边墙	0.5～0.6	中等岩爆	T_{2b}	2011-05-28
5384.0	5399.0	15.0	顶拱及南侧边墙	0.4～0.6	中等岩爆	T_{2b}	2011-05-14
6467.0	6477.0	10.0	两侧边墙	0.3～0.6	中等岩爆	T_{2b}	2011-03-17
7819.0	7831.5	12.5	两侧边墙	0.3～0.6	中等岩爆	T_{2b}	2010-11-27
7846.5	7864.0	17.5	北侧边墙	0.4～0.6	中等岩爆	T_{2b}	2010-12-01
7953.5	7960.5	7.0	南侧边墙	0.4～0.7	中等岩爆	T_{2b}	2010-12-23
7974.5	7980.0	5.5	两侧边墙	0.5～0.6	中等岩爆	T_{2b}	2010-12-29
8936.0	8948.0	12.0	全断面	0.8～1.2	强烈岩爆	T_{2b}	2010-11-15
8954.0	8976.5	22.5	全断面	1.0～1.5	强烈岩爆	T_{2b}	2010-11-20
9003.5	9057.0	53.5	全断面	0.1～0.8	中等岩爆	T_{2b}	2010-12-06
9103.0	9122.5	19.5	两侧边墙	0.4～0.7	中等岩爆	T_{2b}	2010-12-17
9130.0	9147.5	17.5	全断面	0.3～2.5	强烈岩爆	T_{2b}	2010-12-24
9157.0	9168.5	11.5	北侧边墙	1.5	强烈岩爆	T_{2b}	2010-12-22
9168.5	9190.0	21.5	两侧边墙	0.6～0.8	中等岩爆	T_{2b}	2010-12-20
9209.5	9218.5	9.0	南侧边墙	0.7～1.0	中等岩爆	T_{2b}	2010-12-13
9218.5	9231.5	13.0	两侧边墙	0.7～1.2	强烈岩爆	T_{2b}	2010-12-12
9253.5	9272.5	19.0	全断面	0.4～1.2	强烈岩爆	T_{2b}	2010-12-08
9272.5	9274.5	2.0	南侧边墙	0.4～0.7	中等岩爆	T_{2b}	2010-12-06
9274.5	9300.0	25.5	两侧边墙、南侧拱肩	0.3～1.2	强烈岩爆	T_{2b}	2010-12-05
9300.0	9316.0	16.0	南侧边墙、南侧拱肩	0.7～1.5	强烈岩爆	T_{2b}	2010-11-30
9330.0	9337.0	7.0	两侧边墙	0.8～1.0	中等岩爆	T_{2b}	2010-11-25

续表

桩号/m		段长/m	破坏部位	破坏深度/m	等级	地层岩性	发生时间/(年-月-日)
起	止						
9360.0	9370.0	10.0	两侧边墙	0.3～0.6	中等岩爆	T_{2b}	2010-11-21
9378.0	9396.0	18.0	北侧边墙	0.6～0.8	中等岩爆	T_{2b}	2010-11-19
9418.0	9500.0	82.0	两侧边墙	1.0～3.0	强烈岩爆	T_{2b}	2010-11-14
9589.5	9618.5	29.0	南侧边墙、顶拱	0.4～0.8	中等岩爆	T_{2b}	2010-10-20
9852.5	9881.0	28.5	两侧边墙、北侧拱肩	0.3～1.0	中等岩爆	T_{2b}	2010-09-12
9884.0	9888.0	4.0	北侧边墙	0.5～0.7	中等岩爆	T_{2b}	2010-09-07
9997.0	10002.0	5.0	南侧拱肩	0.3～0.6	中等岩爆	T_{2b}	2010-12-04
10005.0	10019.0	14.0	全断面	0.5～1.0	中等岩爆	T_{2b}	2010-12-03
10032.5	10038.0	5.5	南侧边墙及拱肩	1.0～1.5	强烈岩爆	T_{2b}	2010-11-29
10175.0	10200.0	25.0	北侧边墙至拱肩	0.5～0.6	中等岩爆	T_{2b}	2010-11-19
10262.0	10277.0	15.0	两侧边墙及拱肩	0.8～1.0	中等岩爆	T_{2b}	2010-11-14
10529.0	10548.0	19.0	两侧边墙	0.3～1.8	强烈岩爆	T_{2b}	2010-10-22
10577.0	10579.0	2.0	顶拱及两侧拱肩	0.5～0.7	中等岩爆	T_{2b}	2010-10-15
10582.0	10586.0	4.0	北侧拱肩	0.5～0.7	中等岩爆	T_{2b}	2010-10-15
10588.0	10595.0	7.0	北侧边墙及其拱肩	0.6～1.0	中等岩爆	T_{2b}	2010-10-15
10743.0	10754.0	11.0	两侧边墙	0.2～0.6	中等岩爆	T_{2b}	2010-09-30
12550.5	12579.5	29.0	全断面	0.1～0.8	中等岩爆	${T_{2y}}^5$	2010-04-09
12605.0	12609.0	4.0	南侧拱肩	0.2～0.6	中等岩爆	${T_{2y}}^5$	2010-03-29
12609.0	12643.0	34.0	两侧边墙及南侧拱肩	0.1～0.6	中等岩爆	${T_{2y}}^5$	2010-03-25
13178.0	13179.0	1.0	南侧边墙至拱肩	0.2～0.6	中等岩爆	${T_{2y}}^5$	2010-02-02
14704.0	14708.0	4.0	南侧边墙至拱肩	1.5	强烈岩爆	${T_{2y}}^5$	2009-06-23
14796.0	14800.0	4.0	北侧边墙	0.2～1.0	中等岩爆	${T_{2y}}^5$	2009-06-01
14848.0	14855.0	7.0	南侧边墙	0.1～0.8	中等岩爆	${T_{2y}}^5$	2009-05-25
15048.0	15052.0	4.0	顶拱	0.2～1.0	中等岩爆	${T_{2y}}^5$	2009-04-23

附表2　　2号引水隧洞中等以上岩爆破坏汇总表（76次）

桩号/m		段长/m	破坏部位	破坏深度/m	等级	地层岩性	发生时间/(年-月-日)
起	止						
532.0	547.0	15.0	顶拱及南侧拱肩	1.0	中等岩爆	T_{2z}	2007-09-13
532.0	542.0	10.0	顶拱及南侧拱肩	1.0	中等岩爆	T_{2z}	2007-09-07
3064.0	3080.0	16.0	顶拱及南侧拱肩	0.5～0.8	中等岩爆	T_{2z}	2010-01-01
3092.0	3100.0	8.0	顶拱及南侧拱肩	0.5～1.0	中等岩爆	T_{2z}	2010-01-05
3110.0	3118.0	8.0	南侧边墙至顶拱	0.5～2.0	中等岩爆	T_{2z}	2010-01-10
3124.0	3130.0	6.0	顶拱及两侧拱肩	0.3～0.8	中等岩爆	T_{2z}	2010-01-16

续表

桩号/m		段长/m	破坏部位	破坏深度/m	等级	地层岩性	发生时间/(年-月-日)
起	止						
3887.0	3896.0	9.0	南侧边墙及其拱肩	0.5～1.0	中等岩爆	T_3	2010-07-12
3896.0	3905.0	9.0	南侧边墙至顶拱	1.0～2.0	强烈岩爆	T_3	2010-07-14
3986.0	4012.0	26.0	北侧边墙及其拱肩	0.3～0.8	中等岩爆	T_3	2010-08-12
4715.0	4722.0	7.0	顶拱及南侧拱肩	0.5～1.0	中等岩爆	T_{2b}	2011-04-07
5818.0	5827.0	9.0	南侧边墙至拱肩	0.3～0.6	中等岩爆	T_{2b}	2011-04-09
6245.0	6258.0	13.0	南侧边墙	0.3～0.7	中等岩爆	T_{2b}	2011-04-27
6525.0	6535.0	10.0	南侧拱肩	0.5～0.7	中等岩爆	T_{2b}	2011-06-07
6535.0	6563.0	28.0	南侧拱肩	0.7～1.5	强烈岩爆	T_{2b}	2011-06-02
6563.0	6578.0	15.0	北侧拱肩	1.5～1.8	强烈岩爆	T_{2b}	2011-05-24
6600.0	6624.0	24.0	全断面	1.5～2.0	强烈岩爆	T_{2b}	2011-05-17
7962.0	7967.0	5.0	南侧拱肩	0.6～0.8	中等岩爆	T_{2b}	2011-03-09
8158.0	8174.0	16.0	两侧边墙	0.6～0.7	中等岩爆	T_{2b}	2011-01-20
8196.0	8203.0	7.0	南侧拱肩	0.5～0.8	中等岩爆	T_{2b}	2011-01-10
8681.0	8688.0	7.0	南侧拱肩	0.8～1.0	中等岩爆	T_{2b}	2010-11-08
8706.0	8708.0	2.0	北侧边墙	0.5～0.8	中等岩爆	T_{2b}	2010-11-16
8751.0	8757.0	6.0	南侧边墙	0.5～0.6	中等岩爆	T_{2b}	2010-12-02
8963.0	8979.0	16.0	两侧边墙	0.6～1.0	中等岩爆	T_{2b}	2011-03-11
8979.0	9000.0	21.0	两侧边墙	0.8～1.5	强烈岩爆	T_{2b}	2011-03-20
9101.0	9160.0	59.0	两侧边墙及拱肩	0.3～1.0	中等岩爆	T_{2b}	2011-05-16
9185.0	9200.0	15.0	两侧拱肩及顶拱	0.3～0.7	中等岩爆	T_{2b}	2011-05-30
9204.0	9223.0	19.0	全断面	0.4～0.6	中等岩爆	T_{2b}	2011-05-18
9232.0	9276.0	44.0	全断面	0.5～2.0	强烈岩爆	T_{2b}	2011-04-20
9305.0	9324.0	19.0	南侧边墙至顶拱	0.7～1.0	中等岩爆	T_{2b}	2011-02-19
9400.0	9412.0	12.0	顶拱	0.4～0.6	中等岩爆	T_{2b}	2011-01-24
9431.0	9448.0	17.0	南北边墙至顶拱	0.4～0.8，局部1.0	中等岩爆	T_{2b}	2011-01-15
9582.0	9590.0	8.0	北侧边墙至顶拱	0.3～0.7	中等岩爆	T_{2b}	2010-11-23
9591.0	9600.0	9.0	南侧边墙及顶拱	0.5～0.7	中等岩爆	T_{2b}	2010-11-19
9600.0	9624.0	24.0	全断面	0.3～1.0	强烈岩爆	T_{2b}	2010-11-16
9650.0	9680.0	30.0	南侧边墙	0.2～1.5	强烈岩爆	T_{2b}	2010-11-22
9750.0	9759.0	9.0	两侧边墙	1.0	中等岩爆	T_{2b}	2010-10-09
9759.0	9780.0	21.0	两侧边墙	1.0～3.5	强烈岩爆	T_{2b}	2010-10-05
9782.0	9791.0	9.0	两侧边墙	0.3～1.3	强烈岩爆	T_{2b}	2010-10-02
9791.0	9800.0	9.0	顶拱	0.3～0.7	中等岩爆	T_{2b}	2010-09-27
9858.0	9874.0	16.0	全断面	0.5～0.8	中等岩爆	T_{2b}	2010-09-08

续表

桩号/m		段长/m	破坏部位	破坏深度/m	等级	地层岩性	发生时间/(年-月-日)
起	止						
9874.0	9888.0	14.0	全断面	0.5～1.2	强烈岩爆	T_{2b}	2010-09-04
9890.0	9898.5	8.5	全断面	0.3～0.8	中等岩爆	T_{2b}	2010-09-01
10032.0	10045.0	13.0	两侧边墙	0.2～0.7	中等岩爆	T_{2b}	2010-08-30
10100.0	10105.0	5.0	两侧边墙	0.5～0.6	中等岩爆	T_{2b}	2010-08-26
10124.0	10130.0	6.0	北侧边墙至拱肩	0.3～0.6	中等岩爆	T_{2b}	2010-08-23
10141.0	10151.0	10.0	北侧边墙至拱肩	0.3～0.6	中等岩爆	T_{2b}	2010-08-18
10225.0	10241.0	16.0	北侧边墙至拱肩	0.5～0.8	中等岩爆	T_{2b}	2010-08-04
10245.0	10250.0	5.0	北侧边墙至顶拱	0.6～1.0	中等岩爆	T_{2b}	2010-08-02
10268.0	10277.0	9.0	南侧边墙至顶拱	2.5	强烈岩爆	T_{2b}	2010-07-26
10411.0	10440.0	29.0	北侧边墙至顶拱	0.3～1.0	中等岩爆	T_{2b}	2010-07-05
10489.0	10498.0	9.0	南侧边墙至拱肩	0.5～0.8	中等岩爆	T_{2b}	2010-06-23
10489.0	10498.0	9.0	南侧边墙至拱肩	0.5～0.8	中等岩爆	T_{2b}	2010-05-12
10688.0	10744.0	56.0	两侧边墙	0.5～1.0	中等岩爆	T_{2b}	2010-04-21
10780.0	10845.0	65.0	北侧边墙至拱肩	0.3～0.8	中等岩爆	T_{2b}	2010-04-08
10845.0	10870.0	25.0	北侧边墙及顶拱	1.5	强烈岩爆	T_{2b}	2010-03-30
10870.0	10880.0	10.0	全断面	0.8	中等岩爆	T_{2b}	2010-03-29
10880.0	10893.0	13.0	北侧边墙至拱肩	1.5～2.8	强烈岩爆	T_{2b}	2010-03-25
10893.0	10978.0	85.0	全断面	0.7～1.0	中等岩爆	T_{2b}	2010-02-13
10978.0	11006.0	28.0	全断面	1.5～2.2	强烈岩爆	T_{2b}	2010-02-13
10999.0	11006.0	7.0	全断面	1.5～2.2	强烈岩爆	T_{2b}	2010-02-12
11006.0	11017.0	11.0	两侧边墙及北侧拱肩	1.5～3.0	极强岩爆	T_{2b}	2010-02-12
11017.0	11028.0	11.0	两侧边墙及北侧拱肩	1.5～3.0	极强岩爆	T_{2b}	2010-02-10
11028.0	11046.0	18.0	两侧边墙及北侧拱肩	1.5～3.0	强烈岩爆	T_{2b}	2010-02-04
11046.0	11076.0	30.0	两侧边墙及北侧拱肩	0.5～1.0	中等岩爆	T_{2b}	2009-12-17
11284.0	11294.0	10.0	北侧边墙至拱肩	0.1～1.0	中等岩爆	T_{2b}	2009-11-27
11302.0	11349.0	47.0	全断面	0.5～1.0	中等岩爆	T_{2b}	2009-11-24
11350.0	11367.0	17.0	全断面	0.5～1.0	中等岩爆	T_{2b}	2009-11-22
11369.0	11377.0	8.0	全断面	0.5～1.2	强烈岩爆	T_{2b}	2010-08-30
11380.0	11412.0	32.0	北侧边墙至拱肩及南侧边墙	0.3～1.0	中等岩爆	T_{2b}	2009-11-18
12617.0	12624.0	7.0	北侧边墙至拱肩	0.2～1.0	中等岩爆	T_{2y}^{5}	2009-05-13
12644.0	12690.0	46.0	顶拱至北侧拱肩	0.2～1.5	强烈岩爆	T_{2y}^{5}	2009-05-06
12849.0	12867.0	18.0	两侧边墙至拱肩	0.1～2.4	强烈岩爆	T_{2y}^{5}	2009-04-11
13034.0	13056.0	22.0	南侧边墙及拱肩	0.2～1.5	强烈岩爆	T_{2y}^{5}	2009-02-24

续表

桩号/m		段长/m	破坏部位	破坏深度/m	等级	地层岩性	发生时间/(年-月-日)
起	止						
13360.0	13367.0	7.0	北侧边墙及拱肩	0.2～0.8	中等岩爆	T_{2y}^{5}	2009-01-11
14580.0	14587.0	7.0	北侧拱肩	0.8	中等岩爆	T_{2y}^{5}	2008-09-24
15288.0	15295.0	7.0	南侧拱肩	1.0	中等岩爆	T_{2y}^{4}	2008-05-12

附表3 3号引水隧洞中等以上岩爆破坏汇总表（73次）

桩号/m		段长/m	破坏部位	破坏深度/m	等级	地层岩性	发生时间/(年-月-日)
起	止						
2583.0	2588.0	5.0	南侧边墙至顶拱	0.8～1.0	中等岩爆	T_1	2009-12-26
3005.0	3016.0	11.0	北侧边墙及拱肩	0.8～1.2	中等岩爆	T_{2z}	2010-04-13
4022.0	4032.0	10.0	北侧边墙及拱肩	0.5～1.0	中等岩爆	T_3	2011-02-1
5015.0	5024.0	9.0	两侧拱肩及北侧边墙	0.2～0.8	中等岩爆	T_{2b}	2011-08-03
6183.0	6207.0	24.0	北侧边墙至拱肩	0.6-0.8	中等岩爆	T_{2b}	2011-04-05
7046.0	7060.0	14.0	北侧边墙～拱肩	1.5～2.0	强烈岩爆	T_{2b}	2011-03-31
7090.0	7095.0	5.0	南侧边墙	0.3～0.7	中等岩爆	T_{2b}	2011-09-15
7382.0	7393.0	11.0	南侧拱肩	0.6	中等岩爆	T_{2b}	2011-06-12
7504.0	7512.0	8.0	南侧拱肩	0.7～0.8	中等岩爆	T_{2b}	2011-05-13
7530.0	7534.0	4.0	顶拱	0.5～0.6	中等岩爆	T_{2b}	2011-05-02
7560.0	7565.0	5.0	顶拱	0.5～0.8	中等岩爆	T_{2b}	2011-04-17
7574.0	7579.0	5.0	两侧拱肩及顶拱	0.5～1.0	中等岩爆	T_{2b}	2011-04-13
7661.0	7666.0	5.0	顶拱	0.3～0.6	中等岩爆	T_{2b}	2011-05-28
7779.0	7785.0	6.0	北拱肩	0.6～0.7	中等岩爆	T_{2b}	2011-07-04
7808.0	7819.0	11.0	顶拱及南侧边墙	0.4～0.7	中等岩爆	T_{2b}	2011-08-03
7901.0	7916.0	15.0	两侧拱肩	0.4～0.7	中等岩爆	T_{2b}	2011-09-05
7917.0	7932.0	15.0	顶拱及北侧拱肩	0.5～0.7	中等岩爆	T_{2b}	2011-09-14
7994.0	8004.0	10.0	顶拱及南侧拱肩	0.8～1.0	中等岩爆	T_{2b}	2011-10-09
8023.0	8028.0	5.0	南侧拱肩	0.3～0.8	中等岩爆	T_{2b}	2011-10-18
8035.0	8044.0	9.0	北侧拱肩至边墙	0.5～0.7	中等岩爆	T_{2b}	2011-10-22
8093.0	8107.0	14.0	北侧边墙至顶拱	0.3～0.8	中等岩爆	T_{2b}	2011-11-10
8284.0	8292.0	8.0	北侧拱肩至边墙	1.0～1.5	中等岩爆	T_{2b}	2011-08-26
8348.0	8360.0	12.0	全断面	0.6～0.7	中等岩爆	T_{2b}	2011-10-05
8535.0	8559.0	24.0	两侧拱肩及顶拱	0.6～1.0	中等岩爆	T_{2b}	2012-01-27
8559.0	8566.0	7.0	北侧边墙	0.6～0.7	中等岩爆	T_{2b}	2012-01-30
8568.0	8591.0	23.0	全断面	0.6～1.0	中等岩爆	T_{2b}	2012-02-03
8597.0	8606.0	9.0	顶拱	0.5～0.8	中等岩爆	T_{2b}	2012-02-08

续表

桩号（m）		段长 /m	破坏部位	破坏深度 /m	等级	地层岩性	发生时间 /（年-月-日）
起	止						
8616.0	8628.0	12.0	全断面	0.6～0.7	中等岩爆	T_{2b}	2011-07-14
8670.0	8675.0	5.0	南侧拱肩及顶拱	0.5～0.7	中等岩爆	T_{2b}	2012-03-02
8675.0	8710.0	35.0	全断面	0.4～0.7	中等岩爆	T_{2b}	2012-03-29
8710.0	8725.0	15.0	全断面	0.8～1.5	强烈岩爆	T_{2b}	2012-03-31
8725.0	8727.0	2.0	顶拱及南侧边墙	0.5～0.1	中等岩爆	T_{2b}	2011-08-10
8950.0	8990.0	40.0	全断面	1.0～2.5	强烈岩爆	T_{2b}	2011-11-20
9151.0	9158.0	7.0	南侧边墙	1.8～2.0	强烈岩爆	T_{2b}	2011-09-13
9158.0	9167.0	9.0	南侧边墙至顶拱	0.8～1.0	中等岩爆	T_{2b}	2011-09-08
9175.0	9186.0	11.0	两侧边墙	0.6～0.7	中等岩爆	T_{2b}	2011-08-27
9186.0	9190.0	4.0	南侧边墙至顶拱	0.5～1.3	强烈岩爆	T_{2b}	2011-08-19
9190.0	9200.0	10.0	南侧边墙至顶拱	0.7	中等岩爆	T_{2b}	2011-08-15
9232.0	9245.0	13.0	南侧边墙至顶拱	1.5～2.0	强烈岩爆	T_{2b}	2011-07-18
9245.0	9254.0	9.0	南侧拱肩	0.5～0.7	中等岩爆	T_{2b}	2011-07-13
9300.0	9315.0	15.0	北侧边墙及拱肩	0.3～0.6	中等岩爆	T_{2b}	2011-06-25
9320.0	9329.0	9.0	北侧边墙及其拱肩	0.3～1.0	中等岩爆	T_{2b}	2011-06-21
9329.0	9400.0	71.0	两侧边墙及顶拱	0.3～1.2	强烈岩爆	T_{2b}	2011-06-18
9404.5	9410.0	5.5	北侧边墙	0.6	中等岩爆	T_{2b}	2011-05-03
9413.0	9420.0	7.0	全断面	1.0～2.0	强烈岩爆	T_{2b}	2011-04-26
9420.0	9430.0	10.0	两侧边墙	0.8～1.5	强烈岩爆	T_{2b}	2011-04-19
9430.0	9435.0	5.0	北侧边墙	0.5～0.7	中等岩爆	T_{2b}	2011-04-15
9530.0	9537.0	7.0	北侧边墙及顶拱	0.6～1.0	中等岩爆	T_{2b}	2011-05-15
9551.0	9569.5	18.5	全断面	0.5～1.5	强烈岩爆	T_{2b}	2011-06-09
9572.5	9594.0	21.5	全断面	0.5～1.5	强烈岩爆	T_{2b}	2011-06-18
9594.0	9599.0	5.0	南侧边墙及其拱肩	0.3～0.7	中等岩爆	T_{2b}	2011-06-23
9613.0	9640.0	27.0	南北边墙	0.7～2.5	强烈岩爆	T_{2b}	2011-04-06
9640.0	9669.0	29.0	北侧边墙	0.5～2.0	强烈岩爆	T_{2b}	2011-04-02
9942.0	9970.0	28.0	北侧边墙至拱肩	0.6～1.0	强烈岩爆	T_{2b}	2011-03-28
9995.0	10000.0	5.0	北侧边墙至顶拱	0.6～0.8	中等岩爆	T_{2b}	2011-03-24
10026.0	10030.0	4.0	南侧边墙	0.5～0.6 局部1.2	中等岩爆	T_{2b}	2011-03-23
10263.0	10297.5	34.5	南北边墙	0.2～0.7	中等岩爆	T_{2b}	2011-03-18
10345.5	10366.0	20.5	全断面	0.3～1.0	中等岩爆	T_{2b}	2011-03-7
10366.0	10379.0	13.0	北侧边墙	0.8～2.5	强烈岩爆	T_{2b}	2011-02-25
10379.0	10391.0	12.0	北侧边墙	0.3～0.6	中等岩爆	T_{2b}	2011-02-18
10463.0	10472.0	9.0	两侧边墙	0.6～0.7	中等岩爆	T_{2b}	2011-02-10

续表

桩号（m）		段长/m	破坏部位	破坏深度/m	等级	地层岩性	发生时间/(年-月-日)
起	止						
10500.0	10511.0	11.0	全断面	0.2～0.7	中等岩爆	T_{2b}	2011-02-08
10634.5	10648.0	13.5	北侧拱肩及顶拱	0.4～0.6	中等岩爆	T_{2b}	2011-01-15
10710.5	10730.5	20.0	两侧边墙及其拱肩	0.3～0.7	中等岩爆	T_{2b}	2011-01-10
10800.0	10820.0	20.0	全断面	0.1～0.7	中等岩爆	T_{2b}	2011-01-02
10858.0	10868.0	10.0	全断面	0.1～0.6	中等岩爆	T_{2b}	2010-12-27
11039.5	11043.0	3.5	北侧拱肩	0.5～0.6	中等岩爆	T_{2b}	2010-12-10
11043.0	11053.0	10.0	全断面	1.0～1.3	强烈岩爆	T_{2b}	2010-12-07
11144.5	11150.0	5.5	两侧拱肩	0.2～0.6	中等岩爆	T_{2b}	2010-11-18
11258.0	11266.5	8.5	全断面	0.2～1.0	中等岩爆	T_{2b}	2010-11-02
12617.0	12633.0	16.0	北侧边墙	0.3～0.7	中等岩爆	T_{2y}^{5}	2010-10-19
13197.0	13205.0	8.0	两侧拱肩及顶拱	0.3～0.7	中等岩爆	T_{2y}^{5}	2010-07-15
14966.0	14982.0	16.0	北侧边墙	0.3～0.7	中等岩爆	T_{2y}^{5}	2010-05-16

附表 4　　4号引水隧洞中等以上岩爆破坏汇总表（96次）

桩号/m		段长/m	破坏部位	破坏深度/m	等级	地层岩性	发生时间/(年-月-日)
起	止						
1197.0	1228.0	31.0	两侧拱肩及顶拱	0.6～1.0	中等岩爆	T_{2z}	2008-02-11
5410.0	5415.5	5.5	北侧边墙及拱肩	0.5～0.6	中等岩爆	T_{2b}	2011-09-01
5734.0	5742.0	8.0	南侧拱肩	0.5～0.6	中等岩爆	T_{2b}	2011-06-25
5816.0	5831.0	15.0	南侧拱肩	0.6～1.0	中等岩爆	T_{2b}	2011-06-12
5965.0	6000.0	35.0	两侧边墙	0.5～1.0	中等岩爆	T_{2b}	2011-05-13
6005.0	6018.0	13.0	全断面	0.5～1.0	中等岩爆	T_{2b}	2011-04-27
6081.5	6090.0	8.5	两侧边墙	0.4～0.6	中等岩爆	T_{2b}	2011-04-02
6090.0	6100.0	10.0	两侧边墙	0.8～1.5	强烈岩爆	T_{2b}	2011-04-25
6100.0	6107.0	7.0	两侧边墙	0.6～1.0	中等岩爆	T_{2b}	2011-04-26
6107.0	6132.0	25.0	全断面	0.6～3.0	强烈岩爆	T_{2b}	2011-03-23
6132.0	6142.0	10.0	两侧边墙	0.6～1.5	强烈岩爆	T_{2b}	2011-03-01
6142.0	6148.0	6.0	北侧边墙	0.5～0.8	中等岩爆	T_{2b}	2011-02-29
6150.0	6179.0	29.0	两侧边墙	0.3～0.7	中等岩爆	T_{2b}	2011-02-18
6319.0	6346.5	27.5	北侧边墙	0.3～0.6	中等岩爆	T_{2b}	2011-04-29
6522.0	6526.0	4.0	两侧边墙	0.5～0.8	中等岩爆	T_{2b}	2011-05-28
6580.5	6592.0	11.5	两侧边墙	0.3～0.8	中等岩爆	T_{2b}	2011-06-16
7000.0	7017.0	17.0	北侧拱肩及边墙	0.5～1.0	中等岩爆	T_{2b}	2011-11-13
7028.0	7048.0	20.0	两侧边墙及拱肩	0.4～0.8	中等岩爆	T_{2b}	2011-11-06

续表

桩号/m		段长/m	破坏部位	破坏深度/m	等级	地层岩性	发生时间/(年-月-日)
起	止						
7115.0	7120.0	5.0	顶拱	0.6～0.7	中等岩爆	T_{2b}	2011-10-11
7208.0	7228.0	20.0	顶拱及南侧边墙	0.3～0.8	中等岩爆	T_{2b}	2011-08-19
7315.5	7320.0	4.5	南侧拱肩及顶拱	0.4～0.6	中等岩爆	T_{2b}	2011-07-05
7321.0	7335.0	14.0	南侧边墙至顶拱及北侧拱肩	0.5～0.6	中等岩爆	T_{2b}	2011-06-28
7343.0	7354.0	11.0	北侧拱肩	0.5～0.6	中等岩爆	T_{2b}	2011-06-21
7376.0	7386.0	10.0	北侧边墙至拱肩	0.4～0.7	中等岩爆	T_{2b}	2011-06-13
7832.5	7846.5	14.0	两侧边墙	0.3～0.7	中等岩爆	T_{2b}	2011-08-29
7946.0	7967.0	21.0	全断面	0.4～0.7	中等岩爆	T_{2b}	2011-10-05
8048.0	8056.0	8.0	南侧边墙	0.8～1.5	强烈岩爆	T_{2b}	2011-09-07
8056.0	8061.5	5.5	南侧边墙	0.4～0.7	中等岩爆	T_{2b}	2011-08-28
8113.0	8114.0	1.0	南侧边墙	0.3～0.7	中等岩爆	T_{2b}	2012-02-23
8114.0	8143.0	29.0	两侧边墙	0.3～1.2	强烈岩爆	T_{2b}	2012-02-24
8143.0	8147.5	4.5	南侧边墙	0.3～0.7	中等岩爆	T_{2b}	2012-02-24
8220.0	8229.0	9.0	北侧边墙	0.5～0.7	中等岩爆	T_{2b}	2011-11-04
8237.0	8247.5	10.5	南侧边墙至顶拱	2.0	强烈岩爆	T_{2b}	2011-10-29
8275.0	8283.0	8.0	南侧拱肩	0.6～0.7	中等岩爆	T_{2b}	2011-07-03
8286.0	8300.0	14.0	两侧拱肩至顶拱	0.6～0.7	中等岩爆	T_{2b}	2012-07-01
8313.0	8321.0	8.0	北侧边墙及拱肩	0.3～0.6	中等岩爆	T_{2b}	211-06-02
8406.0	8419.0	13.0	顶拱	0.3～0.6	中等岩爆	T_{2b}	2011-05-09
8528.0	8535.0	7.0	北侧拱肩及南侧边墙	0.6～0.7	中等岩爆	T_{2b}	2011-04-20
8535.0	8545.0	10.0	南侧边墙	0.7～0.8	中等岩爆	T_{2b}	2011-05-08
8547.0	8563.0	16.0	两侧边墙及拱肩	0.7～1.0	中等岩爆	T_{2b}	2011-04-22
8566.0	8585.0	19.0	两侧边墙至拱肩	0.7～0.8	中等岩爆	T_{2b}	2011-04-25
8598.0	8600.0	2.0	北侧拱肩至顶拱	0.6	中等岩爆	T_{2b}	2011-04-28
8602.0	8609.0	7.0	北侧拱肩	0.4～0.7	中等岩爆	T_{2b}	2011-05-24
8616.0	8626.0	10.0	南侧拱肩	0.5～0.8	中等岩爆	T_{2b}	2011-05-26
8635.0	8642.0	7.0	顶拱	0.3～0.6	中等岩爆	T_{2b}	2011-05-29
8652.0	8658.0	6.0	顶拱	0.4～0.7	中等岩爆	T_{2b}	2011-06-02
8740.0	8780.0	40.0	北侧边墙及拱肩	0.7～2.0	强烈岩爆	T_{2b}	2012-03-27
8780.0	8800.0	20.0	北侧边墙及拱肩	0.5～0.7	中等岩爆	T_{2b}	2012-08-06
8912.0	8923.0	11.0	南侧拱肩及顶拱	1.0～2.0	强烈岩爆	T_{2b}	2012-05-15
8960.0	8971.0	11.0	两侧边墙	0.6～0.7	中等岩爆	T_{2b}	2011-05-15
9013.0	9018.0	5.0	南北边墙至拱肩	0.3～1.0	中等岩爆	T_{2b}	2011-10-24

续表

桩号/m		段长/m	破坏部位	破坏深度/m	等级	地层岩性	发生时间/(年-月-日)
起	止						
9117.0	9124.0	7.0	北侧边墙	0.7～1.0	中等岩爆	T_{2b}	2011-11-26
9142.0	9179.0	37.0	北侧边墙	0.5～1.0	中等岩爆	T_{2b}	2011-12-03
9179.0	9188.0	9.0	两侧边墙	0.5～1.0	中等岩爆	T_{2b}	2011-12-10
9220.0	9226.0	6.0	两侧边墙	0.5～0.9	中等岩爆	T_{2b}	2011-12-16
9226.0	9242.0	16.0	北侧边墙	1.0～2.3	强烈岩爆	T_{2b}	2011-08-02
9246.0	9253.0	7.0	南侧边墙	1.5～2.0	强烈岩爆	T_{2b}	2011-06-30
9257.0	9264.0	7.0	北侧拱肩及南侧边墙	0.3～0.6	中等岩爆	T_{2b}	2011-06-30
9300.0	9312.0	12.0	两侧边墙	0.8～1.5	强烈岩爆	T_{2b}	2011-11-05
9312.0	9315.0	3.0	北侧边墙	0.3～0.8	中等岩爆	T_{2b}	2011-06-18
9338.0	9344.0	6.0	北侧边墙及拱肩	0.7～1.5	强烈岩爆	T_{2b}	2011-05-24
9369.0	9384.0	15.0	北侧边墙	0.2～0.8	中等岩爆	T_{2b}	2011-05-10
9400.0	9472.0	72.0	全断面	0.2～1.0	中等岩爆	T_{2b}	2011-04-15
9483.0	9498.0	15.0	全断面	0.3～1.0	中等岩爆	T_{2b}	2011-03-15
9540.0	9558.0	18.0	北侧边墙至顶拱	0.7～0.1	中等岩爆	T_{2b}	2011-02-10
9572.0	9582.0	10.0	两侧边墙	3.0	强烈岩爆	T_{2b}	2011-01-17
9582.0	9586.0	4.0	全断面	1.0	中等岩爆	T_{2b}	2011-01-17
9586.0	9596.0	10.0	北侧边墙及拱肩	1.0～1.5	强烈岩爆	T_{2b}	2011-12-22
9729.0	9768.0	39.0	南侧墙、拱肩及底板	2.0～5.0	极强岩爆	T_{2b}	2011-12-11
9771.0	9805.0	34.0	两侧墙	0.4～0.8	中等岩爆	T_{2b}	2010-06-20
9816.0	9823.0	7.0	北侧拱肩	0.8～1.6	强烈岩爆	T_{2b}	2010-06-10
9827.0	9890.0	63.0	顶拱及北侧拱肩	0.5～1.2，局部1.5	中等岩爆	T_{2b}	2010-06-03
9903.0	9932.0	29.0	顶拱及北侧拱肩	0.3～0.8	中等岩爆	T_{2b}	2011-07-20
10051.0	10058.5	7.5	北侧边墙及顶拱	0.7～1.2	强烈岩爆	T_{2b}	2010-10-16
10164.5	10170.0	5.5	南侧边墙及拱肩	0.5～0.7	中等岩爆	T_{2b}	2012-10-19
10185.0	10188.5	3.5	南侧边墙及顶拱	2.0	强烈岩爆	T_{2b}	2010-10-27
10189.5	10197.0	7.5	北侧边墙	0.5～0.6	中等岩爆	T_{2b}	2010-12-02
10205.0	10209.0	4.0	全断面	0.5～3.0	强烈岩爆	T_{2b}	2010-12-09
10446.0	10462.0	16.0	北侧拱肩	0.2～0.7	中等岩爆	T_{2b}	2012-12-05
10978.5	10998.0	19.5	两侧边墙	1.0～2.0	强烈岩爆	T_{2b}	2010-07-11
11004.5	11012.0	7.5	两侧边墙	0.3～0.7	中等岩爆	T_{2b}	2010-06-16
11305.0	11333.0	28.0	北侧拱肩～北侧边墙	0.3～0.7，局部达1.0	中等岩爆	T_{2b}	2010-05-5
11476.0	11496.0	20.0	南侧边墙	0.5～0.8	中等岩爆	T_{2b}	2010-05-30

续表

桩号/m		段长/m	破坏部位	破坏深度/m	等级	地层岩性	发生时间/(年-月-日)
起	止						
11717.0	11726.0	9.0	北侧边墙	约3	强烈岩爆	T_{2b}	2009-11-09
11880.0	11894.0	14.0	全断面	0.3～0.7	中等岩爆	T_{2b}	2009-12-21
11905.0	11911.4	6.4	全断面	3.5	强烈岩爆	T_{2b}	2009-12-26
13099.0	13117.0	18.0	北侧拱肩及边墙	0.2～0.8	中等岩爆	T_{2y}^5	2009-05-24
13164.0	13183.0	19.0	南侧边墙及顶拱	0.5～1.2	强烈岩爆	T_{2y}^5	2009-05-10
13187.0	13204.0	17.0	南侧顶拱	0.5～1.0	中等岩爆	T_{2y}^5	2009-05-03
13239.0	13244.0	5.0	北侧拱肩及顶拱	0.2～1.0	中等岩爆	T_{2y}^5	2009-04-22
13406.0	13416.0	10.0	全断面	0.3～0.8	中等岩爆	T_{2y}^5	2009-03-03
14046.0	14058.0	12.0	南侧顶拱、拱肩	0.2～1.0	中等岩爆	T_{2y}^6	2009-03-01
14654.0	14663.0	9.0	北侧边墙	0.5～1.0	中等岩爆	T_{2y}^5	2008-09-09
15268.0	15274.0	6.0	南侧拱肩	1.0	中等岩爆	T_{2y}^4	2008-03-11
15301.0	15310.0	9.0	北侧拱肩	2.5～3.0	强烈岩爆	T_{2y}^4	2008-01-27
15310.0	15315.0	5.0	顶拱	1.0～1.5	强烈岩爆	T_{2y}^4	2008-01-25

2. 辅助洞中等以上岩爆破坏汇总

两条辅助洞发生岩爆累计长度；A洞发生岩爆段累计长度3222.5m，占隧洞总长的18.48%；B洞发生岩爆段累计长度2838.7m，占隧洞总长的16.29%。辅助洞主要以轻微岩爆为主，A、B洞分别占隧洞总长的12.54%和10.32%。中等岩爆次之，A、B洞分别占隧洞总长的4.13%和4.67%。强烈岩爆相对较少，A、B洞分别占隧洞总长的1.73%和1.12%。极强岩爆很少，仅发生于AK9+696～AK9+706、BK6+745～BK6+755、BK9+503～BK9+523三段共75m。

辅助洞A和辅助洞B中等以上岩爆破坏汇总表见附表5和附表6。

附表5　　辅助洞A中等以上岩爆破坏汇总表（44次）

桩号/m		段长/m	破坏部位	破坏深度/m	等级	地层岩性	发生时间/(年-月-日)
起	止						
5522.0	5509.0	13.0	两拱肩及顶拱	0.3～0.5	中等岩爆	T_{2b}	2006-07-20
5720.0	5715.0	5.0	右拱肩	约0.5	中等岩爆	T_{2b}	2006-08-15
5778.0	5771.0	7.0	右拱肩及顶拱	约0.5	中等岩爆	T_{2b}	2006-08-22
5796.0	5787.0	9.0	两拱肩及顶拱	约0.5	中等岩爆	T_{2b}	2006-08-24
6068.0	6058.0	10.0	左拱肩	0.5～0.8	中等岩爆	T_{2b}	2006-09-24
6140.0	6076.0	64.0	左边墙、顶拱、右拱肩	0.2～1.5	强烈岩爆	T_{2b}	2006-10-04
6320.0	6313.0	7.0	顶拱	约0.5	中等岩爆	T_{2b}	2006-11-4
6516.5	6510.0	6.5	左边墙	2.0	强烈岩爆	T_{2b}	2006-11-26
6525.0	6520.0	5.0	左边墙	0.3～1.2	强烈岩爆	T_{2b}	2006-11-29

续表

桩号/m		段长/m	破坏部位	破坏深度/m	等级	地层岩性	发生时间/(年-月-日)
起	止						
6768.0	6735.0	33.0	左边墙及顶拱	1.0～2.0	强烈岩爆	T_{2b}	2006-12-30
6877.0	6821.0	56.0	左右拱肩及顶拱	0.5～1.5	强烈岩爆	T_{2b}	2007-01-07
6949.0	6902.0	47.0	左边墙，左右拱肩及顶拱	0.3～0.5	中等岩爆	T_{2b}	2007-01-30
6956.0	6950.0	6.0	左边墙及左拱肩	0.5～1.0	中等岩爆	T_{2b}	2007-02-02
6957.0	6951.0	6.0	顶拱及右拱肩	0.5～1.5	强烈岩爆	T_{2b}	2007-02-02
7213.0	7108.0	105.0	顶拱及左右边墙	1.0～1.5	强烈岩爆	T_{2b}	2007-03-21
7270.0	7224.0	46.0	顶拱及左边墙	0.5～0.6	中等岩爆	T_{2b}	2007-04-12
7309.0	7286.0	23.0	顶拱及左右拱肩	0.5～0.6	中等岩爆	T_{2b}	2007-04-15
7682.0	7670.0	12.0	顶拱及右拱肩	0.8～1.5	强烈岩爆	T_{2b}	2007-05-25
7685.0	7667.0	18.0	左拱肩	0.5～1.0	中等岩爆	T_{2b}	2007-05-26
7928.0	7919.0	9.0	顶拱	0.5～0.8	中等岩爆	T_{2b}	2007-05-25
8086.0	8070.0	16.0	顶拱及右拱肩	0.8～1.5	强烈岩爆	T_{2b}	2007-06-25
8331.0	8280.0	51.0	顶拱及左右拱肩	0.5～2.0	强烈岩爆	T_{2b}	2007-08-17
8341.0	8331.0	10.0	顶拱及左右拱肩	1.0～3.0	强烈岩爆	T_{2b}	2007-08-20
8800.0	8793.0	7.0	左边墙及左拱肩	0.5～1.0	中等岩爆	T_{2b}	2007-11-16
8855.0	8824.0	31.0	顶拱	0.5～1.0	中等岩爆	T_{2b}	2007-11-29
9160.0	9140.0	20.0	右拱肩	0.5～0.8	中等岩爆	T_{2b}	2008-01-23
9200.0	9176.0	24.0	左拱肩	0.5～0.6	中等岩爆	T_{2b}	2008-02-03
9214.0	9204.0	10.0	右拱肩	0.5～0.8	中等岩爆	T_{2b}	2008-02-10
9220.0	9208.0	12.0	左拱肩	0.5～0.8	中等岩爆	T_{2b}	2008-02-11
9235.0	9220.0	15.0	右拱肩	0.5～0.6	中等岩爆	T_{2b}	2008-02-11
9490.0	9485.0	5.0	左拱肩	0.3～1.5	强烈岩爆	T_{2b}	2008-04-15
9656.0	9643.0	13.0	右拱肩与顶拱	0.6～0.8	中等岩爆	T_{2b}	2008-05-29
9671.0	9656.0	15.0	右拱肩与顶拱	1.8～2.0	强烈岩爆	T_{2b}	2008-05-30
9682.0	9676.0	6.0	右拱肩与顶拱	约2.0	强烈岩爆	T_{2b}	2008-06-05
9696.0	9682.0	8.0	右拱肩与顶拱	2.0～2.2	强烈岩爆	T_{2b}	2008-07-07
9706.0	9696.0	45.0	右拱肩与顶拱	2.0～3.5	极强岩爆	T_{2b}	2008-09-20
9735.0	9706.0	29.0	右拱肩与顶拱	1.5～1.8	强烈岩爆	T_{2b}	2008-09-20
9853.0	9843.0	10.0	右边墙与右拱肩	1.2～1.5	强烈岩爆	T_{2b}	2008-05-06
9875.0	9850.0	25.0	右拱肩	1.0～1.2	强烈岩爆	T_{2b}	2008-05-06
9983.0	9979.0	4.0	右边墙与右拱肩	1.0～1.5	强烈岩爆	T_{2b}	2008-05-06
9985.0	9966.0	19.0	右拱肩与顶拱	0.6～0.8	中等岩爆	T_{2b}	2008-05-05
10051.0	10047.0	4.0	右拱肩与顶拱	0.8	中等岩爆	T_{2b}	2008-04-25

续表

桩号/m		段长/m	破坏部位	破坏深度/m	等级	地层岩性	发生时间/(年-月-日)
起	止						
14625.0	14610.0	15.0	左拱肩及顶拱	0.5～0.6	中等岩爆	T_{2y}^{5}	2005-9-10
14966.0	14930.0	36.0	右拱肩～顶拱	0.5	中等岩爆	T_{2y}^{5}	2005-7-20

附表 6　B 辅助洞隧洞中等以上岩爆破坏汇总表（63 次）

桩号/m		段长/m	破坏部位	破坏深度/m	等级	地层岩性	发生时间/(年-月-日)
起	止						
3925.0	3915.0	10.0	左、右拱肩	1.6	强烈岩爆	T_3	2005-11-08
3950.0	3938.0	12.0	左、右拱肩	<0.8	中等岩爆	T_3	2005-11-13
4034.0	4028.0	6.0	顶拱、左右拱肩	<0.8	中等岩爆	T_3	2005-11-24
4037.0	4034.0	3.0	顶拱、左右拱肩	<1.5	强烈岩爆	T_3	2005-11-27
4045.0	4037.0	8.0	顶拱、左右拱肩	<0.8	中等岩爆	T_3	2005-11-27
4772.0	4762.0	10.0	左边墙～左拱肩	0.5～0.7	中等岩爆	T_{2b}	2005-11-29
4800.0	4775.0	25.0	顶拱及两边墙	0.8～1.0	中等岩爆	T_{2b}	2006-03-23
5917.0	5910.0	7.0	右拱肩	0.4～0.6	中等岩爆	T_{2b}	2006-09-08
6158.0	6105.0	53.0	左右拱肩及顶拱	0.5～1.0	中等岩爆	T_{2b}	2006-10-10
6340.0	6338.0	2.0	左边拱	0.5～0.7	中等岩爆	T_{2b}	2006-11-6
6372.5	6370.0	2.5	左拱肩及顶拱	1.0～1.5	强烈岩爆	T_{2b}	2006-11-10
6376.0	6358.0	18.0	右拱肩及顶拱	0.5～0.8	中等岩爆	T_{2b}	2006-11-10
6520.0	6513.0	7.0	右边墙	0.5	中等岩爆	T_{2b}	2006-12-03
6527.0	65272.0	5.0	右边墙	0.8～1.0	中等岩爆	T_{2b}	2006-12-10
6538.0	6530.5	7.5	右边墙	1.0	强烈岩爆	T_{2b}	2006-12-06
6745.0	6720.0	25.0	左右拱肩及顶拱	2.0～3.0	强烈岩爆	T_{2b}	2007-01-07
6755.0	6745.0	10.0	左右拱肩及顶拱	3.0～4.0	极强岩爆	T_{2b}	2007-01-30
6777.0	6755.0	22.0	左右拱肩及顶拱	2.0～3.0	强烈岩爆	T_{2b}	2007-02-10
6824.0	6810.0	14.0	左右拱肩及顶拱	0.5～1.2	强烈岩爆	T_{2b}	2007-02-27
6851.0	6832.0	21.0	顶拱	0.5～1.0	中等岩爆	T_{2b}	2007-02-27
6851.0	6832.0	21.0	左边墙及左拱肩	0.5～1.0	中等岩爆	T_{2b}	2007-02-27
7336.0	7320.0	16.0	顶拱	0.5～0.6	中等岩爆	T_{2b}	2007-04-20
7469.0	7455.0	14.0	左边墙及左拱肩	0.5～1.0	中等岩爆	T_{2b}	2007-04-23
7469.0	7455.0	14.0	右边墙	0.5～1.0	中等岩爆	T_{2b}	2007-04-23
7493.0	7486.0	7.0	左边墙	0.5～1.0	中等岩爆	T_{2b}	2007-04-25
7725.0	7704.0	21.0	左拱肩	0.3～0.8	中等岩爆	T_{2b}	2007-06-01
7748.0	7733.0	15.0	左边墙及左拱肩	0.5～1.0	中等岩爆	T_{2b}	2007-06-05
7786.0	7748.0	38.0	左边墙及左拱肩	0.5～1.0	中等岩爆	T_{2b}	2007-06-10

续表

桩号/m		段长/m	破坏部位	破坏深度/m	等级	地层岩性	发生时间/(年-月-日)
起	止						
8280.0	8273.0	7.0	右边墙及右拱肩	0.6～1.0	中等岩爆	T_{2b}	2007-06-15
8320.0	8306.0	14.0	左右拱肩及顶拱	0.5～0.7	中等岩爆	T_{2b}	2007-08-14
8331.0	8320.0	11.0	左右拱肩及顶拱	1.0～2.0	强烈岩爆	T_{2b}	2007-08-17
8380.0	8360.0	20.0	左右拱肩及顶拱	0.3～0.8	中等岩爆	T_{2b}	2007-09-10
8503.0	8494.0	9.0	顶拱	0.1～0.3，局部0.5	中等岩爆	T_{2b}	2007-09-27
8820.0	8810.0	10.0	右边墙与右拱肩	0.5～0.8	中等岩爆	T_{2b}	2007-12-05
9230.0	9224.0	6.0	左边墙与左拱肩	1.0～2.0	强烈岩爆	T_{2b}	2008-03-03
9248.0	8230.0	18.0	左边墙与左拱肩	0.3～0.7	中等岩爆	T_{2b}	2008-03-05
9254.0	9230.0	24.0	右边墙与右拱肩	0.3～0.7	中等岩爆	T_{2b}	2008-03-05
9256.0	9248.0	8.0	左边墙与左拱肩	1.0～1.5	强烈岩爆	T_{2b}	2008-03-10
9266.0	9254.0	12.0	左右拱肩及顶拱	0.5～1.0	中等岩爆	T_{2b}	2008-03-15
9310.0	9300.0	10.0	右边墙及右拱肩	0.5～0.6	中等岩爆	T_{2b}	2008-04-17
9370.0	9354.0	16.0	右边墙及右拱肩	0.4～0.8	中等岩爆	T_{2b}	2008-04-28
9379.0	9370.0	9.0	右边墙及右拱肩	0.6～1.0	中等岩爆	T_{2b}	2008-04-30
9400.0	9380.0	10.0	右边墙及右拱肩	0.3～0.6	中等岩爆	T_{2b}	2008-05-22
9435.0	9410.0	25.0	右拱肩及顶拱	0.6～1.5	强烈岩爆	T_{2b}	2008-05-23
9463.0	9452.0	11.0	左拱肩及顶拱	0.5～0.8	中等岩爆	T_{2b}	2008-06-07
9500.0	9471.0	29.0	左拱肩及顶拱	0.3～0.6	中等岩爆	T_{2b}	2008-06-08
9500.0	9452.0	48.0	右拱肩及顶拱	0.5～1.0	中等岩爆	T_{2b}	2008-06-08
9523.0	9503.0	20.0	顶拱及右拱肩	2.0～3.0	极强岩爆	T_{2b}	2008-06-09
9537.0	9502.0	15.0	顶拱及左拱肩	1.5～2.0	强烈岩爆	T_{2b}	2008-06-09
9545.0	9539.0	6.0	顶拱及左拱肩	0.4～0.6	中等岩爆	T_{2b}	2008-06-08
9570.0	9545.0	25.0	顶拱及左拱肩	0.5～0.8	中等岩爆	T_{2b}	2008-06-06
9590.0	9570.0	20.0	顶拱及左拱肩	0.2～0.7	中等岩爆	T_{2b}	2008-05-08
9600.0	9590.0	10.0	顶拱及左拱肩	0.3～0.6	中等岩爆	T_{2b}	2008-05-26
9780.0	9752.0	28.0	左右边墙及左右拱肩	0.4～0.8	中等岩爆	T_{2b}	2008-05-10
9982.0	9979.0	3.0	右拱肩	0.4～0.6	中等岩爆	T_{2b}	2008-04-12
10398.0	10390.0	8.0	左边墙	0.8～1.3	中等岩爆	T_{2b}	2007-12-20
11083.0	11072.0	11.0	右边墙	0.4～0.6	中等岩爆	T_{2b}	2007-09-01
11448.0	11437.0	9.0	右边墙与右拱肩	＞0.5	中等岩爆	T_{2b}	2007-07-04
12943.0	12932.0	11.0	顶拱	0.5～0.6	中等岩爆	T_{2y}^{5}	2006-10-30
14675.0	14642.0	33.0	左中	0.7～1.2	强烈岩爆	T_{2y}^{5}	2005-08-27

续表

桩号/m		段长/m	破坏部位	破坏深度/m	等级	地层岩性	发生时间/(年-月-日)
起	止						
14700.0	14691.0	9.0	顶拱～右拱肩～右中	0.5～1.2	强烈岩爆	T_{2y}^{5}	2005-08-19
14708.0	14700.0	8.0	左中～左拱肩	0.5～0.8	中等岩爆	T_{2y}^{5}	2005-08-10

3. 排水洞中等以上岩爆破坏汇总

排水洞岩爆段累计长1863.3m，占洞长的10.87%。其中以轻微岩爆及中等岩爆为主，分别占洞长3.91%、4.08%。强烈岩爆次之，占洞长2.74%。极强岩爆仅发生于SK9+823～SK9+834、SK9+861～SK9+870两段共23m，另外SK9+283～SK9+317因极强岩爆导致TBM严重受损，后于该段SE侧重新布置一条绕行洞，掘进时该绕行洞仍连续发育强烈岩爆。排水洞中等以上岩爆破坏汇总表见附表7。

附表7　　排水洞中等以上岩爆破坏汇总表（126次）

桩号/m		段长/m	破坏部位	破坏深度/m	等级	地层岩性	发生时间/(年-月-日)
起	止						
78.0	110.0	32.0	北侧边墙至拱肩	0.5～1.7	强烈岩爆	T_{2b}	2010-01-10
102.0	125.0	23.0	南侧边墙至拱肩	1.0～1.5	强烈岩爆	T_{2b}	2010-01-19
118.0	128.0	10.0	北侧边墙至拱肩	0.8～1.5	强烈岩爆	T_{2b}	2010-01-20
140.0	146.0	6.0	全断面	1.2～1.5	强烈岩爆	T_{2b}	2010-01-25
155.0	185.0	30.0	南侧边墙至顶拱	1.0～2.0	强烈岩爆	T_{2b}	2010-02-01
186.0	192.0	6.0	顶拱	1.5～2.0	强烈岩爆	T_{2b}	2010-02-06
3579.0	3584.0	5.0	北侧拱肩	0.5～1.0	中等岩爆	T_3	2010-10-28
4631.0	4641.0	10.0	顶拱及两侧拱肩	0.5～0.6	中等岩爆	T_{2b}	2010-07-07
4981.0	4985.0	4.0	顶拱	0.5～0.6	中等岩爆	T_{2b}	2010-07-25
4995.0	5000.0	5.0	顶拱	0.5～0.6	中等岩爆	T_{2b}	2010-07-26
5050.0	5062.0	12.0	北侧边墙	0.5～0.6	中等岩爆	T_{2b}	2011-03-28
5066.0	5084.0	18.0	两侧边墙	0.5～0.7	中等岩爆	T_{2b}	2011-03-26
5237.0	5247.0	10.0	南侧拱肩	0.3～0.6	中等岩爆	T_{2b}	2011-06-06
5268.0	5275.0	7.0	北侧边墙	0.5～0.6	中等岩爆	T_{2b}	2011-06-01
5276.0	5290.0	14.0	两侧边墙	0.5～1.0	中等岩爆	T_{2b}	2011-05-27
5293.0	5300.0	7.0	北侧边墙	0.5～0.8	中等岩爆	T_{2b}	2011-05-26
5315.0	5323.0	8.0	北侧边墙	0.5～0.8	中等岩爆	T_{2b}	2011-05-17
5328.0	5337.0	9.0	南侧边墙及拱肩	0.5～0.8	中等岩爆	T_{2b}	2011-05-17
5488.5	5500.0	11.5	南侧边墙至顶拱	0.3～0.4，局部0.5～0.8	中等岩爆	T_{2b}	2011-04-16
5621.0	5654.0	33.0	北侧边墙至顶拱	1.0～1.5，局部2.0～3.0	强烈岩爆	T_{2b}	2011-03-08
6911.0	6918.0	7.0	顶拱及北侧边墙	0.5～1.0	中等岩爆	T_{2b}	2010-11-28

续表

桩号/m		段长/m	破坏部位	破坏深度/m	等级	地层岩性	发生时间/(年-月-日)
起	止						
7364.0	7375.0	11.0	北侧拱肩	0.5～0.8	中等岩爆	T_{2b}	2010-11-20
8050.0	8059.0	9.0	南侧拱肩	0.5～0.8	中等岩爆	T_{2b}	2010-07-14
8086.0	8095.0	9.0	北侧拱肩	0.5～0.8	中等岩爆	T_{2b}	2010-07-08
8294.0	8310.0	16.0	两侧拱肩	0.5～1.2	强烈岩爆	T_{2b}	2010-10-24
8373.0	8379.0	6.0	顶拱及两侧拱肩	0.5～1.5	强烈岩爆	T_{2b}	2010-10-24
8440.0	8450.0	10.0	南侧拱肩	0.5～0.9	中等岩爆	T_{2b}	2010-11-26
8624.0	8629.0	5.0	北侧底脚	0.3～0.6	中等岩爆	T_{2b}	2010-12-26
8700.0	8705.0	5.0	南侧拱肩及边墙	0.5～2.0	强烈岩爆	T_{2b}	2011-01-11
8708.0	8715.0	7.0	南侧边墙至拱肩	1.0～2.0	强烈岩爆	T_{2b}	2011-01-15
8709.0	8733.0	24.0	北侧边墙至拱肩	1.0～1.3	强烈岩爆	T_{2b}	2011-01-16
8717.0	8732.0	15.0	南侧边墙至拱肩	0.5～1.6	强烈岩爆	T_{2b}	2011-01-20
8732.0	8744.0	12.0	南侧边墙至拱肩	1.0～1.5	强烈岩爆	T_{2b}	2011-01-22
8743.0	8757.0	14.0	南侧拱肩	0.8～1.2	强烈岩爆	T_{2b}	2011-01-23
8754.0	8761.0	7.0	北侧拱肩	0.4～0.7	中等岩爆	T_{2b}	2011-01-26
8768.0	8782.0	14.0	北侧边墙至拱肩	0.4～0.8	中等岩爆	T_{2b}	2011-01-26
8804.0	8812.0	8.0	北侧拱肩	0.8～1.5	强烈岩爆	T_{2b}	2011-01-01
8836.0	8853.0	17.0	南侧边墙至拱肩	1.0～1.5	强烈岩爆	T_{2b}	2011-01-03
8841.0	8851.0	10.0	北侧拱肩	0.5～0.8	中等岩爆	T_{2b}	2011-01-03
8862.0	8882.0	20.0	北侧边墙至拱肩	1.0～1.5	强烈岩爆	T_{2b}	2011-01-03
8864.0	8875.0	11.0	南侧拱肩	0.8～1.2	强烈岩爆	T_{2b}	2010-12-20
8971.0	8975.0	4.0	北侧边墙	1.0～1.5	强烈岩爆	T_{2b}	2010-12-21
8971.0	8987.0	16.0	南侧边墙	0.5～1.0	中等岩爆	T_{2b}	2010-12-21
9038.0	9051.0	13.0	全断面	0.5～1.0	中等岩爆	T_{2b}	2011-03-08
9054.0	9060.5	6.5	南侧拱肩至拱肩	0.5～0.7	中等岩爆	T_{2b}	2011-02-27
9283.0	9316.0	33.0	上半部	12.0	极强岩爆	T_{2b}	2009-11-28
9285.0	9292.0	7.0	上半部洞边墙	3.3	极强岩爆	T_{2b}	2009-11-15
9292.0	9300.0	8.0	右拱肩	3.2	极强岩爆	T_{2b}	2009-11-06
9337.0	9350.0	13.0	右拱肩	0.5	中等岩爆	T_{2b}	2009-09-29
9301.0	9322.0	21.0	上半部洞边墙	3.2	极强岩爆	T_{2b}	2009-10-09
9350.0	9370.0	20.0	顶拱、右拱肩	0.7	中等岩爆	T_{2b}	2009-09-26
9370.0	9400.0	30.0	右拱肩	0.8	中等岩爆	T_{2b}	2009-09-23
9400.0	9418.0	18.0	右拱肩，右侧腰部	0.7	中等岩爆	T_{2b}	2009-09-23
9418.0	9420.0	2.0	顶拱、右拱肩	0.6	中等岩爆	T_{2b}	2009-09-23
9420.0	9422.0	2.0	顶拱、右拱肩	0.7	中等岩爆	T_{2b}	2009-09-23

续表

桩号/m		段长/m	破坏部位	破坏深度/m	等级	地层岩性	发生时间/(年-月-日)
起	止						
9422.0	9445.0	23.0	顶拱、右拱肩	0.8	中等岩爆	T_{2b}	2009-09-21
9445.0	9494.0	39.0	右拱肩	0.6	中等岩爆	T_{2b}	2009-09-16
9494.0	9513.0	19.0	右拱肩	0.8	中等岩爆	T_{2b}	2009-09-16
9513.0	9520.0	7.0	顶拱、右拱肩	0.6	中等岩爆	T_{2b}	2009-09-15
9520.0	9554.0	34.0	顶拱、左拱肩	0.7	中等岩爆	T_{2b}	2009-09-15
9554.0	9573.0	19.0	左拱肩、右侧腰部	0.6	中等岩爆	T_{2b}	2009-09-10
9573.0	9620.0	47.0	上半部洞边墙	0.5	中等岩爆	T_{2b}	2009-09-10
9620.0	9650.0	30.0	左拱肩	0.5	中等岩爆	T_{2b}	2009-09-08
9650.0	9672.0	22.0	右拱肩	0.5	中等岩爆	T_{2b}	2009-09-05
9672.0	9680.0	8.0	右拱肩	0.5	中等岩爆	T_{2b}	2009-09-04
9680.0	9703.0	23.0	顶拱、右拱肩	0.5	中等岩爆	T_{2b}	2009-09-02
9703.0	9720.0	17.0	顶拱、左拱肩	0.6	中等岩爆	T_{2b}	2009-09-02
9720.0	9728.0	8.0	右拱肩	0.7	强烈岩爆	T_{2b}	2009-09-02
9728.0	9795.0	67.0	上半部洞边墙	0.7	中等岩爆	T_{2b}	2009-09-01
9795.0	9820.0	25.0	上半部洞边墙	0.8	中等岩爆	T_{2b}	2009-07-28
9820.0	9834.0	14.0	右拱肩	3.3	极强岩爆	T_{2b}	2009-07-28
9842.0	9857.0	15.0	右拱肩	2.7	强烈岩爆	T_{2b}	2009-07-20
9869.0	9880.0	11.0	顶拱至右拱肩	3.2	极强岩爆	T_{2b}	2009-06-30
9870.0	9872.0	2.0	右拱肩至左边墙	1.2	强烈岩爆	T_{2b}	2009-06-27
9875.0	9877.0	2.0	上半部洞边墙	1.4	强烈岩爆	T_{2b}	2009-06-27
9877.0	9879.0	2.0	顶拱、拱肩	1.5	强烈岩爆	T_{2b}	2009-06-27
9878.0	9880.0	2.0	右拱肩	1.0	中等岩爆	T_{2b}	2009-06-27
9879.0	9882.0	3.0	顶拱、拱肩	1.2	强烈岩爆	T_{2b}	2009-06-27
9886.0	9888.0	2.0	顶拱、拱肩	1.0	中等岩爆	T_{2b}	2009-06-27
9888.0	9891.0	3.0	右拱肩、顶拱	1.2	强烈岩爆	T_{2b}	2009-06-27
9890.0	9894.0	4.0	顶拱、拱肩	1.0	中等岩爆	T_{2b}	2009-06-27
9897.0	9899.0	2.0	顶拱、拱肩	1.0	中等岩爆	T_{2b}	2009-06-27
9942.0	9947.0	5.0	顶拱、左拱肩	0.8	中等岩爆	T_{2b}	2009-06-23
10053.0	10058.0	5.0	顶拱、左拱肩	0.5	中等岩爆	T_{2b}	2009-06-20
10065.0	10073.0	8.0	左拱肩	0.5	中等岩爆	T_{2b}	2009-06-19
10106.0	10109.0	3.0	右拱肩	0.6	中等岩爆	T_{2b}	2009-06-16
10342.0	10349.0	7.0	顶拱、左拱肩	0.8	中等岩爆	T_{2b}	2009-06-04
10353.0	10356.0	3.0	拱肩、顶拱	0.5	中等岩爆	T_{2b}	2009-06-03
10392.0	10395.0	3.0	左拱肩	0.7	中等岩爆	T_{2b}	2009-06-02

续表

桩号/m		段长/m	破坏部位	破坏深度/m	等级	地层岩性	发生时间/(年-月-日)
起	止						
10423.0	10425.0	2.0	顶拱、左拱肩	0.7	中等岩爆	T_{2b}	2009-05-31
10420.0	10425.0	5.0	右边墙、右拱肩	1.5	强烈岩爆	T_{2b}	2009-05-30
10444.0	10447.0	3.0	顶拱、左拱肩	0.8	中等岩爆	T_{2b}	2009-05-20
10449.0	10452.0	3.0	顶拱、左拱肩	0.7	中等岩爆	T_{2b}	2009-05-20
10473.0	10476.0	3.0	右拱肩	0.7	中等岩爆	T_{2b}	2009-05-18
10545.0	10551.0	4.0	右边墙	1.2	强烈岩爆	T_{2b}	2009-05-17
10546.0	10555.0	9.0	左边墙	0.6	中等岩爆	T_{2b}	2009-05-08
10582.0	10587.0	5.0	左边墙	1.0	中等岩爆	T_{2b}	2009-05-07
10808.0	10813.0	5.0	顶拱	1.6	强烈岩爆	T_{2b}	2009-05-05
10844.0	10849.0	5.0	顶拱	1.0	中等岩爆	T_{2b}	2009-05-03
10972.0	10975.0	3.0	左边墙	0.6	中等岩爆	T_{2b}	2009-05-01
10988.0	10997.0	11.0	右拱腰	1.6	强烈岩爆	T_{2b}	2009-04-30
11010.0	11012.0	2.0	顶拱	0.7	中等岩爆	T_{2b}	2009-04-28
11222.0	11230.0	8.0	左边墙	1.3	强烈岩爆	T_{2b}	2009-04-20
11467.0	11475.0	7.0	左边墙	1.2	强烈岩爆	T_{2b}	2009-04-7
11580.0	11582.0	2.0	右边墙	0.6	中等岩爆	T_{2b}	2009-04-6
11597.0	11605.0	8.0	右拱肩	0.7	中等岩爆	T_{2b}	2009-04-02
11658.0	11660.0	2.0	右拱肩	1.1	强烈岩爆	T_{2b}	2009-03-31
11797.0	11799.0	2.0	右边墙	1.5	强烈岩爆	T_{2b}	2009-03-19
11906.0	11917.0	11.0	右边墙拱肩、腰	2.0	强烈岩爆	T_{2b}	2009-03-07
11917.0	11920.0	3.0	左拱腰	0.6	中等岩爆	T_{2b}	2009-03-06
11935.0	11950.0	15.0	右边墙至顶拱	2.2	强烈岩爆	T_{2b}	2009-03-01
12054.0	12060.0	6.0	右边墙	1.0	中等岩爆	T_{2b}	2009-02-26
12437.0	12438.0	1.0	右拱肩	2.2	强烈岩爆	T_{2y}^6	2009-02-4
12445.0	12465.0	20.0	右拱肩、顶拱	2.2	强烈岩爆	T_{2y}^6	2009-02-2
12538.0	12540.0	2.0	右拱肩	0.6	中等岩爆	T_{2y}^6	2009-01-24
12720.0	12722.0	2.0	右边墙	1.0	中等岩爆	T_{2y}^6	2009-01-18
12920.0	12924.0	4.0	右边墙	0.7	中等岩爆	T_{2y}^5	2009-01-12
12963.0	12969.0	4.0	右边墙	0.6	中等岩爆	T_{2y}^5	2009-01-10
12970.0	12975.0	5.0	右边墙	1.0	中等岩爆	T_{2y}^5	2009-01-10
14220.0	14222.0	2.0	右侧拱肩	1.0	中等岩爆	T_{2y}^6	2008-09-23
14224.0	14226.0	2.0	左侧拱肩	0.8	中等岩爆	T_{2y}^6	2008-09-19
14227.0	14230.0	3.0	右侧拱肩	1.5	强烈岩爆	T_{2y}^6	2008-09-22
14241.0	14251.0	10.0	右侧拱肩	1.2	强烈岩爆	T_{2y}^6	2008-09-12

续表

桩号/m		段长/m	破坏部位	破坏深度/m	等级	地层岩性	发生时间/(年-月-日)
起	止						
14250.0	14252.0	2.0	右侧拱肩	1.0	强烈岩爆	T_{2y}^{6}	2008-09-12
14395.0	14410.0	15.0	左边墙、右边墙、顶拱	2.2	强烈岩爆	T_{2y}^{6}	2008-08-17
14426.0	14441.0	5.0	右边墙	0.8	中等岩爆	T_{2y}^{6}	2008-08-14

2号引水洞K11+006～K11+017洞段岩爆造成围岩崩裂垮塌

2号引水洞K11+006～K11+017底板出现的横向裂缝

2号引水洞K11+006～K11+017自卸车受强烈岩爆冲击时后箱发生侧翻

4 号引水洞 K9＋729～K9＋768 洞段极强烈岩爆

辅助洞 AK9＋696～AK9＋706 段极强岩爆

辅助洞 BK14＋672～BK14＋700 段强烈岩爆

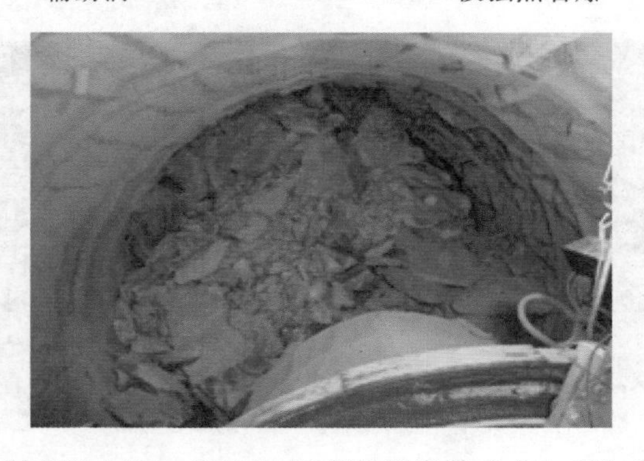

排水洞 SK9＋283～SK9＋316 段极强岩爆（“11.28”岩爆）

参 考 文 献

[1] 艾凯，尹健民，刘元坤．极高应力条件下岩体开挖面应力测量方法研究［J］．岩石力学与工程学报，2012，31（S2）：3974－3980．

[2] GB 6722—2003 爆破安全规程［S］．北京：中国标准出版社，2004．

[3] 北京工业大学岩土与地下工程研究所．锦屏二级水电站引水隧道 TBM 施工预测及优化施工对策研究报告［R］．2010．

[4] 北京工业大学岩土与地下工程研究所．锦屏二级水电站引水隧洞强岩爆段 TBM 开挖方案优化分析研究报告［R］．2010．

[5] 北京振冲工程股份有限公司锦屏项目部．锦屏二级水电站高地应力下岩爆灾害及其工程对策研究工作总结报告［R］．2011．

[6] 蔡美峰，冀东，郭奇峰．基于地应力现场实测与开采扰动能量积聚理论的岩爆预测研究［J］．岩石力学与工程学报，2013，10：1973－1980．

[7] 蔡朋，邬爱清，汪斌，邓宝华．一种基于Ⅱ型全过程曲线的岩爆倾向性指标［J］．岩石力学与工程学报，2010，S1：3290－3294．

[8] 长江水利委员会长江科学院水利部岩土力学与工程重点实验室．锦屏二级水电站引水隧洞爆破开挖振动破坏特性及地应力快速释放效应控制技术研究报告［R］．2014．

[9] 陈炳瑞，冯夏庭，明华军，周辉，曾雄辉，丰光亮，肖亚勋．深埋隧洞岩爆孕育规律与机制 时滞型岩爆［J］．岩石力学与工程学报，2012，03：561－569．

[10] 陈国庆，李天斌，何勇华，蒋良文，付开隆，孟陆波．深埋硬岩隧道卸荷热-力效应及岩爆趋势分析［J］．岩石力学与工程学报，2013，08：1554－1563．

[11] 陈海军，郦能惠，聂德新，等．岩爆预测的人工神经网络模型［J］．岩土工程学报，2002，24（2）：229－232．

[12] 陈培帅，陈卫忠，庄严．基于断裂力学的岩爆破坏形迹两级预测方法研究［J］．岩土力学，2013，02：575－584．

[13] 陈卫忠，吕森鹏，郭小红，等．基于能量原理的卸围压试验与岩爆判据研究［J］．岩石力学与工程学报，2009，28（8）：1530－1541

[14] 大连力软科技有限公司，大连理工大学．雅砻江锦屏二级水电站引水隧洞、排水洞强岩爆洞段微震监测技术服务总结报告（A 标）［R］．2011．

[15] 大连力软科技有限公司，大连理工大学．岩爆机理的数值分析和微破裂监测预警分析（A 标段科研项目报告）［R］．2011．

[16] 戴俊．岩石动力学特性与爆破理论［M］．北京：冶金工业出版社，2002．

[17] 范勇，卢文波，王义昌，严鹏，陈明．不同开挖方式下即时型和时滞型岩爆的孕育特征比较［J］．岩石力学与工程学报，2015，S2：3715－3723．

[18] 房敦敏，刘宁，张传庆，褚卫江，陈晓江．高地应力区大直径 TBM 掘进岩爆风险控制［J］．岩石力学与工程学报，2013，10：2100－2107．

[19] 冯夏庭，陈炳瑞，明华军，吴世勇，肖亚勋，丰光亮，周辉，邱士利．深埋隧洞岩爆孕育规律与机制：即时型岩爆［J］．岩石力学与工程学报，2012，03：433－444．

[20] 冯夏庭，张传庆，陈炳瑞，丰光亮，赵周能，明华军，肖亚勋，段淑倩，周辉．岩爆孕育过程的动态调控［J］．岩石力学与工程学报，2012，10：1983－1997．

[21] 冯夏庭．岩爆孕育过程的机制、预警与动态调控［M］．北京：科学出版社，2013．

[22] 冯夏庭. 地下洞室岩爆预报的自适应模式识别方法 [J]. 东北大学学报，1994，15 (5)：471-475.

[23] 高明仕，窦林名，严如令，等. 冲击煤层巷道锚网支护防冲机理及抗冲震级初算 [J]. 采矿与安全工程学报，2009，26 (4)：402-406.

[24] 高玉生，张宏，赵国斌. 深埋长隧洞岩爆机理研究及防治实践 [M]. 北京：中国水利水电出版社，2014.

[25] GB 50218—2014 工程岩体分级标准 [S]. 北京：中国计划出版，2014.

[26] 龚剑，胡乃联，崔翔，王孝东. 基于 AHP-TOPSIS 评判模型的岩爆倾向性预测 [J]. 岩石力学与工程学报，2014，07：1442-1448.

[27] 谷明成，侯发亮，陈成宗. 秦岭隧道岩爆的研究 [J]. 岩石力学与工程学报，2002，21 (9)：1324-1329.

[28] 郭建强，赵青，王军保，张建. 基于弹性应变能岩爆倾向性评价方法研究 [J]. 岩石力学与工程学报，2015，09：1886-1893.

[29] 何满潮，刘冬桥，宫伟力，汪承超，孔杰，杜帅，张珅. 冲击岩爆试验系统研发及试验 [J]. 岩石力学与工程学报，2014，09：1729-1739.

[30] 何满潮，谢和平，彭苏萍，等. 深部开采岩体力学研究 [J]. 岩石力学与工程学报，2005，24 (16)：2803-2812.

[31] 何满潮，赵菲，杜帅，郑茂炯. 不同卸载速率下岩爆破坏特征试验分析 [J]. 岩土力学，2014，10.

[32] 何满潮，赵菲，张昱，杜帅，管磊. 瞬时应变型岩爆模拟试验中花岗岩主频特征演化规律分析 [J]. 岩土力学，2015，01.

[33] 华东勘测设计研究院有限公司. 雅砻江锦屏二级水电站引水隧洞洞室群超前地质预报综合研究报告 [R]. 2014.

[34] 黄志平，唐春安，马天辉，唐烈先. 卸载岩爆过程数值试验研究 [J]. 岩石力学与工程学报，2011，S1：3120-3128.

[35] 黄志平，赵文，唐春安，朱万成，张滨州. 不同层状结构岩体中隧洞开挖诱发岩爆机理研究 [J]. 沈阳建筑大学学报（自然科学版），2011，03：442-450.

[36] 贾义鹏，吕庆，尚岳全，支墨墨，杜丽丽. 基于证据理论的岩爆预测 [J]. 岩土工程学报，2014，06：1079-1086.

[37] 贾义鹏，吕庆，尚岳全. 基于粒子群算法和广义回归神经网络的岩爆预测 [J]. 岩石力学与工程学报，2013，02：343-348.

[38] 姜繁智，向晓东，朱东升. 国内外岩爆预测的研究现状与发展趋势 [J]. 工业安全与环保，2003，29 (8)：19-22.

[39] 姜彤，黄志全，赵彦彦. 动态权重灰色归类模型在南水北调西线工程岩爆风险评估中的应用 [J]. 岩石力学与工程学报，2004，23 (7)：1104-1108.

[40] 李德建，贾雪娜，苗金丽，何满潮，李丹丹. 花岗岩岩爆试验碎屑分形特征分析 [J]. 岩石力学与工程学报，2010，S1：3280-3289.

[41] 李果，周承京，张勇，徐航，高云瑞，张茹. 地下工程岩爆研究现状综述 [J]. 水利水电科技进展，2013，03.

[42] 梁志勇，刘汉超，石豫川，等. 岩爆预测的概率模型 [J]. 岩石力学与工程学报，2004，23 (18)：3098-3101.

[43] 刘泉声，张华，林涛. 煤矿深部岩巷围岩稳定与支护对策明 [J]. 岩石力学与工程学报，2004，23 (21)：3732-3737.

[44] 罗忆，卢文波，金旭浩，陈明，严鹏. 时滞型岩爆的切缝法防治机制研究 [J]. 岩土力学，2011，

10：3125－3130.
[45] 吕庆，孙红月，尚岳全，等．深埋特长公路隧道岩爆预测综合研究［J］．岩石力学与工程学报，2005，24（16）：2982－2988.
[46] 吕祥锋，潘一山．刚-柔-刚支护防治冲击地压理论解析及实验研究［J］．岩石力学与工程学报，2012，31（1）：52－59.
[47] 马艾阳，伍法权，沙鹏，赵菲，申保川．锦屏大理岩真三轴岩爆试验的渐进破坏过程研究［J］．岩土力学，2014，10：2868－2874.
[48] 马春驰，李天斌，陈国庆，陈子全．硬脆岩石的微观颗粒模型及其卸荷岩爆效应研究［J］．岩石力学与工程学报，2015，02：217－227.
[49] 马鹏，赵国平，张永永，吴春耕．锦屏超高压岩体水压致裂法地应力测试系统研制与应用［J］．长江科学院院报，2012，29（8）：58－61，71.
[50] 明华军，冯夏庭，陈炳瑞，张传庆．基于矩张量的深埋隧洞岩爆机制分析［J］．岩土力学，2013，01.
[51] 南京水利科学研究院．锦屏二级水电站高地应力条件下洞室支护用新材料的应用研究报告［R］．2011.
[52] 潘岳，王志强．岩体动力失稳的功、能增量—突变理论研究方法［J］．岩石力学与工程学报，2004，23（9）：1433－1438.
[53] 裴启涛，李海波，刘亚群，牛京涛．基于改进的灰评估模型在岩爆中的预测研究［J］．岩石力学与工程学报，2013，10：2088－2093.
[54] 裴启涛，李海波，刘亚群，张国凯．基于组合赋权的岩爆倾向性预测灰评估模型及应用［J］．岩土力学，2014，S1：49－56.
[55] 彭祝，王元汉，李廷芥．Griffith 理论与岩爆的判别准则［J］．岩石力学与工程学报，1996，15（增）：491－495.
[56] 钱七虎．岩爆、冲击地压的定义、机制、分类及其定量预测模型［J］．岩土力学，2014，01：1－6.
[57] 邱道宏，李术才，张乐文，崔伟，苏茂鑫，谢富东．基于隧洞超前地质探测和地应力场反演的岩爆预测研究［J］．岩土力学，2015，07：2034－2040.
[58] 邱道宏，张乐文，薛翊国，苏茂鑫．地下洞室分步开挖围岩应力变化特征及岩爆预测［J］．岩土力学，2011，S2：430－436.
[59] 邱士利，冯夏庭，江权，张传庆．深埋隧洞应变型岩爆倾向性评估的新数值指标研究［J］．岩石力学与工程学报，2014，10：2007－2017.
[60] 邱士利，冯夏庭，张传庆，吴文平．深埋硬岩隧洞岩爆倾向性指标 RVI 的建立及验证［J］．岩石力学与工程学报，2011，06：1126－1141.
[61] DL/T 5333—2005 水电水利工程爆破安全监测规程［S］．北京：中国电力出版社，2006.
[62] GB 50487—2008 水利水电工程地质勘察规范［S］．北京：中国计划出版社，2009.
[63] 四川二滩国际工程咨询有限责任公司，Itasca（武汉）咨询有限公司．锦屏二级水电站深埋引水隧洞岩爆防治与实施咨询服务专题工作总结报告［R］．2011.
[64] 唐春安．岩石破裂过程的灾变［M］．北京：煤炭工业出版社，1993.
[65] 唐绍辉，吴壮军，陈向华．地下深井矿山岩爆发生规律及形成机理研究［J］．岩石力学与工程学报，2003，22（8）：1250－1254.
[66] 陶振宇，潘别桐．岩石力学原理与方法［M］．武汉：中国地质大学出版社，1991.
[67] 汪洋，王继敏，尹健民，王法刚，艾凯．基于快速应力释放的深埋隧洞岩爆防治对策研究［J］．岩土力学，2012，02：547－553.
[68] 汪泽斌．岩爆实例、岩爆术语及分类的建议［J］．工程地质，1988，（3）：32－38.

[69] 王斌，李夕兵，马春德，樊宝杰．岩爆灾害控制的动静组合支护原理及初步应用［J］．岩石力学与工程学报，2014，06：1169-1178.

[70] 王斌，李夕兵，马春德，林业，李志国．基于三维地应力测量的岩爆预测问题研究［J］．岩土力学，2011，03：849-854.

[71] 王春来，吴爱祥，刘晓辉．深井开采岩爆灾害微震监测预警及控制技术［M］．北京：冶金工业出版社，2013.

[72] 王德荣，李杰，钱七虎．深部地下空间周围岩体性能研究浅探［J］．地下空间与工程，2006，2（4）：542-546.

[73] 王吉亮，陈剑平，杨静，等．岩爆等级判定的距离判别分析方法及应用［J］．岩土力学，2009，30（7）：2203-2208.

[74] 王继敏．大型 TBM 通过岩爆洞段导洞开挖技术研究［J］．水力发电，2011，37（12）：38-40.

[75] 王继敏，曾雄辉，揭秉辉．锦屏二级水电站引水系统关键技术问题［J］．水力发电，2013，39（4）：47-50.

[76] 唐春安，王继敏．岩爆及其微震监测预报——可行性与初步实践［J］．岩石力学与工程动态，2010，（1）：43-55.

[77] 王兰生，李天斌，李永林，等．二郎山隧道高地应力与围岩稳定问题［M］．北京：地质出版社，2006.

[78] 王明洋，周泽平，钱七虎．深部岩体的构造和变形与破坏问题［J］．岩石力学与工程学报．

[79] 王平，姜福兴，王存文，等．大变形锚杆索协调防冲支护的理论研究［J］．采矿与安全工程学报，2012，29（2）：191-196.

[80] 王献，秦岭终南山特长公路隧道岩爆的治理［J］．2006，（10）.

[81] 王延可，李天斌，陈国庆，孟陆波，刘梁，陈子全．岩爆特性 PFC～（3D）数值模拟试验研究［J］．现代隧道技术，2013，04：98-103.

[82] 王元汉，等．岩爆预测的糊数学综合评判方法［J］．岩石力学与工程学报，1998，10：493-501.

[83] 吴德兴，杨健，苍岭特长公路隧道岩爆预测和工程对策［J］．岩石力学与工程学报，2005，24（21）：3965-3971.

[84] 吴世勇，周济芳，陈炳瑞，黄满斌．锦屏二级水电站引水隧洞 TBM 开挖方案对岩爆风险影响研究［J］．岩石力学与工程学报，2015，04：728-734.

[85] 吴顺川，周喻，高斌．卸载岩爆试验及 PFC～（3D）数值模拟研究［J］．岩石力学与工程学报，2010，S2：4082-4088.

[86] 夏元友，吝曼卿，廖璐璐，熊文，王智德．大尺寸试件岩爆试验碎屑分形特征分析［J］．岩石力学与工程学报，2014，07：1358-1365.

[87] 肖亚勋，冯夏庭，陈炳瑞，丰光亮．深埋隧洞即时型岩爆孕育过程的频谱演化特征［J］．岩土力学，2015，04：1127-1134.

[88] 谢勇谋，巨能攀．浅析隧洞围岩宏微观结果与岩爆［J］．中国地质灾害与防治学报，2005，16（4）：58-60.

[89] 熊孝波，桂国庆，许建聪，等．可拓工程方法在地下工程岩爆预测中的应用［J］．解放军理工大学学报（自然科学版），2007，8（6）：695-701.

[90] 徐林生，王兰生．岩爆类型划分研究［J］．地质灾害与环境保护 2000，11（3）：245-247，262

[91] 徐林生，王兰生，李天斌．国内外岩爆研究现状综述［J］．长江科学院报，1999，16（4）：24-27.

[92] 徐林生，王兰生，李永林．岩爆形成机制与判据研究［J］．岩土力学，2002，23（3）：300-302.

[93] 徐林生，王兰生．二郎山公路隧道岩爆发生规律与岩爆预测研究［J］．岩土工程学报，1999，21（5）：569-572.

[94] 徐林生. 二郎山公路隧道岩爆特征与防治措施的研究 [J]. 土木工程学报，2005，37（1）：61-64.

[95] 徐则民，黄润秋，范柱国，等. 长大隧道岩爆灾害研究进展 [J]. 自然灾害学报，2004，13（2）：16-24.

[96] 许梦国，杜子建，姚高辉，等. 程潮铁矿深部开采岩爆预测 [J]. 岩石力学与工程学报，2008，27（增1）：2921-2928.

[97] 言志信，贺香，龚斌. 基于粒子群优化的PLS-LCF岩爆灾害预测模型研究 [J]. 岩石力学与工程学报，2013，S2：3180-3186.

[98] 杨春和，王贵宾，王驹. 甘肃北山预选区岩体力学与渗流特性研究 [J]. 岩石力学与工程学报.

[99] 杨凡杰，周辉，卢景景，张传庆，胡大伟. 岩爆发生过程的能量判别指标 [J]. 岩石力学与工程学报，2015，S1：2706-2714.

[100] 杨涛，李国维. 基于先验知识的岩爆预测研究 [J]. 岩石力学与工程学报，2000，19（4）：429-431.

[101] 于群，唐春安，李连崇，李鸿，程关文. 基于微震监测的锦屏二级水电站深埋隧洞岩爆孕育过程分析 [J]. 岩土工程学报，2014，12：2315-2322.

[102] 于洋，冯夏庭，陈炳瑞，肖亚勋，丰光亮，李清鹏. 深埋隧洞不同开挖方式下即时型岩爆微震信息特征及能量分形研究 [J]. 岩土力学，2013，09：2622-2628.

[103] 张镜剑，傅冰骏. 岩爆及其判据和防治 [J]. 岩石力学与工程学报，2008，27（10）：2034-2042.

[104] 张乐文，张德永，李术才，邱道宏. 基于粗糙集理论的遗传-RBF神经网络在岩爆预测中的应用 [J]. 岩土力学，2012，S1：270-276.

[105] 张文东，马天辉，唐春安，唐烈先. 锦屏二级水电站引水隧洞岩爆特征及微震监测规律研究 [J]. 岩石力学与工程学报，2014，02：339-348.

[106] 张子健，纪洪广，张月征，陈志杰，周丁辉. 基于声发射试验与线弹性能判据的玲南金矿岩爆研究 [J]. 岩石力学与工程学报，2015，S1：3249-3255.

[107] 赵周能，冯夏庭，陈炳瑞，丰光亮，陈天宇. 深埋隧洞微震活动区与岩爆的相关性研究 [J]. 岩土力学，2013，02：491-497.

[108] 中国科学院武汉岩土力学研究所. 雅砻江锦屏二级水电站引水隧洞、排水洞岩爆段微震监测技术服务B标段总结报告 [R]. 2011.

[109] 中国水电顾问集团华东勘测设计研究院，Itasca（武汉）咨询有限公司锦屏二级水电站引水隧洞围岩稳定性与支护研究以及施工期监测与反馈分析课题研究研究报告 [R]. 2013.

[110] 中国水电顾问集团华东勘测设计研究院，成都理工大学. 锦屏二级水电站引水隧洞不同施工方法围岩分类对比专题研究报告 [R]. 2013.

[111] 中国水电顾问集团华东勘测设计研究院，依泰斯卡咨询有限公司. 锦屏二级水电站引水隧洞岩爆产生机理、规律及其防治控制措施研究报告 [R]. 2013.

[112] 中国水电顾问集团华东勘测设计研究院，中国科学院武汉岩土力学研究所. 锦屏二级水电站引水隧洞围岩稳定性与支护研究以及施工期监测与反馈分析研究总报告 [R]. 2013.

[113] 中国水电顾问集团华东勘测设计研究院，中国科学院武汉岩土力学研究所. 锦屏二级水电站引水隧洞岩爆产生机理、规律及其防治控制措施研究研究总报告 [R]. 2013.

[114] 周德培，洪开荣. 太平骚隧洞岩爆特征及防治措施 [J]. 岩石力学与工程学报，1995，14（2）：171-178.

[115] 周辉，孟凡震，张传庆，卢景景，徐荣超. 岩爆物理模拟试验研究现状及思考 [J]. 岩石力学与工程学报，2015，05：915-923.

[116] 周辉，孟凡震，张传庆，杨凡杰，卢景景. 结构面剪切破坏特性及其在滑移型岩爆研究中的应

用 [J]. 岩石力学与工程学报，2015，09：1729 - 1738.

[117] 周科平，古德生. 基于GIS的岩爆倾向性模糊自组织神经网络分析模型 [J]. 岩石力学与工程学报，2004，23 (18)：3093 - 3097.

[118] Akaike H. Information theory and an extension of the maximum likelihood principle [J]. Inter. symp. on Information Theory，1992，1：610 - 624.

[119] Aki K，Richards P G. Quantitative Seismology [J]. Quantitative seismology，2002，1.

[120] Baidoe，Joseph Bermasw. Assessment of rockburst - mitigating effects of the area liners (Master of Science (Engineering) [D]. Queen's University Kingston，Ontario，Canada，2003.

[121] Barton N，Lien R，Lunde J. Engineering classification of rock masses for the design of tunnel support [J]. International Journal of Rock Mechanics and Mining Sciences，1974，6 (4)：189 - 236.

[122] Brady，B. H. G.，Brown，E. T. Energy changes and stability in underground mining：design applications of boundary element methods [M]. Trans. Instn. Min. Metall. Section A，1981，90：A61 - A68.

[123] Cai M，Kaiser P K，Tasaka Y，et al. Generalized crack initiation and crack damage stress thresholds of brittle rock masses near underground excavations [J]. International Journal of Rock Mechanics & Mining Sciences，2004，41 (5)：833 - 847.

[124] Chun' an Tang，Jimin Wang，Jingjian Zhang. Preliminary engineering application of microseismic monitoring technique to rockburst prediction in tunneling of Jinping II project [J]. Journal of Rock Mechanics and Geotechnical Engineering. 2010，2 (3)：193 - 208.

[125] Cook，N. G. W. The basic mechanics of rockbursts [J]. J. S. Afr. Inst. Min. Metall. 1963，64：71 - 81.

[126] Cook，N. G. W.，Hoek E. Pretorious，J. P. G.，et al. Rock mechanics applied to rockbursts [J]. J. S. Afr. Inst. Min. Metall. 1966，66：435 - 528.

[127] Fairhurst C. Deformation，yield，rupture and stability of excavations at great depth [A]. In：Fairhust C ed. Rockburst and Seismacity in Mines [C]. Rotterdam：A. A. Balkema，1990. 1103 - 1114.

[128] Fajklewicz Z. Rock burst forecasting and genetic research in coal - mines by microgravity method [J]. Geophysical Prospecting，1983，31.

[129] Feng X T，Hudson J A. Specifying the information required for rock mechanics modelling and rock engineering design [J]. International Journal of Rock Mechanics & Mining Sciences，2010，47 (2)：179 - 194.

[130] Feng X T，Hudson J A. The ways ahead for rock engineering design methodologies [J]. International Journal of Rock Mechanics & Mining Sciences，2004，41 (2)：255 - 273.

[131] Feng X T，Seto M. Neural network dynamic modelling of rock microfracturing sequences under triaxial compressive stress conditions [J]. Tectonophysics，1998，292 (3)：293 - 309.

[132] Feng X，Masahiro S. A new method of modelling the rock micro - fracturing process in double - torsion experiments using neural networks [J]. International Journal for Numerical & Analytical Methods in Geomechanics，1999，23 (9)：905 - 923.

[133] Feng X，Masahiro S. Fractal structure of the time distribution of microfracturing in rocks [J]. Geophysical Journal International，1999，136 (1)：275 - 285.

[134] G. N. Feit，O. N. Malinnikova，V. S. Zykov，et al. Prediction of rockburst and sudden outburst hazard on the basis of estimate of Rock - mass energy [J]. Journal of mining Science，2002，38 (1)：61 - 63.

[135] Gibowicz S J，Kijko A，Gibowicz S J. An introduction to mining seismology [J]. International

Geophysics, 1994.

[136] Gibowicz S J, Young R P, Talebi S, et al. Source parameters of seismic events at the Underground Research Laboratory in Manitoba, Canada: Scaling relations for events with moment magnitude smaller than 2 [J]. Bulletin of the Seismological Society of America, 1991, 81 (4): 1157 - 1182.

[137] Grant K. Introduction to Rock Mechanics [J]. Engineering Geology, 1982, 19 (1): 72 - 74.

[138] Hazzard J F, Young R P. Dynamic modelling of induced seismicity [J]. International Journal of Rock Mechanics & Mining Sciences, 2004, 41 (8): 1365 - 1376.

[139] Hazzard J F, Young R P. Moment tensors and micromechanical models [J]. Tectonophysics, 2002, 356 (s 1 - 3): 181 - 197.

[140] He M C, Miao J L, Feng J L. Rock burst process of limestone and its acoustic emission characteristics under true - triaxial unloading conditions [J]. International Journal of Rock Mechanics & Mining Sciences, 2010, 47 (2): 286 - 298.

[141] Hoek E, Brown ET. Underground excavation in rock [M]. London: The Institute of Mining and Metallurgy, 1980.

[142] Hoek E, Kaiser P K, Bawden W F. Support of underground excavations in hard rock [M]. A. A. Balkenma/Rotterdam/Brookfield, 1995.

[143] Hudson J A, Feng X T. Updated flowcharts for rock mechanics modelling and rock engineering design [J]. International Journal of Rock Mechanics & Mining Sciences, 2007, 44 (2): 174 -195.

[144] Jiang Q, Feng X T, Xiang T B, et al. Rockburst characteristics and numerical simulation based on a new energy index: A case study of a tunnel at 2, 500 m depth [J]. Bulletin of Engineering Geology & the Environment, 2010, 69 (3): 381 - 388.

[145] Jimin Wang, Xionghui Zeng, Jifang Zhou. Practices on rockburst prevention and control in headrace tunnels of Jinping II hydropower station [J]. Journal of Rock Mechanics and Geotechnical Engineering, 2012, 4 (3): 258 - 268.

[146] Jones I F, Levy S. Signal - to - Noise ratio enhancement in multichannel seismic data via the Karhunen - Loeve transform [J]. Geophysical Prospecting, 1986, 35 (1): 12 - 32.

[147] Kaiser P K, Yazici S, Maloney S. Mining - induced stress change and consequences of stress path on excavation stability — a case study [J]. International Journal of Rock Mechanics & Mining Sciences, 2001, 38 (2): 167 - 180.

[148] Kaiser PK, Tannnant DD, McCreat DR. Canadian Rockburst Support Handbook [M]. Geomechanics Research Centre, 1996.

[149] Kaiser PK. Support of tunnels in burst - prone ground toward a rational design methodlgy, Rockburst and Seimieity in Mines, Fairhurst (ed.), Balkema, Rotterdam, 1993: 13 - 27.

[150] Kidybinski A, Dubinski J. Strata Control in Deep Mines [M]. Rotterdam: A. A. Balkema, 1990.

[151] Kidybinski A. Bursting liability indices of coal [J]. International Journal of Rock Mechanics and Mining Sciences and Geomechanics Abstracts, 1981, 18 (6): 295 - 304.

[152] Kidybinski A. Bursting liability induces of coal [J]. International Journal of Rock Mechanics and Mining Sciences and Geomechanics Abstracts, 1981, 18 (4): 295 - 304.

[153] LiPeng Liu, Xiaogang Wang, Yizhong, Zhang, et al. Tempo - spatial characteristics and influential factors of rockburst: a case study of auxiliary and drainage tunnels in Jinping II hydropower station [J]. Journal of Rock Mechanics and Geotechnical Engineering, 2011, in press.

[154] M. D. Zoback, Barton C A, Brudy M, et al. Determination of stress orientation and magnitude in deep wells [J]. International Journal of Rock Mechanics & Mining Sciences, 2003, 40 (s 7 -

8)：1049 - 1076.

[155] M. N. Bagde，V. Petorsa. Fatigue properties of intact sandstone samples subjected to dynamic uniaxial cyclical loading [J]. International Journal of Rock Mechanics and Mining Sciences，2005，42：237 - 250.

[156] Malan D F，Spottiswoode S M. Time - dependent fracture zone behavior and seismicity surrounding deep level stopping operations [A]. In：Rockburst and Seismicity in Mines [C]. Rotterdam：A. A. Balkema，1997. 173 - 177.

[157] MCCREATH D R，KA ISER P K. Evaluation of current support practices in burst - prone ground and preliminary guidelines for Canadian hardrock mines [C] //Rock Support in Mining and Undergroand Construction. Rotterdam：[s. n.]，1992：611 - 619.

[158] McCreath DR，Kaiser PK. Evaluation of carrent support practices in burst prone gound and preliminary guidelines for Canadian hardrock mines，Rock support in mining and under ground construction，Balkema，Rotterdam，1992：611 - 619.

[159] Milev A M，Spottiswoode S M，Rorke A J，et al. Seismic monitoring of a simulated rockburst on a wall of an underground tunnel [J]. Journal - South African Institute of Mining and Metallurgy，2001，101 (5)：253 - 260.

[160] Ohtsu M. Simplified Moment Tensor Analysis and Unified Decomposition of Acoustic Emission Source：Application to in Situ Hydrofracturing Test [J]. Journal of Geophysical Research Atmospheres，1991，96 (B4)：6211 - 6221.

[161] ORTLEPP W D，BORNMAN J J，ERASMUS P N. The Durabar - a yieldable support tendon - design rational and laboratory results [C]. Rockbursts and Seismicity in Mines (RaSiM5). Johannesburg：South African Inst of Mining and Metallurgy，2001：263 - 266.

[162] Ortlepp WD. Rock fracture and rockbursts：an illustrative study [M]，The South African institute of Mining and Metallurgy，1997.

[163] Ouyang C，Landis E，Shah S P. Damage Assessment in Concrete Using Quantitative Acoustic Emission [J]. Journal of Engineering Mechanics，2014，117 (11)：2681 - 2698.

[164] Pelli F，Kaiser PK，Morgenstern NR. An interpretation of ground movements recorded during construction of Donkin - Morien tunnel [J]. Canadian Geotechnical Journal，1991，28 (2)：239 - 254.

[165] Rabinowitz N，Steinberg D M. Optimal configuration of a seismographic network：A statistical approach [J]. Bulletin of the Seismological Society of America，1990，80 (1)：187 - 196.

[166] Read R S. 20 years of excavation response studies at AECL's Underground Research Laboratory [J]. International Journal of Rock Mechanics & Mining Sciences，2004，41 (8)：1251 - 1275.

[167] Reddy N，Spottiswoode S M. The influence of geology on a simulated rockburst [J]. Journal of the South African Institute of Mining & Metallurgy，2001，101 (5)：267 - 272.

[168] ROBERTS M，BRUMMER R K. Support requirements in rockburst conditions [J]. Journal of the South African Institute of Mining and Metallurgy，1988，88 (3)：97 - 104.

[169] Ryder J. Excess shear - stress in the assessment of geologically hazardous situations [J]. Journal of the South African Institute of Mining & Metallurgy，1988，88 (1)：27 - 39.

[170] Salamon，M. D. G. Energy considerations in Rock mechanics：fundamental results [J]. J. S. Afr. Inst. Min. Metall.，1984，84 (8)：233 - 246.

[171] Sellers E J，Klerck P. Modeling of the effect of discontinuities on the extent of the fracture zone surrounding deep tunnels [J]. Tunneling and Underground Space Technology，2000，15 (4)：463 - 469.

[172] STACEY T R, ORTLEPP W D, KIRSTEN H. Energy - absorbing capacity of reinforced shotcrete, with reference to the containment of rockburst damage [J]. Journal of the South African Institute of Mining and Metallurgy, 1995, 95 (3): 137 - 140.

[173] STACEY T R, ORTLEPP W D. Tunnel surface support - capacities of various types of wire mesh and shotcrete under dynamic loading [J]. Journal of the South African Institute of Mining and Metallurgy, 2001, 101 (7): 337 - 342.

[174] Sun J, Wang S J. Rock mechanics and rock engineering in China: developments and current state - of - the - art [J]. International Journal of Rock Mechanics and Mining Science, 2000, (37): 447 - 465.

[175] Suorineni F T, Chinnasane D R, Kaiser P K. A Procedure for Determining Rock - Type Specific Hoek - Brown Brittle Parameters [J]. Rock Mechanics & Rock Engineering, 2009, 42 (6): 849 - 881.

[176] Tezuka K, Niitsuma H. Stress estimated using microseismic clusters and its relationship to the fracture system of the Hijiori hot dry rock reservoir [J]. Engineering Geology, 2000, 56 (1 - 2): 47 - 62.

[177] Urbancic T I, Trifu C I, Mercer R A, et al. Automatic time - domain calculation of source parameters for the analysis of induced seismicity [J]. Bulletin of the Seismological Society of America, 1996, 86 (5): 1627 - 1633.

[178] Urbancic T I, Trifu C I. Recent advances in seismic monitoring technology at Canadian mines [J]. Journal of Applied Geophysics, 2000, 45 (4): 225 - 237.

[179] V. A. Mamsurov. Prediction of rockbursts by analysis of induced seismicity data [J]. International Journal of Rock Mechanics and Mining Sciences, 2001, 38: 893 - 901.

[180] Wu S, Shen M, Jian W. Jinping hydropower project: main technical issues on engineering geology and rock mechanics [J]. Bulletin of Engineering Geology & the Environment, 2010, 69 (3): 325 - 332.

[181] Young R P. Rockbursts and seismicity in mines 93 : proceedings of the 3rd International Symposium on Rockbursts and Seismicity in Mines, Kingston, Ontario, Canada, 16 - 18 August 1993 [M]. A. A. Balkema, 1993.

[182] Zhang C Q, Zhou H, Feng X T. An Index for Estimating the Stability of Brittle Surrounding Rock Mass: FAI and its Engineering Application [J]. Rock Mechanics & Rock Engineering, 2011, 44 (4): 401 - 414.

[183] Zhang C, Feng X, Zhou H, et al. A Top Pilot Tunnel Preconditioning Method for the Prevention of Extremely Intense Rockbursts in Deep Tunnels Excavated by TBMs [J]. Rock Mechanics & Rock Engineering, 2012, 45 (3): 289 - 309.

[184] Zhang H, Thurber C, Rowe C. Automatic P - wave arrival detection and picking with multiscale wavelet analysis for single - component recordings [J]. Bulletin of the Seismological Society of America, 2003, 93 (5): 1904 - 1912.

[185] Zhang W D, Ma T H. Research on Characteristic of Rockburst and Rules of Microseismic Monitoring at Headrace Tunnels in Jinping Ⅱ Hydropower Station [C]. Digital Manufacturing and Automation (ICDMA), 2013 Fourth International Conference on. IEEE, 2013: 1039 - 1042.